Die Bewertung von Multifunktionalität der Landschaft mit diskreten Choice Experimenten

Schriften zur Internationalen Entwicklungs- und Umweltforschung

Herausgegeben vom

Zentrum für internationale
Entwicklungs- und
Umweltforschung

der Justus-Liebig-Universität Gießen

Band 20

PETER LANG
Frankfurt am Main · Berlin · Bern · Bruxelles · New York · Oxford · Wien

Kim Schmitz

Die Bewertung von Multifunktionalität der Landschaft mit diskreten Choice Experimenten

PETER LANG
Internationaler Verlag der Wissenschaften

Bibliografische Information der Deutschen Nationalbibliothek
Die Deutsche Nationalbibliothek verzeichnet diese Publikation in der Deutschen Nationalbibliografie; detaillierte bibliografische Daten sind im Internet über <http://www.d-nb.de> abrufbar.

Zugl.: Gießen, Univ., Diss., 2006

D 26
ISSN 1615-312X
ISBN 978-3-631-56880-4

www.peterlang.de

Vorwort

Mit dem Aspekt der Multifunktionalität greift die Autorin ein agrarpolitisches Thema auf, das mit den Reformen der letzten Jahre und der verstärkten Beachtung von Umwelteinflüssen wirtschaftlicher Aktivitäten zunehmend an Bedeutung gewonnen hat. Multifunktional ist danach zum einen die Landwirtschaft selbst, indem sie neben Nahrungsmitteln für den menschlichen Verzehr auch nachwachsende Rohstoffe für die stoffliche und energetische Verwertung sowie öffentliche Güter produziert. Zu diesen zählen z. B. das Landschaftsbild, die Kulturlandschaft und die Grundwasserneubildung. Zum anderen ist auch die Landschaft multifunktional, indem sie auch ohne kommerzielle Landnutzung z. B. durch Landwirte und Waldbesitzer bestimmte Funktionen erfüllt, die den Wasserhaushalt, die Boden- und Luftqualität sowie Flora und Fauna betreffen. Soweit die von der Landwirtschaft produzierten Güter bzw. die von der Landschaft erfüllten Funktionen nicht über Märkte gehandelt werden, ergibt sich das Problem der fehlenden Bewertung in Form von Marktpreisen.

Eine Bewertung ist aber zwingend notwendig, um einerseits Qualitätsveränderungen der nicht-marktlichen Güter untereinander abwägen zu können und gegebenenfalls für die politische Entscheidungsunterstützung zu nutzen. Andererseits lassen sich auf diese Weise Werte für Marktgüter mit denjenigen für öffentliche Güter vergleichen. Nicht zuletzt sind es die Landwirte oder Waldbesitzer selbst, die höchstes Interesse an solchen Bewertungen haben, weil sie sich bei sinkenden Realpreisen für land- und forstwirtschaftliche Marktprodukte eine Honorierung ökologischer Leistungen erhoffen. Hier setzt die vorliegende Arbeit von Kim SCHMITZ an. Ziel ist es, eine monetäre Bewertung von Landschaftsfunktionen mittels der Methodik der Choice Experimente vorzunehmen. Im Detail geht es um das Landschaftsbild, die Artenvielfalt und die Fließgewässerqualität.

Neben diesem inhaltlichen Schwerpunkt enthält die Arbeit eine Reihe von methodisch interessanten Aspekten, die bislang in der Literatur nur wenig aufgegriffen worden sind. Dazu gehört z. B. der Benefit Transfer bei Choice Experimenten. Es kann somit festgehalten werden, dass die vorliegende Arbeit einen wichtigen wissenschaftlichen Beitrag leistet, dessen Potenzial vor allem in der simultanen Bewertung und Abwägung ökonomischer und ökologischer Effekte von Politikeingriffen mit einem einheitlichen methodischen Ansatz liegt.

Gießen, im Juli 2007 P. Michael Schmitz

Danksagung

Diese Arbeit ist während meiner Zeit als wissenschaftliche Mitarbeiterin am Institut für Agrarpolitik und Marktforschung der Justus-Liebig-Universität Gießen im Rahmen des Sonderforschungsbereichs 299 entstanden. Für die Unterstützung bei der Entstehung und Fertigstellung der Arbeit möchte ich mich an dieser Stelle bei allen beteiligten Personen bedanken.

Mein besonderer Dank gilt meinem Doktorvater Herrn Prof. Dr. P. Michael Schmitz, der mir bereits zu Studienzeiten das Thema schmackhaft gemacht hat, und mir die Promotion ermöglichte. Die unkomplizierte Arbeitsatmosphäre am Institut und den mir gegebenen Freiraum bei der Arbeit habe ich sehr geschätzt. Gleichzeitig konnte ich mich jederzeit auf seine Unterstützung verlassen, die meine Arbeit vor allem auch durch die Ermöglichung von mehreren Forschungsaufenthalten im In- und Ausland auf den richtigen Weg gebracht hat.

Ebenfalls bedanken möchte ich mich bei meinem Zweitgutachter Herrn Prof. Dr. E.-A. Nuppenau für seine unbürokratische Unterstützung im Vorfeld der Disputation.

Mein Dank gilt weiterhin den Mitarbeitern des Sonderforschungsbereichs 299, die mir bei inhaltlichen Fragen stets hilfreich zur Seite standen, mich bei der Ausgestaltung des Fragebogens unterstützten und mir in den SFB-Kolloquien konstruktive Anregungen gaben. Bei methodischen Fragen standen mir außerdem Prof. Dr. Riccardo Scarpa (Waikato Management School, New Zealand), Dr. Mark Morrison (Charles Sturt University, Australia) und Prof. Dr. Viktor Adamowicz (University of Alberta, Canada) zur Seite, wofür ich mich an dieser Stelle ebenfalls bedanken möchte.

Ein herzlicher Dank gebührt allen Kollegen des A-Teams, René Borresch, Aikaterini Kavallari, Juliane Stoll, Janine Wronka und Margot Hilla, die mir nicht nur wichtiges fachliches Feedback gegeben, sondern auch bei der Durchführung der Befragungen tatkräftig geholfen haben. Nicht zuletzt haben sie mir in der letzten Phase des Zusammenschreibens die hierfür notwendige Zeit freigeschaufelt und mich von vielen Aufgaben entlastet. Ich hätte mir insgesamt keine bessere Arbeitsatmosphäre wünschen können. Auch den ehemaligen Kollegen Tobias Wronka und Michaela Kissling möchte ich an dieser Stelle nochmals herzlich für ihre Unterstützung danken.

Natürlich gibt es noch einen weiteren Personenkreis, der für das erfolgreiche Beenden der Arbeit ebenso wichtig ist und war. Ein dickes Dankeschön geht an meine Eltern für ihre fortwährende und uneingeschränkte Unterstützung und Rückhalt, an meine Lieblingsschwester Steffi und meine liebe Freundin Yvonne, bei denen ich mich immer ausheulen durfte, und an meine kleine Omi und den Rest der Familie sowie an meinen Freund Jörg, der meiner Ausdrucksfähigkeit und Disziplin auf die Sprünge geholfen hat.

Gießen, im Juli 2007 Kim Schmitz

Inhaltsverzeichnis

Abbildungsverzeichnis

Tabellenverzeichnis

1 Einleitung

1.1 Problemstellung und Zielsetzung

Heutzutage kommen der Landwirtschaft weit mehr Aufgaben zu als nur die Produktion von Nahrungsmitteln: Sie prägt unsere Kulturlandschaft in hohem Maße und hat damit ebenfalls Einfluss auf eine Reihe von weiteren Landschaftsfunktionen. So ist bspw. unter landwirtschaftlichen Flächen die Grundwasserneubildung erhöht und eine diverse Landschaft bietet einer Vielzahl von Tier- und Pflanzenarten einen Lebensraum. Auch die Politik hat diesem Umstand mittlerweile mit dem Begriff der Multifunktionalität der Landwirtschaft Rechnung getragen. Die Bedeutung der Landwirtschaft für den Erhalt der Kulturlandschaft und einer intakten Umwelt hat ebenso in die europäische Agrarpolitik Einzug gehalten und zeigt sich in der Stärkung der zweiten Säule der Agrarpolitik, der Entwicklung des ländlichen Raums.

Güter wie eine erhöhte Grundwasserneubildung oder der Erhalt und die Pflege der Kulturlandschaft sind sogenannte Koppelprodukte der landwirtschaftlichen Produktion und werden auch als externe Effekte bezeichnet. Neben diesen positiven externen Effekten der Landwirtschaft können ebenso negative externe Effekte auftreten. Hier ist z. B. der Eintrag von Pflanzenschutzmitteln in das Grundwasser zu nennen. Im Unterschied zu den privaten Gütern lassen sich eine bestimmte Tier- und Pflanzenvielfalt oder ein gewünschtes Landschaftsbild nicht auf Märkten kaufen. Solche Güter werden daher auch als öffentliche Güter bezeichnet. Sie stehen einem Jeden zur Verfügung und von ihrem Konsum kann niemand ausgeschlossen werden.

Da öffentliche Güter nicht gekauft werden können bzw. müssen, ist in unserer Gesellschaft ihre Verfügbarkeit gewissermaßen selbstverständlich, zumindest solange sie in ausreichendem Maße zur Verfügung stehen. Erst wenn auch für öffentliche Güter Knappheiten entstehen, entwickelt sich in der Regel ein Bewusstsein für ihre Existenz. Die Spendenbereitschaft für vom Aussterben bedrohte Tiere oder den Regenwald und weitere Umweltprojekte sind ein Zeichen hierfür.

Was geschieht nun, wenn eine intakte Umwelt und Landschaft in einer Region knapp wird? Auf welche Weise lassen sich dann die resultierenden Preise für diese Umweltgüter finden? Dieser Fragestellung widmet sich die ökonomische Umweltbewertung. Sie stellt ein vielfältiges Instrumentarium zur Verfügung, um auch für öffentliche Güter, die sich eben nicht auf Märkten kaufen lassen, Preise offenzulegen. Ein Ansatzpunkt stellt dabei die Ableitung von Preisen anhand von Kosten dar, die eine Person bereit ist auf sich zu nehmen, um in den Genuss bspw. einer ruhigen Wohngegend oder von sauberer Luft zu kommen. Solche Methoden versagen jedoch spätestens dann, wenn sich die Wertschätzung für ein Umweltgut nicht durch ein bestimmtes Marktverhalten ableiten lässt.

Zudem erfahren manche Umweltgüter bereits allein durch ihre Existenz einen Nutzen oder durch ihren Erhalt für zukünftige Generationen. Um die Wertschätzung für solche Nicht-Gebrauchswerte von Umweltgütern zu ermitteln, wird sich dem Instrumentarium der direkten monetären Umweltbewertungsmethoden bedient.

Häufig steht dabei nicht der Verlust einer kompletten Umweltressource im Mittelpunkt der Betrachtungen, sondern es gilt vielmehr abzuwägen, wie mehr oder weniger kleine Veränderungen bspw. des Rückgangs der regionalen Artenvielfalt wahrgenommen werden. Wie beurteilen die Bewohner einer Region die Veränderung des Landschaftsbildes, wenn weniger Ackerbau betrieben wird und die Landschaft vermehrt von Grünlandflächen geprägt ist oder sogar ein Großteil der Flächen nicht mehr bewirtschaftet wird und brachfällt?

Solche Entwicklungen zeigen sich bereits jetzt auf sogenannten peripheren Standorten, die meist kleinstrukturiert sind, sich durch weniger fruchtbare Böden und ungünstige Vegetationsbedingungen auszeichnen und deren Bearbeitung hohe Maschinen- und Arbeitskosten bedeutet. Da durch die Neuausrichtung der Agrarpolitik nicht mehr alle landwirtschaftlichen Produktionsstandorte in mittel- bis langfristiger Sicht unter marktwirtschaftlichen Bedingungen wettbewerbsfähig sein werden, wird sich die landwirtschaftliche Produktion mehr und mehr auf die sogenannten Gunststandorte konzentrieren.

An diesem Punkt stellt sich nun wiederum die Frage, ob diese Verknappung von Umwelt, z. B. durch die Veränderung des gewohnten Landschaftsbilds „Kulturlandschaft" und der dafür typischen Artenvielfalt, auch in einem Preis für dieses Umweltgut resultiert und wie dieser ermittelt werden kann. Zur Untersuchung dieser Fragestellung kommen in der vorliegenden Arbeit die sogenannten Choice Experimente zum Einsatz, eine junge Methode im Bereich der monetären Umweltbewertung, die ihren Ursprung in der Psychologie hat und in der Marktforschung weit verbreitet ist. Die Methodik, bei der die Befragten in einer Art Kaufsituation darum gebeten werden, sich für dasjenige Produkt bzw. Gut zu entscheiden, das sie von den angebotenen Optionen kaufen würden, zählt zu den direkten Bewertungsmethoden. Das Produkt setzt sich dabei aus verschiedenen Eigenschaften mit unterschiedlichen Ausprägungen zusammen.

Das Prinzip der Methodik lässt sich gleichermaßen auch auf die Bewertung von Umweltgütern anwenden. Im Unterschied zum Gebrauch im Privatgüterbereich ist dem Befragten jedoch die „Zusammensetzung" des Bewertungsgutes weniger vertraut und er muss die Möglichkeit haben, sich seiner Präferenzen für die unterschiedlichen Eigenschaften bewusst zu werden. Durch die Einbeziehung eines Preises für jede Option können die Präferenzen bei Veränderungen des Umweltgutes schließlich auch in monetärer Form ausgedrückt werden. Die Vorteile der Methodik sind zum einen darin zu sehen, dass mehrere Eigenschaften gleichzeitig betrachtet werden können, der Multifunktionalität von Landschaft damit Rechnung getragen werden kann, und ebenso für jede Eigenschaft unterschiedliche Ausprägungen berücksichtigt werden können. Damit ist auch eine Bewertung in kleinen Schritten möglich.

Ziel der vorliegenden Arbeit ist es, die Bewertung von Landschaftsfunktionen mittels der Methodik der Choice Experimente vorzunehmen. Dabei werden mit dem Landschaftsbild, der Artenvielfalt und der Fließgewässerqualität verschiedene Komponenten simultan bewertet und es können gleichzeitig mehrere Qualitätszustände jeder Eigenschaft berücksichtigt werden. Um die Eignung der Methodik für die Fragestellung herauszustellen, werden ebenfalls die gebräuchlichsten indirekten und direkten Umweltbewertungsmethoden vorgestellt. Da die Methodik im deutschsprachigen Raum bislang nur vereinzelt zum Einsatz kam, liegt ein Fokus der Arbeit auf der Darstellung und Ableitung der statistischen Modelle und den Möglichkeiten der Datenauswertung.

Neben der inhaltlichen Frage, ob es eine Wertschätzung der Bevölkerung für diese Landschaftsfunktionen gibt und, wenn dies der Fall ist, wie sich diese ggf. unterscheiden, sollen auch einige methodische Aspekte untersucht werden, die für diese vergleichsweise junge Bewertungsmethodik in der Literatur noch nicht abschließend beantwortet sind. Die eigene Anwendung fokussiert sich methodisch auf die Bedeutung der Anzahl von Choice Tasks in der Befragung und die Beurteilung des Cheap Talk Verfahrens zur Reduzierung von hypothetischen Verzerrungen der ermittelten monetären Werte. Da in der empirischen Untersuchung die Choice Experimente mit einer kontingenten Bewertung kombiniert zum Einsatz kommen, wird außerdem untersucht, inwiefern die Methodenreihenfolge einen Einfluss auf die Ergebnisse hat. Weiterhin soll geklärt werden, ob die Daten für die Durchführung des Benefit Transfers geeignet sind, der einen kostengünstigen Ansatz zur Übertragung von Zahlungsbereitschaften von einem Studien- auf einen Politikort darstellt.

1.2 Vorgehensweise

In Kapitel 2 wird der Bewertungshintergrund der vorliegenden Arbeit näher vorgestellt, die im Rahmen des Sonderforschungsbereichs (kurz „SFB") 299 „Entwicklung von Landnutzungskonzepten für periphere Regionen" angesiedelt ist. Neben der Einordnung in den Projektverbund wird anschließend ein Überblick über die Landschaftsfunktionen gegeben. Der Schwerpunkt liegt dabei auf den Arbeiten der naturwissenschaftlichen Teilprojekte, um hieraus relevante Eigenschaften für die eigene Untersuchung abzuleiten.

Das Kapitel 3 gibt einen kurzen Überblick über die ökonomische Fundierung der Umweltbewertung innerhalb der Umweltökonomie. Dabei werden zunächst die Wertkomponenten der Umwelt näher vorgestellt und erläutert, warum die monetäre Bewertung von Umweltgütern sinnvoll ist. Die anschließende Ableitung der wohlfahrtsökonomischen Grundlagen rundet das Kapitel ab.

Eine Systematisierung der Umweltbewertungsmethoden wird zu Beginn von Kapitel 4 vorgenommen. Der Fokus liegt im Weiteren auf den monetären Umweltbewertungsmethoden im Einzelnen, wobei die indirekten Methoden des Vermeidungs- und Reisekostenansatzes und die Hedonische Preisfindung sowie bei den direkten Bewertungsmethoden die kontingente Bewertung näher vorgestellt werden. Neben dem Ansatz selbst werden die Vor- und Nachteile der Methoden aufgezeigt, Anwendungsbeispiele präsentiert und die Eignung für die eigene Fragestellung diskutiert.

Kapitel 5 stellt anschließend die für die eigene empirische Untersuchung verwendete Methodik der Choice Experimente vor. Der Aufbau des Kapitels orientiert sich an der Darstellung der zuvor erläuterten Umweltbewertungsmethoden. An eine ausführliche Darstellung der methodischen Grundlagen zur Erstellung einer Choice Experiment Studie, die sich inhaltlich an den notwendigen Arbeitsschritten orientiert, schließt sich ein Überblick über aktuelle Anwendungen der Methodik an. Das Kapitel schließt mit der Beurteilung der Methodik im Hinblick auf die eigene Fragestellung.

Das Kapitel 6 befasst sich mit den ökonometrischen Grundlagen der diskreten Choice Analyse, die die statistische Fundierung der Methodik darstellt. Es werden mit dem Multinomialen Logit, dem Allgemeinen Extremwert und dem Mixed Logit Modell die wichtigsten Schätzmodelle abgeleitet und erläutert. Außerdem wird kurz auf die Maximum Likelihood Methode als Schätzverfahren zur Berechnung der Modelle eingegangen. Abgerundet wird das Kapitel durch die Präsentation der Auswertungsmöglichkeiten und der wichtigsten statistischen Tests.

Das Kapitel 7 präsentiert schließlich die Ergebnisse der eigenen empirischen Untersuchung. Dazu erfolgt in Kapitel 7.1 zunächst die Beschreibung wichtiger inhaltlicher Aspekte der Choice Experimente und es werden im Weiteren das Studiendesign, die Befragungsorganisation und -durchführung vorgestellt. Der erste Teil des Kapitels schließt mit der Definition der Grundgesamtheit und der Stichprobenerhebung und stellt die Statistik der Stichprobenerhebung vor. In Kapitel 7.2 erfolgt mit der Bewertung von Landschaftsfunktionen die zentrale Ergebnispräsentation. An erster Stelle werden die relativen Wichtigkeiten der Eigenschaften präsentiert, ehe im Anschluss die Modellergebnisse der diskreten Choice Analyse vorgestellt werden. Diese stellen die Grundlage für die Berechnung der impliziten Preise dar und ermöglichen in einem weiteren Schritt die Bewertung der Landschaftsszenarien. Zudem wird eine Einordnung der Ergebnisse in die internationale Literatur vorgenommen. In Kapitel 7.3 werden die spezifischen methodischen Aspekte der Studie näher untersucht. Da die Befragung eine kontingente Bewertung und Choice Experiment Studie miteinander kombiniert, wird zunächst analysiert, ob die Methodenreihenfolge einen Einfluss auf die Ergebnisse hat. Weiterhin wird das Cheap Talk Verfahren auf seine Eignung zur

Vermeidung von hypothetischen Zahlungsbereitschaftsangaben untersucht und schließlich die Bedeutung der Anzahl der Choice Tasks in einem Choice Experiment betrachtet. Das letzte Kapitel befasst sich mit der Frage nach der Eignung der Choice Experiment Daten für die Durchführung eines Benefit Transfers. Dabei werden in den einzelnen Kapiteln jeweils zuerst die Modellergebnisse und nachfolgend die sich ableitenden Schlussfolgerungen dargestellt.

Das Kapitel 8 fasst schließlich die wesentlichen inhaltlichen und methodischen Ergebnisse der Arbeit zusammen.

2 Einbindung der vorliegenden Arbeit in den Sonderforschungsbereich 299 unter besonderer Berücksichtigung der Landschaftsfunktionen

Das folgende Kapitel gibt einen Überblick über den thematischen Hintergrund der vorliegenden Arbeit. Diese ist inhaltlich in den SFB 299 „Entwicklung von Landnutzungskonzepten für periphere Regionen" eingebettet, durch den das Grundanliegen der Arbeit, die Bewertung von Landschaftsfunktionen, vorgegeben ist. In Kapitel 2.1 wird daher zunächst der SFB 299 in seinem Aufbau näher vorgestellt und die Einbindung des Projekts, das im Teilprojekt A4 angesiedelt ist, in den SFB 299 dargelegt. Um die Multifunktionalität von Landschaften zu berücksichtigen, werden im SFB 299 die vielfältigen Auswirkungen untersucht, die aus den unterschiedlichen Landnutzungen für die einzelnen Komponenten der Landschaft resultieren. Es lässt sich hierbei eine Vielzahl von verschiedenen Landschaftsfunktionen identifizieren, die eine Landschaft charakterisieren und die durch Veränderungen der Landnutzung beeinflusst werden. Das Kapitel 2.2 thematisiert daher die unterschiedlichen Funktionen, die einer Landschaft zukommen. Dazu wird in Kapitel 2.2.1 zunächst eine allgemeine Bestandsaufnahme der Landschaftsfunktionen für das Lahn-Dill-Bergland vorgenommen. Soweit möglich werden neben den einzelnen Landschaftsfunktionen auch Indikatoren für ihre Messung vorgestellt. Die Kapitel 2.2.2 bis 2.2.6 fassen schließlich die Vorarbeiten bzw. den Kenntnisstand der jeweiligen SFB-Teilprojekte zu den Landschaftsfunktionen Wasser- und Stoffhaushalt, landschaftstypische Artenvielfalt, labile Bodeneigenschaften, Aufnahmepotenzial für organische Abfälle und Wertschöpfung aus landwirtschaftlicher Produktion zusammen. Neben der Darstellung der verwendeten Indikatoren bzw. Messgrößen wird vor allem herausgearbeitet, wie sich Veränderungen der Landnutzung auf diese Landschaftsfunktionen auswirken. Diese möglichen Veränderungen der Landschaftsfunktionen gilt es schließlich in der eigenen empirischen Untersuchung zu bewerten.

2.1 Aufbau des Sonderforschungsbereichs 299 und Einbindung der vorliegenden Arbeit

Der SFB 299 verfolgt als Oberziel die Entwicklung einer integrierten Methodik zur Erarbeitung und Bewertung von ökonomisch und ökologisch nachhaltigen, natur- und wirtschaftsräumlich differenzierten Optionen einer regionalen Landnutzung. Den Hintergrund stellt die sich in den letzten Jahrzehnten wandelnde Situation in der europäischen Landwirtschaft dar. Durch technischen und biologischen Fortschritt konnten enorme Leistungssteigerungen in der landwirtschaftlichen Produktion erzielt werden, so dass heute im Vergleich zu den 60er Jahren ein deutlich geringerer Flächenbedarf besteht, um die gleiche Menge an Erzeugnissen zu produzieren. Dabei fallen zuerst solche Standorte aus der Produktion heraus, die zum einen ungünstige standortliche Bedingungen (Klima und Boden) und zum anderen vergleichsweise schlechte agrarstrukturelle Gegebenheiten aufweisen. Hierzu zählen bspw. ein hoher Anteil an landwirtschaftlicher Tätigkeit im Nebenerwerb, kleine Betriebsgrößen sowie vergleichsweise kleine Schlaggrößen. Das Untersuchungsgebiet stellt einen solchen Ungunststandort dar (Abbildung 1). Es umfasst das Lahn-Dill-Bergland inklusive des Dilltals und ist etwa 1100 km² groß. Die landwirtschaftliche Nutzfläche nimmt ebenso wie der Wald einen Anteil von ca. 41 % ein. Durchschnittlich sind bereits etwa 10 % der landwirtschaftlichen Nutzfläche Brachfläche. In einigen Gemeinden erreicht der Anteil bereits bis zu 40 %[1] (SFB 299, 2002, S. 6). Eingegrenzt wird das Lahn-Dill-Bergland von der Dietzhölze, dem Dilltal und der Lahn und erstreckt sich auf Gebiete der Landkreise Lahn-Dill und Marburg-Biedenkopf (SFB 299a, 2006).

Abbildung 1: Das Untersuchungsgebiet des SFB 299

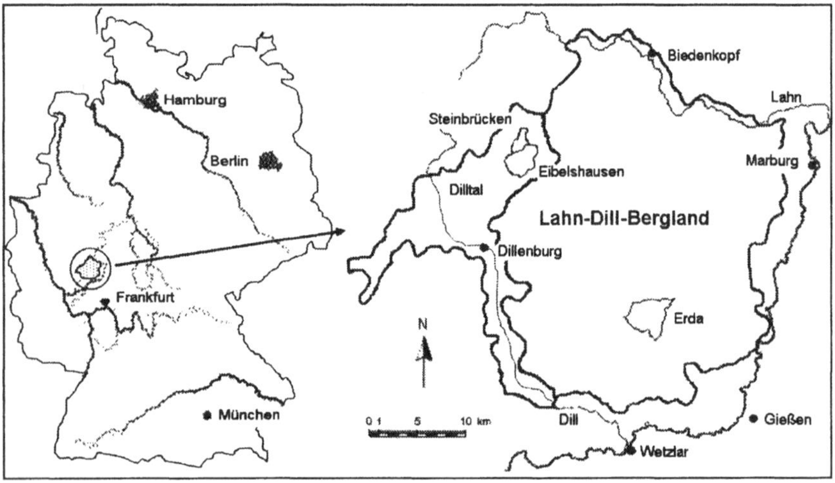

Quelle: Eigene Darstellung in Anlehnung an den SFB 299

Aufgrund der vorherrschenden Nebenerwerbslandwirtschaft bildete sich eine sehr kleinparzellierte und traditionelle Bewirtschaftung der Landschaft aus, die durch eine gleichzeitige Realerbteilung noch begünstigt wurde. Jedoch ist dieser auch für den europaweiten Naturschutz bedeutsame Lebensraum durch das Brachfallen von Nutzflächen stark gefährdet, aber auch durch eine Intensivierung der Bewirtschaftung auf den ertragsstarken Flächen (SFB 299b, 2006).

Die Auswirkungen des Rückzugs der Landwirtschaft aus der Region beschränken sich nicht nur auf die Nahrungsmittelerzeugung und die Produktion von nachwachsenden Rohstoffen. Vielmehr sind auch weitere wichtige Landschaftsfunktionen

1 Im Lahn-Dill-Kreis wurden im Jahr 1997 nur 21 von 38 km² landwirtschaftlicher Nutzflächen bewirtschaftet (SFB 299, 2006b).

davon betroffen. Hierzu gehören bspw. die landschaftstypische Artenvielfalt, der Wasser- und Stoffhaushalt oder das Landschaftsbild in Form der Kulturlandschaft. Die grundlegende Aufgabe des SFB 299 besteht in der Erforschung dieser komplexen Auswirkungen, die der Rückzug der Landwirtschaft für die Landschaft und ihre verschiedenen Funktionen hat. Für eine systematische und umfassende Bearbeitung ist der SFB 299 in fünf Projektbereiche unterteilt, die in Abbildung 2 dargestellt sind.

Abbildung 2: Struktur des SFB 299

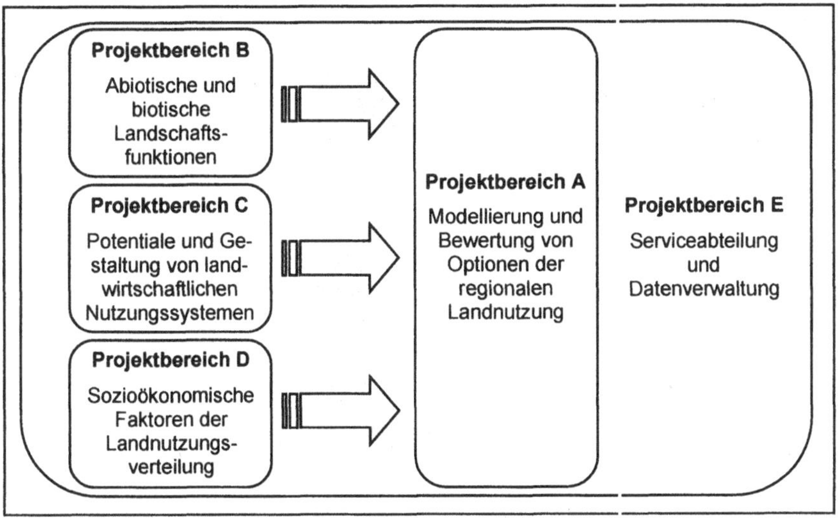

Quelle: Eigene Darstellung in Anlehnung an den SFB 299, 2002

Die Projektbereiche B, C und D liefern die Daten zu den unterschiedlichen Landschaftsfunktionen und geben Aufschluß über funktionale Zusammenhänge. Die in diesen Projekten gewonnenen Erkenntnisse dienen dem Projektbereich A als Modellierungsgrundlage für die dort angesiedelten Modelle: Das Modell ProLand (MÖLLER et al., 1998) modelliert die Landnutzung unter Berücksichtigung unterschiedlicher Rahmenbedingungen. Das ökologische Modell SWAT (ECKHARDT et al., 2002; HAVERKAMP et al., 1999) steht für die Modellierung des Wasser- und Stoffhaushalts zur Verfügung. Für die Modellierung der Artenvielfalt wird das ökologische Modell ANIMO (WEBER und KÖHLER, 1999; STEINER et al., 2002) verwendet. Dabei werden die Simulationsergebnisse zu der geänderten Landnutzung, die mit dem Modell ProLand berechnet werden, an die ökologischen Modelle weitergegeben, die wiederum die Auswirkungen auf den Wasser- und Stoffhaushalt sowie die Artenvielfalt bestimmen. Schließlich vervollständigt die Modellgruppe CHOICE (BORRESCH et al., 2005a und 2005b) den Modellverbund des Projektbereichs A, der kurz als ITE²M (Integrated

Tools for Ecological & Economic Modelling) (REIHER et al., 2006) bezeichnet wird. In CHOICE wird in mehreren Teilschritten die Bewertung von Veränderungen der ökologischen und ökonomischen Landschaftsfunktionen vorgenommen. Auf Basis der Bewertungsinformationen können letztlich Handlungsalternativen entwickelt oder durch eine erneute Veränderung der Rahmenbedingungen die Auswirkungen auf die Landschaftsfunktionen abgeschätzt werden. Der übergeordnete Projektbereich E ist für das Datenmanagement und die Verwaltung zuständig und übernimmt Koordinations- und Serviceaufgaben.

Das Teilprojekt A4 aus dem Projektbereich A stellt dabei das Kernprojekt der integrierten ökologischen und ökonomischen Bewertung von Landnutzungsänderungen dar, um mit der abschließenden Bewertung von regionalen Landnutzungsoptionen das Oberziel des SFB 299 zu erreichen (SCHMITZ et al., 2005, S. 225). Im Mittelpunkt der vorliegenden Arbeit steht die nachfrageorientierte Bewertung von Landschaftsfunktionen. Dazu wurden im Teilprojekt A4 bereits zwei moderne nachfrageorientierte Bewertungsmethoden angewandt. Die Arbeit von MÜLLER (2002) bewertete verschiedene Landschaftsfunktionen mittels der Adaptiven Conjoint-Analyse, während in der Dissertation von WRONKA (2004) die kontingente Bewertung zur Anwendung kam, um die Wertschätzung für die Trinkwasserqualität und die regionale Artenvielfalt zu ermitteln.

Abbildung 3 stellt die Einbindung des Teilprojekts A4 in den SFB 299 graphisch dar und zeigt den Aufbau des Modellrahmens CHOICE. Eine Komponente bei der Bewertung von Landnutzungsoptionen stellen die negativen und positiven externen Effekte der Landbewirtschaftung dar (2. Komponente). Im Sinne einer vollständigen Nutzen-Kosten-Analyse ist die Betrachtung jedoch zu erweitern um die Handelseffekte in der Region (4. Komponente) und die Auswirkungen der Produktionsänderungen auf die Nachfrage (3. Komponente). Zusammen mit den von ProLand berechneten Änderungen der Produktionskosten der Landwirtschaft (1. Komponente) kann eine vollständige Nutzen-Kosten-Bilanz erstellt werden (BORRESCH et al., 2005a, S. 125).

Mit den Choice Experimenten kommt in dieser Arbeit eine weitere nachfrageorientierte Bewertungsmethode zum Einsatz, die vor allem für solche Fragestellungen einen vielversprechenden Ansatz darstellt, bei denen mehrere Kriterien, in diesem Fall Landschaftsfunktionen, und Qualitätszustände untersucht werden sollen. Eine ausführliche Diskussion der nachfrageorientierten Bewertungsmethoden und der Choice Experimente sowie ihrer Eignung für die Fragestellung erfolgt in Kapitel 4 und 5. Im Folgenden sollen zunächst die Landschaftsfunktionen und deren Indikatoren vorgestellt werden.

Abbildung 3: Aufbau des Modellrahmen CHOICE und Einbindung in den Modellverbund des SFB 299

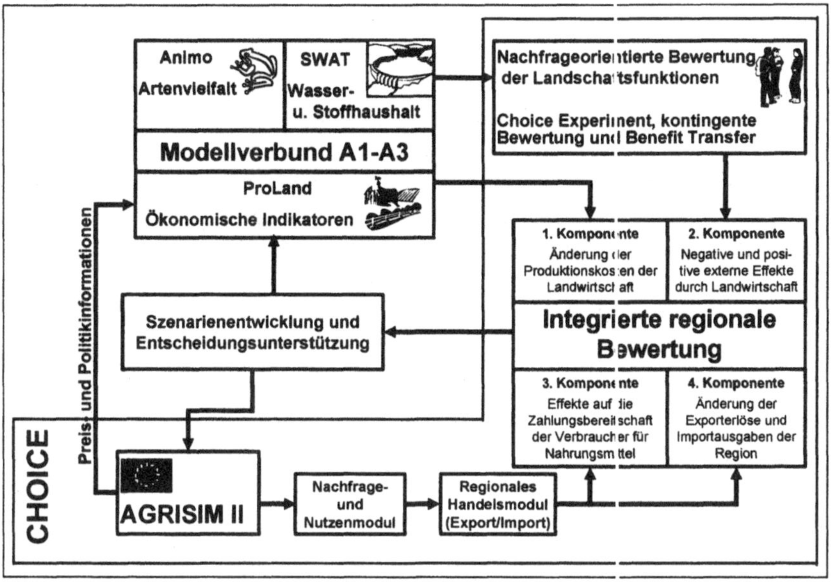

Quelle: BORRESCH et al., 2005b, S. 337

2.2 Bestandsaufnahme der Landschaftsfunktionen im Lahn-Dill-Bergland

Das Umweltgut Landschaft setzt sich aus einer Vielzahl von unterschiedlichen Landschaftsfunktionen zusammen. Dies kommt auch im aktuellen Dialog durch den Begriff der Multifunktionalität zum Ausdruck. Ziel dieses Kapitels ist es daher einen Überblick über die verschiedenen Landschaftsfunktionen zu geben, die als bedeutsam für das Untersuchungsgebiet anzusehen sind[2]. Die Zusammenstellung soll zunächst einen detaillierteren Blick auf das Umweltgut Landschaft ermöglichen und die unterschiedlichen „Interessen" der jeweiligen Nutzer, wie Landbewirtschafter und lokale Bevölkerung, berücksichtigen. Im Unterschied zu privaten Gütern gestaltet sich die Abgrenzung eines öffentlichen Gutes weitaus schwieriger, was die Identifizierung aller relevanten Landschaftsfunktionen zusätzlich erschwert.

Zunächst wird deshalb eine Systematisierung von Landschaftsfunktionen vorgenommen, um auf diese Weise einen ersten Überblick über die zahlreichen unterschiedli-

2 Eine allgemein gültige Zusammenstellung von Landschaftsfunktion ist sicherlich nicht möglich, da stets die Gegebenheiten der jeweiligen Landschaften zu berücksichtigen sind. Die Darstellung kann daher in diesem Sinne keinen Anspruch auf Vollständigkeit erheben.

chen Aspekte und Komponenten einer Landschaft zu geben. Eine Reihe der an dieser Stelle präsentierten Landschaftsfunktionen werden auch in den einzelnen Projektgruppen des SFB 299 näher untersucht, deren wesentliche Ergebnisse anschließend kurz vorgestellt werden. Dabei handelt es sich um den Wasser- und Stoffhaushalt, die landschaftstypische Artenvielfalt, die labilen Bodeneigenschaften, die Aufnahmekapazität für organische Abfälle und die Wertschöpfung aus der landwirtschaftlichen Produktion. Neben der Darstellung der einzelnen Landschaftsfunktionen werden zusätzlich die für eine Operationalisierung erforderlichen Indikatoren präsentiert. Über die Arbeiten des SFB 299 hinaus gehende Landschaftsfunktionen und denkbare Indiktoren werden bereits in Kapitel 2.2.1 vorgestellt.

2.2.1 Überblick zu den Landschaftsfunktionen und Indikatoren zu deren Messung

Die folgende Einteilung von Landschaftsfunktionen folgt der Arbeit von MÜLLER (2002, S. 8f). Wie in Tabelle 1 dargestellt ist, lassen sich zunächst ökonomische und ökologische Landschaftsfunktionen unterscheiden, wobei sich letztere weiter unterteilen lassen in Landschaftsfunktionen, die abiotische und biotische Ressourcen betreffen sowie die ästhetischen Landschaftsfunktionen.

Die ökonomischen Landschaftsfunktionen erfassen zum einen die Produktionsseite der Landwirtschaft für den Endverbraucher (in Form der Nahrungsmittelversorgung) als auch die Produktion, die entweder für eine industrielle Weiterverarbeitung herangezogen oder als Energieträger genutzt wird (Rohstofflieferant). Umgekehrt können die landwirtschaftlichen Flächen auch für die Abfallverwertung herangezogen werden. Das Problem der Abgrenzung wird deutlich, wenn man auch die Infrastruktur (Straßen und Wege) der Landschaft zurechnet. Dann wäre zu überlegen, ob auch die Wertschöpfung, die in Verbindung mit der Infrastruktur erzielt wird, berücksichtigt werden muss. Im weitesten Sinne ist die Leistungsfähigkeit der Wirtschaft einer Region als ökonomische Landschaftsfunktion denkbar, wenn bedacht wird, dass Landschaft auch der Standort für wirtschaftliche Aktivitäten außerhalb der Landwirtschaft ist[3]. Die Nahrungsmittelproduktion stellt neben der Bodenrente oder Wertschöpfung eine weitere Größe dar, mit der sich der Umfang und Wert der landwirtschaftlichen Produktion angeben lässt.

MÜLLER (2002, S. 16f) nennt als Elemente für die Leistungsfähigkeit der Wirtschaft in der Region das Pro-Kopf-Einkommen (in €/Kopf oder €/Haushalt), die Beschäftigung in der Region (als Arbeitslosenquote[4]), die öffentliche Infrastrukturausstattung (als

---

3 Die Leistungskraft der Wirtschaft bleibt in der Tabelle als Landschaftsfunktion jedoch unberücksichtigt, da die Landschaft in diesem weit gefassten Sinne die Grundlage für alle (wirtschaftlichen) Tätigkeiten darstellt.

4 Denkbar wäre als Indikator auch die Anzahl der Arbeitsplätze je Einwohner oder Erwerbstätigem oder die absolute Zahl der Arbeitsplätze in der Region.

Anzahl und Qualität der öffentlichen Einrichtungen), die Verkehrsinfrastrukturausstattung (in km Straßen, Schienennetz, Bundes-, Land- und Kreisstraßen usw.) und die Steuerkraft in der Region (in Form der Einkommenssteuer, Gewerbesteuer, Steuervolumen der Kommunen usw.).

Von den in Tabelle 1 dargestellten ökonomischen Landschaftsfunktionen wird im SFB 299 neben der Wertschöpfung aus der landwirtschaftlichen Produktion auch das Aufnahmepotenzial der Flächen für Bioabfall und Klärschlamm näher untersucht. Diese beiden Landschaftsfunktionen werden in Kapitel 2.2.5 und 2.2.6 eingehender vorgestellt.

Tabelle 1: Landschaftsfunktionen und Leistungsmerkmale

Landschaftsfunktion	Leistung der Landschaftsfunktion	Autoren
Ökonomische Landschaftsfunktionen		
Nahrungsmittelproduktion	Nahrungsmittelproduktion Nahrungsmittelerzeugung in Krisenzeiten Erzeugung von Biomasse	Kahnt, 1996; Hampicke, 1991 Henze et al., 1996 Berg, 1991; Bastian, 1996
Rohstofflieferant	Erzeugung nachwachsender Rohstoffe Erzeugung regenerativer Energie	Berg, 1991; Hampicke, 1991 Kahnt, 1996
Abfallverwertung	Verwertung von Bioabfall und Klärschlamm	Henze et al., 1996; Karl und Urfei, 1996
Ökologische Landschaftsfunktionen *Abiotische Ressourcen betreffend*		
Wasser	Bereitstellung von Trinkwasser Grundwasserneubildung	Ganzert und Depner, 1996; Koch und Moll, 1997 Bauer, 1994
Boden	Erosionsschutz durch Bewuchs Filter- und Pufferfunktion	Cansier, 1993 Bastian, 1996
Luft	Klimaregulator Sauerstoffproduktion	Cansier, 1993 Bauer, 1994
Biotische Ressourcen betreffend		
Flora und Fauna	Erhaltung der Artenvielfalt Stabilität von Ökosystemen	Hofmann et al., 1995; Kahnt, 1996; Mühlenberg und Slowik, 1997 Hampicke, 1991
Ästhetische Landschaftsfunktionen		
Lebensraum	Landschaftsgestaltung bzw. Erhalt der Kulturlandschaft Erhaltung des Erholungswertes Offenhaltung der Landschaft	Ganzert und Depner, 1996; Henze et al., 1996 Karl und Urfei, 1996; Kahnt, 1996 Bauer, 1994

Quelle: In Anlehnung an Müller, 2002, S. 8f

Die abiotischen ökologischen Landschaftsfunktionen beziehen sich auf das Wasser, den Boden und die Luft. Eine bedeutsame Funktion stellt die Trinkwasserbereitstellung dar, wobei das Trinkwasser überwiegend aus dem Grundwasser gewonnen wird. Insofern ist die Grundwasserneubildung der Trinkwasserbereitstellung als vorgelagert anzusehen. Die Komplexität des Wasserhaushalts wird ebenfalls im Rahmen des SFB 299 untersucht und detaillierter in Kapitel 2.2.2 vorgestellt. Dabei umfassen die Arbeiten nicht nur die quantitativen Aspekte des Wasserhaushalts, sondern ebenso die qualitativen Aspekte durch die gleichzeitige Betrachtung des Stoffhaushalts.

Der Boden stellt ein weiteres Landschaftselement mit einer Vielzahl von Funktionen dar. Diese sind zum einen in Filter- und Puffervorgängen zu sehen. Zum anderen ist er Lebenssubstrat für Flora und Fauna und bspw. auch Lagerstätte für unterschiedliche Rohstoffe. Sowohl die labilen als auch die stabilen Bodeneigenschaften werden im SFB 299 erforscht. Dabei sind im Rahmen der eigenen Arbeit vor allem die labilen Bodeneigenschaften von Interesse, da diese durch die Nutzung der Landschaft beeinflusst werden, während die stabilen Bodeneigenschaften standortbedingt sind und nur geringfügigen Änderungen unterliegen. Auf die labilen Bodeneigenschaften wird daher in Kapitel 2.2.4 näher eingegangen.

Die Luft und der in ihr enthaltene Sauerstoff stellen die Lebensgrundlage für nahezu alle Lebewesen dar. Es lassen sich eine Reihe von Einflüssen finden, die auf Landschaftsebene auf die Luft (-qualität) wirken, jedoch liegen die Ursachen hierfür nicht in der Landschaft an sich. Die Luftqualität, gemessen z. B. anhand der Schadstoffkonzentration, stellt in dem Sinne eher eine Nährungsgröße für andere Verschmutzungsquellen dar. Diese ließen sich passgenauer über ihre Schadstoffemissionen erfassen. Im Folgenden wird daher nicht weiter auf die Luft als Landschaftsfunktion eingegangen.

Auch die regionale Artenvielfalt wird im Rahmen des SFB 299 intensiv erforscht. Dabei findet sowohl die floristische als auch die faunistische Biodiversität Berücksichtigung. Eine ausführliche Darstellung zur Artenvielfalt erfolgt in Kapitel 2.2.3.

Zuletzt sind die ästhetischen Landschaftsfunktionen zu nennen, worunter der Erhalt der Kulturlandschaft und des Erholungswertes einer Landschaft sowie die Offenhaltung von Landschaften verstanden werden kann. Unter Kulturlandschaften versteht man Landschaften, die vom Menschen geprägt sind. Insofern finden sich in Deutschland und Europa fast ausschließlich Kulturlandschaften. Dabei dient die Kulturlandschaft zum einen der landwirtschaftlichen Produktion, zum anderen stellt sie gleichzeitig ein öffentliches Gut dar. Einflussgrößen auf die Kulturlandschaft sind neben den standörtlichen Gegebenheiten (Flachland, Berge, Exposition usw.) vor allem der Waldanteil, die Schlaggröße und die Nutzungsvariabilität. Diese Faktoren bestimmen das Erscheinungsbild einer Landschaft, bei dem häufig von der Landschaftsästhetik gesprochen wird, die in erster Linie subjektiv wahrgenommen wird. Das Landschaftsbild unterliegt bereits durch die landwirtschaftliche Nutzung von Flächen einer gewissen Dynamik, hinzu kommt der Strukturwandel, der in verschiedenen Regionen unterschiedlich schnell abläuft. In peripheren, ertragsschwachen Regionen vollzieht sich der Strukturwandel dabei vergleichsweise schnell. Dies äußert sich vor allem im Brachfallen von Flächen, die bereits kurz- bis mittelfristig verbuschen, und schließlich verwalden. Damit ist ebenfalls eine Abnahme der Offenlandschaften zu beobachten. Auch der Erholungswert einer Landschaft wird dadurch zumeist gemindert, da dieser häufig mit der Landschaftsästhetik zusammenhängt. Darüber hinaus ist aber auch der Freizeit- und Erholungsnutzen einer Landschaft wichtig. Sie kann z. B. zum Spazierengehen, Wandern, Reiten oder Fahrradfahren genutzt werden. Insgesamt kann festgehalten werden, dass sowohl eine intensivere Nutzung als auch das Brachfallen von Flächen sich auf den Erholungswert einer Landschaft auswirken kann (HENZE et al., 1996, S. 489ff).

Für das Untersuchungsgebiet lässt sich in den letzten Jahren ein rasanter Strukturwandel beobachten (SFB, 1995, S. 7). Diese Entwicklung hat bereits dazu geführt, dass ein Teil der landwirtschaftlichen Flächen nicht mehr bewirtschaftet wird und brachliegt. In den am stärksten betroffenen Gebieten im Lahn-Dill-Bergland liegt der Anteil der Brachflächen bei bis zu 40 % (WRONKA, 2004, S. 107). Im Folgenden ist es daher vor allem auch von Interesse, inwiefern weitere Landschaftsfunktionen dadurch beeinflusst werden.

2.2.2 Wasser- und Stoffhaushalt

Mittels des hydrologischen Modells SWAT, das am USDA-ARS Grassland, Soil and Water Research Laboratory in Temple (Texas, USA) entwickelt wurde (vgl. ARNOLD et al., 1993 und 1998), wird im SFB 299 der Wasserhaushalt der Untersuchungsregion analysiert. Der Wasserhaushalt stellt eine wichtige Landschaftsfunktion dar, die nicht nur auf die Einbettung von Seen, Flüssen oder Bachläufen in das Landschaftsbild zu beschränken ist. Ein Großteil der Prozesse des Wasserhaushalts läuft für den Menschen nicht sichtbar im Boden ab. Dieser Sachverhalt spiegelt sich auch in den Parametern wider, mit denen der Wasserhaushalt näher charakterisiert werden kann.

Zum einen sind hier der Niederschlag und zum anderen der Gerinneabfluss, die aktulle Verdunstung, der Oberflächenabfluss und die Grundwasserneubildung zu nennen. Im Unterschied zu allen übrigen Parametern ist der Niederschlag insofern als exogene Größe zu betrachten, weil er durch die Landnutzung unbeeinflusst bleibt. Alle weiteren Parameter werden jedoch durch die Ausgestaltung und Nutzung der Landschaft beeinflusst. Diese sollen daher im Folgenden näher vorgestellt und Wechselwirkungen mit der Landnutzung erläutert werden.

Der Niederschlag kann dem Wasserhaushalt auf unterschiedliche Weise zugeführt werden. Als Oberflächenabfluss bezeichnet man dabei den Anteil des Niederschlags, der dem Vorfluter unmittelbar über die Bodenoberfläche zufließt. Während auf versiegelten Flächen keine Versickerung des Wassers möglich ist, kann auf Grünlandflächen und insbesondere auf Ackerflächen in Abhängigkeit von der Bodenbeschaffenheit ein großer Anteil des Niederschlags versickern (FOHRER et al., 1999, S. 75f). Trifft der Niederschlag jedoch nicht direkt auf die Bodenoberfläche, sondern wird vorübergehend auf Pflanzenteilen zwischenge-speichert, bezeichnet man dies als Interzeption. Von Art und Umfang der Oberflächenbedeckung mit unterschiedlichen Pflanzen hängt damit auch der Anteil der Verdunstung (Evaporation) ab. Interzeption und Verdunstung sind somit insbesondere standortabhängig. Im Untersuchungsgebiet verdunstet etwa die Hälfte des Niederschlagswassers, das entspricht etwa 800 mm. Das Niederschlagswasser, das nicht verdunstet oder in der Vegetation gespeichert wird, erreicht schließlich die Bodenoberfläche und infiltriert in den Boden. Dort dient es zunächst der Bodenfeuchteanreicherung der ungesättigten Bodenzone und trägt, wenn es bis in die gesättigte Bodenzone vordringt, zur Grundwasserneubildung bei. Durch kapillaren Aufstieg kann das Wasser auch wieder der Oberfläche zugeführt werden und dient der Wasserversorgung von Pflanzenbeständen, Feuchtebiotopen oder von Waldbeständen. Als Gerinneabfluss bezeichnet man schließlich den Anteil des Wassers, der in offene Gerinne, also in Fluss- und Bachläufe, gelangt. Dieser setzt sich zum einen aus Wasser, das aus dem Oberflächenabfluss stammt, zusammen und zum anderen aus dem sogenannten Interflow und Returnflow. Als Returnflow bezeichnet man infiltriertes Niederschlagswasser, das aus oberflächennahen Bodenschichten wieder an die Oberfläche austritt und oberirdisch abfließt. Zum Interflow oder Zwischenabfluss zählt man den hangparallelen Abfluss von Wasser, der bspw. durch Drainagen erzielt wird[5] (GIERTZ, 2004, S. 26ff).

Tabelle 2 gibt einen Überblick über wichtige Komponenten und Indiktoren des Wasserhaushalts. Die Sickerwassermenge kann genutzt werden, um Aufschluss über den Umfang der Grundwasserneubildung zu erhalten, wenn die Daten hierfür nicht vorliegen. Beide lassen somit Rückschlüsse über die Trinkwasserneubildung zu. Der Scheitelabfluss, der als Abflussvolumen am Pegel gemessen wird, lässt Aussagen über die Schnelligkeit des Wasserabflusses zu und ist vor allem für den Hochwasserschutz nach größeren Niederschlagsmengen oder Schneeschmelzen von Bedeutung (MÜLLER, 2002, S. 11). Der Bodenabtrag gibt schließlich Auskunft über die Stärke des oberflächlichen Wasserabflusses und gleichzeitig über die vom Wasser verursachte Bodenerosion.

---

5 Der Returnflow kann vor allem in Trockenperioden im Sommer von Bedeutung sein, da so eine Wasserversorgung von Bächen und Flüssen durch das Grundwasser erfolgt. Auf diese Weise kann die Stoffkonzentration in den Fließgewässern herabgesetzt werden.

Jüngere Szenarien, die eine Veränderung der Landnutzung hin zu einer extensivierten Tierhaltung (Mutterkuhhaltung) untersucht haben, konnten signifikante Parameterschätzungen bereits für geringe Änderungen einzelner Wasserhaushaltskomponenten ausmachen, die sich jedoch insgesamt auf einem niedrigen Niveau bewegen (BREUER et al., 2005). Allgemein lässt sich festhalten, dass vor allem Art und Umfang der Vegetation (Wald, Acker oder Grünland) einen starken Einfluss auf die Verdunstung und auf den Oberflächenabfluss haben und damit in einem weiteren Schritt ebenfalls auf den Umfang der Grundwasserneubildung (FOHRER et al., 1999, S. 75ff). Eine zusätzliche Berücksichtigung von Änderungen der Bodeneigenschaften aufgrund geänderter Nutzungsformen der Flächen zeigt nur einen geringen Einfluss auf den Gerinneabfluss und die Verdunstung und scheint somit für das Lahn-Dill-Bergland bei einem Nutzungswechsel von Ackerbau zu Grünland nur eine untergeordnete Rolle zu spielen (HUISMAN et al., 2004, S. 757).

Tabelle 2: Komponenten des Wasserhaushalts und ihre Messgrößen

Komponente des Wasserhaushalts	Messgröße
Sickerwassermenge	mm/Jahr
Grundwasserneubildung	mm/Jahr
Gerinneabfluss	mm/Jahr
Aktuelle Verdunstung	mm/Jahr
Oberflächenabfluss	mm/Jahr
Scheitelabfluss bzw. Abflussvolumen	m^3/s bzw. Wasserstand am Pegel (m)
Bodenabtrag	t/ha/Jahr

Quelle: Eigene Darstellung

Neben dem Wasserhaushalt werden auch unterschiedliche Parameter des Stoffhaushalts erfasst und modelliert. Hierbei wird zum einen die Sedimentfracht, als wichtiger Träger von Nährstoffen, sowie der Phosphor- und Stickstoffhaushalt[6] betrachtet. Neben den Standortparametern, wie der Hangneigung, Flussläufen usw., spielt für den Stoffhaushalt vor allem die Nutzung der Flächen eine Rolle. So variieren bspw. die Phosphat- und Nitratgehalte in Abhängigkeit von einer etwaigen landwirtschaftlichen Nutzung bzw. von Art und Umfang landwirtschaftlicher Nutzung. Der mittlere Stoffaustrag für Stickstoff liegt im Lahn-Dill-Bergland bei 7,5 kg/ha bzw. 2,7 mg/l. Diese Austräge sind extrem niedrig und lassen sich zumeist nur bei Waldflächen finden. Überflüssiger Stickstoff gelangt zum größten Teil mit dem Wasser in das Grundwasser und wird dort als Nitratkonzentration gemessen (MÜLLER, 2002, S. 11). Im Unterschied zu Stickstoff wird Phosphor nicht vertikal, sondern zumeist oberflächlich, an Bodenpartikel angebunden, abgeschwemmt und gelangt als Phos-

6 Die Sedimentfracht wird angegeben in Tonnen pro Hektar, die Phosphor-, Stickstoff- bzw. Nitratmengen in Kilogramm pro Hektar.

phat in die Gewässer. Die Phosphatbelastung der Fließgewässer kann damit als Indikator für die Fließgewässereutrophierung herangezogen werden. DABBERT und FREDE (1998, S. 6) verweisen auch auf die Möglichkeit des Stoffeintrags über Pflanzenschutzmittel, die ebenfalls über Bodenpartikel in die Gewässer gelangen und in hohen Konzentrationen Schäden verursachen können. Einen bedeutenden Einfluss auf die Wasserqualität haben jedoch auch vorhandene kommunale und industrielle Anlagen, die entsprechend herausgerechnet werden müssen, damit lediglich der Einfluss einer Landnutzungsänderung auf den Wasser- und Stoffhaushalt ausgewiesen werden kann (LENHART et al., 2003, S. 1303). Bezüglich der untersuchten Nährstoffe findet sich für Trinkwasserverwendung ein gesetzlicher Grenzwert für Nitrat, der 50 mg/l nicht übersteigen darf (TRINKWV 2001).

2.2.3 Landschaftstypische Artenvielfalt

Landnutzungsänderungen haben einen wesentlichen Einfluss auf die Dynamik der landschaftstypischen Artenvielfalt von Flora und Fauna einer Region. Unterschiedlich ausgestaltete Kulturlandschaften resultieren somit in einer entsprechenden regionalen bzw. landschaftstypischen Artenvielfalt. Im SFB 299 stellt daher die Modellierung der Dynamik der landschaftstypischen Artenvielfalt einen weiteren Schwerpunkt dar. Neben Art und Umfang der Landnutzung ist dabei auch die Landschaftsstruktur von Bedeutung. Da die Ausbreitung einer Art neben ihrem typischen Lebensraum auch von ihrer Mobilität abhängt, können bereits kleinere Gebiete mit einer anderen Nutzung, wie bspw. ein Waldstreifen, die Ausbreitung dieser Art erschweren oder verhindern. Hieraus wird bereits ersichtlich, dass bei der Erfassung der Artenvielfalt verschiedene Indikatoren zur Anwendung kommen, die unterschiedliche Aspekte der Artenvielfalt betrachten. Man unterscheidet hierbei die α-, β- und γ-Diversität. Die α-Diversität oder auch „within habitat" genannt, bezeichnet die Anzahl von Arten, die sich in einem homogenen Habitat bzw. Lebensraum finden. Sie wird gemessen als die absolute Anzahl der Arten, die im besagten Lebensraum vorzufinden sind (HUSTON, 1996, S. 72). Die β-Diversität, die auch als „between habitat" oder „species turnover" (Artenwechsel) bezeichnet wird, beschreibt den Artenzusammenhang zwischen zwei oder mehreren Lebensräumen. Sie ist umso größer, je weniger gemeinsame Arten sich in zwei (oder mehreren) Lebensräumen finden lassen. Die β-Diversität wird häufig in Form eines Ähnlichkeits-Index angegeben, der den Artenwechsel zwischen zwei unterschiedlichen Habitaten in einer Landschaft angibt (WHITTAKER, 1967, S. 207ff). Die γ-Diversität misst die Artenvielfalt analog zur α-Diversität, jedoch für einen größeren Maßstab, bspw. für eine Region. Die Bezugsgröße stellt die naturräumliche Einheit dar (WHITTAKER, 1972, S. 231ff). Alle Indikatoren lassen sich auch in Form eines Index ausweisen, der die Artenvielfalt in Relation zu einem gewählten Ausgangsniveau angibt.

In der Praxis ist es nicht möglich, die Gesamt-Biodiversität der Fauna einer Landschaft zu erfassen. Daher wird nach DUELLI (1997) üblicherweise auf die Bestimmung solcher Organismengruppen zurückgegriffen, bei denen mit guten Korrelationen zur Gesamtdiversität zu rechnen ist. Verschiedene Arbeiten belegen, dass sich dieses Vorgehen für eine Bewertung von Lebensraumveränderungen in ländlichen Gebieten eignet, wobei sich neben anderen Tiergruppen vor allem Insekten als zweckdienlich erwiesen haben (vgl. KREMEN et al., 1993; PAOLETTI, 1995).

Die Arbeiten von WOLTERS et al. (1999) belegen, dass der Artenreichtum einer Landschaft von den vorkommenden Nutzungstypen abhängt, wobei standörtliche Faktoren, wie bspw. die Exposition und der Bodentyp, das Artenpotenzial eines Nutzungstyps modulieren können. Ebenso wird die Art und Ausprägung der Fauna einer Fläche durch die Habitatqualität der Fläche an sich und der umgebenden Flächen und hierbei insbesondere deren Nutzungen bestimmt. Daneben spielen auch Dichte und Ausprägung von Grenzlinien eine wesentliche Rolle.

Für die floristische Artenvielfalt spielt zum einen die Art der Nutzung der jeweiligen Flächen in der Vergangenheit eine Rolle, da sich diese auf den Diasporenvorrat im Boden auswirkt. Dieser ist vor allem dann von Bedeutung, wenn Flächen nicht mehr bewirtschaftet werden. Zum anderen ist auch die Nährstoffversorgung des Bodens bedeutsam. WALDHARDT et al. (1999) können zudem nachweisen, dass in Abhängigkeit von der Nutzung (Acker- oder Grünland) charakteristische Arten auftreten. Gleichzeitig lässt sich für das Lahn-Dill-Bergland kein Einfluss der Grenzlinien (von Acker- oder Grünlandflächen) auf die Artenvielfalt nachweisen. Vielmehr wird die Artenzahl der Ackerränder (α-Diversität) in erster Linie durch die auf sie wirkende Nutzungsintensität bestimmt.

Aufgrund der kleinstrukturierten und zum größten Teil recht extensiven Landbewirtschaftung im Lahn-Dill-Bergland, konnte sich dort seit der letzten Eiszeit eine Artenvielfalt von großem naturschutzfachlichen Wert entwickeln. Die Arbeiten von WALDHARDT et al. (1999) und WOLTERS et al. (1999) weisen eine hohe Artenvielfalt für Flora und Fauna aus, die auf die unterschiedlichen Nutzungsformen der Landschaft zurückzuführen sind. Dementsprechend ist jedoch bei einem Rückzug der Landwirtschaft, der ein Brachfallen, Verbuschen und schließlich Verwalden der Flächen zur Folge hätte, von einem deutlichen Rückgang der Artenvielfalt auszugehen. Dies liegt zum einen daran, dass der Wald nur für eine geringere Anzahl von Arten als Lebensraum dient. Zum anderen gingen durch das Brachfallen von landwirtschaftlichen Flächen Lebensräume für Flora und Fauna verloren. Abbildung 4 zeigt den Rückgang der Artenvielfalt (anhand der in den Forschungsprojekten berücksichtigten Indikatorarten) für die Region Erda in einem Zeitraum von 10 Jahren, wenn sich die Landwirtschaft gänzlich aus der Region zurückzöge.

Insgesamt wäre mit einem Artenrückgang um ca. 70 % zu rechnen, der vor allem durch den Wegfall von Lebensräumen hervorgerufen wird. Somit würde sich das Artenpotenzial von Wiesen, Äckern und Brachflächen und Wald auf jenes von Waldflächen reduzieren.

Abbildung 4: Entwicklung der Artenvielfalt in Erda

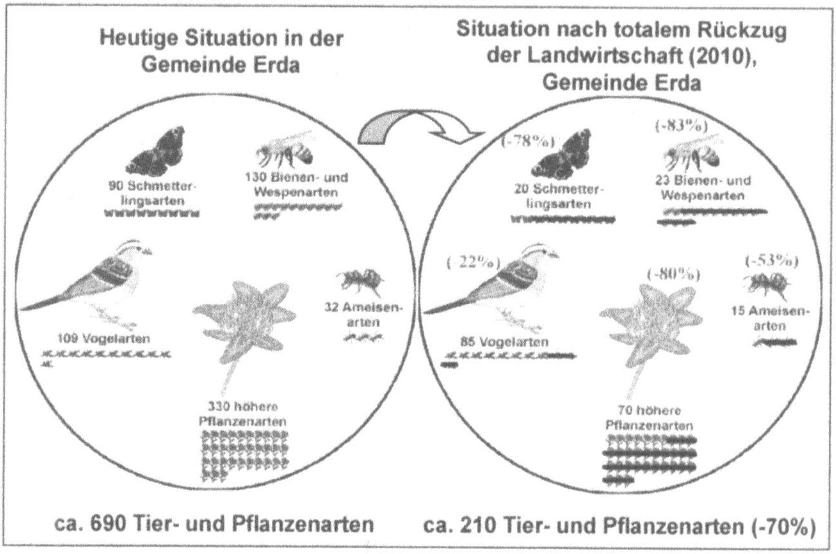

Quelle: SFB-Arbeitsgruppen OTTE und WOLTERS

2.2.4 Labile Bodeneigenschaften

Landschaften zeichnen sich auch durch ihre Bodeneigenschaften aus, wobei zwischen labilen und stabilen Kritierien unterschieden werden kann. Böden stellen die Grundlage für die ökologischen und ökonomischen Potentiale einer Landschaft dar. Gerade für periphere Regionen der Mittelgebirge, die durch einen hohen Anteil ertragsarmer Standorte charakterisiert sind, ergibt sich hieraus eine ungünstige Beurteilung des Ertragspotentials der Böden. Die stabilen Bodeneigenschaften, zu denen u. a. die Bodenart, der Steingehalt, die Durchwurzelungstiefe und die nutzbare Feldkapazität gehören, zeichnen sich dadurch aus, dass sie auch über längere Zeiträume, unabhängig von der Nutzung der Böden, weitgehend unverändert bleiben (SCHOTTE und FELIX-HENNINGSEN, 1999, S. 156). Daneben tragen auch die Flachgründigkeit, Staunässe im Wurzelraum und die kleinräumige Variabilität des Reliefs zu den ungünstigen Voraussetzungen für eine landwirtschaftliche oder forstwirtschaftliche Nutzung bei (FELIX-HENNINGSEN, 2005, S. 253). Demgegenüber wirken sich auf die labilen Bodeneigenschaften die Art und Intensität der Landnutzung ebenso wie ein Nutzungswandel besonders intensiv aus. Zu den labilen Bodeneigenschaften zählen der pH-Wert, der Gehalt an organischem Kohlenstoff (C_{org}-Gehalt) und die Gehalte von mobilen oder leicht löslichen Schwermetallen. Dabei ist zu berücksichtigen, dass die labilen Bodeneigenschaften einer hohen kleinräumlichen Variabilität unterliegen (SZIBALSKI und FELIX-HENNINGSEN, 1999, S.187). Aus diesem Grund ist es von Interesse, signifikante Beziehungen zwischen den jeweiligen Standortfaktoren, wie Relief, Klima, Nutzung und weiterer Bodeneigenschaften, sowie den bodenkundlichen Kennwerten (pH-Wert und C_{org}-Gehalt) identifizieren zu können (SZIBALSKI, 2001, S. 66). Daraus lassen sich zum einen Aussagen über die Kennwerte auch für weitere Standorte ableiten, deren labile Bodeneigenschaften nicht durch eine Beprobung erfasst wurden (SZIBALSKI und FELIX-HENNINGSEN, 1999, S.189). Zum anderen können diese Daten auch als Unterstützung für eine Landnutzungsplanung herangezogen werden. Untersuchungen innerhalb des SFB 299 zeigen, dass sich für die (extensiv) genutzten Grünlandflächen höhere Werte an organisch gebundenen Kohlenstoff finden lassen als für die (intensiver genutzten) Ackerbaustandorte. Dahingegen sind die pH-Werte auf den Ackerstandorten um etwa eine halbe pH-Einheit geringer, was auf durchgeführte Kalkungen und oder den Einsatz von basisch wirkenden Mineraldüngern zurückzuführen ist (SZIBALSKI, 2001, S. 67f).

Insgesamt konnte für das Lahn-Dill-Bergland gezeigt werden dass für Acker- und Grünlandflächen ein signifikanter Einfluss auf den pH-Wert vorliegt. Die Exposition und die Gesamtbodenart (aus der Reichsbodenschätzung) wirken sich ebenso signifikant auf die pH-Werte der Böden aus (SZIBALSKI et al., 1999, S. 228f; SZIBALSKI, 2001, S. 75f). Auch der Gehalt an organisch gebundenen Kohlenstoff ist von der Nutzung abhängig[7], weitere Indikatoren erwiesen sich als nicht signifikant. Allerdings ließen die Arbeiten – auf Basis der zur Verfügung stehenden Indikatoren – keine Rückschlüsse darauf zu, welche Faktoren die Niveauunterschiede bei pH-Wert und C_{org}-Gehalt für die zwei Untersuchungsorte bedingen (SZIBALSKI und FELIX-HENNINGSEN, 1999, S.212). Für eine weitere Auswertung der Cadmium-Gehalte im Boden lagen nicht genügend Daten vor (SZIBALSKI, 2001, S. 75f).

2.2.5 Aufnahmepotenzial für organische Abfälle

Landwirtschaftlich genutzte Böden stellen eine sinnvolle Möglichkeit der Rückführung organischer Reststoffe dar[8]. Dies drückt sich auch in dem seit 1994 geltenden Kreislaufwirtschafts- und Abfallgesetz aus, das eine stoffliche Verwertung vor eine energetische Verwertung und eine Abfallbeseitigung stellt (KRW-/ABFG, 1994). Zu den or-

7 Für Grünland konnte ein signifikanter Einfluss nur für die Exposition zusammen mit der Nutzung nachgewiesen werden.

8 Bei der Betrachtung werden die wirtschaftseigenen Düngemittel der Landwirtschaft, wie Gülle und Mist, außer Acht gelassen. Diese werden in der Regel bereits auf den landwirtschaftlichen Flächen ausgebracht und können zusammen mit den organischen Abfällen und Klärschlamm der Biomasse zugerechnet werden (MÜLLER, 2002, S. 15).

ganischen Siedlungsabfällen zählt zum einen der Bioabfall (Kompost) und zum anderen der Klärschlamm. Probleme bei der Verwertung solcher organischer Abfälle können jedoch durch die Qualität der enthaltenen Reststoffe entstehen, die im Konflikt zu den Zielen des vorsorgenden Boden- und Gewässerschutzes stehen können. Daher regelt das Düngemittelrecht die nährstoffseitige Anwendung und die Klärschlamm- bzw. Bioabfallverordnung die schadstoffseitigen Aspekte der Ausbringung. Bei den Schadstoffen sind vor allem die Schwermetalle von Bedeutung, die sich im Boden anreichern, vermehrt von den Pflanzen aufgenommen werden und schließlich zu Grundwasserkontaminationen führen können. Daher hat der Gesetzgeber Grenzwerte für Schwermetallgehalte im Boden definiert. Jedoch muss zusätzlich berücksichtigt werden, dass sich die Böden bzgl. der Löslichkeit der Schwermetalle unterscheiden. Dies ist im Weiteren für das Verlagerungs- bzw. das Pflanzenaufnahmepotenzial von Bedeutung (SCHUG und GÄTH, 1999, S. 255). Damit ist es bodenabhängig, inwiefern eine Ausbringung von organischen Abfällen sich auf den Schwermetallgehalt im Boden bzw. Grundwasser auswirkt. Die Ausbringung von organischen Abfällen auf Flächen, die zur direkten Nahrungsmittelerzeugung genutzt werden (Gemüse-, Obst- und Dauergrünlandflächen), sowie auf Forstflächen ist dabei prinzipiell nicht erlaubt (ABFKLÄRV, 1992). Außerdem sind von einer Düngung mit Klärschlamm Wasser- und Naturschutzgebiete und Böden mit einem pH-Wert von unter pH 5 ausgenommen. Ebenso gilt für die Klärschlammdüngung eine Abstandsauflage zu Uferstreifen.

Darüber hinaus besteht ein nährstoffbedingtes Ausbringungsverbot für organische Abfälle auf Flächen ab Erreichen einer bestimmten Nährstoffversorgungsstufe für Phosphor und ein schadstoffbedingtes Ausbringungsverbot auf Flächen, für die die Bodengrenzwerte der jeweiligen Verordnungen bereits überschritten sind. Dieses Verbot resultiert aus den hohen Phosphor-Gehalten im Klärschlamm, der daher den organischen Nitrat-Phosphat-Düngern zugerechnet wird. Die organischen Abfälle zählen aufgrund ihrer Nährstoffgehalte zu den organischen Nitrat-Phosphat-Kalium-Düngern. Trotz des hohen N-Gehalts von Klärschlamm können insgesamt höhere Nährstoffmengen über den Kompost ausgebracht werden, da die zulässigen Aufwandmengen höher liegen (SCHUG und GÄTH, 1999, S. 258ff).

Es wird deutlich, dass die Ausbringung von organischen Abfällen nicht für jede Fläche und in jeder Menge möglich ist, dennoch sind die regional anfallenden organischen Reststoffe sowohl aus nährstoff- als auch aus schadstoffbedingter Sicht durchaus für eine landbauliche Verwertung geeignet. Die Arbeiten von SCHUG und GÄTH (1999) zeigen, dass im Untersuchungsgebiet zum einen Gemarkungen zu finden sind, die über eine größere Flächenausstattung verfügen als Flächenbedarf für die Ausbringung der anfallenden organischen Reststoffe besteht (Erda), während in anderen Gemarkungen der Flächenbedarf die Flächenausstattung deutlich übersteigt (Steinbrücken/Eibelshausen). Zudem wird ersichtlich, dass für einen Großteil der

Flächen die tatsächliche Sorptionskapazität der Böden für Cadmium – wenn die individuelle Sorptionskapazität der Böden berücksichtigt wird – bereits erschöpft ist. Dahingegen geht von den Schwermetallen Blei und Zink in den nächsten 1700 Jahren keine Gefährdung des Grundwassers aus. Für eine nachhaltige Ausbringung von organischen Abfällen (ohne Anreicherung von Schadstoffen im Boden oder einer Überdüngung) sind daher nicht nur die gesetzlichen Auflagen zu beachten, sondern ist jeweils auch die tatsächliche Sorptionsfähigkeit des Bodens zu berücksichtigen. Dafür ist es ebenfalls erforderlich, die Qualität der organischen Abfälle zu bestimmen (SCHUG und GÄTH, 1999, S. 278f).

2.2.6 Wertschöpfung aus landwirtschaftlicher Produktion

Neben den im Vorfeld vorgestellten ökologischen Landschaftsfunktionen, die im SFB 299 untersucht werden, können auch ökonomische Landschaftsfunktionen identifiziert werden, die sich aus der Nutzung der land- und forstwirtschaftlichen Flächen ableiten lassen[9]. Hierzu wird in der Regel die Wertschöpfung ausgewiesen. Die Bodenrente ergibt sich aus der Wertschöpfung durch zusätzliche Berücksichtigung der Entlohnung von Arbeit und Kapital. Sie kann definiert werden als der finanzielle Ertrag des Bodens eines Landbesitzers bzw. die Pacht eines Landnutzers. Unterschiedliche Faktoren wirken auf die Höhe der Bodenrente. Dabei steht der Ertragsseite, die sich aus dem Realertrag und den erzielbaren Preisen für das jeweilige Produkt zusammensetzt, die Kostenseite gegenüber. Die Kosten der Produktion werden wiederum von verschiedenen Größen beeinflusst. Dazu zählen bspw. die Ertragsfähigkeit der Böden, die Betriebsstruktur, die Feldstruktur in Form der Feldstücksgröße und –form sowie die physikalischen Standorteigenschaften (z. B. Hangneigung und Schwere des Bodens) (MÖLLER et al., 1999, S. 22). Um die Einflüsse von unterschiedlichen Faktoren auf die regionale Landnutzung prognostizieren zu können, wurde das Modell ProLand entwickelt. Detaillierte Darstellungen des Modells finden sich in MÖLLER (1998), MÖLLER et al. (1998), KUHLMANN et al. (2002a), WEINMANN (2002) und WEINMANN et al. (2005).

Für das Untersuchungsgebiet kann vor allem die Schlaggröße als bedeutender Faktor identifiziert werden, der die Höhe der Arbeitserledigungskosten beeinflusst (MÖLLER et al., 1999, S. 36; MÖLLER et al., 2002, S. 42). Dieser Effekt ergibt sich über die anteilig geringeren Rüst- und Wegezeiten, die je Schlag einmalig anfallen, und deren Betrag je Hektar bei zunehmender Schlaggröße geringer wird (MÖLLER et al., 1999, S. 36). Einen geringeren Einfluss hat die Anzahl der notwendigen Wendungen je

9 In diesem Sinne lässt sich auch die Ausbringung von organischen Abfällen (vgl. Kapitel 2.2.5) den ökonomischen Landschaftsfunktionen zuordnen, da sie als Abfallverwertung verstanden werden kann. Da jedoch hier die Nähstoffversorgung des Bodens im Vordergrund steht und die praktische Umsetzbarkeit für die Region bislang nicht geregelt ist, erfolgt die Betrachtung hier unter ökologischen Gesichtspunkten.

Hektar, die sich durch die Schlagform beeinflussen lässt. Die Arbeitserledigungskosten lassen sich mit der unterstellten Kostenstruktur von etwa 400 € bei einem 0,25 ha-Schlag auf 200 € für einen 5 ha-Schlag reduzieren, die Arbeitserledigungskosten in Abhängigkeit von der Feldstücksform liegen zwischen etwa 245 € je Hektar für Schläge mit quadratischer Form und 220 € je Hektar bei Schlägen mit einem Länge-Breite-Verhältnis von 8:1. Desweiteren erweisen sich ebenfalls die Hangneigung ab einer Neigung von mehr als 15 % und die Schwere des Bodens (je schwerer der Boden umso höher die Arbeitserledigungskosten) als einflussreiche Faktoren auf die Kosten der Produktion. Während jedoch die Kosten in Abhängigkeit von der Schwere des Bodens nur mit etwa 31 € je Hektar variieren, nehmen die Kosten in Abhängigkeit von der Hangneigung ab 15 % überproportional zu und betrügen bei einer Neigung von 20 % etwa 350 € statt 225 € bzw. 245 € bei 0 % bzw. 15 % Hangneigung. Dabei ergibt sich der überproportionale Kostenverlauf aus der Annäherung an die Einsatzgrenze des Ackerpfluges (MÖLLER et al., 1999, S. 36ff).

Insgesamt lässt sich an erster Stelle die Größe der Schläge als kostenbeeinflussender Faktor nennen. Die Schlaggröße ist, ebenso wie die Hangneigung und die Schwere des Bodens, zu den Faktoren zu zählen, die über die Arbeitserledigungskosten die flächenabhängigen Kosten beeinflussen. Zusammen mit den ertragsabhängigen Kosten ergeben sich die Gesamtkosten eines Produktionsverfahrens. Da bei Unterstellung eines rational agierenden Produzenten (Gewinnmaximierung) erst bei einer positiven Bodenrente von der Aufnahme bzw. Fortführung einer landwirtschaftlichen Produktion auszugehen ist, muss die Bodenrente mindestens Null sein, d. h. mindestens den flächenabhängigen Kosten entsprechen, damit die Bewirtschaftung aufgenommen bzw. fortgeführt wird (KUHLMANN et al., 2002b, S. 121f).

Es wird ersichtlich, dass nur ein Teil der kostenbestimmenden Faktoren durch die Produzenten beeinflusst werden kann. Wie aus den obigen Ausführungen schon ersichtlich wurde, sind bei den flächenabhängigen Kosten vor allem Kosteneinsparungen durch größere Schläge zu erzielen. Entsprechend kann in Simulationen mit dem Modell ProLand gezeigt werden, dass die erzielbare Wertschöpfung (Bodenrente ohne Entlohnung von Arbeit und Kapital) mit zunehmender Schlaggröße weiter ansteigt. Eine leichte Abnahme der Wertschöpfung ist zu beobachten, wenn die durchschnittliche Schlaggröße unter 5 Hektar sinkt. Bei Schlaggrößen von weniger als 2 Hektar nimmt die Wertschöpfung deutlich ab (MÖLLER et al., 2002, S. 49).

Neben der Bodenrente bzw. Wertschöpfung weist das Modell die entsprechenden Flächenanteile der Nutzungen Ackerland, Grünland, Wald und Brache aus. Die Anteile ergeben sich aus den unterstellten Parametern der Simulationsläufe. Bei den Simulationen zu den unterschiedlichen Schlaggrößen nimmt der Waldanteil mit zunehmender Schlaggröße ab, weil andere Nutzungen vorzüglicher werden. Dahingegen nimmt bspw. der Ackerbau bis zu einer Schlaggröße von 1 Hektar zu und bei größeren Schlägen wieder ab (MÖLLER et al., 2002, S. 47f). Die Variation der Flächenanteile lässt sich durch die Kostenstruktur für die jeweiligen Produktionsverfahren und die erzielbaren Erträge bzw. durch die erzielbare Bodenrente erklären. Damit kommt der Schlaggröße eine zentrale Bedeutung für die Flächenanteile der unterschiedlichen Nutzungen (Ackerland, Grünland, Wald oder Brachflächen) zu.

2.3 Zusammenfassung

Um den thematischen Hintergrund dieser Arbeit und die Einbindung des Projekts in den SFB 299 zu verdeutlichen, wurden in diesem Kapitel zunächst die inhaltichen Ziele und der Aufbau des SFB 299 vorgestellt. Daran anschließend wurde ein allgemeiner Überblick über die verschiedenen Landschaftsfunktionen gegeben und im Weiteren die Arbeiten zu den Landschaftsfunktionen in den Projekten des SFB 299 näher erläutert. Dabei lag der Fokus auf der Herausarbeitung der funktionalen Zusammenhänge, um zu verdeutlichen, wie sich Veränderungen der Landnutzung auf die Landschaftsfunktionen auswirken. Dazu wurden ebenfalls die entsprechenden Indikatoren für ihre Messung präsentiert. Die vorgestellten Arbeiten stellen damit die Grundlage für die eigene empirische Untersuchung dar, deren Ziel es ist, die möglichen Veränderungen der Landschaftsfunktionen zu bewerten.

Dabei wird im Weiteren zu klären sein, welche Landschaftsfunktionen in der empirischen Untersuchung berücksichtigt werden können bzw. sollen, damit eine erfolgreiche Bewertung geleistet werden kann.

Vor der Betrachtung der methodischen Anforderungen für die empirische Arbeit sollen jedoch zunächst die theoretischen Grundlagen erarbeitet werden. Das folgende Kapitel geht daher näher auf die ökonomische Fundierung der Umweltbewertung ein.

3 Ökonomische Umweltbewertung – Anwendungsorientierte Grundlagen

In diesem Kapitel werden die Grundlagen der ökonomischen Umweltbewertung vorgestellt. Dabei stehen vor allem die anwendungsorientierten Aspekte im Mittelpunkt. Zunächst wird in Kapitel 3.1 die Notwendigkeit der monetären Bewertung von Umweltgütern skizziert. Darauf aufbauend gibt Kapitel 3.2 einen Überblick über die unterschiedlichen Wertkomponenten von Umweltgütern. Das anschließende Kapitel 3.3 verdeutlicht schließlich die wohlfahrtsökonomischen Grundlagen. Die Ausführungen werden bewusst knapp gehalten, da es bereits eine Vielzahl von wissenschaftlichen Arbeiten gibt, die eine erschöpfende Darstellung beinhalten.

3.1 Notwendigkeit der monetären Bewertung von Umweltgütern

Umweltgüter lassen sich prinzipiell den öffentlichen Gütern zuordnen. Diese zeichnen sich durch die beiden Eigenschaften der Nicht-Rivalität und der Nicht-Ausschließbarkeit aus. Das bedeutet, dass zum einen die Nutzung des Gutes durch eine Person nicht die Nutzung desselben Gutes durch weitere Personen beeinträchtigt und zum anderen, dass niemand von der Nutzung dieses Gutes ausgeschlossen werden kann. Jedoch stellt dieses so beschriebene öffentliche Gut als reines Kollektivgut eher einen theoretischen Fall dar. In der Realität finden sich zumeist Abstufungen des „öffentlichen" Gutes, bei denen entweder die Nicht-Rivalität oder die Nicht-Ausschließbarkeit nur eingeschränkt gewährleistet ist. So kann bspw. niemand davon ausgeschlossen werden, sich auf einer Wiese in die Sonne zu legen, allerdings tritt bei Überfüllung durchaus eine Nutzungsrivalität ein (KOLSTAD, 2000, S. 78ff).

Öffentliche Güter werden im Gegensatz zu privaten Gütern nicht auf Märkten gehandelt, da für sie kein Preis existiert. Dennoch tragen Umweltgüter zur Befriedigung menschlicher Bedürfnisse bei, bspw. in Form von Spaziergängen oder Radfahren durch einen Wald oder dem Beobachten von Tieren. Üblicherweise wird sich der „Konsument" eines öffentlichen Gutes keine Gedanken darüber machen, wie seine Wertschätzung für dieses Gut aussieht und welchen Nutzen es ihm stiftet, solange es reichlich vorhanden ist.

Jedoch hat sich durch die gesamtgesellschaftlichen Entwicklungen in den letzten Jahrzehnten eine Reihe von Umweltgütern zu knappen Gütern entwickelt. So kann eine Intensivierung der landwirtschaftlichen Produktion in manchen Regionen bspw. zu einem Rückgang der landschaftstypischen Artenvielfalt führen, während sich in anderen Regionen, in denen sich die Landwirtschaft zurückzieht, eine – negativ wahrgenommene – Veränderung der Kulturlandschaft feststellen lässt. Wenn ein Umweltgut, wie hier beschrieben, als Nebenprodukt einer anderen – hier landwirtschaftlichen – Tätigkeit anfällt, spricht man von einer Koppelproduktion. Solange die landwirtschaftliche Nahrungsmittelproduktion rentabel ist, wird auch das Koppelprodukt „Kulturlandschaft" bzw. „Landschaftsidylle" quasi nebenher im ausreichenden Umfang bereitgestellt. Solche Koppelprodukte werden auch als externe Effekte bezeichnet, die bei wirtschaftlichen Aktivitäten anfallen. Externe Effekte sind definiert als Auswirkungen, die in positiver oder negativer Form in die Nutzen- bzw. Produktionsfunktion eines Dritten eingehen, ohne dessen Erlaubnis oder Entschädigung (KOLSTAD, 2000, S. 91).

Es bleibt die Frage, wie sich für öffentliche Güter Preise finden lassen. Das Problem hierbei ist, dass die Individuen keinen Anreiz haben, ihre wahren Präferenzen offenzulegen, wenn sie davon ausgehen können, dass ihre geäußerte Zahlungsbereitschaft positiv mit der von ihnen zu entrichtenden Summe für die Bereitstellung des Gutes verknüpft ist. Ist der eigene Finanzierungsbeitrag im Vergleich zum Gesamtbetrag, der für die Bereitstellung erforderlich ist, klein, kann davon ausgegangen werden, dass selbst bei der Angabe einer Zahlungsbereitschaft von Null die Bereitstellung des Gutes nicht in Frage gestellt ist. Ein Individuum wird daher versuchen in den Genuss des Gutes zu kommen ohne seiner wahren Zahlungsbereitschaft entsprechend zu zahlen. Dieses Trittbrettfahrerverhalten hat schließlich zur Folge, dass das öffentliche Gut nur in einer suboptimalen Menge bereitgestellt würde (POMMEREHNE, 1987, S. 5f).

Warum ist es trotz dieser Schwierigkeiten sinnvoll, die Präferenzen für öffentliche Güter zu erfassen? Hier kann zum einen die effiziente Bereitstellung der öffentlichen Güter genannt werden, d. h. um zu gewährleisten, dass das knappe (öffentliche) Gut bestmöglich zur Realisierung der angestrebten Ziele genutzt werden kann. Ein Gut wird jedoch nur dann effizient genutzt, wenn die Differenz aus volkswirtschaftlichen Nutzen und Kosten maximal ist bzw. die Grenzkosten dem Grenznutzen entsprechen. Dazu müssen jedoch sowohl der volkswirtschaftliche Nutzen als auch die Kosten bekannt sein. Zum anderen ist die Abschätzung von Nutzen und Kosten öffentlicher Maßnahmen im Rahmen einer Nutzen-Kosten-Analyse zu nennen. Dies setzt jedoch voraus, dass die zur Auswahl stehenden Alternativen mittels individueller Präferenzen bewertet werden können (POMMEREHNE, 1987, S. 8).

Ein weiteres Argument für eine monetäre Bewertung stellt das Verständlichkeitsargument dar. Die Kostenabschätzung wird dabei als Möglichkeit gesehen die gesellschaftliche Bedeutung von Umweltschäden bzw. des Wertes eines Umweltgutes aufzuzeigen. Auf diese Weise kann auch der Laie eine Einschätzung im Vergleich zu anderen Dingen vornehmen. Ebenso trägt eine monetäre Bewertung zur Versachlichung der Diskussion um Umweltgüter bei, da so nicht nur der Schaden an einem Umweltgut in Geldeinheiten beschrieben wird, sondern auch der Nutzen. Dies minimiert die Gefahr, nur mit ethischen und ideologischen Argumenten den Umweltschutz zu begründen. In Bezug auf eine Internalisierung von externen Effekten kann durch die Bewertung auch ein optimales Vorgehen sowohl bei positiven als auch bei negativen externen Effekten erzielt werden, da auf diese Weise genügend Informationen über den Wert dieser Effekte zur Verfügung stehen. Letztlich können die (knappen) Mittel für den Umweltschutz auch nur dann effizient eingesetzt werden, wenn der Nutzen für die verschiedenen Handlungsalternativen bekannt ist (CORELL, 1994, S. 5f).

Eine ökonomische Bewertung nimmt dabei keine Bewertung der Umwelt vor, sondern erfasst die Präferenzen der Individuen bzgl. der Veränderungen von Umweltgütern (TURNER et al., 1993, S. 38). Dennoch erscheint es für viele Personen befremdlich, wenn sie verschiedene Umweltveränderungen bewerten sollen und sie fühlen sich unsicher, den Wert von Umweltgütern in Geldeinheiten zu bemessen, da dieser Ansatz für sie gänzlich ungewohnt ist. Als häufiges Argument gegen eine Monetarisierung von Umweltgütern wird angeführt, dass die Interessen der Menschen zwar eine Rolle spielen, der Umwelt jedoch darüber hinaus auch ein intrinsischer Wert zugemessen werden muss. Dieses Werteverständnis von Umwelt wird jedoch durch die ökonomische Bewertung nicht abgesprochen. Es ist vielmehr jedem Menschen selbst zu überlassen, ob er dieser Ansicht zustimmt oder nicht. Die ökonomische Bewertung erfasst vielmehr den „greifbaren" Wert, der den Umweltgütern durch die Individuen beigemessen wird. Auch das Argument, dass das Schicksal der Umwelt nicht durch menschliche Interessen bestimmt werden darf, lehnt das anthropozentrische Werteverständnis der Ökonomie ab. In diesem Zuge wird häufig angeführt, dass die Menschen teils selbst nicht in der Lage sind im Sinne ihres eigenen Wohlergehens zu entscheiden und zu handeln, und dass ihnen darüber hinaus das notwendige Wissen und Verständnis für die Umweltgüter fehlt.

Trotz der vorgebrachten Argumente gegen eine monetäre Bewertung von Umweltgütern, ist hierin die einzige Möglichkeit zu sehen, auf einer allgemein anerkannten und verständlichen Basis den Nutzen von Umweltgütern zu erfassen und ebenfalls der Öffentlichkeit zugänglich zu machen. Wie im Folgenden gezeigt werden wird, berücksichtigt die monetäre Bewertung ebenfalls selbstlose Motive des Schutzes von Umwelt, z. B. den Erhalt für nachfolgende Generationen oder um ihrer selbst Willen. Zudem muss festgehalten werden, dass auch eine Nichtbewertung ein implizites Werturteil enthält, das allerdings der Allgemeinhalt verborgen bleibt (TURNER et al., 1993, S. 109 zitiert nach WRONKA, 2004, S. 9).

3.2 Wertkomponenten von Umweltgütern

Bevor eine Bewertung von Umweltgütern erfolgen kann, muss zunächst geklärt werden, was unter dem „Wert" eines solchen Gutes zu verstehen ist. In der Mikroökonomie ist der Wert eines Gutes ein Ausdruck für die Wichtigkeit, die es für die Befriedigung der subjektiven Bedürfnisse besitzt, wobei nur solche Güter einen Wert besitzen können, die dem Sachverhalt der Knappheit unterworfen sind (GABLER WIRTSCHAFTSLEXIKON, 2000, S. 3462). Dabei leitet die subjektivistische Wertlehre, wie sie in marktwirtschaftlich organisierten Volkswirtschaften vertreten wird, den Wert eines

Gutes vom Gebrauchswert ab und ist daher von dessen Nützlichkeit abhängig (CORELL, 1994, S. 7). Welchem Wert ein Umweltgut beigemessen wird, hängt somit von den individuellen Präferenzen einer jeden Person ab. Diese stellen damit auch keinen fixen Wert dar, sondern können sich über den Zeitablauf oder aufgrund einer veränderten Situation oder Einstellung ändern. Dementsprechend ist auch der Wert des Umweltgutes keine feststehende Größe. Dies wird ebenfalls leicht ersichtlich, wenn bedacht wird, dass sich auch die Knappheitssituation dieses Umweltgutes ändern kann.

Der Wert eines Umweltgutes setzt sich aus einer Vielzahl von Komponenten zusammen. Für die Gesamtheit dieser Wertbestandteile hat sich der Begriff des „ökonomischen Gesamtwertes“ etabliert. Abbildung 5 gibt einen Überblick über die unterschiedlichen Wertkomponenten eines Umweltgutes.

Abbildung 5: Ökonomischer Gesamtwert eines Umweltgutes

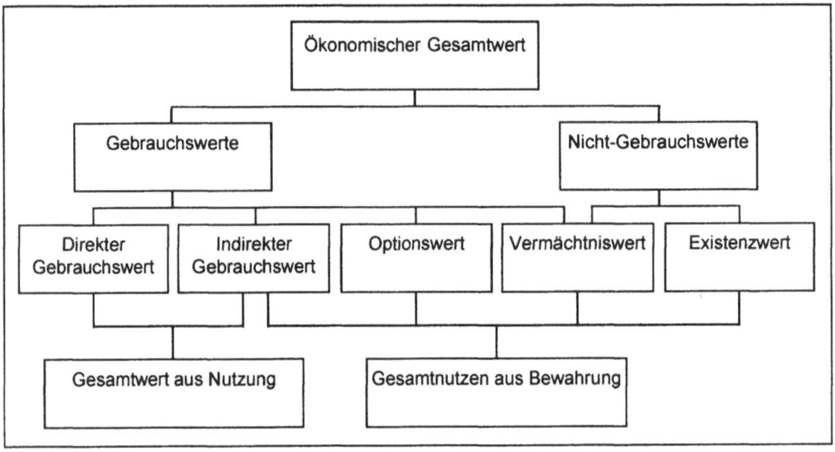

Quelle: In Anlehnung an TURNER et al., 1993, S. 112

Der ökonomische Gesamtwert setzt sich aus den Gebrauchswerten und den Nicht-Gebrauchswerten eines Umweltgutes zusammen. Die Gebrauchswerte können nochmals unterteilt werden in die direkten und die indirekten Gebrauchswerte. Die direkten Gebrauchswerte beinhalten die tatsächliche Nutzung des jeweiligen Umweltgutes und lassen sich in der Regel einfach erfassen, wenn Produkte auf Märkten gehandelt werden, wie bspw. Agrarrohstoffe. Schwieriger gestaltet sich hingegen die Ermittlung der indirekten Gebrauchswerte, da diese nicht auf Märkten gehandelt werden. Hierzu zählen bspw. Spaziergänge durch einen Wald. Eine Zwischenstellung zwischen den Gebrauchs- und den Nicht-Gebrauchswerten nehmen der Optionswert und der Vermächtniswert ein, da diese eine (mögliche) Nutzung der Umweltressource in der Zukunft beinhalten.

Der **Optionswert**, der von WEISBROD (1964) geprägt wurde, stellt die Zahlungsbereitschaft einer Nutzung des Umweltgutes in der Zukunft dar. Ist die Bereitstellung des Gutes jedoch sicher und die Präferenzen der jeweiligen Person sind stabil, dann ist der Optionswert für dieses Gut gleich Null. Gibt es jedoch Unsicherheiten auf der Angebots- oder Nachfrageseite, dann kann der Optionswert sowohl positiv als auch negativ sein. Dies hängt von der Risikobereitschaft der Person ab. Dabei werden risikoscheue Personen eher einen positiven und risikofreudige Menschen einen negativen Optionswert haben. CONRAD (1980) unterscheidet ebenfalls den **Quasi-Optionswert** als eine Variante des Optionswertes, der den Nutzen einer Entscheidungsverschiebung beinhaltet, wenn die Höhe des eigenen Nutzens nicht bekannt ist und gleichzeitig eine Entscheidung irreversible Auswirkungen auf die Umweltressource hätte. Insofern kann der Quasi-Optionswert als der Wert der notwendigen Informationen über Nutzen und Kosten angesehen werden (PEARCE und TURNER, 1990, S. 134).

Der **Vermächtniswert** stellt ebenfalls einen in die Zukunft verschobenen Gebrauchswert dar. Jedoch stellt er keinen Gebrauchswert für die bewertende Person dar, sondern diese möchte das Umweltgut für eine mögliche Nutzung nachfolgender Generationen erhalten (TURNER et al., 1993, S. 113). Da keine Aussage über die Nutzung oder Nicht-Nutzung durch diese Personen möglich ist, nimmt der Vermächtniswert eine Zwischenstellung zwischen Gebrauchs- und Nicht-Gebrauchswerten ein.

Der **Existenzwert**, der erstmals von KRUTILLA (1967) erwähnt wurde, stellt einen Nicht-Gebrauchswert dar. Er beinhaltet eine Zahlungsbereitschaft für die Erhaltung einer Ressource, ohne dass die betreffende Person dieses jemals nutzen wird oder dies beabsichtigt (PEARCE und TURNER, 1990, S. 134). Dass Existenzwerte für viele Menschen eine wichtige Rolle spielen, lässt sich durch das enorme Spendenaufkommen für Projekte wie den Schutz des Regenwaldes oder des sibirischen Tigers belegen. Es ist davon auszugehen, dass nur ein geringer Prozentsatz der Menschen, die für solche Projekte spenden, in ihrem Leben eine Reise in den Regenwald unternehmen werden oder einen sibirischen Tiger zu Gesicht bekommen werden. Die Existenzwerte resultieren u. a. aus Sympathie und einem Bewusstsein für die Existenzrechte nicht nur menschlicher Lebewesen (BISHOP und WELSH, 1992, S. 405; TURNER et al., 1993, S. 113).

Der **ökonomische Gesamtwert** setzt sich aus allen genannten Komponenten zusammen und ergibt sich somit aus der Summe der direkten und indirekten Gebrauchswerte, des Optionswert und des Quasi-Optionswertes, des Vermächtnis- und des Existenzwertes.

Der Gesamtwert aus Nutzung ergibt sich dabei aus den direkten und den indirekten Gebrauchswerten, während der Gesamtnutzen aus Bewahrung aus dem Options-,

Vermächtnis- und Existenzwert sowie ebenfalls aus dem indirekten Gebrauchswert resultiert.

Schwierigkeiten bei der Ermittlung des ökonomischen Gesamtwertes ergeben sich laut TURNER et al. (1993) auch aus dem Umstand, dass die Bewertung eines Umweltgutes zunächst ein existierendes und intaktes Ökosystem voraussetzt, an dem eine Bewertung ansetzen kann. Insofern kann eine Bewertung nur diese Sekundärwerte erfassen, nicht aber die Primärwerte eines Umweltgutes. Auch gestaltet sich die Abgrenzung der einzelnen Wertkomponenten als durchaus schwierig, vor allem für eine Unterscheidung zwischen Options- und Vermächtniswert. Diese Schwierigkeiten resultieren auch in unterschiedlichen Klassifizierungen der verschiedenen Komponenten in der Literatur, die allerdings zumeist nur geringfügig voneinander abweichen (MITCHELL und CARSON, 1989, S. 59ff).

3.3 Wohlfahrtsökonomische Grundlagen der Umweltbewertung

Im Mittelpunkt der Wohlfahrtsökonomie steht die Frage, wie sich knappheitsorientierte Kosten und Nutzen von Gütern erfassen und miteinander vergleichen lassen. Dabei erfolgt eine ökonomische Bewertung auf der Grundlage von marginalen Wertschätzungen. Damit wird also nicht der absolute Nutzen eines Gutes bewertet, sondern die mit einem Tausch verbundene Nutzenänderung, die auch als Wohlfahrtseffekt bezeichnet wird. Schwierigkeiten ergeben sich dadurch, dass der Nutzen eines Konsumenten nicht am Markt beobachtet werden kann (JUST et al., 2004, S. 98).

Die Nutzentheorie liefert das erforderliche theoretische Konzept, wobei die Theorie des Konsumentenverhaltens unterstellt, dass Konsumentensouveränität und Rationalverhalten vorliegen. Unter ersterem ist zu verstehen, dass der Konsument nach eigenem Ermessen und entsprechend seiner Präferenzen sich für ein Produkt entscheidet. Die Annahme des Rationalverhaltens besagt, dass die Konsumenten Nutzenmaximierer sind, wobei das Einkommen als Restriktion wirksam wird. Dabei ist ein sich rational verhaltener Konsument in der Lage, zwischen verschiedenen Produkten abzuwägen und diese, unter der Annahme der Gültigkeit des Vollständigkeits-, Transitivitäts- und des Reflexivitäts-Axioms, in eine Präferenzordnung zu bringen[10]. Das Ziel der Nutzenmaximierung lässt sich durch folgende Funktion beschreiben:

(1) $$Max(U) = U(q_1, \ldots, q_n, Q),$$

wobei U den Nutzen repräsentiert, q sind die Güter und Q die Umweltqualität. Die Nutzenmaximierung erfolgt dabei unter der Bedingung der Budgetrestriktion, also:

(2) $$\sum_{i=1}^{n} p_i q_i + p_q Q = Y.$$

10 Eine ausführliche Herleitung der Axiome liefert KREPS (1990).

Y ist das Einkommen und p_q der Preis für das Gut Umweltqualität. Wie zu erkennen ist, können sowohl Änderungen in der Güterstruktur als auch Veränderungen der Umweltqualität in Wohlfahrtsänderungen resultieren. Durch Umstellung erhält man die nachgefragten Mengen der Güter und für die Umweltqualität als Funktion von Preisen und Einkommen.

Aufbauend auf dem Grundgedanken der kardinalen Nutzentheorie entwickelte DUPUIT (1844) das Konzept der Konsumentenrente, das von MARSHALL (1930) ausformuliert wurde, und das auf der Basis einer kontinuierlichen Nachfragefunktion eine Marginalanalyse ermöglicht (HANLEY und SPASH, 1993, S. 29). Die Grundannahme des Ansatzes verlangt, dass der Konsument die Differenz von zwei Nutzenniveaus quantifizieren kann (MARGGRAF und STREB, 1997, S. 48f). Das Konzept der Konsumentenrente weist jedoch einige restriktive Annahmen auf, die sich in der Anwendung als restriktiv erwiesen haben. Hierzu zählt zum einen die Pfadabhängigkeit der Konsumentenrente und die Annahme des konstanten Grenznutzens des Einkommens[11]. Die Konsumentenrente gibt nur für den Fall die wahre Nutzenänderung an, dass der Einkommenseffekt bzw. die Elastizität für alle Güter, deren Preise sich (simultan) verändern können, gleich Null ist (JUST et al., 2004, S. 106; HANLEY und SPASH, 1993, S. 29f) bzw. für den Spezialfall einer homothetisch und additiv separablen Nutzenfunktion (JUNG, 1996, S. 26).

Basierend auf der von PARETO (1896) begründeten ordinalen Nutzentheorie wurden angesichts der Restriktionen bei der Anwendung der Konsumentenrente als Wohlfahrtsmaß von HICKS (1939) die Maße der kompensierenden und der äquivalenten Variation entwickelt, die die korrekten theoretischen Maße zur Wohlfahrtsmessung darstellen. Im Unterschied zur Berechnung der Konsumentenrente ist auf diese Weise eine Aufschlüsselung des Einkommens- und des Substitutionseffekts möglich. Die graphische Ableitung der kompensierenden und äquivalenten Variation ist in Abbildung 6 (oberer Teil) darstellt.

In der Ausgangssituation ist ein Zwei-Güter-Fall (X_1 als Umweltgut und X_2 als Gesamtheit aller Konsumgüter) dargestellt mit der Budgetgerade, zugehöriger Indifferenzkurve U_0 und einem Konsum in Punkt a mit den entsprechenden Mengen X_1' und X_2'. Der Preis des Gutes X_2 ist auf Eins festgelegt. Damit lässt sich das Einkommen Y_0 als Achsenabschnitt auf der Ordinate ablesen.

Kommt es nun zu einem Preisrückgang von p_0 auf p_1 für das Umweltgut, dreht sich die Budgetgerade um den Punkt Y_0 nach außen, da nun bei gleichem Einkommen mehr von X_1 konsumiert werden kann. Es wird nun die Menge X_1'' und X_2'' konsumiert (Punkt b). Das neue Gleichgewicht entspricht den Konsummengen, wie sie auch durch die Marshallsche Nachfragefunktion angegeben werden. Der Konsument

11 Eine ausführliche Darstellung liefern JUST et al. (2004, S. 102ff).

realisiert durch den Preisrückgang ein höheres Nutzenniveau U_1. Wie groß ist nun der Wohlfahrtseffekt, der sich lediglich aus der neuen Preisrelation ergibt, also wenn der Konsument weiter das alte Nutzenniveau U_0 realisiert? Diese Wohlfahrtsänderung wird durch die kompensierende Variation („compensating variation" CV) angegeben. Im Fall des Preisrückgangs wäre das der Einkommensbetrag, der dem Konsumenten weggenommen werden müsste, damit er weiterhin sein altes Nutzenniveau U_0 realisiert. Graphisch lässt sich die kompensierende Variation ermitteln, indem eine Parallele der neuen Budgetgeraden nach links verschoben wird bis sie die Indifferenzkurve U_0 tangiert (Punkt c). Sie kann als Differenz der Achsenabschnitte der neuen Budgetgeraden und der zu ihr parallelen Tangente an U_0 auf der Ordinate abgelesen werden und entspricht in der Abbildung 6 dem Betrag aus $Y_0 - Y_1$.

Die **kompensierende Variation** ist also der Geldbetrag[12], um den das Einkommen des betrachteten Konsumenten im Falle einer Preis- und/oder Einkommensänderung ändern muss, damit dieser sein ursprüngliches Nutzenniveau wieder erreicht (MARGGRAF und STREB, 1997, S. 89f; JUST et al., 2004, S. 123).

Im Unterschied zur kompensierenden Variation geht die äquivalente Variation („equivalent variation" EV) von dem neuen Nutzenniveau als Referenz aus. Wie groß ist der Wohlfahrtseffekt, wenn das neue Nutzenniveau realisiert werden soll, der Konsument aber auf den Preisrückgang verzichtet? Der Konsument erreicht also das neue Nutzenniveau U_1, jedoch gilt die Preisrelation entsprechend der ursprünglichen Budgetgeraden bzw. des Preises p_0 für das Umweltgut X_1. Graphisch lässt sich das neue Gleichgewicht finden durch Parallelverschiebung der (alten) Budgetgeraden bis sie die Indifferenzkurve U_1 tangiert (Punkt e). Die äquivalente Variation kann als Differenz der Achsenabschnitte der alten Budgetgeraden und der zu ihr parallelen Tangente an U_1 auf der Ordinate abgelesen werden und entspricht in der Abbildung 6 dem Betrag aus $Y_2 - Y_0$.

Die **äquivalente Variation** entspricht also dem Betrag, um den man das Einkommen, das dem betrachteten Konsumenten in der Ausgangssituation zur Verfügung steht, erhöhen bzw. vermindern muss, damit dieser trotz Verzichts auf eine Preis- oder Einkommensänderung das neue Nutzenniveau erreicht (JUST et al., 2004, S. 123; MARGGRAF und STREB, 1997, S. 96). Während die äquivalente Variation das neue Nutzenniveau als Vergleichsmaßstab verwendet, bildet bei der kompensierenden Variation das anfängliche Nutzenniveau die Referenz. Dieser Unterschied ist bedeutsam, da er unterschiedliche Ansprüche bzw. Verfügungsrechte unterstellt. Bei der äquivalenten Variation wird davon ausgegangen, dass der Konsument ein Recht auf Erreichen des neuen Nutzenniveaus hat (HANLEY und SPASH, 1993, S. 38).

12 Dieser kann z. B. im Fall einer Preiserhöhung oder einer Einkommensminderung auch negativ sein.

Im unteren Teil von Abbildung 6 ist ebenfalls die Ableitung der kompensierten (Hickschen) und der unkompensierten Marshallschen Nachfragekurve dargestellt, die sich aus der Änderung der nachgefragten Mengen bei unterschiedlichen Preisen (p_0 und p_1) ergibt. Die Unterschiede der Nachfragekurven ergeben sich aus der bereits oben erläuterten unterschiedlichen Berücksichtigung der Substitutions- und Einkommenseffekte. Bewegungen auf der Marshallschen Nachfragekurve beinhalten somit immer sowohl den Einkommens- als auch den Substitutionseffekt. Da keine Kompensation stattfindet, um den Einkommenseffekt einer Preisänderung zu berücksichtigen, spricht man auch von einer unkompensierten Nachfragekurve, bei der die Preise aller anderen Güter und das Einkommen konstant gehalten werden und nur das Nutzenniveau variabel ist (JUST et al., 2004, S. 125).

Im Unterschied zur Bestimmung der unkompensierten Nachfragefunktion (entsprechend Gleichung (1) und (2)) auf Basis der Nutzenmaximierung, werden die kompensierten Nachfragefunktionen durch Minimierung der Kosten zur Erreichung eines bestimmten Nutzenniveaus (z. B. Indifferenzkurve U_0)

(3) $\min A = A(p_1,\ldots,p_n,U)$

unter der Nebenbedingung der Einhaltung eines Nutzenniveaus

(4) $U = U^*$

ermittelt (MARGGRAF und STREB, 1997, S. 69ff).

Die Hickschen kompensierten Nachfragekurven geben die Nachfrage nach einem Gut an, wobei das Nutzenniveau konstant gehalten wird und nur das Einkommen variabel ist (JUST et al., 2004, S. 125). Entsprechend lassen sich in Abhängigkeit von dem gewählten Referenz-Nutzenniveau (U_0 oder U_1) zwei Hicksche Nachfragekurven identifizieren.

Es lässt sich im unteren Teil der Abbildung 6 erkennen, dass die Änderung der Konsumentenrente, als die Fläche unter der Marshallschen Nachfragekurve und zwischen den Preisen p_0 und p_1 (Fläche m+n), weder genau der kompensierenden Variation (Fläche m) noch der äquivalenten Variation (Fläche m+n+l) entspricht. Vielmehr gilt:

(5) CV < Konsumentenrente < EV.

Für den in Abbildung 6 betrachteten Fall einer Preissenkung ist die äquivalente Variation am größten. Der umgekehrte Fall ergibt sich bei Betrachtung einer Preiserhöhung. Nur für den Fall, dass die Einkommenselastizität der Nachfrage gleich Null ist, sind alle drei Werte identisch. In diesem Fall ist auch der Einkommenseffekt der Preisänderung gleich Null, so dass auch auf der Marshallschen Nachfragekurve nur die Substitutionseffekte betrachtet werden (JUST et al., 2004, S. 131f).

Abbildung 6: Ableitung der kompensierenden und äquivalenten Variation

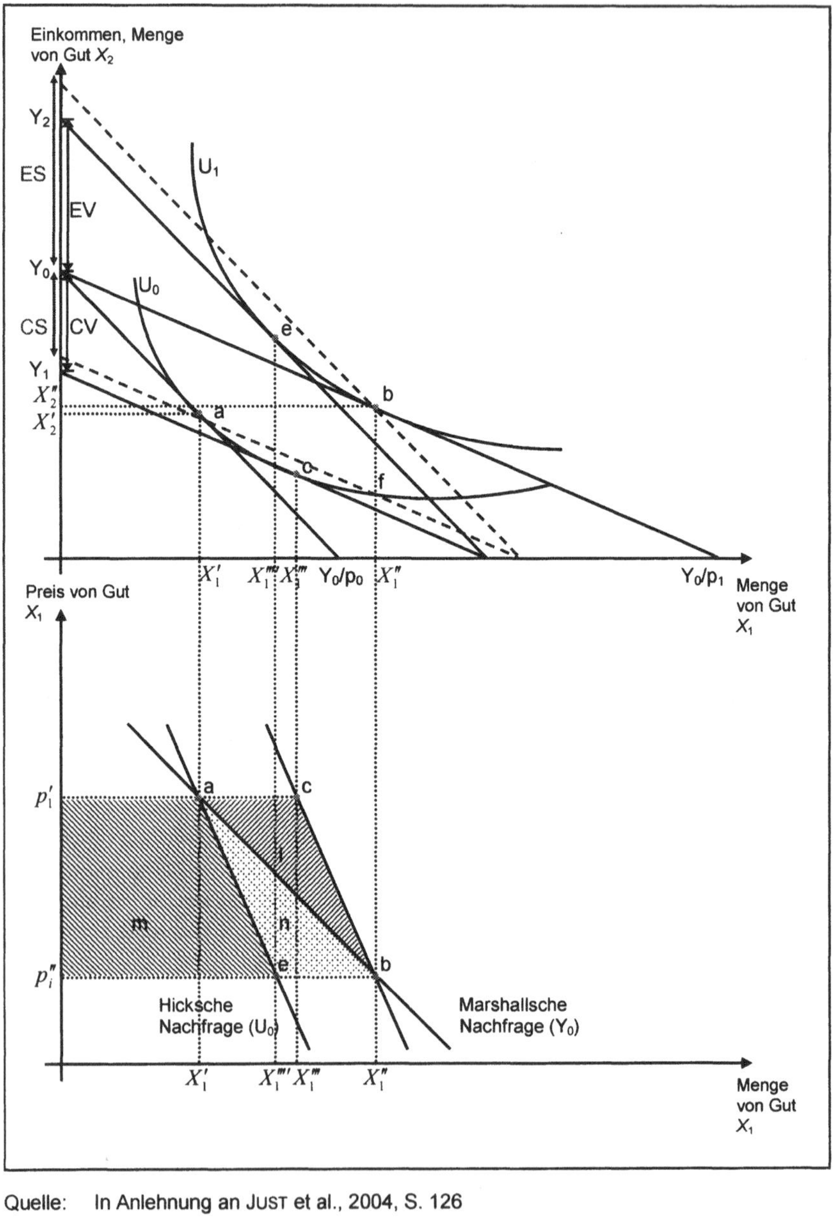

Quelle: In Anlehnung an JUST et al., 2004, S. 126

Eine bedeutsame Einschränkung der Variationsmaße ergibt sich durch die Annahme der freien und preisabhängigen Wählbarkeit der Mengen. Diese ist für Umweltgüter in der Regel nicht gegeben, vielmehr stehen häufig nur verschiedene Abstufungen „zur Verfügung". Die in diesem Fall geeigneten und exakten Wohlfahrtsmaße stellen die ebenfalls von HICKS entwickelten Surplus Maße dar, wobei auch hier der äquivalente und der kompensierende Surplus unterschieden werden kann. Die Surplus Maße sehen im Unterschied zu den Variationsmaßen von der unendlichen Teilbarkeit sowie der freien Mengen- und Qualitätswahl des Umweltgutes ab (JUNG, 1996, S. 28). Erhöht sich bspw. die Menge eines Umweltgutes oder dessen Qualitätszustand von X_1' auf X_1'' (vgl. Abbildung 6) ergibt sich der gleiche Gleichgewichtspunkt (Punkt b) wie bei der zuvor betrachteten Preissenkung von p_1 auf p_1. Die Budgetgerade dreht sich nach außen und es wird das neue Nutzenniveau U_1 realisiert. Im Unterschied zur kompensierenden Variation ergibt sich der kompensierende Surplus nun durch die Verschiebung einer zur neuen Budgetgerade parallelen Geraden bis an den Schnittpunkt der alten Indifferenzkurve U_0, bei dem die Menge X_1'' konsumiert wird (vgl. Abbildung 6 (oberer Teil) gestrichelte Linie). Das neue Gleichgewicht wird in Punkt f realisiert. Der kompensierende Surplus (CS) kann wiederum an der Ordinate abgelesen werden und entspricht der vertikalen Differenz der Achsenabschnitte von neuer Budgetgerade mit dem Schnittpunkt der Parallelen mit der Indifferenzkurve U_0 bei einer Menge X_1'' des Umweltgutes. Da das Umweltgut nicht in jeder beliebigen Menge konsumiert werden kann (kein Tangentialpunkt der Budgetgeraden an die Indifferenzkurve), ist der kompensierende Surplus kleiner als die kompensierende Variation.

Entsprechend kann auch der äquivalente Surplus (ES) dargestellt werden. Referenz ist hier jedoch das neue Nutzenniveau U_1 bei alter Budgetgeraden. Durch eine Parallelverschiebung der Budgetgeraden ergibt sich der Schnittpunkt mit der Indifferenzkurve U_1 im Punkt b. Im Vergleich zur äquivalenten Variation muss der Konsument mit einem höheren Betrag entschädigt werden, der dem äquivalenten Surplus entspricht.

Die Methoden der geäußerten Präferenzen sind in der Lage durch die in der Umweltökonomie verankerten Konstrukte der Zahlungsbereitschaft (ZB oder „willingness to pay" WTP) und Entschädigungsforderung (EF oder „willingness to accept" WTA) ein exaktes Maß für die Surplus Maße zu ermitteln[13]. Dabei ist die maximale **Zahlungsbereitschaft** definiert als der Betrag, den eine Person bereit ist zu zahlen, um eine

13 Methoden der beobachteten Präferenzen ermitteln die Konsumenterente als Approximation für die Änderung der Wohlfahrt, da diese über die am Markt beobachtbare Marshallsche Nachfragefunktion berechnet werden kann. Untersuchungen von WILLIG (1976) und RANDALL und STOLL (1980) zeigen, dass die Konsumentenrente unter bestimmten Annahmen eine gute Approximation (mit Fehlern unter 5 %) der Wohlfahrtsänderung ermöglicht (WRONKA, 2004, S. 16f). MARGGRAF und STREB (1997) präsentieren eine alternative Möglichkeit, die eine Berechnung der Variationsmaße aus der unkompensierten Nachfragefunktion erlaubt.

Wohlfahrtsverbesserung zu bewahren bzw. um einen Wohlfahrtsverlust zu vermeiden. Unter der minimalen **Entschädigungsforderung** versteht man den Betrag, den eine Person als Kompensation für eine Wohlfahrtsverschlechterung fordert bzw. den sie für den Verzicht auf eine Wohlfahrtssteigerung verlangen würde.

Abbildung 7 gibt einen Überblick über den Zusammenhang der Surplus Maße und der jewieligen Zahlungsbereitschaften. Auf der Ordinate ist die Menge bzw. Qualität des Umweltgutes abgetragen und auf der Abzisse das dem Konsumenten zur Verfügung stehende Einkommen. Ausgehend von der Situation, in der ein Konsument das Nutzenniveau U_1 in Punkt B realisiert, kommt es nun zu einer Verminderung des Umweltangebots von x_1 auf x_0. Infolgedessen sinkt nun das Nutzenniveau des Konsumenten, wobei sein Einkommen sich nicht verändert, da davon ausgegangen wird, dass die Bereitstellung des Umweltgutes mit keinerlei Kosten (Preisen) für den Konsumenten verbunden ist. Er befindet sich nun auf dem durch die Indifferenzkurve U_0 dargestellten geringeren Nutzenniveau im Punkt D. Um den Konsumenten auf sein ursprüngliches Nutzenniveau zurückzubringen, müsste ihm für den Verzicht auf die höhere Umweltqualität ein Betrag in Höhe von $\overline{AC}$ als minimale Entschädigungsforderung gewährt werden. Andererseits ließe sich fragen, was der Konsument maximal zu zahlen bereit wäre, um die Einschränkung des Umweltangebots zu vermeiden. Die maximale Zahlungsbereitschaft hierfür ergibt sich durch $\overline{BD}$.

In der ersten Situation entspricht die minimale Entschädigungsforderung genau dem kompensierenden Surplus, wobei das alte Nutzenniveau als Referenz angenommen wird. Die in der zweiten Situation ausgewiesene maximale Zahlungsbereitschaft entspricht hingegen dem äquivalenten Surplus für die Vermeidung der Einschränkung des Umweltangebotes. Dabei wird unterstellt, dass der Konsument ein Recht auf die Realisierung des neuen Nutzenniveaus hat.

Befindet sich der Konsument in der Ausgangssituation jedoch im Punkt C und kommt es zu einer Angebotsausweitung des Umweltgutes, dann müsste ihm ein Betrag in Höhe von $\overline{BD}$ genommen werden, damit er weiterhin auf seinem ursprünglichen Nutzenniveau bleibt. Dieser Betrag stellt die Zahlungsbereitschaft für die Angebotsausweitung dar, den der Konsument maximal zu zahlen bereit ist, und entspricht genau der kompensierenden Variation. Ebenso könnte danach gefragt werden, wie hoch der Betrag ist, mit dem der Konsument entschädigt werden müsste, um auf die Angebotsausweitung zu verzichten. Dieser entspricht $\overline{AC}$ und stellt die minimale Entschädigungsforderung des Konsumenten bzw. den äquivalenten Surplus dar.

Die Methoden der geäußerten Präferenzen – kontingente Bewertung und Choice Experimente – sind in der Lage mit dem kompensierenden Surplus die exakten Werte für die Zahlungsbereitschaft bzw. Entschädigungsforderung zu erfassen.

Abbildung 7: Wohlfahrtsmaße bei Änderungen des Umweltangebots

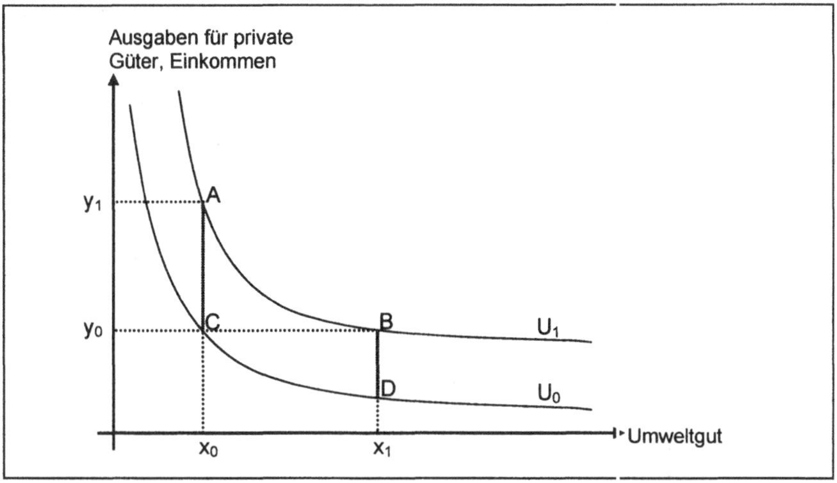

Quelle: In Anlehnung an WRONKA, 2004, S. 17; BATEMAN et al., 2002, S. 24

Es fällt jedoch auf, dass der Betrag für die Entschädigungsforderung deutlich höher ausfällt als für die Zahlungsbereitschaft. Dieser Umstand kann auch in einigen empirischen Studien belegt werden. PERMAN et al. (1996, S. 271) geben als Gründe hierfür zum einen an, dass der Verlust von Werten höher bewertet wird als ihr Gewinn, und zum anderen, dass Befragte mit der Frage nach der Zahlungsbereitschaft besser vertraut sind als ihre Entschädigungsforderung zu nennen. Aber auch theoretische Argumente wie der Einkommens- und Substitutionseffekt sprechen neben diesen psychologischen Gründen für eine Divergenz der Maße. Es ist dabei jedoch nicht von Bedeutung, ob die Einschränkung oder Ausweitung des Umweltangebotes betrachtet wird. Vielmehr konnte theoretisch belegt werden, dass Unterschiede immer dann auftreten, wenn die Indifferenzkurven konvex zum Ursprung verlaufen und es sich bei der Betrachtung um normale Güter (die konsumierte Menge steigt bei konstanten Preisen mit dem Einkommen) handelt. Aufgrund des Kurvenverlaufs werden die Differenzen bei extrem konvexen Indifferenzkurven und großen Mengenänderungen der Bereitstellung des Umweltgutes unendlich groß (WRONKA, 2004, S. 19).

Bei der Zunahme des Umweltangebots bzw. einer Preissenkung entspricht die WTP (WTA) dem kompensierenden (äquivalenten) Surplus bzw. Variation. Bei einer Abnahme des Umweltangebotes bzw. einem Preisanstieg entspricht die WTP (WTA) dem äquivalenten (kompensierenden) Surplus bzw. Variation[14].

---

14 Die Variationsmaße unterstellen im Unterschied zu den Surplus Maßen, dass der Konsument die Menge des Umweltgutes frei wählen kann.

Der Beweis, dass auch bei diskreten Entscheidungen die Zahlungsbereitschaft bzw. die Entschädigungsforderung die adäquaten Wohlfahrtsmaße darstellen, wurde 1981 erstmals von SMALL und ROSEN geführt. Sie betrachten dabei sowohl preisinduzierte Wohlfahrtsänderungen als auch die Bewertung der Veränderung von Qualitätsniveaus. In einem weiteren Schritt wenden sie ihre Überlegungen auf die in diskreten Choice Analysen üblichen Logit und Probit Modelle an (vgl. Kapitel 6). Damit leiten sie schließlich die für die Berechnung von impliziten Preisen und Zahlungsbereitschaften grundlegende Formel (vgl. Kapitel 6.7) her (SMALL und ROSEN, 1981).

Zusammenfassend lässt sich festhalten, dass Methoden wie die kontingente Bewertung und die Choice Experimente in der Lage sind, mit der Zahlungsbereitschaft bzw. der Entschädigungsforderung die theoretisch exakten Hickschen Wohlfahrtsmaße zu ermitteln. Dabei stellen die Unterschiede zwischen WTP und WTA auch derzeit noch ein aktuelles Forschungsfeld dar[15]. Die Methoden der beobachteten Präferenzen, wie die Reisekostenmethode oder die hedonsiche Preisfindung, ermitteln hingegen die Konsumentenrente basierend auf der Marshallschen Nachfragefunktion. Jedoch kann die Konsumentenrente unter bestimmten Bedingungen eine Annäherung für die Nutzenveränderung der Konsumenten liefern.

15 Siehe hierzu z. B. HANEMANN (1991 und 1999), AHLHEIM und BUCHHOLZ (2000) und HOROWITZ und MCCONNELL (2002).

4 Monetäre Umweltbewertungsmethoden

Nachdem im vorherigen Kapitel die Grundlagen der Umweltbewertung erläutert wurden, widmet sich dieses Kapitel der Vorstellung der monetären Umweltbewertungsmethoden.

In der Literatur findet sich eine Vielzahl von Bewertungsverfahren, die sich in einem ersten Schritt in die monetären und die nicht-monetären Bewertungsmethoden aufteilen lassen. Erstere nehmen eine (ökonomische) Bewertung über den Preis als Messgröße vor, der aus dem Zusammenspiel von Angebot und Nachfrage hervorgeht. Dahingegen versuchen nicht-monetäre Bewertungsverfahren eine Bewertung auf der Grundlage absoluter Kriterien vorzunehmen. MÜLLER (2002, S. 48ff) teilt die nicht-monetären Bewertungsverfahren in drei Untergruppen ein, die ökologischen Indikatorsysteme, handlungs- und ergebnisorientierte Verfahren und die multifunktionalen Verfahren. Zu den ökologischen Indikatorsystemen zählen bspw. die Ökobilanz, Umweltverträglichkeitsprüfungen, das Öko-Audit und naturschutzfachliche Indikatorsysteme. Zu den handlungs- und ergebnisorientierten Verfahren gehören z. B. die Länderprogramme der EU und das Ökopunktemodell nach Knauer Die multifunktionalen Verfahren umfassen schließlich die Nutzwertanalyse und die Multi-Kriterien-Analyse, wobei sich bei diesen Verfahren bereits Gemeinsamkeiten mit den monetären Bewertungsverfahren finden lassen. Für eine Ableitung von Empfehlungen im Sinne einer optimalen Allokation von Umweltgütern sind die nicht-monetären Bewertungsverfahren jedoch nicht oder nur ergänzend geeignet.

Eine Einteilung der monetären Bewertungsverfahren erfolgt in der Literatur nach direkten und indirekten Bewertungsmethoden, die im Angelsächsischen auch als „Stated Preference Methods“ (Methoden der geäußerten Präferenzen) und „Revealed Preference Methods“ (Methoden der beobachteten Präferenzen) bezeichnet werden. In Abbildung 8 sind die verschiedenen Ansätze gegenübergestellt.

Im Folgenden wird ein kurzer Überblick über die wichtigsten monetären Bewertungsverfahren gegeben[16]: den Vermeidungs- und den Reisekostenansatz, die Hedonische Preisfindung und die kontingente Bewertung[17] (in Abbildung 8 kursiv). Dabei wird zunächst jeweils der Grundgedanke der Methode vorgestellt, ehe in einem zweiten Teil der methodische Ansatz und Anwendungsbeispiele präsentiert werden, aus denen in einem nächsten Schritt die Vor- und Nachteile der Methode abgeleitet werden. Dies bildet die Grundlage für eine abschließende Beurteilung der Methodik für die eigene Fragestellung. Eine ausführliche Darstellung der Choice Experimente

16 Eine ausführliche Darstellung der Kostenansätze kann WRONKA (2004 S. 23ff) entnommen werden.

17 Die Methodik der kontingenten Bewertung wird an dieser Stelle detaillierter vorgestellt, da diese bei der eigenen empirischen Untersuchung zusammen mit dem Choice Experiment zum Einsatz kam. Dem Leser soll auf diese Weise ein tieferer Einblick in die methodischen Aspekte ermöglicht werden.

und eine kurze Präsentation der übrigen Methoden des Choice Modelling erfolgt in Kapitel 5.

Abbildung 8: Monetäre Bewertungsverfahren

<table>
<tr><td rowspan="6">Indirekte Bewertungsmethoden
(„Revealed Preference Methods“)</td><td colspan="2">Vermeidungskostenmethode</td></tr>
<tr><td colspan="2">Reisekostenmethode</td></tr>
<tr><td colspan="2">Hedonische Preisfindung</td></tr>
<tr><td rowspan="3">Kostenansätze</td><td>Schadenskosten</td></tr>
<tr><td>Bereitstellungskosten</td></tr>
<tr><td>Opportunitätskosten</td></tr>
<tr><td rowspan="5">Direkte Bewertungsmethoden
(„Stated Preference Methods“)</td><td colspan="2">Kontingente Bewertung</td></tr>
<tr><td rowspan="4">Choice Modelling</td><td>Contingent Rating</td></tr>
<tr><td>Paarweiser Vergleich</td></tr>
<tr><td>Contingent Ranking</td></tr>
<tr><td>Choice Experimente</td></tr>
</table>

Quelle: Eigene Darstellung

4.1 Die Vermeidungskosten-Methode

4.1.1 Grundgedanke

Der Vermeidungskosten-Methode liegt der Haushaltsproduktionsansatz zugrunde, der unterstellt, dass eine Verknüpfung von privaten und Umweltgütern möglich ist, und dem Haushalt durch diese Verknüpfung ein direkter Nutzen entsteht. Der Haushalt wird daher dann Vermeidungsinvestitionen tätigen, wenn er dadurch in den Genuss eines bestimmten Umweltgutes kommen kann, das ihm ansonsten nur in einem geringeren Umfang zur Verfügung stünde. Dabei kann es sich bspw. um die Kosten für eine Schallisolierung handeln, die eine Wertschätzung für eine Lärmminderung anzeigen, oder die Kosten für eine Filteranlage, die ein Haushalt auf sich nimmt, um sich vor verunreinigtem Trinkwasser zu schützen (ABDALLA et al., 1992, S. 163). Die Vermeidungskosten werden somit als Anhaltspunkt für die Bewertung des jeweiligen Umweltgutes bzw. Umweltschadens herangezogen. Die Idee, die Vermeidungskosten zur Berechnung von Veränderungen von Umweltqualitäten heranzuziehen, wurde von dem Gesundheitsökonom GROSSMAN (1972) entwickelt. Die Beispiele verdeutlichen jedoch bereits, dass der Vermeidungskostenansatz nur für eine Bewertung solcher Umweltgüter bzw. Umweltschäden herangezogen werden kann, die über eine Substitutionsbeziehung zu privaten Gütern miteinander verbunden sind. Erste Anwendungen des Vermeidungskostenansatzes im Umweltbereich liefern HARFORD (1984), WATSON und JAKSCH (1982) sowie GERKING und STANLEY (1986), die eine Bewertung von Luftverschmutzung bzw. von Luftqualitätsverbesserungen vornehmen.

4.1.2 Methodischer Ansatz und Anwendungsbeispiele

Ausgangsüberlegung des Vermeidungskostenansatzes ist, dass die tatsächlichen Kosten, die eine Person oder ein Haushalt zur Vermeidung eines Schadens aufgrund von Umweltbelastungen tätigt, als Minimalkosten des jeweiligen Umweltproblems angesehen werden können. Die Kosten, z. B. in Form von Ausweich-, Abwehr oder Reparaturkosten, stellen dabei eine Stellvertretergröße für den vermiedenen Schaden dar (WU und HUANG, 2001, S. 277). Es wird eine Nutzenfunktion des Individuums zugrunde gelegt, in die neben dem Konsum von weiteren Gütern eine Variable für den gegenwärtigen Gesundheitszustand und eine Variable für den betrachteten Umweltschaden bzw. Umweltbelastung eingeht. Die Haushaltsproduktionsfunktion wiederum quantifiziert den Zusammenhang zwischen den gewählten Aktivitäten, dem Ausmaß der Umweltbelastung und Variablen, die den Gesundheitszustand beschreiben. Das Individuum maximiert nun seinen Nutzen auf Basis seiner Haushalts- bzw. Gesundheitsproduktionsfunktion und seiner Einkommensrestriktion (BRESNAHAN et al., 1997, S. 341f). Eine ausführlichere Darstellung des Nutzenmaximierungsansatzes kann ABRAHAMS et al. (2000) entnommen werden. Zur Berechnung der Vermeidungskosten müssen im Weiteren verschiedene Annahmen erfüllt werden. Das Vermeidungsverhalten darf erstens lediglich einen Nutzen haben hinsichtlich der betrachteten Umweltbelastung. Dieser Sachverhalt wird auch als Nichtverbundenheitsannahme der Produktion bezeichnet. Wird in einem Haushalt bspw. nur noch Wasser aus Flaschen getrunken, weil das Trinkwasser aus der Leitung verunreinigt ist, darf aus dem Genuss von Wasser aus Flaschen kein weiterer Nutzen resultieren, z. B. ein besserer Geschmack des Wassers. Zudem muss sichergestellt sein, dass, im Beispiel des Flaschenwassers, der Konsum auch auf die Umweltbelastung zurückzuführen ist, und nicht z. B. auf den besseren Geschmack oder andere Reinheitsaspekte (keine Trübung des Wassers/Aussehen) (ABRAHAMS et al., 2000, S. 429). Zweitens darf das Vermeidungsverhalten keine großen Anpassungskosten verursachen und das Ausmaß der Umweltbelastung muss drittens durch die Regierung beeinflussbar sein. Zuletzt muss das Vermeidungsverhalten und die damit verbundenen Kosten ein perfektes Substitut für die Verringerung der Umweltbelastung sein (BARTIK, 1988, S. 123ff). Wenn diese vier Voraussetzungen erfüllt sind, stellen die ermittelten Vermeidungskosten einen unteren Grenzwert der Zahlungsbereitschaft dar. Diese Thematik wurde bereits in vielen Anwendungen der Methodik aufgegriffen (COURANT und PORTER, 1981; BARTIK, 1988; SMITH und DESVOUSGES, 1986; LEE und MOFFITT, 1993; WU und HUANG, 2001; LAUGHLAND et al., 1996) Eine detaillierte Darstellung, warum die Vermeidungskosten einen unteren Grenzwert der Zahlungsbereitschaft darstellen, findet sich in BARTIK (1988) und LAUGHLAND et al. (1996).

In der Literatur gibt es eine Vielzahl von Anwendungen, wobei ein Schwerpunkt die Bewertung von Trinkwasserverunreinigungen darstellt (WU und HUANG, 2001; ABRAHAMS et al., 2000; AMARNATH und KRISHNAMOORTHY, 2001; LAUGHLAND et al., 1996; UM et al., 2002; ABDALLA et al., 1992). Bei der Ermittlung der Vermeidungskosten werden zumeist die Kosten für gekauftes Wasser in Flaschen, die Anschaffung von Filteranlagen sowie Zeit und Kosten z. B. für das Sammeln von Regenwasser berücksichtigt. So ermitteln ABDALLA et al. (1992) aus den Vermeidungskosten eine durchschnittliche Konsumentenrente von 14,25 $ pro Jahr, ABRAHAMS et al. (2000) berechnen in ihrer Studie zur Trinkwasserqualität im Durchschnitt 47 $ und LAUGHLAND et al. (1996) 46-275 $ als Konsumentenrente für die Trinkwasserqualität. Die Untersuchung von DICKIE und GERKING (1991) zur Luftqualität ermittelt eine dreimal größere Konsumentenrente für eine Reduktion des Ozongehalts um 14-24 % im Vergleich zu den Ergebnissen von GERKING und STANLEY (1986) für einen Rückgang um 30 % (zitiert nach DICKIE und GERKING, 2002, S. 25), die eine Konsumentenrente von 18-24 € ausweisen (GERKING und STANLEY, 1986, S. 115). LÉGER (2001) berechnet in seiner Studie mit 3.100 Befragten in Quebec für die Verringerung des Ozon-Gehalts in der Luft um 50 % lediglich eine durchschnittliche Konsumentenrente von etwa 29 €, wobei sowohl die Zeit als auch die Kosten für einen Arztbesuch berücksichtigt wurden.

4.1.3 Vor- und Nachteile

Eine wesentliche Schwäche der Vermeidungskosten-Methode besteht darin, dass sie in der Regel nur für ex-post Analysen verwendet werden kann, da erst dann getätigte Vorsorge- oder Vermeidungsinvestitionen für einen bestimmten „Umweltschaden" getätigt und somit gemessen werden können. Eine Bewertung von hypothetischen Veränderungen ist jedoch aufgrund der Beziehung zu getätigten Maßnahmen nicht möglich. Daneben hängt die Eignung der Methodik von der – möglichst perfekten – Substitutionsbeziehung zu einem privaten Gut ab, jedoch lassen sich nicht für alle Umweltgüter geeignete Substitute finden. Da sich die geforderte perfekte Substitutionsbeziehung von Umweltqualität und Vermeidungskosten nur selten findet, ist zumeist mit einer Unterschätzung des Nutzens für das betreffende Umweltgut zu rechnen.

Eine allgemeine Schwierigkeit besteht zudem in der Forderung nach der Nichtverbundenheit der Produktion, d. h. dass das jeweilige Substitut keinen weiteren Nutzen stiften darf, weil ansonsten die Vermeidungskosten nicht allein für den betrachteten Umweltschaden gelten, sondern auch für das „Koppelprodukt" aufgewendet wurden. So wurde in der Studie von ABRAHAMS et al. (2000) ein zusätzlicher Nutzen aus dem Konsum von Flaschenwasser durch einen besseren Geschmack erzielt. In diesem

Fall kann es somit zu einer Überschätzung der Vermeidungskosten kommen. ABRAHAMS et al. (2000) beziffern diesen Effekt auf 12 %. Gibt es hingegen kein Substitut, dann kann auch keine Bewertung erfolgen, selbst wenn ein Wert für das Umweltgut bestünde. SHOGREN und STAMLAND (2005) weisen zudem darauf hin, dass die berechneten Konsumentenrenten auch durch die Unterschiedlichkeit der Märkte für das Substitutionsgut verzerrt sein können. Existiert nur ein kleiner monopolistischer Markt für dieses Produkt, dann kann der Preis verzerrt sein oder das Produkt ist aufgrund eines großen Marktes günstig zu kaufen, so dass die ermittelten Vermeidungskosten weit unter der wahren Zahlungsbereitschaft liegen (SHOGREN und STAMLAND, 2005, S. 102).

Sind die Voraussetzungen für die Anwendung des Vermeidungskostenansatzes nach BARTIK (1988) erfüllt, dann liefert die Methodik verlässliche Ergebnisse. Dies zeigt sich auch daran, dass bei vielen politischen Entscheidungen mit den Vermeidungskosten argumentiert wird. So sehen auch ABRAHAMS et al. (2000, S. 427) den Vorteil des Vermeidungskostenansatzes darin, dass er unter gewissen Annahmen – wie sie BARTIK (1988) formuliert – eine untere Grenze für die Zahlungsbereitschaft liefert, die den öffentlichen Entscheidungsträgern als Minimum-Kriterium bei der Erstellung von Nutzen-Kosten-Analysen dienen kann. Viele Anwendungen beschäftigen sich bspw. mit den Vermeidungskosten im Verkehrswesen, die für eine weitere Beurteilung der Verkehrssituation herangezogen werden (HUCKESTEIN und VERRON, 1996; ENGLMANN und HEIMERL, 2000; SCHEINER, 2003). Der diesbezügliche Zuspruch der Methodik liegt sicherlich auch in der Erfassung von tatsächlichen Ausgaben, anstatt Berechnungen auf Basis geäußerter Präferenzen zu vertrauen. Zudem ist der Informationsbedarf in Abhängigkeit von der Fragestellung überschaubar. Die Studie von LÉGER (2001) zeigt jedoch bereits, dass bei komplexen Zusammenhängen bspw. Annahmen über die Opportunitätskosten der Zeit (z. B. anhand des Einkommens des Haushalts) getroffen werden müssen, die wiederum kritisch hinterfragt werden sollten.

4.1.4 Beurteilung der Methodik für die eigene Fragestellung

Die Vermeidungskosten-Methode ist prinzipiell nur für eine Bewertung solcher Güter geeignet, für die der Haushalt private Investitionen tätigen kann, um sich die Bereitstellung des Gutes in einem gewissen Rahmen zu sichern. Eine Bewertung der Trinkwasserqualität mittels der Vermeidungskosten-Methode ist von daher möglich. Jedoch ist eine Anwendung im Lahn-Dill-Bergland aufgrund der generell guten bis sehr guten Trinkwasserqualität nicht möglich, da die Haushalte dementsprechend auch keine Investitionen für eine gute Trinkwasserqualität tätigen müssen. Umweltgüter wie die Landschaftsbild oder die Artenvielfalt lassen sich hingegen nicht über die Vermeidungskosten-Methode bewerten, da eine Bereitstellung nicht über private Investitionen möglich ist.

Ebenso ist die Vermeidungskosten-Methode nicht in der Lage, die Wertschätzung von Umweltgütern, die Nicht-Gebrauchswerte aufweisen, wie es bspw. bei der Artenvielfalt der Fall ist, zu ermitteln.

4.2 Die Reisekostenmethode

4.2.1 Grundgedanke

Der Grundgedanke der Reisekostenmethode geht auf den Ökonom HOTELLING (1949) zurück, der in einem Brief an die US Nationalparkverwaltung darlegte, dass der Nutzen eines Parks die Kosten für die Steuerzahler übersteigt. HOTELLING nahm an, dass die Reisekosten, die eine Person in Kauf nimmt, um zu einem Erholungsort zu gelangen, als ein impliziter Preis für dessen Serviceleistungen angesehen werden können (NILLESEN et al., 2005, S. 311). Erste Anwendungen der Reisekostenmethode gehen auf TRICE und WOOD (1958), CLAWSON (1959) und CLAWSON und KNETSCH (1966) zurück. Bis heute wurde die Methodik für eine Vielzahl von unterschiedlichen Bewertungsobjekten benutzt, so z. B. Fluss-Systeme, Reservoirs, Trophäen-Fischen, Seen oder Wasserqualität (CHIZINSKI et al., 2005, S. 98) und spielt auch in der aktuellen Literatur immer noch eine wichtige Rolle.

4.2.2 Methodischer Ansatz und Anwendungsbeispiele

Die Grundannahme der Reisekostenmethode ist, dass der Erholungswert eines Naherholungsgebietes mindestens so groß ist wie die Kosten, die ein Besucher auf sich nimmt, um in den Genuss dieses Umweltgutes zu kommen. Dazu werden die Kosten der Anreise, aber auch die Zeit, die für die Anreise benötigt wird, sowie mögliche Eintrittsgelder berücksichtigt. Da der Eintrittspreis jedoch üblicherweise für alle Besucher gleich ist (abgesehen von etwaigen Ermäßigungen z. B. für Schüler oder Rentner), ergibt sich eine Kostenvariation über die Berücksichtigung der Reisekosten, die somit als Maßstab für die Kosten des Besuchs herangezogen werden. Die Reisekostenmethode beruht ebenfalls auf der Haushaltsproduktionstheorie, da die Reisekosten der Besucher Aufwendungen für private Güter darstellen. Das Umweltgut und die privaten Güter stehen dabei in einem schwachen komplementären Zusammenhang (MULLEN und MENZ, 1985, S. 113; HAILU et al., 2005, S. 582). Ein weiterer Schritt erfordert die Schätzung von Nachfragefunktionen. Die zur Schätzung ebenfalls benötigte Nachfragemenge nach dem Umweltgut ist dabei in der Regel vergleichsweise leicht mittels der Besucheranzahl zu bestimmen.

Es lassen sich verschiedene Varianten der Reisekostenmethode unterscheiden. Der erste Ansatz wird als sogenannte **Zonen-Reisekostenmethode** (oder aggregierte Reisekostenmethode) bezeichnet. Das Gebiet um das Umweltgut herum wird in konzentrische Kreise aufgeteilt. Die einzelnen „Zonen" implizieren, dass die Besucher, die aus dieser Zone anreisen, ähnliche Reisekosten haben. Je weiter die Zone vom

Bewertungsgut entfernt ist, umso höher sind demnach auch die Reisekosten. Es erfolgt somit eine Gruppierung der Besucher anhand der gewählten Zonen. Neben den Reisekosten wird zudem erfasst, wie oft Personen aus einer Zone das Naherholungsgebiet besuchen. Aus den Daten wird schließlich eine aggregierte Nachfragefunktion geschätzt (BOWKER et al., 1996, S. 424). Dazu muss in einem Zwischenschritt zunächst eine Besuchshäufigkeitsfunktion berechnet werden, aus der durch Variation der Eintrittspreise schließlich die Nachfragekurve abgeleitet wird. Dieses Vorgehen ist notwendig, weil im Fall der Zerstörung der Ressource die Reisekosten nicht aussagekräftig sind (WRONKA, 2004, S. 39). Dabei gilt zu beachten, dass nicht die Reisekosten den Wert des Umweltgutes repräsentieren, sondern es gilt vielmehr die zugrunde liegende Konsumentenrente zu berechnen. Diese ergibt sich als die Fläche unterhalb der Nachfragefunktion (ENDRES und HOLM-MÜLLER, 1998, S. 53f).

Für die Zonen-Reisekostenmethode muss dazu die Annahme getroffen werden, dass alle Personen, die in einer Zone leben, die gleichen Präferenzen und Reisekosten haben. Darüber hinaus muss in Kauf genommen werden, dass aufgrund der Zonenbildung bzw. der Gruppierung der Daten Informationen verloren gehen. Andererseits wird dadurch die Datenerhebung wesentlich vereinfacht, da hier oftmals auf Daten aus den amtlichen Statistiken zurückgegriffen werden kann. Hieraus ergibt sich auch die vermehrt vorgenommene Festlegung von Zonen auf Gemeindebasis, da auf diese Weise die notwendigen Informationen einfacher aufzubereiten sind (TURNER et al., 2004).

Als zweite Variante ist die **Individual-Reisekostenmethode** zu nennen, die eine Berechnung von individuellen Erholungs-Nachfragefunktionen beinhaltet und damit einige der vereinfachten Annahmen der Zonen-Reisekostenmethode aufhebt. Die Besuchshäufigkeit von Personen wird erhoben und als eine Funktion der Reisekosten dargestellt. Die Schätzung der Nachfragefunktion setzt damit voraus, dass die betreffende Person zumindest einen Besuch des entsprechenden Naherholungsgebietes gemacht hat. Demnach werden alle Nicht-Nutzer von der Analyse ausgenommen. Die Individual-Reisekostenmethode bedingt einen erhöhten Aufwand bei der Datenerhebung, da für jede einzelne Person die Reisekosten und die soziodemographischen Angaben benötigt werden (TURNER et al., 2004). Im Vergleich zur Zonen-Reisekostenmethode sind die Vorteile der Individual-Reisekostenmethode in der statistischen Effizienz, der Vermeidung der willkürlichen Festlegung von Zonen, der Berücksichtigung von Heterogenitäten in der Bevölkerung bezüglich ihrer Präferenzen und einer besseren – theoretisch konsistenten – Modellierung des individuellen Verhaltens zu sehen. Kritisch zu beurteilen ist jedoch die implizite Annahme bei der Berechnung von trunkierten individuellen Modellen, dass allen Personen, die das betreffende Umweltgut nicht zur Erholung nutzen, das gleiche Nachfrageverhalten unterstellt wird wie den Besuchern. Dies kann zu stärker verzerrten Ergebnissen führen als bei der Berechnung mittels der Zonen-Reisekostenmethode und ist vor allem dann ein bedeutsamer Aspekt, wenn eine Extrapolation der Ergebnisse angestrebt wird und die Aussagen sich nicht mehr nur auf die Besucher bzw. Nutzer des Umweltgutes beziehen (BOWKER, 1996, S. 424f). Ein wesentlicher Vorteil der Individual-Reisekostenmethode liegt jedoch in der Berücksichtigung von verschiedenen Qualitätszuständen des Umweltgutes, so dass eine flexiblere Handhabung möglich ist (GARROD und WILLIS, 1999 zitiert nach WRONKA, 2004, S. 40).

Allgemein lässt sich die zu schätzende Nachfragefunktion, beschreiben durch $VI_i = \alpha + \beta_1 TC_i + \beta_2 X_{2i} + \beta_3 X_{3i} ... + \varepsilon_i$, wenn ein linear-additativer Zusammenhang unterstellt wird. Dabei gibt VI die Anzahl der Besuche an, α ist eine Konstante, die Koeffizienten β stellen die Regressionsparameter dar, ε_i ist der Störterm und TC erfasst die Reisekosten. Die Variablen X_i erfassen die übrigen relevanten Größen, die im Modell berücksichtigt werden sollen (z. B. Dauer der Reise, Art des Reisemittels), und der Index i kennzeichnet entweder eine Zone oder das Individuum (NILLESEN et al., 2005, S. 311). Ein wichtiger Aspekt bei der Anwendung der Reisekostenmethode ist die Berücksichtigung von Substituten. Werden alternative Erholungsmöglichkeiten nicht im Modell integriert, kommt es zu verzerrten Ergebnissen. Eine Möglichkeit ist die Schätzung von sogenannten „multi-site“ Modellen, die gleichzeitig mehrere Umweltgüter berücksichtigen (TURNER et al., 2004).

In den letzten Jahren hat sich zu den beiden klassischen Formen der Reisekostenmethode ein dritter Ansatz etabliert, der auf der Berechnung von **Zufallsnutzen-Modellen** basiert (BERMAN und KOFINAS, 2004; LEW und LARSON, 2005; PHANEUF et al., 1998; KAORU et al., 1995). Der Vorteil dieser Variante der Reisekostenmethode liegt in der Annahme des nutzenmaximierenden Besuchers (BERMAN und KOFINAS, 2004, S. 36). Zudem ermöglicht sie eine bessere Abbildung von Heterogenitäten (LEW und LARSON, 2005, S. 342f). So lassen sich mit diesem Ansatz gleichzeitig mehrere Aktivitäten und Erholungsorte mit unterschiedlichen Eigenschaften bzw. Qualitäten berücksichtigen (KOLSTAD, 2000, S. 347). Damit ist diese Variante jedoch auch die datenintensivste und teuerste Form der Reisekostenmethode und auch die Auswertung auf Basis von Zufallsnutzen-Modellen wird aufwendiger und anspruchsvoller. Die Modelle sind jedoch ein vielversprechender Ansatz vor dem Hintergrund – auch aus politischer Sicht – die relevanten Eigenschaften eines Umweltgutes zu bestimmen (READY und NAVRUD, 2002, S. 18).

Die Anwendung der Reisekostenmethode begrenzt sich in der Regel auf solche Umweltgüter, die zur Erholung genutzt werden, wie bspw. Naherholungsgebiete mit Seen, Flüssen oder Wälder. Für diesen Bereich lassen sich allerdings eine Vielzahl von Anwendungen finden.

NILLESEN et al. (2005) berechnen mittels der Zonen-Reisekostenmethode den Erholungswert für das Bergwandern in einem australischen Nationalpark. Sie berücksichtigen in ihrem Modell die sogenannten „multi-site“ Besucher über eine Ranking-

Skala, in der die Besucher eine Bewertung der von ihnen besuchten Bergwander-Gebiete vornehmen konnten. Die durchschnittlich ermittelte Wert lag bei 145 A$ pro Besucher und Jahr. Die Ergebnisse liegen damit in der gleichen Größenordung wie die von LOOMIS (2001) mit 64,74$ und HILGER (1998) mit 70,04$ (in Preisen von 2001), die ebenfalls die Konsumentenrente für das Bergwandern ermittelten (zitiert nach NILLESEN et al., 2005, S. 315).

MENDELSOHN et al. (1992) schätzen in ihrem Individual-Reisekostenmodell die Wertschätzung für Besuche des Bryce Nationalparks. Die durchschnittliche Konsumentenrente von Besuchern, die nur den Bryce Nationalpark besuchten lag bei 10,18 $ in dem Modell ohne Berücksichtigung weiterer Parks und bei 9,47 $ in einem Modell, das auch Substitute berücksichtigte. Die Konsumentenrente des durchschnittlichen „multi-site" Besuchers liegt mit 16,80 $ deutlich höher.

LISTON-HEYES und HEYES (1999) ermitteln in ihrer Individual-Reisekostenmethode den Erholungswert für einen beliebten Nationalpark in England Sie berechnen einen Gesamtwert von 63-253 Mio. Pfund (in Abhängigkeit von der Bewertung der Reisekosten). Durch die Nicht-Berücksichtigung von möglichen Substituten liegen ihre Schätzungen von ca. 12 Pfund pro Besucher deutlich über der Konsumentenrente von ca. 3 Pfund aus anderen Studien, die vergleichbare Fragestellungen untersuchten. MCKEAN et al. (2005) berechnen den Gesamtnutzen aus Erholungsaktivitäten aller Besucher (ausschließlich der Angler) für einen Stausee mit 185-303 Mio. $. NUNES und VAN DEN BERGH (2004) weisen einen Gesamtnutzen für den Schutz niederländischer Küsten vor gefährlichen Algen von durchschnittlich 55 € pro Person und Jahr und von insgesamt 132 Mio. € für 2,4 Mio. Besucher aus.

4.1.3 Vor- und Nachteile

Ein Vorzug der Methodik liegt darin, dass die Informationen aus beobachteten Präferenzen in Form der tatsächlich getätigten Reisekosten für die Berechnung der Konsumentenrente herangezogen werden können. Auf diese Weise ist die Methodik prinzipiell in der Lage, in Abhängigkeit von den getroffenen Annahmen, eine Annäherung an ein theoretisch exaktes Wohlfahrtsmaß zu liefern. Zudem ist bei der Zonen-Reisekostenmethode und der einfachen Individual-Reisekostenmethode die Datenerhebung vergleichbar einfach, da – zumindest bei der Zonen-Reisenkostenmethode – ein Teil der benötigten Daten aus den Statistiken entnommen werden kann. Für die Berechnung der Reisekosten wird unterstellt, dass diese für jeden Besucher aus einer Zone identisch sind, so dass auf eine individuelle Datenerhebung verzichtet werden kann. Daneben werden zur Berechnung noch die Besucherzahlen aus den jeweiligen Zonen benötigt (TURNER et al., 2004). Hierin ist gleichzeitig aber auch die Hauptschwäche der Zonen-Reisenkostenmethode zu sehen. Es wird implizit davon ausgegangen, dass alle Besucher, die einer Zone zugeordnet werden, die gleichen Reisekosten haben, aber ebenso werden ihnen auch identische Präferenzen für das Umweltgut unterstellt, unabhängig von ihren womöglich unterschiedlichen Lebensverhältnissen und Einstellungen. Eine weitere Schwierigkeit liegt in der Untersuchung von unterschiedlichen Qualitätsgraden, die eine detaillierte Analyse auf Basis weiterer Daten erfordern würde (CANSIER, 1993, S. 107ff).

Die Berechnung der Reisekosten ist das Kernstück der Reisekostenmethode, bei der verschiedene Schwierigkeiten auftreten können. Häufig liegt der Zweck einer Reise nicht nur in dem Besuch des jeweiligen Naherholungsgebietes, sondern ist nur Teil einer Reise. MENDELSOHN et al. (1992) bilden in ihrem Reisekostenmodell neue Variablen für beliebte Kombinationen von besuchten Naherholungsgebieten, da viele Personen nicht nur ein Naherholungsgebiet besuchen. Auch die Reise an sich kann bereits nutzenstiftend sein, ein Aspekt, der in der Methodik jedoch unberücksichtigt bleibt und zu einer Verzerrung der Ergebnisse führen würde. Darüber hinaus muss entschieden werden, wie längere Aufenthalte im Modell integriert werden. Es fallen zusätzliche Übernachtungskosten an, aber gleichzeitig kann es sein, dass diese nicht in vollem Umfang den Reisekosten zuzurechnen sind, wenn der jeweilige Besucher bspw. noch eine Weiterreise geplant hat. NILLESEN et al. (2005) greifen diese Problematik in ihrer Untersuchung auf. Sie integrieren die Übernachtungszahl an den jeweiligen Naherholungsgebieten als Proxy für die Präferenz der Besucher in ihre Berechnungen. Ebenso ist es möglich die Besucher nach ihren Präferenzen zu befragen. Die Berücksichtigung im Modell kann bspw. über ein Ranking-Verfahren erfolgen (NILLESEN et al., 2005, S. 312).

Die Opportunitätskosten der Zeit stellen in Studien der Reisekostenmethode einen weiteren kritischen Aspekt dar. Wie soll die Anreisezeit bewertet werden? Viele Studien setzen die Opportunitätskosten der Zeit, ähnlich wie in der Transportökonomie üblich, mit 20-50 % des Lohnsatzes an (LEW und LARSON, 2005, S. 342). Häufig wird auch der durchschnittliche Lohnsatz herangezogen. EARNHART (2004) untersucht in seiner Studie eingehender, wie die Opportunitätskosten der Zeit für Nicht-Arbeitende angesetzt werden können. Er ermittelt einen Schattenpreis für Nicht-Arbeitende wie bspw. Rentner, der bei 3,80 $ liegt. Auch LISTON-HEYES und HEYES (1999) zeigen, dass die Ergebnisse maßgeblich von der Bewertung der Reisezeit abhängen. Für ihre Studie ermitteln sie eine um mehr als 700 % höhere Konsumentenrente, wenn die Opportunitätskosten der Zeit in der Schätzung berücksichtigt werden.

Letztlich bleibt zu entscheiden, wie die Transportkosten in den gesamten Reisekosten berücksichtigt werden sollen. Gerade bei der Zonen-Reisekostenmethode, die von identischen Reisekosten für Besucher ausgeht, die in einer Zone leben, ist dies von Bedeutung. So können die Besucher bspw. mit dem Auto oder mit dem Zug anreisen. Eine tendenzielle Unterschätzung der Konsumentenrente ist zu erwarten, wenn davon ausgegangen wird, dass Personen ihren Wohnort extra so gewählt haben, dass sie eine möglichst kurze Anreise zu einem Naherholungsgebiet haben.

In diesem Fall wird der Nutzen dieser Personen, der lediglich aus den Reisekosten abgeleitet wird, unterschätzt.

Manche Anwendungen verzichten aufgrund der Komplexität der Modelle und dem erhöhten Datenbedarf auf die Berücksichtigung von Substituten. Die Schätzung dieser sogenannten „multi-site" Modelle ist ungleich aufwendiger, da weitere Daten der Alternativen erhoben werden (welche Subsitute sollen aufgenommen werden; wie sollen die Reisekosten anteilig berechnet werden; sollen auch weitere Aktivitäten integriert werden; welches räumliche Umfeld wird angenommen usw.) und in den Modellen berücksichtigt werden müssen, wobei die Aufnahme von Substituten prinzipiell als unproblematisch anzusehen ist (TURNER et al., 2004).

Der erhöhte Datenbedarf für komplexere Modelle schlägt sich in erster Linie in den Kosten für die Datenerhebung nieder, die eine persönliche Befragung der Besucher vor Ort erfordert. Dabei müssen die Zahl der Besucher, ihr Wohnort, die soziodemographischen Variablen (Alter, Einkommen, Geschlecht usw.) sowie Angaben zur Dauer der Anreise und der Reise an sich, dem Grund der Reise, der gewählten Unterkunft, den Kosten für die Anreise und die Zeit der Anreise usw. erhoben werden. Da aufgrund des Aufwands der Datenerhebung zumeist nur die Besucher des jeweiligen Naherholungsgebietes befragt werden, kann es zu einer Stichprobenverzerrung kommen (KUOSMANEN et al., 2004, S. 629ff).

Die Ausführungen machen bereits deutlich, dass die Reisekostenmethode nicht für jedes Umweltgut anzuwenden ist. Da die Methodik lediglich eine Untersuchung von Gebrauchswerten von Umweltgütern erlaubt, bleibt die Wertschätzung der Personen, denen die Reisekosten zu hoch sind, stets unberücksichtigt, ihr Grenznutzen für das Umweltgut ist gleich Null (BOWKER et al., 1996, S. 424). Dieses Problem ergibt sich auch dann, wenn potentielle Besucher das Naherholungsgebiet nicht aufsuchen, z. B. wegen Überfüllung, und somit die Nachfragefunktion unterschätzt wird. Letztlich muss es sich bei den betrachteten Umweltgütern um räumlich klar abgrenzbare Gebiete handeln, damit die Besucher auch eindeutig „zugeordnet" werden können.

4.1.4 Beurteilung der Methodik für die eigene Fragestellung

Die Reisekostenmethode wird vor allem für solche Güter eingesetzt, die einem Erholungs- oder Freizeitzweck dienen. Das Lahn-Dill-Bergland ist jedoch weniger als Erholungsgebiet zu sehen, für das auch größere Anreisekosten in Kauf genommen werden. Auch kann auf diese Weise die Wertschätzung der vor Ort lebenden Bevölkerung nicht erfasst werden. Darüber hinaus ergibt sich ein weiteres Problem in der Abgrenzung des Gutes, das mit einer Fläche von etwa 80 km² sehr groß ist. Problematisch ist in einem weiteren Schritt die implizite Wertschätzung für verschiedene Komponenten, wie bspw. der Artenvielfalt, des Landschaftsbildes oder der Wasserqualität der Fließgewässer. Hierzu müssten geeignete Substitute zur Verfügung stehen, über die eine Berechnung der Wertschätzung bspw. für die Artenvielfalt ermöglicht würde. Da jedoch das Lahn-Dill-Bergland weniger als Naherholungsgebiet einzuschätzen ist, wäre eine Bewertung nur schwer möglich.

Ein weiteres Defizit der Reisekostenmethode ist darin zu sehen, dass keine ex-ante Analysen möglich sind. Die Methode erlaubt damit also keine Bewertung von möglichen Veränderungen des Lahn-Dill-Berglandes bzw. einzelner Eigenschaften und kann damit auch keine hypothetischen Zahlungsbereitschaften für solche Veränderungen ausweisen.

Kritisch zu sehen ist zudem, dass die Reisekostenmethode lediglich in der Lage ist, Gebrauchswerte zu erfassen. Damit mag zwar eine Bewertung des Landschaftsbildes oder der Trinkwasser- und (in eingeschränkter Form auch) der Wasserqualität der Fließgewässer möglich sein. Jedoch sind gerade bei der Artenvielfalt auch Nicht-Gebrauchswerte in Form des Existenz- oder Vermächtniswertes für eine Bewertung als relevant zu sehen.

4.3 Der Hedonische Preisansatz

4.3.1 Grundgedanke

Der Hedonische Preisansatz, der auch als Marktpreis- oder Immobilienwertmethode bezeichnet wird, geht davon aus, dass der Preis einer Wohnung oder Immobilie neben dem Standard oder der Größe auch von der Qualität des Wohnumfeldes abhängt, wozu auch die Umweltqualität zählt. Wenn dieser Einfluss plausibel aus der Vielzahl der außerdem preisbestimmenden Faktoren isoliert werden kann, lassen sich aus Marktreaktionen Informationen darüber ableiten, welchen Nutzen das Individuum einer besseren Umwelt zumisst (CANSIER, 1993, S. 109). Wird z. B. für ein ruhig gelegenes Haus ein höherer Preis erzielt als für ein vergleichbares weniger ruhig gelegenes Haus, dann kann der Markt einen Hinweis darauf geben, welchen Preis der Käufer für diese Ruhedifferenz zu zahlen bereit ist. Aus diesem Grund wird hierbei auch vom „impliziten Preis" der Ruhedifferenz gesprochen (ENDRES und HOLM-MÜLLER, 1998, S. 61). Zur Messung des Einflusses kommt sowohl der Kaufpreis als auch der Mietpreis in Frage. Da die Umweltbedingungen dabei den Wohnwert über die Lage des Grundstücks beeinflussen, ist der (anteilige) Bodenpreis bei der Bewertung über den Hedonischen Preisansatz heranzuziehen (CANSIER, 1993, S. 109). Die Entwicklung des Hedonischen Preisansatzes geht maßgeblich auf ROSEN (1974) und FREEMAN (1974) zurück, die die Methodik erstmals im Bereich der Umweltbewertung einsetzten. Eine erste Anwendung liefert WAUGH (1928) bereits in den 30er Jahren, der die für die Konsumenten preisbestimmenden Faktoren beim Kauf von Gemüse untersucht.

4.3.2 Methodischer Ansatz und Anwendungsbeispiele

Erstmals wurde der Hedonische Preisansatz von ROSEN (1974) und FREEMAN (1974) vorgestellt, die unabhängig voneinander darlegten, dass sich ein Gut als ein Bündel von Eigenschaften darstellen lässt und sich unter bestimmten Annahmen die impliziten Preise der einzelnen Eigenschaften bestimmen lassen. Befindet sich unter diesen Eigenschaften auch eine Umweltvariable, wie bspw. die Lärmbelastung, lässt sich der implizite Preis für eine ruhige Wohnung oder Haus ableiten aus der Preisdifferenz von zwei bis auf den Lärmfaktor identischen Wohnungen bzw. Immobilien.

Damit sich eine Nutzenbewertung der unterschiedlichen Umweltqualitäten voll in den Preisdifferenzen niederschlägt, sind für den Hedonischen Preisansatz einige Annahmen zu treffen: Auf dem Wohnungsmarkt liegt vollständige Konkurrenz und ein Gleichgewicht vor (DEL SAZ-SALAZAR und GARCIÁ-MENÉNDEZ, 2005, S. 216), die Nachfrager sind vollständig informiert, es gibt somit keine Informationskosten, sie sind uneingeschränkt mobil und Nutzenmaximierer. Es wird von Umzugs-, Einrichtungs- und sonstigen Transaktionskosten abgesehen, so dass sich die Nachfrager schnell an Veränderungen der Marktlage anpassen. Zudem wird davon ausgegangen, dass sie stets eine Wohnung finden, die ihren Präferenzen voll entspricht (TURNER et al., 2004; CANSIER, 1993, S. 109). Darüber hinaus wird von einer schwachen Komplementarität der Wohnungseigenschaften und der Umwelteigenschaften ausgegangen, so dass die Nachfrage unabhängig von den Preisen für andere Güter ist (MAHAN et al., 2000, S. 102).

Bei der Anwendung des Hedonischen Preisansatzes lassen sich zwei Schritte festhalten: Ein erster Teil besteht in der **Schätzung der Hedonischen Preisfunktion,** mittels derer die impliziten Preise ausgewiesen werden können. In einem zweiten Schritt ist es außerdem möglich, die **Nachfragefunktion für Umweltqualität** aus der Kurve der impliziten marginalen Preise abzuleiten. Sie ermöglicht auch die Bewertung von nicht-marginalen Änderungen, die mittels der Hedonischen Preisfunktion nur eingeschränkt möglich und lediglich für das Ausweisen von oberen oder unteren Grenzen der Zahlungsbereitschaft geeignet ist (READY und ABDALLA, 2005, S. 315). Die Berechnung der Nachfragefunktion ist allerdings statistisch aufwendig und viele Anwendungen beschränken sich daher auf die Schätzung der Hedonischen Preisfunktion.

Die Hedonische Preisfunktion stellt die Umweltqualität, z. B. den Lärmpegel oder die Luftverunreinigung, in Abhängigkeit der Miet- oder Immobilienpreise dar. Dazu müssen zunächst die nachfragerelevanten Merkmale der Wohnung bzw. des Hauses festgelegt werden. Das sind unter anderem die Größe, das Alter, die Ausstattung, die Qualität des Wohnumfeldes (Lärmpegel, soziales Umfeld, Luftverschmutzung etc.), die Entfernung zu Einkaufsmöglichkeiten und zum Arbeitsplatz. Der Preis der Wohnung kann vollständig in die impliziten Preise für die einzelnen Merkmale aufgeschlüsselt werden. Die impliziten Preise spiegeln dabei die Wertschätzung der Nachfrager für die jeweilige Eigenschaft wider. Für die Hedonische Preisfunktion ergibt sich:

$$(6) \qquad M = M(G, L, Q, S, T)$$

mit M als Miete (oder Grundstückspreis), G als Variable für die strukturellen Merkmale der Wohnung, L ist der Vektor der Lageparameter, Q gibt die Qualität der Umwelt an, S beschreibt das sozioökonomische Umfeld und T die öffentliche Infrastruktur und Gemeindesteuern. Die erklärenden Variablen werden auch oft in die drei Gruppen strukturelle Eigenschaften, die die Immobilie an sich beschreiben, Standort- und Nachbar-Eigenschaften, in denen die Variablen zur Infrastruktur wie Entfernung zur Autobahn und Einkaufsmöglichkeiten beinhaltet sind, sowie Umweltqualitätsvariablen zusammengefasst (BOWEN et al., 2001, S. 471; WON-KIM et al., 2003, S. 30). Zur Berechnung der Hedonischen Preisfunktion können unterschiedliche Funktionstypen verwendet werden. In der Literatur sind häufig lineare, log-lineare und log-log Funktionen zu finden (LE GOFFE, 2000, S. 399). Aber auch lineare Box-Cox Transformationen kommen zur Anwendung (CROPPER et al., 1988). Laut ROSEN (1974) sind nicht-lineare Funktionstypen zu bevorzugen, da diese die zugrunde liegenden gleichzeitigen (ökonomischen) Entscheidungen der Verkäufer und Käufer widerspiegeln (zitiert nach BOWEN et al., 2001, S. 471). Der Nachteil von linearen Funktionsverläufen besteht zudem darin, dass sie unabhängig vom Ausgangsniveau gleiche implizite Preise für identische Änderungen hervorbringen (ANDERSON und BISHOP, 1986; zitiert nach MICHAEL et al., 2000, S. 287). Die Hedonische Preisfunktion gibt nach Definition den Ort aller Gleichgewichtspreise für die Interaktion von Käufern und Verkäufern in einem Markt für ein heterogenes Gut an (LEGGETT und BOCKSTAEL, 2000, S. 123). Die Berechnung der Hedonischen Preisfunktion erfolgt über multiple Regressionsrechnungen mit OLS (TYRVÄINEN, 1997, S. 213) oder Generalized Least Square (GLS)-Ansätzen (SENGUPTA und OSGOOD, 2003, S. 98).

Die impliziten Preise erhält man durch partielle Ableitung der Hedonischen Preisfunktion nach den einzelnen Eigenschaften. Der implizite Preis für die Umweltqualität Q ergibt sich zu $\frac{\partial M}{\partial Q}$ und entsprechend für alle weiteren Eigenschaften (RIDDEL, 2001, S. 495).

Nur wenige Studien (PALMQUIST 1982, 1983 und 1984; BAJIC, 1985; PARSONS, 1986; BARTIK, 1987; HARRISON und RUBINFELD, 1978) berechnen laut ZABEL und KIEL (2000) aus der Hedonischen Preisfunktion in einem zweiten Schritt die Nachfragefunktion. Dies könnte daran liegen, dass die Schätzung ökonometrisch anspruchsvoll ist und eine größere Datenbasis erfordert. Sie ermöglicht aber auch die Berechnung von nicht-marginalen Zahlungsbereitschaften (PALMQUIST und ISRANGKURA, 1999, S. 1129).

Die Hauptanwendungsgebiete sind in der Bewertung von Luft- und Wasserqualität zu sehen. Laut einer Meta-Analyse von SMITH und HUANG (1995 und 1993) finden sich bis Mitte der 90er Jahre bereits 25 Studien, die sich mit der Bewertung von Luftqualität beschäftigen, unter anderem auch die Arbeiten von HARRISON und RUBINFELD (1978) und GRAVES et al. (1988), sowie darüber hinaus neuere Studien von WON KIM et al. (2003), KWAK et al. (1996), ZABEL und KIEL (2000) und BERON et al. (2003).

Als ein weiteres Beispiel ist die Arbeit von PALMQUIST und ISRANGKURA (1999) zu nennen. Die Autoren berücksichtigen vier unterschiedliche Aspekte von Luftqualität, deren Wahl hauptsächlich von der Wahrnehmung der Bevölkerung abhängig gemacht wurde. Nach der Berechnung der Hedonischen Preisfunktion nehmen die Autoren ebenfalls die Schätzung der Nachfragefunktion vor, bei der sie verschiedene Funktionstypen verwenden. Sie ermitteln durchschnittliche Zahlungsbereitschaften von 202-1128 $ und 192-661 $ für eine 20 %ige Verbesserung des NO_2-Gehalts für eine 20 %ige Reduktion des SO_2-Gehalts (in Werten von 1998) in Abhängigkeit von der Funktionsspezifikation.

Mit der Untersuchung von Wasserqualität beschäftigen sich unter anderem die Studien von POOR et al. (2001), LEGGETT und BOCKSTAEL (2000), MICHAEL et al. (2000), BLOMQUIST (1988), GARROD und WILLIS (1991) und LANSFORD JR. und JONES (1995).

Vergleichsweise wenige Studien widmen sich der Bewertung von externen Effekten der Landwirtschaft (READY und ABDALLA, 2005; LUTTIK, 2000; MAHAN et al., 2000 und LE GOFFE, 2000). KHALIL (2004) ermittelt die Wertschätzung von positiven externen Effekten der Landwirtschaft in einer touristischen Bergregion Marokkos, die sich aus der Gestaltung des Landschaftsbildes durch die Landwirtschaft ergeben. Dazu wurden die Mietpreise für an Farmen angeschlossene Ferienwohnungen herangezogen. Die Hedonische Preisfunktion wurde auf Basis einer semi-log Funktion geschätzt. Für eine möglichst nahe Lage an einem Waldgebiet konnte ein impliziter Preis von 21 DH (Marokkanische Dirham) pro Woche, für die Nähe zur Kulturlandschaft von 38 DH pro Woche berechnet werden, was einem durchschnittlichen Anteil an der wöchentlichen Miete von 14,5 % bzw. 11 % entspricht. KHALIL (2004, S. 76) gibt zu Bedenken, dass die impliziten Preise aufgrund der Nicht-Berücksichtigung von möglichen negativen externen Effekten der Landwirtschaft überschätzt sein können.

4.3.3 Vor- und Nachteile

Die Vorteile der Hedonischen Preisfindung sind zum einen in der Ableitung der impliziten Preise aus tatsächlichem Marktverhalten zu sehen, und zum anderen in der Erfassung von Gebrauchswerten und prinzipiell auch von Nicht-Gebrauchswerten (Existenz- und Optionswert). So muss die Entscheidung möglichst nahe an einem Waldgebiet zu wohnen noch nicht bedeuten, dass man dort auch spazieren oder wandern geht; vielmehr wird bereits der Existenz des Waldes eine Wertschätzung beigemessen. Darüber hinaus lassen sich für die Methodik einige elementare Bereiche ausmachen, deren Handhabung einen wichtigen Einfluss auf die Qualität der Ergebnisse hat.

Ein erster wichtiger Punkt bei der Datenerhebung ist in der Abgrenzung des Untersuchungsgebietes zu sehen. Häufig werden Stadtgebiete als Grundlage gewählt (ZABEL und KIEL, 2000, WON KIM et al., 2003; MAHAN et al, 2000, TYRVÄINEN, 1997), aber auch regionale oder nationale Märkte sind denkbar. Bislang finden sich in der Literatur kaum Anhaltspunkte für die Wahl des Marktes, für den die Hedonische Preisfunktion ermittelt werden soll, so dass sie bislang als mehr oder weniger willkürlich angesehen werden kann (LEGGETT und BOCKSTAEL, 2000, S. 124). PALMQUIST (1992) kommt zu dem Ergebnis, dass zu kleine Märkte zu ineffizienteren Ergebnissen führen (zitiert nach LEGGETT und BOCKSTAEL, 2000, S. 124). Die Abgrenzung des Untersuchungsgebietes ist wichtig, weil laut Theorie von einem Wettbewerbsmarkt ausgegangen wird, so dass sich eine ungeeignete Segmentierung in verzerrten Ergebnissen niederschlagen kann. Daher wird in manchen Fällen auch auf Experteneinschätzungen z. B. von Wohnungsmaklern zurückgegriffen.

Ein weiterer wichtiger Aspekt ist die Spezifikation der Hedonischen Preisfunktion, die ebenfalls einen wesentlichen Einfluss auf die Schätzung der impliziten Preise hat. Jedoch gibt es bislang keine allgemeingültigen Erkenntnisse darüber, welcher Funktionstyp zu bevorzugen ist. So wird in einigen Anwendungen eine lineare Spezifikation gewählt, manche Autoren bevorzugen hingegen Box-Cox Transformationen. Jedoch ist im Einzelfall zu prüfen, welchem Funktionstyp der Vorzug zu geben ist (MICHAEL et al., 2000, S. 287). BOWEN et al. (2001, S. 471) verweisen in ihrer Arbeit auf die Überlegenheit von nicht-linearen Funktionstypen, die in der Lage sind, die aggregierten ökonomischen Entscheidungen von Käufern und Verkäufern in geeigneter Weise zu quantifizieren. Die Ausführungen machen deutlich, dass die Wahl des Funktionstyps für jede Anwendung eine wichtige Rolle spielt. Vor diesem Hintergrund ist es nicht verwunderlich, dass sich eine Reihe von Untersuchungen näher mit dieser Thematik auseinandersetzen (RASMUSSEN und ZUEHLKE, 1990; CROPPER et al., 1988). Bei der Schätzung der Hedonischen Preisfunktion sind häufig das Endogenitäts- und das Identifikationsproblem von Bedeutung (PALMQUIST und ISRANGKURA, 1999, S. 1128). Das Endogenitätsproblem ergibt sich aus dem in der Realität zu beobachtenden Umstand, dass ein Konsument die Umweltqualität und den marginalen Preis gleichzeitig wählt. Damit handelt es sich bei der Variable der Umweltqualität nicht, wie für konsistente Berechnungen auf OLS-Basis notwendig, um eine exogene Variable. Das Endogenitätsproblem kann jedoch durch die Wahl einer linearen Funktionsform vermieden werden. Bei dem Identifikationsproblem kommt der Umstand zum Tragen, dass sowohl für die Berechnung der Hedonischen Preisfunktion als auch für die Nachfragefunktion die gleichen Daten verwendet werden. Die Unterschiede beider Funktionen sind vor allem darin zu sehen, dass auf Basis der Hedonischen Preisfunktion lediglich implizite Preise für marginale Änderungen der betrachteten Variablen angegeben werden können. Dabei bleibt es im Ermessen des Wissenschaftlers, den Umfang einer marginalen Änderung zu definieren. Häufig erfolgt die Festlegung anhand der Skalierung der jeweiligen Variable (RUDSTROM, 2004, S. 555). Für größere Änderungen ist die Nachfragefunktion heranzuziehen. Ist nur ein kleiner Teil des untersuchten Marktes von der Änderung betroffen, kann mit der Hedonischen Preisfunktion zumindest eine Aussage über die obere oder untere Grenze der Zahlungsbereitschaft gemacht werden (READY und ABDALLA, 2005, S. 315). Wenn jedoch ein Großteil des Marktes von der Änderung betroffen ist, müsste die Hedonische Preisfunktion verschoben werden, so dass sie dann neu geschätzt werden müsste (PALMQUIST und ISRANGKURA, 1999, S. 1130). Es sind somit sowohl Unter- als auch Überschätzungen der impliziten Preise denkbar, wenn mehr als nur marginale Änderungen der Umweltqualität betrachtet werden. Dies liegt daran, dass mittels der Hedonischen Preisfunktion jeweils nur ein Punkt auf der individuellen Zahlungsbereitschaftsfunktion bekannt ist. Nur bei Unterstellung von identischen Zahlungsbereitschaftsfunktionen für alle untersuchten Haushalte, können auch implizite Preise für inframarginale Änderungen gemacht werden. Dabei lässt sich nicht eindeutig sagen, in welche Richtung eine Verzerrung vorliegt (ENDRES und HOLM-MÜLLER, 1998, S. 64f). PALMQUIST und ISRANGKURA (1999) weisen darauf hin, dass auch die mittels der Nachfragefunktion ermittelten Zahlungsbereitschaften aufgrund der schwachen Komplementarität nur eine untere Grenze darstellen. Um die maximale Zahlungsbereitschaft abzubilden, muss ein Gleichgewicht realisiert werden, bei dem dem Mieter oder Käufer bei Zahlung einer zusätzlichen Geldeinheit keine Erhöhung seiner Konsumentenrente mehr möglich ist. In der Realität wird es jedoch kaum möglich sein, bei einem vorgegebenen Preis genau das Qualitätsbündel nachzufragen, das für ein Nutzenmaximum vorliegen muss. Vielmehr werden die (marginalen) impliziten Preise unterhalb der marginalen Zahlungsbereitschaft liegen (ENDRES und HOLM-MÜLLER, 1998, S. 64).

Neben der Wahl des Funktionstyps ist auch die richtige Wahl der Variablen für die Ergebnisse von Bedeutung. In vielen Fällen stellt Multikollinearität ein Problem bei der Schätzung der Hedonischen Preisfunktion dar (LEGGETT und BOCKSTAEL, 2000, S. 124). In diesem Fall gilt es häufig zwischen dem Auftreten der Multikollinearität und dem Weglassen von (wichtigen) Variablen abzuwägen (TURNER et al., 2004). LEGGETT und BOCKSTAEL (2000, S. 124) bemerken hierzu, dass bei der Integration von mehreren Proxy-Variablen für die gleiche Eigenschaft durch die Einbeziehung nur eines Teils dieser Variablen keine großen Auswirkungen auf die Ergebnisse zu erwarten sein sollte. Dies trifft vor allem dann zu, wenn es sich bei den Variablen nicht um diejenigen handelt, die im Mittelpunkt der Untersuchung stehen. Gerade bei der Erfassung der sogenannten Nachbarschafts-Variablen ist oftmals Multikollinearität zu beobachten. Ein weiteres Problem in diesem Zusammenhang stellt die Spezifikation der Umweltvariablen dar. Häufig werden hierbei Größen in das Modell integriert, die von den Bewohnern bzw. Eigentümern gar nicht in dieser Weise wahrgenommen werden, so dass die geschätzten Koeffizienten nur eine eingeschränkte Aussagekraft aufweisen (POOR et al., 2001, S. 483). Die Auswahl und Festlegung der Umweltvariablen kann somit die Signifikanz und Höhe der impliziten Preise beeinflussen (MICHAEL et al., 2000, S. 283). Für die Anwendung des Hedonischen Preisansatzes für eine Umweltbewertung ist es notwendig, dass beobachtete regionale Unterschiede der Umweltqualität vorliegen. Bei allgemein auftretenden Veränderungen, wie bspw. der Ozonlochproblematik, lassen sich mittels der Hedonischen Preisfindung keine Aussagen machen (ENDRES und HOLM-MÜLLER, 1998, S. 65).

Die Schätzung der Hedonischen Preisfunktion erfolgt über multiple Regressionsanalysen, allerdings kann die Anwendbarkeit eingeschränkt sein, wenn Autokorrelation bei den räumlichen Variablen[18] vorliegt, da diese zu ineffizienten OLS-Schätzungen führen kann und somit zu Inkonsistenzen oder Verzerrungen in den impliziten Preisen (ARMSTRONG und RODRÍGUEZ, 2006, S. 27). CROPPER et al. (1988) und CHATTOPADHYAY (1999) schätzen die Hedonische Preisfunktion daher alternativ auf Basis von Simulationen.

Der Hedonische Preisansatz geht zudem von uneingeschränkter Mobilität der Nachfrager aus. Diese Annahme trifft in der Realität kaum zu, vielmehr wird ein Haushalt aufgrund von Mobilitätshindernissen nur dann eine neue Wohnung suchen, wenn seine Zahlungsbereitschaft für eine Wohnung in gegebener Umweltqualität deutlich von der zu zahlenden Miete abweicht. Mobilitätshindernisse resultieren damit bei Verschlechterungen der Umweltqualität in zu hohen Zahlungsbereitschaften. Dies bedeutet insgesamt eine Unterschätzung des Wertes guter Umweltzustände (ENDRES und HOLM-MÜLLER, 1998, S. 65).

4.3.4 Bewertung der Methodik für die eigene Fragestellung

Für eine multikriterielle Bewertung ist die Methodik der Hedonischen Preisfindung kaum geeignet. Denkbar wäre allenfalls eine Umsetzung für die Landschaftsästhetik, die sich in Miet- oder Häuserpreisen widerspiegelt. Für die Fragestellung im Rahmen des SFB 299 soll jedoch eine Bewertung für Gemeinden bzw. für das gesamte Lahn-Dill-Bergland vorgenommen werden, so dass eine Anwendung der Methodik nur wenig sinnvoll erscheint. Es ist zu erwarten, dass auch Bewohner des Lahn-Dill-

---

18 Man unterscheidet bei den räumlichen Variablen zwei verschiedene Konzepte. Die räumliche Heterogenität bezieht sich auf die unterschiedlichen Preise von Immobilien, die auf die absolute Lage der Immobilie zurückzuführen sind. Die gegenseitige räumliche Abhängigkeit besagt, dass zwei Objekte in unmittelbarer Nähe sich aufgrund von Merkmalen unterscheiden, die nicht im Modell erfasst werden (BOWEN et al, 2001, S. 469). Die Einbeziehung solcher räumlichen Variablen ist ebenfalls ein Schwerpunkt mancher Untersuchungen (BOWEN et al, 2001; WON KIM et al., 2003; ARMSTRONG und RODRÍGUEZ, 2006).

Berglandes, die in den Gemeinden zentral im Ort wohnen, eine Wertschätzung für die umliegende Landschaft haben, die mittels der Hedonischen Preisfindung nicht ermittelt werden kann. Darüber hinaus stehen weitere Landschaftseigenschaften im Blickpunkt des Interesses, die für eine Bewertung mit der Methodik weniger geeignet sind, wie bspw. die Gewässerqualität von Fließgewässern oder die regionale Artenvielfalt. Diese Eigenschaften schlagen sich allenfalls unzureichend in entsprechenden (Miet oder Kauf-) Preisen nieder.

Ebenso ist eine Anwendung der Methode in Deutschland prinzipiell aufgrund des regulierten Wohnungsmarktes erschwert. Eine Voraussetzung für die Durchführung einer Hedonischen Preisfindung ist die Annahme eines Wettbewerbs auf dem Wohnungsmarkt, die in Deutschland jedoch kaum einzuhalten ist. Vielmehr wirken bspw. Mieterschutz und Besteuerung restriktiv und würden die Ergebnisse der Methodik kompromittieren. Darüber hinaus kann auch nur eingeschränkt davon ausgegangen werden, dass eine vollkommene Mobilität der Mieter bzw. Käufer vorliegt, die ebenfalls eine Grundannahme der Hedonischen Preisfindung darstellt. Diese geht davon aus, dass die Mieter einer Wohnung, wenn sie eine neue Wohnung finden, die in einem oder mehreren Punkten ihren Präferenzen mehr entspricht, auch sofort für einen Umzug bereit wären. In der Realität werden hier aber die Umzugskosten eine wichtige Rolle bei der Abwägung spielen und ein Umzug nur bei einer maßgeblichen Verbesserung der Wohnsituation in Frage kommen. Diese muss zudem nicht zwangsläufig durch eine bessere Umweltqualität erzielt werden, sondern kann ebenso aus einer verbesserten Verkehrsanbindung oder Infrastruktur resultieren.

4.4 Kontingente Bewertung

4.4.1 Grundgedanke

Die kontingente Bewertung (im Angelsächsischen Contingent Valuation Method) zählt zu den Methoden der geäußerten Präferenzen und wurde erstmals in den USA von Davis (1963) angewandt, um die Wertschätzung für die Besucher von Naherholungsgebieten in Maine offenzulegen. Bereits 1947 hatte der Umweltökonom Ciriacy-Wantrup vorgeschlagen, direkte Befragungen zur Erfassung von Umweltwerten zu verwenden.

Erste Studien zur Umweltbewertung nahmen Bohm (1972) und Randall et al. (1974) vor. Grundlegender Vorteil der kontingenten Bewertung im Vergleich zu den indirekten Bewertungsmethoden ist, dass sie ebenfalls eine Bewertung von sogenannten Nicht-Gebrauchswerten (im Angelsächsischen „passive-use values“ oder „existenz values“) ermöglicht, die erstmals von Krutilla (1967) in einer ökonomischen Analyse berücksichtigt wurden. Manifestiert wurde der Begriff der „passive-use values“ durch einen Entscheid des höchsten amerikanischen Gerichtshofes, der 1989 festlegte, dass auch Nicht-Gebrauchswerte gleichberechtigt neben Gebrauchswerten bei der

Bewertung von Umweltschäden berücksichtigt werden müssen (CARSON, 2000, S. 1414). 1986 wurde die kontingente Bewertung durch die Veröffentlichung einer Gesetzgebung offiziell fester Bestandteil bei der Bewertung von Umweltschäden im Rahmen von Nutzen-Kosten-Analysen (KOLSTAD, 2000, S. 356). Das wohl bekannteste Beispiel ist sicher die durch die Exxon Valdez verursachte Ölpest im Jahr 1990 vor der Küste Alaskas. Mittels der kontingenten Bewertung wurde eine untere Grenze von 2,8 Mrd. $ (in Werten von 1990) für den Verlust aus Nicht-Nutzenwerten berechnet (CARSON et al., 2003, S. 278).

Die kontingente Bewertung zählt zu den direkten Bewertungsmethoden und ermittelt in Befragungen die individuelle Zahlungsbereitschaft einer Person für ein bestimmtes Szenario. Der Name leitet sich aus „contingent upon – von etwas abhängig sein" ab, da die Zahlungsbereitschaft in Abhängigkeit von einem zuvor beschriebenen – hypothetischen – Szenario erfragt wird. Der Befragte wird in eine Art Kaufsituation versetzt, in der er die Möglichkeit hat sich eine bestimmte Umweltqualität zu kaufen (WIEGAND, 1996, S. 3). Die Zahlungsbereitschaftsfrage „Was wären Sie maximal bereit für die vorgestellte Verbesserung des Umweltgutes zu bezahlen?" ist das Kernstück der kontingenten Bewertung.

Eine erste umfassende Arbeit zur Methodik der kontingenten Bewertung legen MITCHELL und CARSON (1989) vor. Nach dem Einsatz der kontingenten Bewertung zur Ermittlung der Schäden, die durch den Unfall der Exxon Valdez versursacht worden waren, beauftragte die Exxon Corporation eine Gruppe aus anerkannten Ökonomen mit der Untersuchung, inwieweit die kontingente Bewertung verlässliche Ergebnisse liefert. 1992 gab das Expertenteam seine Schlussfolgerungen bekannt, die besagten, dass die kontingente Bewertung nicht in der Lage ist befriedigende Ergebnisse zu liefern (RANDALL, 1997, S. 1490). Die U.S. Regierung reagierte daraufhin mit der Beauftragung einer Studie, die die Validität der Methodik untersuchen sollte. Sie übertrug die Aufgabe an die U.S. National Oceanic and Atmospheric Administration (NOAA), die ein sechsköpfiges Experten-Team zusammenstellte, darunter auch die Nobelpreisträger Kenneth ARROW und Robert SOLOW (CARSON et al., 1998, S. 484). 1993 legte das NOAA-Panel, das auch zuvor mit dem Oil Pollution Act von 1990 beauftragt war, seinen Bericht vor, der zu dem Schluss kam, dass unter Einhaltung bestimmter Richtlinien die kontingente Bewertung in der Lage ist reliable Schätzungen der Zahlungsbereitschaft zu ermitteln, die als Ausgangspunkt in juristischen Verhandlungen zur Bestimmung von Umweltschäden dienen können (CARSON, 2000, S. 1414). Die Empfehlungen des NOAA-Panel hatten einen großen Einfluss auf die Weiterentwicklung der Methodik und die als „best practice" geltenden Punkte zur Erstellung einer kontingenten Bewertungs-Studie (KOLSTAD, 2000, S. 359f).

4.4.2 Methodischer Ansatz und Anwendungsbeispiele

Zur Durchführung einer kontingenten Bewertung ist eine Reihe von Punkten zu beachten, die einen Einfluss auf die Güte der Ergebnisse haben und im Folgenden beschrieben werden. Kontingente Bewertungen[19] werden mittels Interviews durchgeführt, die sich an einen ausgearbeiteten Fragebogen halten. Dabei bieten sich drei Möglichkeiten der Studiendurchführung an, die schriftliche oder telefonische Befragung sowie persönliche Interviews[20], wobei das NOAA-Panel in seinen Ausführungen die Durchführung von schriftlichen Befragungen empfiehlt (HANLEY et al., 1997, S. 385; HAAB und MCCONNELL, 2002, S. 20ff).

Tabelle 3 gibt einen Überblick über ein typisches Fragebogendesign. Das Kernstück der kontingenten Bewertung stellt neben der Informationsvermittlung die Konstruktion des hypothetischen Marktes dar, auf die im Folgenden näher eingegangen wird.

Zunächst müssen während des Interviews genügend Informationen zur Verfügung gestellt werden, um die Referenzsituation und die möglichen Alternativen bzgl. des Umweltgutes klar abzugrenzen. Hierbei ist sowohl der Bewertungsgegenstand als auch die Bewertungsproblematik eindeutig und genau zu beschreiben (MITCHELL, 2002, S. 300). Im Weiteren muss dem Befragten die Abstimmungsregel erläutert werden, d. h. unter welchen Bedingungen wird das alternative Szenario umgesetzt. Hierbei wird häufig das Referendum bzw. der Volksentscheid gewählt. Der Vorteil des Referendums ist darin zu sehen, dass der Entscheid bereits eine Art von Verpflichtung bzgl. der Bereitstellung des öffentlichen Gutes darstellt (MITCHELL und CARSON, 1989, S. 94). Der Befragte soll sich dazu in die Situation versetzen, dass er jetzt über die Einführung des Programms entscheiden soll und sein Votum abgeben muss. Die Realisierung des Programms erfolgt dann bspw., wenn mehr als die Hälfte der Stimmberechtigten ein positives Votum abgibt. Dabei ist ebenfalls zu erklären, in welchem Umfang die Abstimmung stattfindet (auf Gemeinde-, Kreis-, Länder- oder Bundesebene) und welche Personen stimmberechtigt sind (wahlberechtigte Bevölkerung). Zudem muss erläutert werden, ob alle Verbraucher im Falle der Zustimmung die Kosten für das Programm zu tragen haben. Ein weiterer Punkt ist die Art des Einzugs der Gelder (über Steuern, Fonds, Gebühren, Eintrittsgelder etc.) (PEARCE und TURNER, 1990, S. 148) und die Häufigkeit der Zahlungen (einmalig, jährlich etc.).

Zuletzt sollte ebenfalls bekannt sein, wie die genaue Durchführung des geplanten Programms erfolgen soll. Die Schwierigkeit für den Befragten besteht darin, dass er ein (Umwelt-) Gut bewerten soll, das er normalerweise nicht kaufen kann, und die meisten Befragten sich zuvor noch keine Gedanken darüber gemacht haben werden, dass sie es „kaufen könnten". Die Überlegung, ein Umweltgut in Geldeinheiten zu be-

---

19 Eine umfangreiche Darstellung der kontingenten Bewertung findet sich in WRONKA (2004).

20 Auf die Vor- und Nachteile der einzelnen Befragungstechniken wird bei der Vorstellung der Choice Experimente näher eingegangen (vgl. Kapitel 5.2.4).

werten, wird daher für die meisten Personen gänzlich neu sein (DIAMOND und HAUSMAN, 1993, S. 14).

Tabelle 3: Fragebogendesign einer kontingenten Bewertung

1. **Einleitung**	Vorstellung des Interviewers; Zweck der Befragung Überblick geben; Länge des Interviews ansprechen
2. **Einstellungsfragen**	Einstellung zur Thematik Umwelteinstellungsfragen usw.
3. **Nutzung des Gutes**	Fragen zur Kenntnis und Nutzung des Gutes
4. **Hypothetischer Markt**	Konstruktion des hypothetischen Marktes mit ▪ Informationen zum Umweltgut ▪ Abstimmungsregel ▪ Zahlungsweise ▪ Verfahren zur Ermittlung der Zahlungsbereitschaften
5. **Debriefingfragen**	Fragen zum Verständnis Problembereiche der Befragung
6. **Soziodemographische Fragen**	Angaben zu Alter, Einkommen, Ausbildung usw.
7. **Interviewerfragen**	Einschätzung des Interviews aus Sicht des Interviewers

Quelle: Eigene Darstellung

Aufgrund der Komplexität der Anforderungen bei der Erstellung des hypothetischen Marktes wird in der Literatur häufig empfohlen, bei der Ausarbeitung mit Fokusgruppen zu arbeiten. Eine Fokusgruppe setzt sich aus fünf bis zehn Personen zusammen, die zufällig ausgewählt werden. Die Aufgabe der Fokusgruppen besteht in der Diskussion der oben angesprochenen Punkte (MITCHELL, 2002, S. 302). Auf diese Weise soll ein plausibler und exakter hypothetischer Markt gestaltet werden. Die Arbeit mit Fokusgruppen hat sich außerdem bewährt, um sicherzustellen, dass in der Befragung auch das betrachtete Umweltgut Gegenstand der Bewertung ist (BATEMAN et al., 2005, S. 277). Solch qualitativen Ansätzen zur Erarbeitung des Studiendesigns wird jedoch laut CHILTON und HUTCHINSON (1999, S. 465ff) in den meisten Anwendungen nicht genügend Beachtung geschenkt. Nähere Informationen zur Arbeit mit Fokusgruppen lassen sich z. B. in MORGAN (1997) oder KRUEGER und CASEY (2000) nachlesen.

Ziel der kontingenten Bewertung ist schließlich die Offenlegung der Zahlungsbereitschaft für die Bereitstellung des Bewertungsgegenstandes als maximale Summe, die die Person bereit ist auszugeben, ehe sie auf das Gut verzichten würde. Es empfiehlt sich im Rahmen der Befragung jedoch nicht, direkt nach der maximalen Summe zu fragen. Vielmehr hat sich in vielen Fällen eine Art von Hilfestellung als vorzüglicher erwiesen. Die **Wahl des Ermittlungsverfahrens** der Zahlungsbereitschaft stellt damit einen weiteren wichtigen methodischen Aspekt dar.

In Tabelle 4 sind die wichtigsten Ermittlungsverfahren zusammengestellt, deren Unterschiede im Folgenden kurz erläutert werden. Die Ermittlungsverfahren unterscheiden sich zunächst bezüglich ihrer **Anreizeffekte**, d. h. inwiefern sie in der Lage sind Zahlungsbereitschaften zu ermitteln, die derer einer realen ökonomischen Verpflichtung entspricht. Erste Untersuchungen dieses Effektes gehen auf HOEHN und RANDALL (1987) zurück. Von den möglichen Ermittlungsverfahren gilt dabei lediglich das einfach dichotome Ermittlungsverfahren als anreizkompatibel, wenn dem Befragten glaubhaft gemacht werden kann, dass seine genannte Zahlungsbereitschaft die Verwirklichung des vorgestellten Szenarios beeinflusst[21]. Darüber hinaus muss die Realisierung in den Händen der Regierung liegen, die ebenfalls die Berechtigung zur Einforderung der Gelder innehat (HOROWITZ und MCCONNELL, 2002, S. 438; MITCHELL und CARSON, 1989, S. 97ff). Nur wenn die Anreiz- und die Informationseffekte für unterschiedliche Ermittlungsverfahren identisch sind, werden sich für diese auch identische Zahlungsbereitschaften ergeben (CARSON et al., 2001, S. 191).

Außerdem lassen sich für manche Ermittlungsverfahren **psychologische Effekte** wie der Anker-Effekt (CARSON, 1997, S. 1504), die Startwert-Verzerrung bei Auktionen oder das „Ja-Sagen" feststellen. Der Anker-Effekt bezeichnet das Phänomen, dass die vorgeschlagenen Beträge einen Einfluss auf die geäußerte Zahlungsbereitschaft haben, wobei sich nicht allgemein sagen lässt, ob dies zu einer Verzerrung der Zahlungsbereitschaft nach oben oder unten führt. Unter der Startwert-Verzerrung versteht man das Phänomen, dass der Start-Betrag einen Einfluss auf die endgültige Zahlungsbereitschaft haben kann (HANLEY und SPASH, 1993, S. 60). Im Unterschied dazu beschreibt das Ja-Sagen die Zustimmung zu Zahlungsbereitschaftsbeträgen gegen die eigentliche Wertschätzung. Der Befragte fühlt sich aber aufgrund der Befragungssituation und anderen möglichen Einflüssen dazu „verpflichtet", einem Betrag zuzustimmen.

Als letzter bedeutsamer Punkt bei der Wahl des Ermittlungsverfahrens sind die unterschiedlichen Anforderungen an die **Auswertung der Daten** zu nennen, die sich neben den theoretischen Annahmen auch aus der Art der Daten ergeben (MITCHELL und CARSON, 1989, S. 97ff). Die dichotomen Verfahren beinhalten den geringsten Informationsgehalt und die diskreten Beobachtungen können nur wenig effizient analysiert werden. Dahingegen weist die offene Zahlungsbereitschaftsfrage den höchsten kognitiven Anspruch der verschiedenen Ermittlungsverfahren auf. Das Verfahren lässt sich vergleichen mit dem Kauf eines Artikels vom Trödelmarkt, für den kein Preis ausgeschrieben ist, so dass dieser quasi aus der Luft gegriffen werden muss (MITCHELL und CARSON, 1989, S. 97). Außerdem ist dieses Ermittlungsverfahren durch die Schwierigkeit der Beantwortung für den Befragten bei der Beurteilung

21 Diese Erkenntnis geht auf die Arbeiten von GIBBARD (1973) und SATTERWAITE (1975) zurück und ist auch als Gibbard-Satterwaite-Theorem bekannt (CARSON et al., 2001, S. 190).

eines Umweltgutes (im Gegensatz zu der Bewertung eines vertrauten privaten Gutes) eher anfällig für strategisches Verhalten.

Tabelle 4: Die wichtigsten Ermittlungsverfahren und Beispiele für die Zahlungsbereitschafts (ZB)-Frage

<table>
<tr><th>Verfahren</th><th>Erläuterung</th><th>Beispiel für ZB-Frage</th></tr>
<tr><td>Auktionsmethode</td><td>Es wird ein Wert geboten, der erhöht wird, bis der Befragte nicht mehr zustimmt.</td><td>Wären Sie bereit für das vorgestellte Programm einen jährlichen Beitrag von 3 € in einen Fonds einzuzahlen?</td></tr>
<tr><td>Offene ZB-Frage</td><td>Ohne Vorgabe eines Betrags wird nach der maximalen ZB gefragt.</td><td>Wie viel wären Sie maximal bereit jährlich in einen Fonds zu zahlen, um das vorgestellte Programm zu realisieren?</td></tr>
<tr><td>Einfach dichotome ZB-Frage</td><td>Ein zufällig bestimmter Betrag wird dem Befragten zur Abstimmung vorgelegt.</td><td>Wären Sie bereit, jährlich 5 € in einen Fonds einzuzahlen, um das vorgestellte Programm zu realisieren?</td></tr>
<tr><td>Doppelt dichotome ZB-Frage</td><td>Im Vergleich zur einfach dichotomen ZB-Frage wird der Betrag bei vorheriger Zustimmung/Ablehnung erhöht oder heruntergesetzt.</td><td>Wären Sie bereit, jährlich 7 € in einen Fonds einzuzahlen, um das vorgestellte Programm zu realisieren?
Wenn ja, wären Sie bereit 10 € zahlen?
Wenn nein, wären Sie bereit 5 € zu zahlen?</td></tr>
<tr><td>Zahlkartenmethode</td><td>Der Befragte sucht aus einer Reihe von vorgelegten Beträgen den Betrag aus, den er maximal zu zahlen bereit ist.</td><td>Welcher dieser Beträge, den Sie jährlich in einen Fonds einzahlen müssten, entspricht am ehesten ihrer ZB, um das vorgestellte Programm zu realisieren?
<table>
<tr><td>0 €</td><td>1 €</td><td>3 €</td><td>5 €</td><td>7 €</td></tr>
<tr><td>10 €</td><td>15 €</td><td>20 €</td><td>30 €</td><td>50 €</td></tr>
<tr><td>75 €</td><td>100 €</td><td>150 €</td><td>200 €</td><td>>200 €</td></tr>
</table></td></tr>
<tr><td>Mehrfach begrenzte polytome ZB-Frage</td><td>Es stehen wie bei der Zahlkartenmethode verschiedene Beträge zur Auswahl, wobei der Befragte eine Angabe über die Sicherheit seiner Zahlungsbereitschaft macht.</td><td>Welcher dieser Beträge, den Sie jährlich in einen Fonds einzahlen müssten, entspricht am ehesten ihrer maximalen Zahlungsbereitschaft, um das vorgestellte Programm zu realisieren?
<table>
<tr><td>Betrag</td><td>Sicher ja</td><td>Eher ja</td><td>Unsicher</td><td>Eher nein</td><td>Sicher nein</td></tr>
<tr><td>1 €</td><td>x</td><td></td><td></td><td></td><td></td></tr>
<tr><td>2 €</td><td>x</td><td></td><td></td><td></td><td></td></tr>
<tr><td>5 €</td><td></td><td>x</td><td></td><td></td><td></td></tr>
<tr><td>7 €</td><td></td><td></td><td></td><td>x</td><td></td></tr>
<tr><td>10 €</td><td></td><td></td><td></td><td></td><td>x</td></tr>
</table></td></tr>
</table>

Quelle: Eigene Zusammenstellung in Anlehnung an WRONKA, 2004, S. 77

Für die offenen Ermittlungsverfahren stellen DESVOUGES et al. (1983) zudem eine Tendenz zu einer inakzeptabel erhöhten Anzahl von Nicht-Antworten bzw. Protestantworten[22] fest, die sie auf die Hilflosigkeit der Befragten zurückführen, einen Betrag aus der Luft heraus zu greifen[23] (zitiert nach MITCHELL und CARSON, 1989, S. 97; ALBERINI et al., 1997, S. 309f).

Die Zahlkartenmethode weist gegenüber der offenen Zahlungsbereitschaftsfrage den Vorteil auf, dass sie den Befragten einen möglichen Anhaltspunkt für eine Zahlungsbereitschaft gibt, wodurch der Anspruch an den Befragten deutlich gesenkt werden kann. Andererseits können bei diesem Verfahren Verzerrungen durch die Reichweite der gewählten Beträge auf der Zahlkarte entstehen (WHYNES et al., 2004, S. 184). Die Auktionsmethode war lange Zeit das am häufigsten angewendete Ermittlungsverfahren. Der Vorgang des Bietens ist den meisten Befragten vertraut, so dass der kognitive Anspruch gering ist. Allerdings konnte empirisch gezeigt werden, dass es zu erhöhten bzw. verminderten Zahlungsbereitschaftsangaben kommt, wenn der Anfangswert weit über bzw. unter der wahren Zahlungsbereitschaft des Befragten liegt (TURNER et al., 1993, S. 126f). Die einfach dichotome Zahlungsbereitschaftsfrage, die auch vom NOAA-Panel empfohlen wird (ARROW et al., 1993), benötigt für die Auswertung aufgrund der Art der Datenerhebung eine große Stichprobe, da nicht die maximale Zahlungsbereitschaft erfragt wird, sondern nur diskrete Beobachtungen vorliegen. Sie ist daher statistisch ineffizient (HANLEY et al., 2003, S. 5), weil eine Reihe von Annahmen zur Schätzung der Zahlungsbereitschaftsfunktion getroffen werden müssen. Das Verfahren hat sich allerdings als vorteilhaft in Bezug auf mögliche Protestantworten erwiesen und ist als einziges Verfahren unter bestimmten Bedingungen anreizkompatibel. Allerdings neigt das Verfahren zum Auftreten des Ja-Sagens, dem Zustimmen des genannten Betrags gegen die eigentliche Präferenz (WHYNES et al., 2004, S. 184). Ähnlich einzuschätzen ist die doppelt dichotome Zahlungsbereitschaftsfrage, die jedoch laut HANEMANN et al. (1991) im Vergleich zur einfach dichotomen Zahlungsbereitschafts-Frage als statistisch effizienter einzuordnen ist. Das mehrfach begrenzte polytome Ermittlungsverfahren kann als eine Erweiterung der Zahlkartenmethode gesehen werden und ermöglicht es dem Befragten anzugeben, mit welcher Sicherheit er den genannten Betrag in der Realität entrichten würde, so dass auf diese Weise Unsicherheiten der Befragten berücksichtigt werden können[24] (HANLEY et al., 2003, S. 5).

Insgesamt lässt sich festhalten, dass in Abhängigkeit von der Wahl des Ermittlungsverfahrens mit unterschiedlichen Verzerrungen zu rechnen ist. Studien, die sich nä-

---

22 Als Protestantworten gelten Zahlungsbereitschaften von Null, deren Aufgabe jedoch auf Aspekte im Studiendesign zurückzuführen ist, die für den Befragten nicht akzeptabel waren. Es kann daher nicht davon ausgegangen werden, dass die Zahlungsbereitschaft tatsächlich Null beträgt.

23 Hieraus wird ersichtlich, dass die einzelnen Ermittlungsverfahren auch durchaus unterschiedliche kognitive Anforderungen an den Befragten stellen.

24 Andererseits erschwert dies gleichzeitig die Ermittlung der durchschnittlichen Zahlungsbereitschaft, da diese davon abhängig ist, welche Kategorien als Zustimmung zu dem jeweiligen Betrag gewertet werden sollen.

her mit den Auswirkungen des Ermittlungsverfahrens auf die Zahlungsbereitschaft befassen, zeigen, dass tendenziell die dichotomen Zahlungsbereitschaftsfragen zu höheren Werten neigen als die offenen Zahlungsbereitschaftsfragen (REAVES et al., 1999; BATEMAN et al., 1995; BATEMAN et al., 1999; FRYKBLOM und SHOGREN, 2000). Zusätzliche Informationen liefern darüber hinaus auch die Debriefingfragen, die aufdecken können, inwiefern Protestantworten gegeben wurden oder ob das Szenario nicht richtig verstanden wurde.

Nach der Berechnung der durchschnittlichen Zahlungsbereitschaft folgt die **Schätzung der Zahlungsbereitschaftsfunktion**, die Informationen über das Zustandekommen der Zahlungsbereitschaft liefert. Die Vorgehensweise bei der Schätzung der Zahlungsbereitschaftsfunktion hängt maßgeblich von der Art der erhobenen Daten ab. Nach BATEMAN et al. (2002, S. 177) lassen sich kontinuierliche, binäre und intervallskalierte Daten unterscheiden. Kontinuierliche Daten werden mit der offenen ZB-Frage und der Auktionsmethode ermittelt, binäre Daten liefert die einfach dichotome ZB-Frage, während die doppelt und multiple dichotome ZB-Frage sowie die Zahlkartenmethode intervallskalierte Daten liefern.

Eine weitere Frage stellt der Umgang mit den Nicht-Antworten dar, unter die auch die Protestantworten fallen. Man unterscheidet dabei die Angabe von unrealistisch hohen Zahlungsbereitschaften und die Angabe einer Zahlungsbereitschaft von Null. Daneben kann auch die Angabe generell verweigert werden. Da die wahren Zahlungsbereitschaften für diese Personen nicht bekannt sind, werden sie häufig von der Auswertung ausgenommen. Es bleibt aber fraglich, welche Art von Verzerrung sich dadurch ergibt[25] (BATEMAN et al., 2002, S. 178).

In die Zahlungsbereitschaftsfunktion gehen als erklärende Variablen zum einen die Haushaltscharakteristika inklusive der sozioökonomischen Variablen und zum anderen Programm- und Designvariablen ein, dazu gehören z. B. Variablen für unterschiedliche Fragebogenversionen (bspw. für verschiedene Ermittlungsverfahren oder Zahlungsmittel) und Umwelteinstellungsvariablen.

Für die Auswertung wird eine indirekte Nutzenfunktion zugrunde gelegt, die das Nutzenmaximum des Haushalts mittels seines Einkommens Y, den Güterpreisen P, dem Umfang der Bereitstellung des Umweltgutes E sowie allen übrigen sozioökonomischen Faktoren S beschreibt. Ohne Spezifizierung des Funktionstyps gilt:

(7) $$V(Y,P,S,E).$$

Gibt der Haushalt seine maximale Zahlungsbereitschaft an, gilt:

(8) $$V(Y,P,S,E^0)=V(Y-C,P,S,E^1).$$

25 Eine dataillierte Diskussion der Problematik von Protestantworten liefert WRONKA (2004).

Unter Berücksichtigung der Kosten C für die Bereitstellung (als angegebene Zahlungsbereitschaft) des Umweltgutes im Umfang E^1 realisiert der Haushalt das gleiche Nutzenniveau wie bei einer geringeren Bereitstellung des Umweltgutes (E^0). Durch Umstellung obiger Gleichung ergibt sich die sogenannte Bid-Funktion in Abhängigkeit der übrigen Variablen als

(9) $$C = C(E^0, E^1, Y, P, S) = WTP \text{ mit } WTP \leq Y \text{ und } WTP \geq 0 .$$

Die Bid-Funktion ermöglicht die Quantifizierung der Zahlungsbereitschaft in Abhängigkeit vom Einkommen, den weiteren Eigenschaften des Haushalts und den Eigenschaften des jeweiligen Umweltgutes unter Annahme der Nutzenmaximierung des Haushaltes. Die Zahlungsbereitschaft liegt zwischen einem Wert von Null und dem Einkommen des Haushaltes.

Für die Schätzung der Bid-Funktion stehen zwei verschiedene Ansätze zur Verfügung, der Nutzen-Differenz- und der Bid-Funktion-Ansatz. Beide Ansätze kommen in der Literatur zur Anwendung, wobei der Nutzen-Differenz-Ansatz der neoklassischen ökonomischen Theorie aufgrund der expliziten Formulierung der Nutzen-Funktion näher kommt. Jedoch ist die Spezifikation im Vergleich zur Bid-Funktion komplexer (BATEMAN et al., 2002, S. 182ff). Größtenteils wird in der Literatur dabei auf die beiden vorgestellten parametrischen Ansätze zurückgegriffen. Der Vorteil nicht-parametrischer Ansätze besteht hingegen darin, dass keine Annahme über die Verteilung getroffen werden muss (HANLEY et al., 2003, S. 5). Eine detaillierte Beschreibung des Bid-Funktion-Ansatzes liefern BATEMAN et al. (2002) und HAAB und MCCONNELL (2002). Die Schätzung mittels des Nutzen-Differenzen-Ansatzes beschreiben u. a. HANEMANN und KANNINEN (1999) und MCFADDEN und LEONHARD (1993).

Gerade bei der Ermittlung von diskreten Werten ist die Schätzung der Zahlungsbereitschaftsfunktion von Bedeutung, da sich nur so ein Mittelwert der Zahlungsbereitschaft für die Stichprobe ermitteln lässt (HANEMANN und KANNINEN, 1999, S. 308). Zudem lässt sich auf diese Weise überprüfen, ob lediglich Zufallszahlen ermittelt wurden, oder aber sich die Zahlungsbereitschaften mittels weiterer Variablen erklären lassen (HAAB und MCCONNELL, 2002, S. 24). Nicht zuletzt dient die Zahlungsbereitschaftsfunktion als Grundlage für den Benefit Transfer, der eine Übertragung von Werten von einem Studien- auf einen Politikort[26] ermöglicht.

Für die Bestimmung des ökonomischen Gesamtwertes eines Umweltgutes im Rahmen von Nutzen-Kosten-Analysen erfolgt in einem letzten Schritt die **Aggregation der Zahlungsbereitschaften**, um auf den Wert des Umweltgutes für die relevante Grundgesamtheit schließen zu können. Bei der Aggregation ist zum einen zu beachten, dass die relevante Grundgesamtheit berücksichtigt wird (HANLEY et al., 2003,

26 Unter dem Politikort versteht man den Ort, auf den mittels des Benefit Transfer die am Befragungsort ermittelten Präferenzen übertragen werden.

S. 8), zum anderen muss der aus dem Stichprobenmittelwert der Gesamtbevölkerungsmittelwert berechnet werden. Dies ist im Fall einer repräsentativen Stichprobe durch Multiplikation mit der Anzahl der zu berücksichtigenden Haushalte möglich. Ist die Stichprobe nicht repräsentativ, wird der Mittelwert über die Zahlungsbereitschaftsfunktion abgeleitet. Zuletzt muss auch der Zeitraum bestimmt werden, über den die Nutzenwerte aggregiert werden. Dabei müssen zwangsläufig zukünftige Präferenzen mittels gegenwärtiger Präferenzen bewertet werden (WRONKA, 2004, S. 87).

Die kontingente Bewertung wurde bis heute weltweit für eine Vielzahl von Fragestellungen eingesetzt. In seiner Untersuchung zur Bewertung des Erholungswertes des Waldes in Hamburg ermittelt ELSASSER (1996) etwa 61 € pro Person und Jahr für im Hamburger Stadtgebiet lebende Waldbesucher. Eine konservative Extrapolation auf die Hamburger Bevölkerung ergibt einen Gesamtnutzen von jährlich etwa 48 Mio. €. Eine entsprechende Hochrechnung auf die Einwohner der Region resultiert in einem jährlichen Nutzen von ca. 55,5 Mio. €. ROSCHEWITZ (1999) ermittelt in ihrer Studie den monetären Wert von Kulturlandschaft in der Schweiz. Sie weist für den Schutz der Kulturlandschaft (Erhalt der Kulturlandschaft auf dem gegenwärtigen Niveau) eine durchschnittliche Zahlungsbereitschaft von ca. 405 Schweizer Franken aus. Die Untersuchung von Startwert-Verzerrungen ergab dabei für den niedrigsten Startwert eine durchschnittliche Zahlungsbereitschaft von 350 Franken und für den höchsten Startwert von 470 Franken. Das entspricht einem Unterschied von ca. 30 %. Für den Schutz der Kulturlandschaft ergibt sich für die Bevölkerung insgesamt ein Wert von ca. 9 Mio. Schweizer Franken. JIM und CHEN (2006) untersuchen den Wert von städtischen Grünflächen in Guangzhou/China. Sie berechnen eine durchschnitt-liche Zahlungsbereitschaft von ca. 2 $ pro Person und Monat, die damit höher liegt als die Eintrittskosten für einen Parkbesuch. Die Aggregation der Zahlungsbereitschaften ergibt einen Gesamtwert von etwa 66 Mio. $ pro Jahr. Dieser Wert liegt sechsmal höher als die jährlichen Ausgaben der Stadt für die Grünflächen. NINAN und SAHYAPALAN (2005) wenden die kontingente Bewertung für den Schutz der Artenvielfalt in einer vom Kaffeeanbau dominierten Region in Indien an. Kaffeeanbau und der Schutz der Artenvielfalt stehen hier in Konkurrenz zueinander, wobei auch unter der Annahme einer ungünstigen Kosten- und Einnahmenentwicklung (steigende Kosten und sinkende Einnahmen) der Kaffeeanbau immer noch lukrativ ist. Jedoch zeigt die Bevölkerung ein Interesse am Schutz der Artenvielfalt und wäre bereit, etwa 26 Tage im Jahr unentgeltlich an Artenschutzprogrammen mitzuarbeiten, was umgerechnet einem Einkommensverlust von jährlich 6000 RS entspräche, den die Autoren als implizite Zahlungsbereitschaft auslegen.

Eine aktuelle Anwendung der kontingenten Bewertung in Deutschland liefert die Studie von LEHR (2006) mit der Bewertung des Umweltprojekts „Cottbuser Ostsees". Dabei handelt es sich um ein Projekt zur Rekultivierung eines Tagebaugebietes, für dessen weiteren Ausbau zu einem Naherholungsgebiet mit vielfältigen Freizeit- und

Sportmöglichkeiten die Zahlungsbereitschaft der Bevölkerung erhoben wurde. Im Zuge der Befragung wurden dazu mehr als 1.000 Interviews durchgeführt. Insgesamt berechnet LEHR eine Zahlungsbereitschaft von 2,7 Mio. € im Jahr (2006, S. 121).

4.4.3 Vor- und Nachteile

Viele Ökonomen sind nach wie vor der Meinung, dass zur Ableitung von Präferenzen auf beobachtetes Verhalten zurückgegriffen werden muss und die Ergebnisse aus Befragungen nicht verlässlich sind (DIAMOND und HAUSMAN, 1994). Dennoch werden jährlich enorme Summen in die Marktforschung investiert, aus denen z. B. Informationen über Präferenzen von Konsumenten abgeleitet werden und mit denen die Unternehmen ihre Strategien begründen (MITCHELL und CARSON, 1989).

Ein wesentlicher Vorteil der kontingenten Bewertung als direkte Bewertungsmethode im Vergleich zu den indirekten Bewertungsmethoden ist vor allem in der Bewertung von Nicht-Gebrauchswerten, wie dem Options-, Existenz- oder Vermächtniswert zu sehen (LOUVIERE et al., 2000b; CARSON et al., 1999). Sie ist somit in der Lage den ökonomischen Gesamtwert einer Resource zu erfassen. Die kontingente Bewertung erlaubt ebenso die Bewertung von allen weiteren Gütern, auch ohne dass eine Relation zu einem Marktgut für diese besteht, wie das für die indirekten Bewertungsmethoden Voraussetzung ist. Die Methode ist daher einerseits äußerst flexibel, was die Auswahl von Umweltgütern angeht, und ermöglicht andererseits die Bewertung jeder Art von Veränderungen eines Umweltgutes, die von Interesse sind (CARSON et al., 2003, S. 258). Darüber hinaus ermittelt die kontingente Bewertung mit der Erfassung der Zahlungsbereitschaft ein exaktes Wohlfahrtsmaß (TURNER, 1999, S. 37) basierend auf den Hickschen Wohlfahrtsmaßen. Aufgrund der Unabhängigkeit der Methodik von beobachtetem Verhalten, liegt eine weitere Stärke der kontingenten Bewertung in der ex-ante Analyse von Qualitätsveränderungen von Umweltgütern.

Seit den ersten Anwendungen der kontingenten Bewertung sind mittlerweile weit mehr als 2000 Studien dokumentiert, die ein ebenso weites Spektrum von Fragestellungen und Umweltgütern untersucht haben. Nicht zuletzt aufgrund der politischen Bedeutung der kontingenten Bewertung im Rahmen von Nutzen-Kosten-Analysen in den USA hat die Methodik eine außerordentliche Aufmerksamkeit erfahren, die dazu geführt hat, dass die Stärken und Schwächen umfangreich erforscht wurden[27].

Bereits frühzeitig in der Anwendungsgeschichte der kontingenten Bewertung gab es Studien mit methodischen Schwerpunkten zur Aufdeckung von möglichen Ursachen von Verzerrungen in der kontingenten Bewertung. Es hat sich jedoch gezeigt, dass einige der Befunde, die der Methodik eine hohe Güte der Ergebnisse bescheinigten,

27 Eine erste Grundlage für einen „best practice“ Stand hat das NOAA-Panel mit seinen Empfehlungen bzw. Anforderungen an eine Studie der kontingenten Bewertung herausgearbeitet, die als kritische Arbeitsgrundlage für die Weiterentwicklung der Methodik gedient haben und dienen.

zu relativieren sind. Ein häufiger Grund dafür liegt in den zu klein gewählten Stichproben, die keine abgesicherte Schlussfolgerung erlauben. MITCHELL und CARSON (1989, S. 234f) empfehlen für einen zweiseitigen Test auf einem 90 %-Signifikanzniveau eine Stichprobe von 210 validen Beobachtungen, um bspw. zu überprüfen, ob zwei verschiedene Zahlungsmittel in identischen Zahlungsbereitschaften resultieren.

Generell lassen sich vier unterschiedliche Ursachen für mögliche Verzerrungen ausmachen:

1. Mögliche Stichprobenverzerrungen, die nicht im Vorfeld behoben werden, oder eine falsche Aggregation von Nutzenwerten wirken sich auf die aggregierten Nutzenschätzungen aus (vgl. Tabelle 5).
2. Das gewählte Szenario enthält starke Anreize für den Befragten nicht seine wahre Zahlungsbereitschaft anzugeben (vgl. Tabelle 6).
3. Das gewählte Szenario liefert dem Befragten starke Anreize seine Zahlungsbereitschaft anhand im Szenario enthaltener Informationen festzulegen (vgl. Tabelle 6).
4. Fehlspezifikationen des Szenarios – entweder durch falsche Beschreibung einzelner Aspekte oder durch eine Fehlinterpretation von richtig wiedergegebenen Aspekten durch den Befragten – führen dazu, dass der Befragte ein falsches Verständnis für das Szenario entwickelt und seine Zahlungsbereitschaft damit verzerrt wird (vgl. Tabelle 7).

Die Wahl der Grundgesamtheit ist vor allem dann erschwert, wenn es sich bei den Nutznießern des Umweltgutes und den Personen, die die Kosten tragen (sollen), nicht um die gleiche Personengruppe handelt. Bei der Abgrenzung der Stichprobe ist die Auswahl anhand der Einwohnermeldestatistik vorteilhaft, da – zumindest wenn die Wahl der Grundgesamtheit auf Gemeindeebene stattfindet – somit alle in Frage kommenden Personen berücksichtigt werden können (MITCHELL und CARSON, 1989, S. 266f). Gerade das Problem von Nicht-Antworten[28], die in manchen Studien einen bedeutenden Anteil ausmachen können (MITCHELL und CARSON, 1989, S. 267), im Zusammenhang mit einer geringen Antwortquote kann zu einer bedeutsamen Einschränkung der Repräsentativität der Ergebnisse führen. So resultiert der Ausschluss der Protestantworten aus der Auswertung in anderen Ergebnissen als die Bewertung dieser Antworten als Zahlungsbereitschaft von Null. JORGENSEN et al. (1999), MESSONNIER et al. (2000) und WRONKA (2004) untersuchen in ihren Studien die Bedeutung von und den möglichen Umgang mit Protestantworten eingehender.

28 Darunter fallen die sogenannten Protestantworten, Antwortverweigerungen und das Verweigern einer Antwort aus Unsicherheit.

Tabelle 5: Mögliche Verzerrungsarten aufgrund des Stichprobendesigns oder der Ableitung von Zahlungsbereitschaften

I Stichproben- und Ableitungs-Verzerrungen		
Stichprobendesign und –erhebung		
	Wahl der Grundgesamtheit	Die Grundgesamtheit der Studie enthält nicht alle Personen, die vom Umweltgut profitieren bzw. die Kosten tragen werden.
	Abgrenzung der Stichprobe	Nicht jede Person hat die gleiche Wahrscheinlichkeit in der Stichprobe zu sein.
	Nichtantworten-Verzerrung	Die Stichprobenstatistik derer, die eine valide Zahlungsbereitschaft angegeben haben, entspricht nicht den durchschnittlichen Parametern der Grundgesamtheit.
	Stichprobenmortalität	Befragte wählen sich selbst in die Stichprobe, die somit eine erhöhte Anzahl an Interessierten enthält.
Ableitungs-Verzerrung		
	Zeitliche Verzerrungen	Die ermittelten Präferenzen spiegeln nicht mehr die aktuellen Präferenzen wider.
	Reihenfolge der Aggregation	Bei der Aggregation (gemeinsamen Bewertung) räumlich verschiedener substitutiver oder komplementärer Güter bzw. räumlich eng zusammenliegender unterschiedlicher Güter ist die Reihenfolge der Aggregation zu beachten, sonst kann es zu Über- als auch Unterschätzungen kommen.

Quelle: Verändert nach MITCHELL und CARSON, 1989, S. 263

Ein zweiter Bereich möglicher Verzerrungen resultiert aus der Angabe von falschen Zahlungsbereitschaften durch den Befragten (vgl. Tabelle 6). Diese lassen sich durch ein detailliert entwickeltes und getestetes Studiendesign weitmöglichst in den Griff bekommen. Die strategischen Verzerrungen lassen sich dabei auch unter dem Begriff der „Trittbrettfahrer“-Problematik zusammenfassen (HACKL und PRUCKNER, 2005, S. 294; POMMEREHNE und SCHNEIDER, 1981, S. 286).

Zu den im zweiten Teil der Tabelle 6 aufgeführten Verzerrungen durch implizite Werthinweise zählen bspw. der bereits beschriebene Anker-Effekt und das Ja-Sagen. Die Befragten orientieren sich mit der Angabe ihrer Zahlungsbereitschaft an gegebenen Werten, die sie als Maßstab für den wahren Wert des Umweltgutes halten[29].

Als bedeutendste Ursache von Verzerrungen sind die Fehlspezifikationen des Szenarios zu nennen, d. h. die Befragten nehmen die Bewertung nicht so vor – bezogen auf das Umweltgut, seine positiven Effekte, den Umfang der Bereitstellung usw. –

29 CHIEN et al. (2005) zeigen in ihrer Untersuchung, dass die Nicht-Berücksichtigung dieser beiden Effekte in einer Unterschätzung der wahren Zahlungsbereitschaft resultiert.

wie es beabsichtigt war (vgl. Tabelle 7). Zu dieser Gruppe von Verzerrungen zählt der sogenannte „Embedding bias“, der eine fehlende Sensitivität für den Umfang der Bereitstellung des Umweltgutes beschreibt. Die Ursache für diese Art von Verzerrung wird häufig darin gesehen, dass die Befragten eine moralische Zufriedenheit aus der Angabe einer Zahlungsbereitschaft erzielen unabhängig vom Umfang der Bereitstellung des Umweltgutes bzw. seiner genauen Eigenschaften. Dieses Phänomen wird in der Literatur als „warm glow“ Effekt bezeichnet (CARSON, 2000, S. 1415). Eine Reihe von Untersuchungen beschäftigt sich mit dem Embedding-Effekt (BATEMAN et al., 2004; FOSTER und MOURATO, 2003; SVEDSÄTER, 2000; CARSON und MITCHELL, 1993).

Tabelle 6: Mögliche Verzerrungen aufgrund der Angabe falscher Zahlungsbereitschaften oder impliziter Werthinweise

II Verzerrungen durch Angabe falscher Zahlungsbereitschaften		
Strategische Verzerrungen	Angabe von falschen Zahlungsbereitschaften um die Bereitstellung des Gutes oder die Höhe der Zahlungen zu beeinflussen.	
Übereinstimmungs-Verzerrungen	Angabe von Zahlungsbereitschaften, die mit den Wünschen anderer an die Zahlungsbereitschaft übereinstimmen.	
	Sponsoren-Verzerrungen	Angaben sollen den Erwartungen eines (vermuteten) Sponsors gerecht werden.
	Interviewer-Verzerrungen	Angaben sollen den Erwartungen des Interviewers entsprechen.
III Verzerrungen durch implizite Werthinweise		
Startwert-Verzerrung	Das Ermittlungsverfahren oder das Zahlungsmittel implizieren eine mögliche Zahlungsbereitschaft, die den Befragten beeinflusst.	
Reichweiten-Verzerrung	Das Ermittlungsverfahren impliziert durch die genannte Spannweite von Beträgen die Angabe der Zahlungsbereitschaft der Befragten.	
Relative Verzerrung	Der Befragte leitet aus Informationen Relationen zu anderen Gütern und deren Preisen ab und leitet daraus die Zahlungsbereitschaft ab.	
Bedeutungs-Verzerrung	Die Befragung an sich oder bestimmte Elemente vermitteln bereits den Eindruck, dass dem Gut ein Wert beigemessen werden „muss“.	
Reihenfolge-Verzerrung	Die Reihenfolge der ZB-Frage für verschiedene Güter oder Level der Bereitstellung eines Gutes beeinflusst die Wertangabe.	

Quelle: Verändert nach MITCHELL und CARSON, 1989, S. 236

Verzerrungen können aber ebenso auf Elemente des hypothetischen Marktes zurückzuführen sein (vgl. Tabelle 7). So kann bspw. durch die Wahl des Zahlungsmittels „Steuern“ eine prinzipielle Ablehnung des Szenarios entstehen, z. B. aufgrund kürzlicher Steuererhöhungen, obwohl andererseits ein Vorteil in der allgemeinen Vertrautheit mit diesem Zahlungsinstrument zu sehen ist und somit kaum Klärungsbedarf bzgl. der praktischen Umsetzung entstehen dürfte.

Eine Überprüfung der Zuverlässigkeit der kontingenten Bewertung kann nach den Kriterien **Objektivität**, **Reliabilität** und **Validität** vorgenommen werden. Die Objektivität bezieht sich auf die Unabhängigkeit der Ergebnisse vom Untersuchungsleiter und stellt für eine seriöse Untersuchung keine Schwierigkeit dar. Die Reliablität lässt sich anhand von Test-Retest-Verfahren, also der späteren Wiederholung einer Studie, überprüfen und verlangt die Reproduzierbarkeit der Ergebnisse unter Berücksichtigung der Änderung der Präferenzen im Zeitablauf. Verschiedene Studien belegen die Reliabilität der Ergebnisse, es muss jedoch bedacht werden, dass aufgrund der hohen Kosten einer Retest-Studie diese nur selten durchgeführt werden (WRONKA, 2004, S. 104f).

Eine Überprüfung der Validität erfolgt für die Einzelaspekte der Kriterien-, der Inhalts- und der Konstrukt-Validität. Die Kriterien-Validität fordert einen Vergleich der gemessenen Werte mit einem objektiven Kriterium. Dies ist nur für solche Untersuchungen möglich, die eine Bewertung zu einem tatsächlich anstehenden Entscheid vornehmen. Laut CARSON et al. (2001) ist dieser Ansatz erst in zwei Fällen umgesetzt worden. Beide Studien konnten das Abstimmungsverhalten des später tatsächlich erfolgten Entscheids gut prognostizieren. Die Inhalts-Validität erfordert eine erneute Überprüfung des Studiendesigns und stellt somit eine mitunter subjektive Größe dar. Jedoch gibt es, nicht zuletzt durch die Empfehlungen des NOAA-Panels, eine Reihe von Grundsätzen, deren Einhaltung bei der Gestaltung des Fragebogens kontrolliert werden können (BATEMAN et al., 2002, S. 305ff). Die Konstrukt-Validität lässt sich nochmals unterteilen in die konvergierende und die theoretische Validität. Erstere lässt sich mittels eines Vergleichs von Ergebnissen aus anderen Studien, Marktexperimenten, Meta-Analysen oder einem Benefit-Transfer[30] sowie aus Hedonischen Preisfindungs- oder Reisekostenstudien überprüfen. Einen ersten Ansatz für die Untersuchung der theoretischen Validität stellt die Überprüfung der Zahlungsbereitschaftsfunktion auf plausible Vorzeichen und Signifikanzen der unabhängigen Variablen sowie der Höhe des Erklärungsbeitrags der ZB-Funktion dar[31]. Für eine ausführlichere Darstellung der Gütekriterien sei auf WRONKA (2004) und BATEMAN et al. (2002) verwiesen.

Insgesamt lässt sich festhalten, dass nicht alle Untersuchungen auf eine hohe Güte der kontingenten Bewertung für die verschiedenen Validitätskriterien schließen lassen. Jedoch muss hier auch von Fall zu Fall geprüft werden, inwieweit das Studiendesign den Anforderungen an Eindeutigkeit, Unverzerrtheit und Nachvollziehbarkeit gerecht wird (BATEMAN et al., 2002, S. 305) und somit die möglichen Verzerrungen so weit wie möglich eingegrenzt wurden. Eine sorgfältig geplante und durchgeführte Untersuchung ist jedoch in der Lage valide und reliable Zahlungsbereitschaften zu ermitteln.

30 Die Diskussion über die Validität des Benefit Transfers ist jedoch bislang noch nicht abgeschlossen (HANLEY et al., 2003, S. 8).

31 Bereits für ein $R^2 \geq 0{,}15$ kann von einer Erfüllung der theoretischen Validität gesprochen werden (CARSON und MITCHELL, 1989, S. 211ff).

Tabelle 7: Mögliche Verzerrungen durch Fehlspezifikation des Szenarios

IV Verzerrungen durch Fehlspezifikation des Szenarios		
Theoretische Fehlspezifikation	Es liegt eine Fehlspezifikation in Bezug auf die zugrunde liegende Theorie bzw. Politikelemente vor.	
Fehlspezifikation des Umweltgutes	Das Umweltgut wird nicht wie geplant bewertet.	
	Symbolische Fehlspezifikation	Der Befragte bewertet ein symbolisches Umweltgut und nicht das eigentlich zu bewertende Gut.
	Teil-Gesamtheit Fehlspezifikation	Der Befragte bewertet mehr oder weniger als das eigentliche Umweltgut. Das kann sich auf die geographische Abgrenzung, die angenommenen Nutzenkomponenten oder den Art und Umfang der Bereitstellung des Gutes beziehen.
	Metrische Fehlspezifikation	Die Bewertung erfolgt auf einer anderen (ungenaueren) Skala als intendiert.
	Bereitstellungs-Wahrscheinlichkeit Fehlspezifikation	Der Befragte geht von einer anderen Bereitstellungs- Wahrscheinlichkeit des Umweltgutes aus.
Kontext Fehlspezifikation	Der Kontext des hypothetischen Marktes wird von dem Befragten anders als geplant wahrgenommen.	
	Zahlungsmittel	Das Zahlungsmittel wird falsch wahrgenommen oder selbst mit gewertet.
	Besitzrechte	Die Besitzrechte an dem Umweltgut werden falsch zugeordnet.
	Art der Bereitstellung	Die Art der Bereitstellung wird falsch wahrgenommen oder selbst mit gewertet.
	Budgetrestriktion	Das Prinzip der Budgetrestriktion wird falsch verstanden.
	Ermittlungsverfahren	Das Ermittlungsverfahren wird falsch verstanden.
	Instrumenten-Kontext	Der Kontext bzw. Referenzrahmen, der durch das Informationsmaterial vermittelt werden soll, wird falsch verstanden.
	Reihenfolge der Fragen	Die Reihenfolge der Fragen hat einen Einfluss auf die Zahlungsbereitschaft.

Quelle: Verändert nach MITCHELL und CARSON, 1989, S. 236f

4.4.4 Beurteilung der Methodik für die eigene Fragestellung

Die kontingente Bewertung stellt die am intensivsten erforschte Methodik in der Umweltbewertung dar, mit insgesamt mehreren tausend Anwendungen weltweit. Ihr Vorteil ist vor allem in der Bewertung von sowohl Gebrauchs- als auch Nicht-Gebrauchswerten zu sehen.

Die kontingente Bewertung ist für eine Bewertung aller denkbaren Umweltgüter geeignet und von daher auch für eine multikriterielle Bewertung anwendbar, wie sie im Rahmen dieser Arbeit erfolgen soll. Ein Nachteil ist jedoch in der Ausgestaltung des hypothetischen Marktes zu sehen, der eine genaue Beschreibung der Referenzoption und der alternativen Situation erfordert. Damit ist lediglich eine Bewertung einer im Vorfeld festzulegenden Änderung dieser Eigenschaft möglich. Eine Ausweitung auf mehrere alternative Szenarien ist jedoch prinzipiell denkbar, allerdings wird damit der Fragebogen und das Interview entsprechend länger und komplexer. Wenn in einem weiteren Schritt auch eine Bewertung mehrerer Umweltgüter erfolgen soll, stößt die Methodik schnell an ihre Grenzen. Für eine Erfassung von drei oder vier unterschiedlichen Gütern mit jeweils mehreren Szenarien ist die kontingente Bewertung daher nicht als bevorzugte Methodik anzusehen.

An dieser Stelle sei angemerkt, dass im Rahmen des SFBs bereits zwei kontingente Bewertungen zu Fragen der Trinkwasserqualität und der regionalen Artenvielfalt durchgeführt wurden. Die Ergebnisse können somit für einen Methodenvergleich herangezogen werden und zur Überprüfung der Konvergenz-Validität genutzt werden.

4.5 Zusammenfassung

Für die Bewertung von Umweltgütern steht mittlerweile ein breites Instrumentarium zur Verfügung, von dem die Vermeidungskosten-Methode, die Reisekostenmethode und der Hedonische Preisansatz als indirekte Bewertungsmethoden vorgestellt wurden. Es konnte gezeigt werden, dass die Methoden spezifische Vorteile für die Bewertung unterschiedlicher Umweltgüter aufweisen und bis zum heutigen Zeitpunkt für verschiedene Fragestellungen eingesetzt werden.

Allen indirekten Bewertungsmethoden ist jedoch gemein, dass sie keine Bewertung von Nicht-Gebrauchswerten von Umweltgütern vornehmen können. Diese Tatsache hat maßgeblich zur Popularität der direkten Bewertungsmethoden beigetragen, zu denen die kontingente Bewertung und die Ansätze des Choice Modelling gehören. Die Ausführungen zur kontingenten Bewertung in diesem Kapitel haben verdeutlicht, dass es sich bei dieser Methode um eine der am besten erforschten und entwickelten Bewertungsmethoden handelt, deren Verwendung in den USA bereits fest bei der Durchführung von Nutzen-Kosten-Analysen von Umweltprojekten verankert ist. Im Rahmen von kontingenten Bewertungen wird jedoch in der Regel lediglich ein einzelnes Umweltgut betrachtet.

Dies stellt eine wichtige Limitation der Methodik für die eigene Fragestellung dar, die die simultane Bewertung von mehreren Landschaftsfunktionen mit unterschiedlichen Qualitätszuständen leisten soll. Die Choice Experimente stellen unter den Choice Modelling Ansätzen die Methodik dar, die eine solche multikriterielle Bewertung erlaubt und gleichzeitig in der Lage ist, wohlfahrtsökonomisch konsistente Werte zu ermitteln.

Im folgenden Kapitel werden daher die methodischen Grundlagen der Choice Experimente detailliert dargestellt, um die Eignung der Methodik für die eigene Fragestellung herauszuarbeiten.

5 Die diskreten Choice Experimente

5.1 Grundgedanke

Die diskreten Choice Experimente gehören ebenso wie die kontingente Bewertung zu den Methoden der geäußerten Präferenzen und den direkten monetären Bewertungsverfahren. Wie bei der kontingenten Bewertung wird auch bei den Choice Experimenten nach dem Wert eines Umweltgutes gefragt, indem dem Befragten unterschiedliche Optionen – mit und ohne Verbesserung bzgl. des Umweltgutes – zur Auswahl angeboten werden, wobei auch die Kosten beinhaltet sind, die vom Haushalt für die Bereitstellung zu tragen wären. Im Unterschied zur kontingenten Bewertung nimmt der Befragte aber nicht nur die Bewertung der Veränderung einer Situation (Referenzsituation gegenüber einem alternativen Szenario) vor, sondern er wird mehrmals gebeten, aus einer bestimmten Anzahl von Szenarien auszuwählen (BENNETT und ADAMOWICZ, 2002, S. 38). Der grundlegende Gedanke dabei ist, dass sich ein Gut aus einer Anzahl von (nutzenstiftenden) Eigenschaften zusammensetzt, die wiederum unterschiedliche Ausprägungen annehmen können[32]. Der Befragte wird – ähnlich einer Kaufsituation im Supermarkt – gebeten sich für die von ihm am meisten präferierte Option zu entscheiden, wobei eine der Eigenschaften jeder Option eine Preisvariable ist. Es wird davon ausgegangen, dass der Befragte sich jeweils für die Alternative entscheidet, die ihm den größten Nutzen stiftet. Die Theorie der Nutzenmaximierung geht auf THURSTONE (1927) zurück, der das Konzept erstmals für psychologische Stimuli anwandte, aus denen er binäre Probit Modelle ableitete. MARSCHAK (1960) interpretierte diese Stimuli als Nutzen und stellte den Zusammenhang zur Nutzenmaximierung her. Die so hergeleiteten Modelle bezeichnete er als Zufallsnutzen-Modelle (TRAIN, 2002, S. 18). Die Methodik der Choice Experimente führt nun in einem weiteren Schritt die Zufallsnutzentheorie mit der neueren Nachfragetheorie nach LANCASTER (1966) zusammen. Erste Konzepte zur Handhabung solcher Modelle für diskrete und kontinuierliche Variablen stammen von HECKMAN (1978 und 1979) sowie von DUBIN und MCFADDEN (1984)[33].

Die Choice Experimente lassen sich in die Gruppe der sogenannten Choice Modelling Ansätze einordnen, die in Tabelle 8 zusammengestellt sind. Alle Ansätze gehen davon aus, dass ein Gut durch seine Eigenschaften und den Ausprägungen, die diese annehmen können, beschrieben werden kann. So kann z. B. ein Wald über seine Artenvielfalt, die Größe, seine Altersstruktur und die Freizeitmöglichkeiten, die er eröffnet, näher charakterisiert werden. Ändert man nun die Ausprägung einer

32 Bei der Bewertung eines Naherholungsgebietes können das bspw. die Anzahl gefährdeter Arten, der Flächenanteil intakter Lebensräume oder die jährliche Anzahl von Besuchern sein.

33 Hieraus leitet sich auch der Begriff der diskreten Choice-Analyse und diskreten Choice Experimente ab, da mittels der Choice Experimente auch Variablen diskreter Natur (vgl. Kapitel 6) in die Auswertung aufgenommen werden können.

Eigenschaft, entsteht ein neues Produkt oder Gut. Ein Hauptaugenmerk liegt auf der Beurteilung des Wertes solcher Veränderungen für den Konsumenten (BATEMAN et al., 2002, S. 248f). Der Bewertungsprozess an sich unterscheidet sich jedoch bei den einzelnen Methoden, wie in der zweiten Spalte der Tabelle 8 dargestellt ist. Aus der Art der Präferenzermittlung leitet sich wiederum die wohlfahrtstheoretische Konsistenz der ermittelten Werte ab. Dazu ist es erforderlich, dass in einer Auswahlsituation auch immer der Status Quo bzw. eine festgelegte Referenzoption, gegenüber der eine oder mehrere weitere Alternativen bewertet werden, beinhaltet ist (BENNETT und ADAMOWICZ, 2001, S. 46).

Tabelle 8: Die Methoden des Choice Modelling im Überblick

Methode	Art der Präferenzermittlung	Ermittlung wohlfahrtstheoretisch konsistenter Maße
Contingent Ranking	Die Befragten bringen die ihnen vorgelegten Optionen in eine Rangreihung.	möglich (wenn der Status Quo bzw. die Referenzoption enthalten ist)
Contingent Rating	Die Befragten werden gebeten, die Optionen auf einer Skala einzuordnen.	fragwürdig
Paarweiser Vergleich	Den Befragten werden jeweils zwei Optionen vorgelegt, die sie auf einer Skala bewerten sollen.	fragwürdig
Choice Experiment	Die Befragten werden gebeten aus einer Anzahl von Optionen (darunter Status Quo bzw. Referenzoption) ihre bevorzugte Option auszuwählen.	ja

Quelle: HANLEY et al., 2001, S. 438

Beim **Contingent Ranking** wird der Befragte aufgefordert, die ihm vorgelegten Optionen in eine Präferenzreihenfolge zu bringen. Die Anzahl der Optionen kann dabei variieren. Eine der vorgelegten Alternativen ist in der Regel der Status Quo oder eine andere Referenzoption, deren Beinhaltung im Choice Task die Berechnung von wohlfahrtsökonomisch konsistenten Schätzwerten ermöglicht. Im Vergleich zu den Choice Experimenten werden durch das Ranking mehr Informationen gewonnen und die Daten können ebenfalls auf Basis der Zufallsnutzentheorie analysiert werden. Problematisch kann es jedoch sein, wenn die Befragten sich bzgl. der Rangreihenfolge nicht sicher sind, was häufig bei den niedrigen Rängen der Fall sein kann, weil dann die Annahme der Nutzenmaximierung verletzt ist. Um dieses Problem zu vermeiden, kann das Ranking in einem sequentiellen Verfahren durchgeführt werden: Der Befragte wählt jeweils seine am meisten präferierte Option aus, die anschließend aus dem Alternativen-Pool entfernt wird und der Vorgang wird dann wiederholt (BATEMAN et al., 2002, S. 251ff). Problematisch bei diesem Vorgehen ist jedoch, dass nach der Auswahl der Status-Quo Alternative eine Schätzung wohlfahrtstheoretisch konsistenter Werte nicht mehr möglich ist (HANLEY et al., 2001, S. 443). Erste Anwendungen der Methodik gehen auf BEGGS et al. (1981) und LAREAU und RAE (1987) zurück. Im Umweltbereich ist das Contingent Ranking nach den Choice Experimenten die am häufigsten genutzte Methodik des Choice Modelling. Dementsprechend findet sich eine Vielzahl von Studien zu unterschiedlichen Fragestellungen. CAPLAN et al. (2002) wenden die Methodik zur Untersuchung von Mülltrennung an, MACHADO und MOURATO (2002) untersuchen die Wertschätzung von Wasserqualitätsverbesserungen, GARROD und WILLIS (1997) bestimmen die Wertschätzung für die Artenvielfalt des Waldes und FOSTER und MOURATO (2000) nehmen eine Bewertung im Bereich des Pflanzenschutzmitteleinsatzes vor. Verschiedene Untersuchungen haben jedoch auch gezeigt, dass das Contingent Ranking die Methodik mit den höchsten kognitiven Ansprüchen ist. Das Studiendesign ist daher vorab kritisch auf seine Komplexität zu überprüfen (HAUSMAN und RUUD, 1987).

Beim **Contingent Rating** werden die Befragten aufgefordert verschiedene Alternativen auf einer Skala von 1 (niedrigste Präferenz) bis 10 (höchste Präferenz) zu bewerten. Bei diesem Ansatz findet kein direkter Vergleich von Alternativen statt, so dass das Rating nicht in einen direkten Zusammenhang mit einer Auswahlentscheidung gebracht werden kann. Daher werden die Daten mittels einer Transformationsfunktion in eine indirekte Nutzenfunktion überführt. Damit kann eine Auswertung auf Basis der Zufallsnutzentheorie erfolgen. Es bleibt jedoch zu hinterfragen, ob die Transformationsfunktion die Zusammenhänge zwischen Rating und Nutzen korrekt spezifiziert. Eine weitere Annahme besteht darin, dass das Rating verschiedener Personen miteinander vergleichbar ist. Das Contingent Rating ist damit nicht in der Lage wohlfahrtstheoretisch konsistente Schätzwerte zu liefern. Dies ist sicherlich der Hauptgrund für die geringe Popularität der Methodik in der Umweltökonomie. Das Hauptanwendungsgebiet liegt hingegen im Marketingbereich (HANLEY et al., 2001, S. 443f).

Auch der **paarweise Vergleich** ist eine häufig im Marketingbereich eingesetzte Methodik, deren Popularität in jüngster Zeit auch auf die Entwicklung von Software-Paketen wie der Adaptiven-Conjoint Analyse (SAWTOOTH SOFTWARE, 1993) zurückzuführen ist. Der Befragte wird gebeten aus zwei Alternativen seine bevorzugte Option auszuwählen und das Maß seiner Präferenz für diese Alternative auf einer numerischen oder semantischen Skala (z. B. von 1 bis 10 bzw. Alternative A stark bevorzugt bis Alternative B stark bevorzugt) anzugeben. Neben der einfachen Auswahl einer Alternative (wie bei den Choice Experimenten) liefert die Methode noch weitergehende Informationen über die Stärke der Präferenz für die gewählte Alternative. Wohlfahrtstheoretisch konsistente Werte können ermittelt werden, wenn eine der beiden Alternativen die Status-Quo Option darstellt. Anwendungen im Umweltbereich befassen sich z. B. mit der Bewertung von Artenvielfalt (LOCKWOOD, 1998) oder des Klimawandels (NEWCOMBE, 1998).

Einschränkungen in der Anwendbarkeit des Contingent Ratings und des paarweisen Vergleiches ergeben sich vor allem daraus, dass die Methoden keine wohlfahrtstheoretisch konsistenten Werte ermitteln können. Lediglich mittels des Contingent Rankings können – bei entsprechender Ausgestaltung des Designs – ebenfalls wohlfahrtstheoretisch konsistente Maße bestimmt werden. Der größte Nachteil dieser Methode ist jedoch in den hohen kognitiven Anforderungen an den Befragten zu sehen, die häufig zu einer Überforderung führen und inkonsistente Antworten zur Folge haben. Im Vergleich dazu können mit den Choice Experimenten realitätsnahe Entscheidungssituationen simuliert werden. Ihre ökonomische Fundierung und Flexibilität haben dazu geführt, dass die Choice Experimente in jüngster Zeit die am häufigsten eingesetzte Methodik in der Umweltbewertung sind. Die methodischen Grundlagen der Choice Experimente werden daher im nächsten Kapitel detailliert vorgestellt.

5.2 Methodischer Ansatz der Choice Experimente

Der Vorteil der Choice Experimente besteht unter anderem darin, dass durch die Berücksichtigung einer Preisvariable im Studiendesign das Berechnen von impliziten Preisen möglich ist, d. h. es können Aussagen darüber getroffen werden, wie viel es einer Person wert ist, z. B. mehr gefährdete Arten in einem Naherholungsgebiet zu erhalten. Daneben lassen sich auch ganze Szenarien bewerten, bzw. genauer gesagt, die Änderung von einem Status Quo bzw. einer Referenzoption zu einer alternativen Option. Diese Schätzungen der Zahlungsbereitschaft sind wohlfahrtstheoretisch exakt und können in Nutzen-Kosten-Analysen berücksichtigt werden (BENNETT und ADAMOWICZ, 2001, S. 40f). Im Vergleich zur kontingenten Bewertung können außerdem mehrere Eigenschaften gleichzeitig und für verschiedene Ausprägungen betrachtet werden.

ADAMOWICZ et al. (1998b) definieren sieben Arbeitsschritte bei der Erstellung und Durchführung eines Choice Experiments:

1. Festlegung und Charakterisierung der Fragestellung
2. Auswahl der Eigenschaften und deren Ausprägungen
3. Entwicklung des experimentellen Designs
4. Entwicklung des Fragebogens
5. Auswahl der Stichprobe und Datenerhebung
6. Modellschätzungen
7. Politik-Analyse

Die einzelnen Arbeitsschritte werden im Folgenden vorgestellt.

5.2.1 Festlegung und Charakterisierung der Fragestellung

Als Bestandteil einer Nutzen-Kosten-Analyse ist es notwendig, dass die Choice Experimente auch bestimmten formalen Ansprüchen genügen. Das Herausarbeiten der zu untersuchenden Fragestellung ist daher von besonderer Bedeutung, da es für eine entsprechende Interpretierbarkeit der Ergebnisse wichtig ist, eine möglichst klare Abgrenzung und Beschreibung des Gutes vorzunehmen (MÜLLER, 2002, S. 133). Im Unterschied zum Privatgüterbereich kann diese Aufgabe durchaus mit besonderen Herausforderungen verbunden sein. So werden in einem ersten Schritt zumeist Expertengespräche geführt, Fokusgruppen eingesetzt und die aktuellen Erkenntnisse aus der Literatur durchgesehen. Um für die Entwicklung des Choice Experiments eine möglichst realistische Entscheidungssituation entwickeln zu können, ist es notwendig alle Faktoren zu kennen, die eine Person in solch einer Situation benötigt und berücksichtigt. Dazu gehören neben der Abgrenzung des Bewertungsgutes samt seiner Eigenschaften und der Ausprägungen[34] z. B. auch die Informationen über mögliche Alternativen (ADAMOWICZ et al., 1998b, S. 12). Gerade bei der Bewertung von Naherholungsgebieten ist die Abgrenzung des Bewertungsgutes von besonderer Wichtigkeit. Neben der Definition des Bewertungsgutes an sich müssen auch die relevanten Substitute erfasst werden. Dabei gilt es bspw. zu entscheiden, bis zu welcher Entfernung vom betrachteten Umweltgut weitere Naherholungsgebiete noch als Alternativen von den Befragten wahrgenommen werden (HICKS und STRAND, 2000, S. 374f). PETERS et al. (1995) haben gezeigt, dass Verzerrungen entstehen können, wenn nicht die vom Befragten tatsächlich als Substitute wahrgenommenen Alternativen im Choice Set berücksichtigt werden.

Da in der Umweltpolitik zumeist nach Handlungsoptionen bzgl. der Schutzwürdigkeit eines Umweltgutes gefragt wird, und sich Nutzen-Kosten-Analysen auf das Prinzip der Marginalanalyse stützen, muss auch eine Untersuchung zum Zweck der Entscheidungsunterstützung diesem Prinzip folgen. Daher wird eine Bewertung des Nutzens bzw. der Kosten einer Politikoption im Vergleich zum Status Quo oder einer anderen Referenzsituation vorgenommen. Das bedeutet, dass die Referenzsituation dem Befragten in jedem Choice Task mit zur Auswahl gestellt wird und die Befragten somit stets aufgefordert sind, die Alternativen gegen die Referenzsituation abzuwägen.

Der erste Arbeitsschritt ist mit der Abgrenzung der Bewertungssituation – in räumlicher und inhaltlicher Hinsicht – abgeschlossen. Darunter fällt die Festlegung des Bewertungsgegenstandes an sich sowie die Definition der Alternativen und, soweit zur Abgrenzung erforderlich, der relevanten Eigenschaften. Die detaillierte Festlegung der Fragestellung ist vor allem für die Wahl der Referenzsituation von Bedeu-

34 Bei der genannten Abgrenzung des Bewertungsgutes wird in vielen Fällen zum Teil der Festlegung der Eigenschaften und Ausprägungen vorweggegriffen.

tung. Diese kann z. B. einen zukünftigen Zustand darstellen oder aber den gegenwärtigen Status Quo. Bezieht sich das gewählte Referenzszenario auf ein mögliches Szenario in der Zukunft, ist möglicherweise eine genauere Erklärung des Referenzszenarios notwendig, um dieses für den Befragten so konkret wie möglich zu gestalten. Insgesamt ist es wichtig, dass die Befragten den gesamten Kontext verstehen und die Zusammenhänge deutlich und verständlich erklärt werden (BENNETT und ADAMOWICZ, 2001, S. 45ff). Im Weiteren ist auch die relevante Grundgesamtheit für die Untersuchung zu bestimmen sowie ggf. wichtige Unterschiede in der Grundgesamtheit, die im Studiendesign gesondert berücksichtigt werden sollen[35].

5.2.2 Auswahl der Eigenschaften und deren Ausprägungen

Ein zweiter Schritt nach der Definition und Abgrenzung des zu bewertenden Gutes besteht in der Festlegung der Eigenschaften und ihrer Ausprägungen. Oftmals werden grundsätzliche Überlegungen zu den Eigenschaften bereits in der Diskussion über die Definition des Umweltgutes beinhaltet sein, da hier häufig bereits die Frage im Raum steht, wie sich verschiedene Aspekte in einer allgemeinverständlichen Wiese dem Befragten erklären lassen (ADAMOWICZ et al., 1998b, S. 13).

Dieser Aspekt der Verständlichkeit und Kommunizierbarkeit ist gerade bei der Betrachtung von Umweltgütern von Bedeutung, da oftmals komplexe Zusammenhänge vermittelt werden sollen. An dieser Stelle kommt erschwerend hinzu, dass ein Großteil der Befragten sich wahrscheinlich erstmalig mit der Thematik befassen wird. Dieser Umstand verlangt ein besonderes Augenmerk bei der Festlegung von geeigneten Indikatoren und Ausprägungen. Diese sollten die jeweilige Eigenschaft zum einen möglichst verständlich beschreiben und sich zum anderen gleichzeitig auch eng an die wissenschaftlichen Grundlagen anlehnen (SCHMITZ et al., 2003a, S. 383). Eine Herangehensweise zur Identifizierung der relevanten Eigenschaften ermöglicht bspw. die Delphi-Methode. Sie ist eine iterative Methode, bei der Personen in einer Art Befragung gebeten werden mögliche Eigenschaften zu identifizieren. Nach einer Auswertung werden ihnen die Ergebnisse vorgelegt und zur Diskussion gestellt, so dass die Teilnehmer Korrekturen vornehmen können[36]. HARTH (2006) nutzt für die Identifizierung der Eigenschaften die Repertory Grid Methode, die dazu dient subjektive Wirklichkeitskonstruktionen im Erfahrungshorizont einer oder mehrerer Personen zu erfassen. Die Methode wurde in den 50er Jahren auf Basis der Psychologie der persönlichen Konstrukte von KELLY entwickelt (vgl. KELLY, 1991) und gehört zu den quantitativen Methoden der Organisationsforschung (FRANSELLA et al., 2004).

---

35 Bei der Bewertung eines Naherholungsgebietes kann es bspw. sinnvoll sein, eine geteilte Stichprobe zu wählen, bei der zum einen die Anwohner und zum anderen Urlauber befragt werden.

36 GREEN und SRINIVASAN (1990), LOUVIERE (1988) sowie TIMMERMANS und VAN DER HEIJDEN (1987) befassen sich näher mit den möglichen Verfahren zur Identifizierung von relevanten Eigenschaften.

Im Rahmen von Nutzen-Kosten-Analysen mit einer direkten politischen Einbindung empfehlen BENNETT und ADAMOWICZ (2001) zunächst die aus politischer Sicht relevanten Eigenschaften zu identifizieren. Diese sollten im Einklang stehen mit den Politikinstrumenten, die zur Umsetzung der Optionen angedacht sind. Erst dann sollte auch sichergestellt werden, dass die Eigenschaften ebenfalls aus Sicht der Befragten von Relevanz sind. Nur auf diese Weise kann gewährleistet werden, dass diese valide Antworten liefern und die Antwortbereitschaft hoch ist. Für die Diskussion der Eigenschaften hat sich die Arbeit mit Fokusgruppen bewährt, die sich aus fünf bis zehn Personen zusammensetzen und sich in einer strukturierten Diskussion mit den möglichen Eigenschaften auseinandersetzen.

Für die Auswahl der Eigenschaften sind verschiedene Kriterien zu beachten, die in Tabelle 9 vorgestellt werden. Nicht nur wegen des exponentiell mit der Zahl der Eigenschaftsausprägungen anwachsenden Befragungsaufwands ist es notwendig, die Anzahl der Eigenschaften und ihrer Ausprägungen zu begrenzen (BACKHAUS et al., 2000, S. 569f). Es muss zusätzlich berücksichtigt werden, dass auch der kognitive Anspruch an den Befragten mit der Anzahl der Eigenschaften und Ausprägungen ansteigt. Zu viele Eigenschaften im Studiendesign können dazu führen, dass Heuristiken bei der Auswahl der bevorzugten Option zur Anwendung kommen. Während sich solche Heuristiken bei Untersuchungen im Privatgüterbereich als weniger problematisch erweisen, weil diese vom Konsumenten auch in realen Kaufsituation verwendet werden, sind sie bei der Bewertung eines Umweltgutes nicht erwünscht.

Bei der Festlegung der Eigenschaftsausprägungen sollte die Reichweite so gewählt werden, dass sie die gegenwärtige und auch (soweit möglich) die in Zukunft interessierende Spannweite abdeckt (ADAMOWICZ et al., 1998b, S. 13). Dabei kann es manchmal erforderlich sein, weitere Ausprägungen zwischen einer gegebenen Ober- und Untergrenze festzulegen. In diesem Fall empfiehlt es sich die Ausprägungen so zu wählen, dass die Intervalle gleich groß sind (BENNETT und ADAMOWICZ, 2001, S. 50).

Während die Wahl der Reichweite der Variablen, die das Umweltgut inhaltlich beschreiben, noch vergleichsweise einfach ist, stellt sich dies für die Preisvariable zumeist schwieriger dar. Soweit entsprechende Marktpreise vorhanden sind, wie bei der Bewertung von Gebrauchswerten z. B. aus Eintrittspreisen oder in Form von Daten aus anderen Untersuchungen (z. B. aus einer Reisekostenmethode), können diese für die Bemessung der Preisvariable herangezogen werden. Die untere Grenze der Preisvariablen ist üblicherweise ein Preis von Null. Für die Festlegung der Reichweite der Preisvariablen gibt es bislang keine allgemeingültige Richtlinie. Denkbar ist auch hier die Arbeit mit Fokusgruppen, vorab durchgeführten kontingenten Bewertungen oder Pretests, mit denen unterschiedliche Spannweiten untersucht werden (BENNETT und ADAMOWICZ, 2001, S. 50). Die Entscheidung für die Vorgehensweise bei Durchführung eines Pretests ist dabei nicht zuletzt eine Kostenfrage.

Tabelle 9: Anforderungen an die Eigenschaften und Ausprägungen in einem Choice Experiment

Kriterium	Erläuterung
Relevanz	Es sind nur solche Eigenschaften auszuwählen, bei denen davon auszugehen ist, dass sie für den Befragten von Bedeutung sind.
Beeinflussbarkeit	Die Eigenschaften müssen beeinflussbar sein, so dass ein potentieller Anbieter des Umweltgutes diese auch steuern kann.
Unabhängigkeit	Zur Vermeidung von Verzerrungen sollte die Unabhängigkeit der Eigenschaften voneinander gewährleistet sein, d. h. der empfundene Nutzen einer Eigenschaftsausprägung sollte nicht durch die Ausprägungen anderer Eigenschaften beeinträchtigt werden.
Realisierbarkeit	Die Realisierbarkeit beinhaltet die Gewährleistung der Bereitstellung im Sinne der technischen Durchführbarkeit.
Kompensatorische Beziehung	Die subjektive Wahrnehmung einer Ausprägung durch den Befragten kann durch die Veränderung einer anderen Eigenschaftsausprägung kompensiert werden.
Kein Ausschlusskriterium	Eine Eigenschaftsausprägung darf kein Ausschlusskriterium darstellen, weil sonst die Kompensierbarkeit nicht mehr gewährleistet ist.

Quelle: Eigene Zusammenstellung nach MÜLLER, 2002, S. 133f

Ein Augenmerk bei diesem Arbeitsschritt sollte weiterhin auf solche Eigenschaften gerichtet sein, die in einem kausalen Zusammenhang zueinander stehen. So kann bspw. bei der Bewertung eines Flusses sowohl die Verunreinigung als auch die Größe der beheimateten Fischpopulation als wichtig erachtet werden. Es stellt sich dann die Frage, ob die Verunreinigung als eigenständige Eigenschaft angesehen werden kann, die als solche von den Befragten auch bewertet wird, oder eine Reduzierung der Verunreinigung vielmehr nur als Zwischenstufe zur Erreichung einer größeren Fischpopulation anzusehen ist. Letztlich ist die Eigenschaft in das Studiendesign aufzunehmen, die für eine Bewertung des Umweltgutes maßgeblich ist (BLAMEY et al., 1998 und 2002).

Daneben ist es ebenso wichtig, dass keine wichtigen Eigenschaften ausgelassen werden. Dies kann dazu führen, dass die Befragten während des Interviews Vermutungen über die Ausgestaltung dieser Eigenschaften anstellen, die somit in verzerrten Informationen über die Präferenzen der Befragten resultieren (BENNETT und ADAMOWICZ, 2001, S. 45).

Nach der Identifizierung der Eigenschaften gilt es die Ausprägungen festzulegen. Diese können entweder in quantitativer oder qualitativer Form definiert werden. Generell ist im Hinblick auf die spätere Modellierung die quantitative Spezifizierung zu bevorzugen. Bei den quantitativ definierten Eigenschaften kann weiterhin abgewägt werden, ob diese in absoluten Werten oder als Veränderungen ausgehend von einem Ausgangsniveau festgelegt werden. Zweitere Vorgehensweise ist vor allem dann geeignet, wenn alle Alternativen einschließlich der Referenzsituation abweichende Ausprägungen vom derzeitigen Niveau darstellen. Die Angabe von prozentualen Änderungen empfiehlt sich hingegen dann, wenn Veränderungen zum jetzigen Status Quo, der gleichzeitig die Referenzoption darstellt, aufgezeigt werden sollen. Insgesamt sollte für die Wahl der Ausprägungen auf die Mitarbeit von Fokusgruppen nicht verzichtet werden, um eine umfassende Bearbeitung der Fragestellung zu gewährleisten (BENNETT und ADAMOWICZ, 2001, S. 48f).

Im Weiteren muss überlegt werden, ob ein generisches oder gelabeltes bzw. alternativenspezifisches Design verwendet wird. Unter einem generischen Design versteht man, dass es für die einzelnen zur Auswahl stehenden Optionen keine Überschrift gibt, die diese näher beschreibt. Vielmehr lassen sich die Optionen beliebig nummerieren. Eine Ausnahme bildet hier der Status-Quo bzw. die Referenzsituation, die in jedem Choice Task vorkommt und als solche auch benannt werden kann, die aber im generischen Design kein gesondertes Label erhält. Das alternativenspezifische Design verwendet für alle Optionen ein zusätzliches Label, das die jeweilige Option bereits näher beschreibt. Das Label weist auf Besonderheiten bzw. allgemeine Unterschiede zwischen den Optionen hin, die häufig auf unterschiedliche politische Ausrichtungen bezogen sind. Das alternativenspezifische Design ist daher vor allem bei Fragestellungen zu bevorzugen, bei denen sich unterschiedliche Ausprägungen aufgrund alternativer Politikoptionen ergeben. Bei Verwendung des gelabelten Designs finden sich daher häufig auch unterschiedliche Spannweiten für einzelne Eigenschaften in den verschiedenen Alternativen. Auf der anderen Seite besteht durch die Verwendung eines Labels für jede Alternative die Gefahr, dass die Befragten sich bei der Auswahl stark von dem Label beeinflussen lassen, und nicht mehr die eigentlichen Ausprägungen der jeweiligen Optionen bewerten. Während dieses Vorgehen in vielen Fällen das tatsächliche Entscheidungsverhalten widerspiegeln mag, kann es prinzipiell ein Anzeichen für Schwierigkeiten bei der Beantwortung der Choice Tasks sein[37] (BENNETT und ADAMOWICZ, 2001, S. 55).

Für die Erläuterung und Darstellung der Eigenschaften und Ausprägungen während des Interviews oder im Fragebogen können neben der Textform ebenso eine Präsentation mittels Bildern oder computergenerierten Graphiken gewählt werden. Eine Studie von LOUVIERE et al. (1995) deutet darauf hin, dass die bildhafte Darstellung zu einer homogeneren Auffassung der einzelnen Ausprägungen der jeweiligen Eigenschaft beiträgt und somit zu tendenziell genaueren Schätzungen dieser Parameter führt.

37 In der Auswertung zeigt sich dieser Effekt in betragsmäßig großen Koeffizienten für die alternativenspezifischen Konstanten, die den Einfluss auf die Auswahl der Alternative angeben, der nicht durch die Eigenschaftsausprägungen erklärt werden kann.

5.2.3 Entwicklung des experimentellen Designs

Nachdem die Eigenschaften und Ausprägungen des Bewertungsgutes feststehen, wird in einem nächsten Schritt das experimentelle Design für die Studie erstellt. Darunter versteht man die Zusammenstellung der für die Befragung verwendeten Choice Sets, also die Anzahl der Choice Tasks, die in einem Interview beantwortet werden sollen (BENNETT und ADAMOWICZ, 2001, S. 57), sowie die Anzahl von Optionen in einem Choice Task. Das experimentelle Design einer Studie dient somit dazu, die Eigenschaften und ihre Ausprägungen so zusammenzustellen, dass auf Basis der gewählten Nutzenfunktion die Parameter geschätzt bzw. identifiziert werden können und bei der Auswertung die Überprüfung der aufgestellten Hypothesen möglich ist (LOUVIERE et al., 2000a, S. 84). Für die Schätzung der Nutzenfunktion wird die Beziehung zwischen der Auswahlwahrscheinlichkeit einer Alternative und den Eigenschaftsausprägungen der Alternative herangezogen. Um die Effekte jeder einzelnen Ausprägung einer Eigenschaft auf die Auswahlwahrscheinlichkeit einer Alternative bestimmen zu können, müssen entsprechend viele Beobachtungen mit unterschiedlichen Kombinationen von Ausprägungen für die einzelnen Alternativen vorliegen. Dabei sollten dem Befragten möglichst alle Kombinationen (bzw. Alternativen) präsentiert werden, um jeden Effekt bzw. Parameter identifizieren zu können (BENNETT und ADAMOWICZ, 2001, S. 57).

Die ersten Methoden zur Erstellung eines experimentellen Designs für Choice Experimente wurden von LOUVIERE und WOODWORTH (1983) vorgestellt, die seitdem umfangreich weiter entwickelt worden sind. BUNCH et al. (1994 und 1996) erweiterten die Methodik, so dass nicht nur einzelne Profile oder Alternativen erstellt werden können, sondern auch die Zusammenstellung von Choice Tasks möglich ist (CHRZAN und ORME, 2000, S. 4).

Die Notwendigkeit der Erstellung eines experimentellen Designs ergibt sich aus der Gesamtzahl von Alternativen in einem Choice Experiment: Bei a Eigenschaften mit jeweils b Ausprägungen sind a^b Kombinationen möglich, d. h. bei drei Eigenschaften mit je vier Ausprägungen gibt es bereits 81 verschiedene Alternativen. Ein Befragter müsste damit bei vier Optionen je Choice Task bereits mehr als 20 Choice Tasks beantworten, wenn ihm alle möglichen Kombinationen vorgelegt werden sollen[38]. Es ist ersichtlich, dass mit steigender Anzahl von Eigenschaften und Ausprägungen der Umfang des sogenannten „full factorial", also der Gesamtzahl von Alternativen, so groß wird, dass sie das Auffassungsvermögen einer einzelnen Person übersteigen würde. Zur Reduzierung des Choice Sets, also der Anzahl von Choice Tasks, die in einem Interview präsentiert werden, bedient man sich deshalb der Erstellung eines experimentellen Designs (BENNETT und ADAMOWICZ, 2001, S. 57f). Durch ent-

38 Wenn eine Alternative in jedem Choice Task den Status Quo bzw. die Referenzoption darstellt, müsste er bei insgesamt vier Optionen je Choice Task sogar 27 Choice Tasks beantworten.

sprechende statistische Verfahren kann das „full factorial" so reduziert werden, dass bereits eine kleinere Anzahl von Alternativen genügt, um alle Parameter zu schätzen. Diese Auswahl an Alternativen wird auch als „fractional factorial" bezeichnet.

Die Erstellung des experimentellen Designs beinhaltet zum einen die Festlegung von Alternativen, auf deren Basis eine Schätzung von sämtlichen Parametern möglich ist, zum anderen werden die Alternativen zu Choice Tasks mit der gewünschten Anzahl an Alternativen – von denen eine der Status Quo bzw. die Referenzoption ist – zusammengestellt[39]. In der Regel werden dazu spezielle Algorithmen benutzt, die entweder durch Software-Lösungen (z. B. SPSS oder SAS) bereitgestellt werden oder auf unabhängiger Basis entwickelt wurden (vgl. BRADLEY, 1991, SLOANE, 2003). Daneben kommen auch sogenannte zufällig generierte Designs zur Anwendung[40] (CHRZAN und ORME, 2000, S. 6f).

Das Kriterium für die Güte eines experimentellen Designs ist die statistische Effizienz, wobei die A-, D- und G-Effizienz unterschieden werden[41] (KUHFELD et al., 1994, S. 546). Ein 100 % effizientes Design zeichnet sich durch Orthogonalität und Balanziertheit aus. Unter Orthogonalität versteht man, dass jedes Paar von Eigenschaftsausprägungen gleich oft im Design enthalten ist, so dass jeder Effekt (bzw. Parameter) ohne Einfluss von anderen Effekten geschätzt werden kann. Ein Design ist balanziert, wenn jede Ausprägung gleich oft im Design enthalten ist. In der Literatur wird der Begriff eines orthogonalen Designs häufig synonym verwandt für ein Design, dass sowohl orthogonal als auch balanziert ist (KUHFELD, 2005, S. 46f).

Das experimentelle Design ist für jede einzelne Studie individuell anzupassen, um z. B. bestimmten Restriktionen gerecht zu werden, wenn bspw. eine Ausprägung einer Eigenschaft A nur mit einer bestimmten Ausprägung einer Eigenschaft B kombiniert auftritt. Für die meisten Studien ist es daher nicht möglich auf vorgefertigte Designs zurückzugreifen, ohne diese weiter zu modifizieren. Dabei besteht allerdings die Gefahr, dass sich vorgenommene Änderungen zu Lasten der Effizienz des Designs auswirken (KUHFELD et al., 1994, S. 548).

---

39 Die ersten manuellen Verfahren zur Erstellung von experimentellen Designs bestimmten in einem ersten Schritt die Alternativen und erst in einem zweiten Schritt wurden diese zu Choice Tasks mit der gewünschten Anzahl an Alternativen und der angegebenen Anzahl von Choice Tasks je Interview zusammenfasst. Eine leistungsstarke manuelle Methode ist der L^{MN}-Ansatz (L steht dabei für die Anzahl an Ausprägungen, M ist die Anzahl an Alternativen in jedem Choice Task und N die Anzahl der Eigenschaften), der in einer simultanen Berechnung die Ausweisung der Choice Tasks ermöglicht (LOUVIERE, 1988).

40 „Zufällig" bezieht sich auf den Umstand, dass den Befragten die Choice Sets zufällig zugeordnet werden.

41 Diese Effizienzkriterien sind eng miteinander korreliert und erfassen bestimmte Eigenschaften der für die Berechnung des experimentellen Designs notwendigen Informationsmatrix, auf die an dieser Stelle jedoch nicht näher eingegangen werden soll. Eine ausführlichere Darstellung findet sich in KUHFELD (2005).

Folgende Aspekte sind bei der Erstellung eines experimentellen Designs zu berücksichtigen:

- **Festlegung des Modelltyps**: Während die Designerstellung für ein lineares Modell vergleichsweise einfach ist, ist das experimentelle Design für nicht-lineare Modelle, wie das Multinomiale Logit Modell, schwieriger, weil die Berechnung von den Parametern selbst abhängt (KUHFELD et al., 1994, S. 548). Dabei wird für die Berechnung des Designs üblicherweise davon ausgegangen, dass alle Parameter gleich Null sind (HUBER und ZWERINA, 1996, S. 307). In vielen Anwendungen wird deshalb von den Effizienzkriterien für lineare Modelle ausgegangen, zumal die Parameter im Vorfeld nicht bekannt sind (KUHFELD, 2005, S. 57). SÁNDOR und WEDEL (2002) zeigen, dass ein experimentelles Design speziell für Mixed Logit Modelle zu effizienteren Parameterschätzungen führt als ein Design für ein Multinomiales Logit Modell.
- **Festlegung des Effizienz-Kriteriums und des Algorithmus**: Die Effizienz des experimentellen Designs kann über die so genannte A-, D- oder G-Effizienz (vgl. dazu KUHFELD, 2005) bestimmt werden. Aus praktischen Gründen wird hier häufig auf die D-Effizienz zurückgegriffen, da diese einfach und schnell zu berechnen ist. Die Algorithmen unterscheiden sich hinsichtlich ihrer Zuverlässigkeit, die mit abnehmender Schnelligkeit der Berechnungen zunimmt (KUHFELD et al., 1994, S. 547f). VINEY et al. (2005) weisen jedoch darauf hin, dass bei der Wahl des experimentellen Designs nicht allein auf die statistische Effizienz geachtet werden sollte, sondern ebenso darauf, wie sich das Design auf die Validität der Ergebnisse auswirken kann. Auch die Arbeiten von MADDALA (2003), LOUVIERE et al. (2002) und BURGESS und STREET (2003) zeigen, dass sich die Optimierung der Effizienz des Designs zu Lasten der Effizienz der Antworten der Befragten auswirken kann. HUBER und ZWERINA (1996) arbeiten heraus, dass die statistische Effizienz eines Designs weiter verbessert werden kann, wenn es vorab bereits möglich ist, Aussagen über die Vorzeichen und absolute Größe von Parametern zu machen. Auf diese Weise können die Choice Tasks so generiert werden, dass sie ähnliche Auswahlwahrscheinlichkeiten aufweisen.
- **Design ohne oder mit Interaktionen**: Es muss entschieden werden, ob ein Design nur die Analyse sogenannter „main effects" oder auch von Interaktionseffekten ermöglichen soll. Die Untersuchung von Interaktionseffekten ist gerade bei Marketinguntersuchungen von Bedeutung, aber auch bei Fragestellungen im Umweltbereich können sie von Interesse sein. Allerdings kann die Nicht-Berücksichtigung solcher – möglicherweise vorhandenen – Interaktionen im Studiendesign zu Verzerrungen in den geschätzten Parametern führen (MADDALA et al., 2003). Bei der Erstellung des Designs sollte daher bedacht werden, ob Interaktionseffekte zu berücksichtigen sind.

- **Anzahl der Eigenschaften, Ausprägungen, Choice Tasks und Optionen je Choice Task**: Die Erstellung des experimentellen Designs hängt maßgeblich von obigen Faktoren ab. Aus ökonometrischer Sicht ist jedes Design möglich, das mehr Choice Tasks beinhaltet als Parameter zu schätzen sind (KUHFELD et al., 1994, S. 551). Jedoch stehen hier häufig praktische Überlegungen im Vordergrund, z. B. die Frage, wie viele Choice Tasks einem Befragten zuzumuten sind. Hierbei gilt es einen Kompromiss zu finden zwischen der Erhebung möglichst vieler Daten aus einem Interview und dem kognitiven Anspruch an den Befragten (zum Fragebogendesign vgl. Kapitel 7.1.2).
- **Generische oder alternativenspezifische Optionen**: Für das experimentelle Design muss ebenfalls unterschieden werden, ob die Choice Tasks generisch oder gelabelt sind. In der Literatur findet sich eine Vielzahl von Arbeiten zur Erstellung von experimentellen Designs für generische Choice Tasks, während nur wenige Arbeiten sich mit Designs für alternativenspezifische Choice Tasks befassen (VINEY et al., 2005, S. 351).

Ein Großteil der Anwendungen greift bei der Erstellung des experimentellen Designs auf sogenannte „Main-Effects" Pläne[42] zurück, die darauf ausgerichtet sind, den Einfluss einzelner Parameter auf die Auswahlentscheidung anzugeben (vgl. STREET et al., 2005; STREET und BURGESS, 2004; BURGESS und STREET, 2005). Beispiele für experimentelle Designs, die ebenfalls die Schätzung von Interaktionen erlauben, finden sich z. B. in SRIVASTAVA und ANDERSON (1970), LAZARI und ANDERSON (1994) und KUHFELD et al. (1994). CHRZAN und ORME (2000) nehmen eine Bewertung der zufällig generierten Designstrategien der Sawtooth Software CBC bzgl. ihrer Fähigkeit vor, Designs für unterschiedliche Anforderungen zu erstellen. Tabelle 10 fasst die Ergebnisse zusammen. Für die Effizienzmessung wurde die D-Effizienz verwendet und bei der Auswertung die beste Methode auf 100 % skaliert. Die Designmethoden der CBC Software[43] lassen sich folgendermaßen charakterisieren:

Complete Enumeration: Die Alternativen eines Choice Sets sind soweit wie möglich orthogonal und Kombinationen von zwei Ausprägungen kommen gleich häufig vor. Innerhalb eines Choice Tasks kommen so wenig gleiche Ausprägungen vor wie möglich.

Shortcut: Die Ausprägungen eines Choice Tasks weisen möglichst wenige der im vorherigen Choice Task gezeigten Ausprägungen auf. Alle Ausprägungen einer Eigenschaft werden gleich häufig gezeigt.

---

42 ADAMOWICZ et al. (1998) führen die Popularität dieses Designs unter anderem auf mangelnde Kenntnisse der Designstrategien und die Verfügbarkeit von standardisierten Software-Lösungen zurück.

43 An dieser Stelle wird auf eine Übersetzung der Designmethoden verzichtet, da die Bezeichnungen durch die Herstellerfirma „Sawtooth Software" festgelegt wurden.

Random: Die Alternativen werden zufällig zusammengestellt, jedoch sind zwei identische Alternativen in einem Choice Task nicht erlaubt.

Balanced Overlap: Diese Methode stellt eine Kombination der Complete Enumeration und der Random Methode dar, jedoch gibt es weniger gleiche Ausprägungen in einem Choice Task als im Random und mehr als im Complete Enumeration Design.

Tabelle 10: Vergleich der relativen Effizienz von verschiedenen Designmethoden (Angaben in %)

	CBC zufällige Designmethoden				Computer optimierte Methoden
	Complete Enumeration	Shortcut	Random	Balanced Overlap	
„main effects", symmetrisch	100	100	68	86	100
„main effects", asymmetrisch	100	100	76	92	98
Wenige Interaktionen	94	94	90	97	100
Viele Interaktionen	80	80	86	88	100
Verbot von Kombinationen	100	67	90	93	96
Alternativenspezifische Effekte	N.d.	100	85	N.d.	N.b.

Anm.: N.d. = nicht durchführbar; N.b. = nicht berechnet

Quelle: CHRZAN und ORME, 2000, S. 10

Es zeigt sich, dass die zufälligen Designmethoden bei der Berücksichtigung von Interaktionseffekten eine geringere Effizienz aufweisen als die computergenerierten Methoden. Für die Berechnung von „main effects" sind die Complete Enumeration und die Shortcut Methode von vergleichbarer Effizienz wie die computergenerierten Modelle. Ihr Vorteil ist darüber hinaus sicherlich in der individuelleren Anpassung an verschiedene Fragestellungen zu sehen im Vergleich zu den vorformulierten Designmöglichkeiten der zufällig generierten Methoden der Software CBC.

Häufig werden die so ermittelten Choice Tasks in einem weiteren Schritt nochmals gesplittet, bzw. in Blöcke zerlegt, so dass jeder Befragte nur noch einen Teil oder Block des „fractional factorial" Designs vorgelegt bekommt. Aufgrund der erneuten Zerlegung des Designs in kleinere Blöcke bedarf es einer größeren Stichprobe (entsprechend der Anzahl von Blöcken), um die gleiche Anzahl an Beobachtungen je Choice Task zu erhalten. Als grundlegende Annahme muss davon ausgegangen werden, dass die Befragten identische Präferenzen haben (ADAMOWICZ et al., 1998b).

Nach der Erstellung der Choice Sets durch das experimentelle Design sollten diese in einem letzten Schritt auf unplausible oder dominierende Alternativen durchgesehen werden. Unplausible Alternativen sind durch die nicht eingängige Kombination von Eigenschaftsausprägungen gekennzeichnet. Ebenso kann es vorkommen, dass eine Alternative im Vergleich zu den übrigen Optionen des Choice Tasks durch die Zusammenstellung der Ausprägungen unterlegen oder schlechter anzusehen ist. Eine Möglichkeit ist die Entfernung dieser Alternativen aus dem Design, wobei dies den orthogonalen Charakter des Designs kompromittieren kann, so dass eine separate Schätzung der einzelnen Parameter bzw. ihrer Einflussgröße womöglich nicht mehr gewährleistet ist. Das Problem von Inkonsistenzen kann jedoch im Vorfeld der Beantwortung des Choice Sets im Interview vermieden werden, indem dem Befragten erklärt wird, warum solche Kombinationen auftreten können, und er nochmals darauf hingewiesen wird, die Alternativen nach seiner persönlichen Präferenz auszuwählen (BENNETT und ADAMOWICZ, 2001, S. 59).

5.2.4 Entwicklung des Fragebogens

Vor der Entwicklung des Fragebogens muss zunächst entschieden noch werden, in welcher Form die Befragung durchgeführt wird. Dabei lassen sich drei Befragungstechniken unterscheiden: die schriftliche Befragung, die telefonische Befragung und das persönliche Interview. Tabelle 11 gibt einen kurzen Überblick über die Vor- und Nachteile der einzelnen Befragungstechniken.

Bezüglich der Kosten für die Durchführung der Studie sind schriftliche Befragungen als bevorzugte Variante anzusehen, auch vermeiden sie mögliche Interviewereffekte, die allerdings durch eine gute Schulung der Interviewer auch bei einer telefonischen Befragung und persönlichen Interviews minimiert werden können. Die höchste Antwortquote erzielen dahingegen die persönlichen Interviews, die auch in Hinsicht auf die Repräsentativität der Stichprobe und die Güte der Daten als vorteilhaft anzusehen sind, wenn für die Erhebung die Einwohnerstatistik zur Verfügung steht. Problematisch ist jedoch das Festlegen der Stichprobe, wenn hierfür lediglich auf Telefonbucheinträge zurückgegriffen werden kann, da sich zum einen immer weniger Personen registrieren lassen, und sich zum anderen häufig ein hoher Anteil an veralteten Einträgen findet.

In Bezug auf die Repräsentativität der Stichprobe bei schriftlichen Befragungen ist anzumerken, dass nach Zustellung des Fragebogens kein Einfluss mehr darauf genommen werden kann, wer schließlich die Fragen beantwortet. Damit erhöht sich die Wahrscheinlichkeit der sogenannten Stichprobenmortalität, wenn die rückläufigen Fragebögen hauptsächlich von Personen mit höherem Interesse und womöglich auch mit einer höheren Zahlungsbereitschaft stammen. Tendenziell mag dieses Problem auch für die persönlichen Interviews gelten, wenn aus der gewählten Stichprobe nur die Personen mit einem hohen Interesse an der Thematik teilnehmen. Jedoch kann hier im Vorfeld der Befragung, z. B. wenn die Personen wegen der Terminvereinbarung angerufen werden, nochmals auf die Wichtigkeit der persönlichen Teilnahme hingewiesen werden. Im persönlichen Interview kann der Interviewer außerdem ggf. eine inhaltliche Hilfestellung bei Verständnisproblemen geben und es ist eher möglich, den Befragten nochmals zu motivieren, wenn seine Antwortbereitschaft nachlässt.

Tabelle 11: Vor- und Nachteile der Befragungstechniken im Überblick

Kriterium	Befragungstechnik		
	Schriftliche Befragung	**Telefonische Befragung**	**Persönliche Interviews**
Kosten	++	+	– –
Interviewereffekte	++	+–	(–)
Antwortquote	–	+	++
Repräsentativität der Stichprobe	+– (kein Einfluss, wer antwortet)	– (nur aus Telefonbuch auswählbar)	+
Komplexität der Thematik	+–	+	++
Motivation und Hilfestellung	–	+–	+
Sonstiges	Anonymität, freie Zeiteinteilung	Schnelle Ergebnisse, Ermüdungserscheinungen	Hochflexibles Studiendesign möglich, vielseitiges Infomaterial

Anm.: Die Plus- und Minuszeichen beziehen sich auf die Vorzüglichkeit der Befragungstechniken bzgl. der einzelnen Kriterien.

Quelle: Eigene Zusammenstellung

Entsprechend können im persönlichen Interview auch komplexere Sachverhalte untersucht werden als bei einer telefonischen oder schriftlichen Befragung. Dies ist ein wichtiges Argument für persönliche Interviews bei einer Choice Experiment Studie, da in der Regel komplexe und für den Befragten neue Informationen vermittelt werden. Zudem kann hier auch vielseitiges Informationsmaterial eingesetzt werden, das oftmals zur Veranschaulichung sehr hilfreich ist. Dagegen erlaubt die schriftliche Befragung eine flexible Zeiteinteilung für den Befragten, der zudem anonym bleibt. Ein Vorteil der telefonischen Befragung ist das umgehende Vorliegen der Daten, deren Qualität allerdings unter Vorbehalt zu betrachten ist. Für viele potentielle Befragte sind unangemeldete Anrufe lästig, wenn sie keine Zeit haben oder telefonischen Befragungen generell kritisch gegenüber stehen. Der überwiegende Teil von Studien mit Choice Experimenten wird in Form von schriftlichen Befragungen durchgeführt, wobei im Vergleich zum persönlichen Interview hier sicherlich der Kostenfaktor eine bedeutende Rolle spielt.

Choice Experiment Studien werden in den meisten Fällen als so genannte „Paper und Pencil"-Befragungen durchgeführt, bei denen der Fragebogen in schriftlicher Form vorliegt. Genauso finden sich aber auch Multimedia-Befragungen mit Videopräsentation oder Kombinationen aus beiden. In Abhängigkeit von der Wahl der Befragungsmethode[44] erfolgt die detaillierte Ausarbeitung des Fragebogens. Für schriftliche Befragungen muss der Fragebogentext direkt für den Befragten formuliert werden, während bei der Durchführung von persönlichen Interviews die Anweisungen entsprechend für den Interviewer ausgelegt sind.

Tabelle 12 zeigt die einzelnen Abschnitte eines typischen Fragebogens für ein Choice Experiment. Der einleitende Teil des Fragebogens besteht aus der Vorstellung des Interviewers und dem Befragten wird an dieser Stelle nochmals kurz die Thematik vorgestellt. Außerdem wird ihm für die Teilnahme an der Studie gedankt und betont, dass auch seine Meinung für eine erfolgreiche Auswertung wichtig ist. Auf diese Weise soll die Motivation des Befragten erhöht und gleichzeitig die Qualität der erhobenen Daten verbessert werden. Sofern erwünscht, sollten die Interviewer nachweisen, dass sie für die Durchführung des Interviews berechtigt sind. Dem Befragten wird außerdem die vertrauliche Handhabung der Daten zugesichert. Dabei kann auch darauf hingewiesen werden, wie die Person für eine Teilnahme ausgewählt wurde (z. B. durch zufällige Auswahl aus der Meldestatistik mit dem Einverständnis des Bürgermeisters), um dem Befragten die Seriosität der Studie zu verdeutlichen (BENNETT und ADAMOWICZ, 2001, S. 51).

Für eine anschließende Bewertung ist es erforderlich, dass dem Befragten der notwendige Kontext bzw. die Rahmenbedingungen erläutert werden. Dazu gehört ebenfalls der Verweis auf mögliche komplementäre und substitutive Güter, die für das jeweilige Bewertungsgut zu berücksichtigen sind. Der Befragte sollte diesen Kontext stets im Hinterkopf haben, damit keine unangemessene (hohe und niedrige) Gewichtung der Fragestellung erfolgt. So ist bei der Bewertung eines Sees als Naherholungsgebiet ebenfalls darauf hinzuweisen, wenn es im Umkreis noch weitere Seen gibt, die ähnliche Möglichkeiten der Erholung bieten. Ebenso muss dem Befragten verdeutlicht werden, dass auch noch an anderer Stelle Bedarf für den Einsatz von öffentlichen Geldern besteht. Die Bewertungssituation ist insofern zu relativieren, dass dem Befragten bewusst ist, dass er sein Einkommen ebenso für andere persönliche Dinge entsprechend seiner persönlichen Präferenzen ausgeben könnte, und dies bei der Bewertung berücksichtigt. Um das zu verdeutlichen kann der Befragte

44 Die Durchführung der Befragung in Form von Telefon-Interviews ist für die Choice Experimente im Bereich der Umweltbewertung als ungeeignet anzusehen, da den Befragten die einzelnen Choice Tasks lediglich mündlich erklärt werden könnten. Um zumindest annähernd einen Überblick über die Choice Tasks zu bekommen, müsste sich der Befragte diese notieren oder ihm müssten diese vorher per Post zugegangen sein. Prinzipiell ist auch eine internetbasierte Befragung denkbar. In diesem Fall ist die Gewinnung der Stichprobe aus der relevanten Grundgesamtheit besonders zu berücksichtigen.

bspw. gebeten werden, verschiedene Aufwendungsmöglichkeiten für öffentliche Gelder in eine Rangfolge zu bringen, wobei sich eine Alternative bereits auf die Fragestellung bezieht. Auf diese Weise wird der Befragte indirekt mit der Notwendigkeit konfrontiert, zwischen konkurrierenden Interessenbereichen abzuwägen (BENNETT und ADAMOWICZ, 2001, S. 51f).

Tabelle 12: Bestandteile eines Choice Experiment-Fragebogens

Interview-Abschnitt		Erläuterung
1.	Einleitung	Vorstellung des Befragungshintergrunds und des Interviewers
2.	Einbettung der Fragestellung	Hinweise auf Substitute und komplementäre Güter; Framing der Fragestellung: Schutz eines Flusses, aber nicht weiterer Flüsse im Umland
3.	Vorstellung der Fragestellung	Veranschaulichung der jetzigen Situation; Verdeutlichung möglicherweise bereits anhand später noch detailliert vorzustellender Eigenschaften
4.	Informationen über Lösungsansätze	Präsentation der Möglichkeiten, mit denen der Problematik begegnet werden kann; Glaubwürdigkeit des Szenarios ist wichtig, daher möglichst detaillierte und klare Beschreibung der Eigenschaften und Ausprägungen
5.	Möglichkeit der Nicht-Wahl	In Abhängigkeit von der Fragestellung Angebot einer Nicht-Wahl-Option
6.	Vorstellung der Choice Sets	Anleitung zur Beantwortung, Zusammenfassung der Eigenschaften und Ausprägungen als Hilfestellung
7.	Beantwortung der Choice Tasks	Beantwortung der vorbereiteten Auswahlsituationen; am Computer oder auf Papier zusammengestellt
8.	Debriefingfragen	Einschätzungen zum Zahlungsmittel, Einstellungsvariablen und Fragen zur Motivation; Probleme bei der Beantwortung, Umfang der Informationsvermittlung
9.	Soziodemographische Fragen und Einstellungsfragen	Erhebung von soziodemographischen Angaben und Einstellungen

Quelle: Eigene Darstellung

Ein weiterer Teil des Fragebogens besteht in der genauen Benennung der konkreten Fragestellung und dem Hintergrund, warum diese von Bedeutung ist. Dazu müssen dem Befragten alle notwendigen Informationen zu den relevanten Eigenschaften, den funktionalen Zusammenhängen und den möglichen Ausprägungen der Eigenschaften geliefert werden. Die Art der Präsentation der Informationen zum Kontext der Untersuchung, den Alternativen und Eigenschaften mit den zum Verständnis notwendigen naturwissenschaftlichen Grundlagen kann verbal, visualisiert, als Multimedia-Präsentation oder in kombinierter Form erfolgen. Die Wahl der Präsentationsform hängt neben dem zur Verfügung stehendem Budget (bspw. ist die Erstellung eines Videofilms kosten- und zeitintensiver als eine schriftliche Ausarbeitung) auch von der Art der Fragestellung und dem Bewertungsgut ab. In jüngster Zeit lässt sich bei persönlichen Interviews ein Trend zu Multimedia-Präsentationen feststellen, vor allem, wenn ein hohes Maß an Genauigkeit und Reliabilität gefordert wird. Der Vorteil von Bildern wird oftmals darin gesehen, dass sie aussagekräftiger und schneller zu erfassen sind als verbale Beschreibungen, die von verschiedenen Personen womöglich unterschiedlich aufgefasst werden. Zudem können Bilder eine Aussage häufig besser fokussieren (ADAMOWICZ et al., 1998b, S. 20). Bei der Erstellung des Fragebogens ist daneben auch zu überlegen, wie umfangreich die Informationsvermittlung erfolgen soll. Auf der einen Seite benötigen die Befragten ein Grundwissen, um wohlüberlegte Entscheidungen treffen zu können, auf der anderen Seite kann ein Übermaß an Informationen die Befragten ermüden oder verwirren.

Im Weiteren wird dem Befragten eine mögliche Lösungsstrategie genannt, also wie der Problemstellung in der Praxis begegnet werden kann. Die konkrete und glaubwürdige Ausgestaltung ist hier besonders wichtig, um den hypothetischen Charakter der Befragungssituation weitestgehend zu entkräften. Die nochmalige Präsentation des Status Quo und der möglichen alternativen Szenarien ist daher sinnvoll. Ein zentraler Punkt ist dabei das Zahlungsmittel. Es muss verdeutlicht werden, dass alternative Szenarien nur realisiert werden können, wenn finanzielle Mittel zur Umsetzung zur Verfügung stehen, wobei deren Bereitstellung von der Zahlungsbereitschaft der Befragten abhängt. Eine Finanzierung kann z. B. über Steuern erfolgen oder durch Auferlegung eines speziellen Fonds. Um strategisches Verhalten wie das Trittbrettfahren[45] zu vermeiden, muss dem Befragten verdeutlicht werden, dass die von ihm genannten Beträge verpflichtende Zahlungen darstellen werden, so dass ihm dieses Geld für seinen privaten Gebrauch nicht mehr zur Verfügung stünde.

In Abhängigkeit von der Fragestellung ist es sinnvoll, dem Befragten auch eine Nicht-Wahl Option anzubieten. Im Sinne einer realistischen Entscheidungssituation wird dem Befragten offengestellt, ob er bpsw. bei zu hohen Eintrittspreisen für ein Naherholungsgebiet oder zu hohen Kosten für eine Jagdgenehmigung darauf verzichtet, dorthin zu fahren oder auf die Jagd zu gehen. Auf diese Weise können Informationen darüber gewonnen werden, wie die Eigenschaften der Szenarien aussehen müssten, um den Befragten für eine Teilnahme an der jeweiligen Aktivität (Besuch des Naherholungsgebietes oder Jagd) gewinnen zu können (BENNETT und ADAMOWICZ, 2001, S. 54f).

Das Kernstück des Fragebogens bildet die Präsentation der Choice Tasks, deren Aufbau vor der eigentlichen Durchführung der Bewertung dem Befragten ebenfalls

45 Kann der Befragte davon ausgehen, dass seine Angaben keine Auswirkungen auf den Preis haben, wird er seine Zahlungsbereitschaft übertreiben, um auf diese Weise eine höhere Bereitstellung des Gutes zu erreichen oder die Wahrscheinlichkeit der Bereitstellung zu steigern (HACKL und PRUCKNER, 2005, S. 294; POMMEREHNE und SCHNEIDER, 1981, S. 286).

erklärt wird. Dabei wird dem Befragten erläutert, dass eine Vielzahl von zukünftigen Ausgestaltungen denkbar ist, und dass er gebeten wird, in jeder Auswahlsituation die von ihm am meisten präferierte Option auszuwählen. Als Veranschaulichung kann dem Befragten ein exemplarischer Choice Task vorgelegt werden. An dieser Stelle sollte auch nochmals auf den Kontext der Befragung hingewiesen werden und dass die Befragten davon ausgehen sollen, den genannten Betrag auch tatsächlich bezahlen zu müssen.

Unabhängig von der Ausgestaltung des Choice Tasks gilt es, die Entscheidungssituation so realistisch wie möglich zu gestalten. Dabei sollte sich möglichst eng am zuvor beschriebenen Kontext orientiert werden (ADAMOWICZ et al., 1998b, S. 19). In den meisten Studien werden dem Befragten die Choice Tasks in einem Booklet oder einzelnen auf separaten Karten präsentiert, auf denen der Befragte seine Auswahl markieren kann. Es gibt jedoch auch Software-Lösungen für die Präsentation der Choice Tasks wie sie z. B. von dem Software Hersteller Sawtooth Software mit der Choice-Based Conjoint Analyse und weiteren Modulen angeboten wird (SAWTOOTH SOFTWARE, 1999).

Im Anschluss an die Beantwortung der Choice Tasks wird der Befragte gebeten, Angaben zu diesem Teil des Interviews zu machen. Mit diesen Debriefingfragen soll herausgefunden werden,

- welche Problembereiche der Befragte für sich ausmachen kann,
- ob er das Zahlungsmittel abgelehnt hat, wenn er zuvor bei allen Choice Tasks die Referenzoption gewählt hat,
- welche Eigenschaften für ihn bei der Auswahl besonders wichtig waren,
- ob er Alternativen danach ausgewählt hat, ob die beste Ausprägung einer bestimmten Eigenschaft beinhaltet war,
- ob er bestimmten Alternativen nur deshalb zugestimmt hat, um sich für das Umweltgut einzusetzen, und die Bewertung nicht anhand der eigenen Präferenzen vorgenommen wurde,
- ob er genügend Informationen erhalten hat, um die Choice Tasks gewissenhaft beantworten zu können,
- ob der Kontext und die Szanarienentwicklung präzise und verständlich waren,
- wie er mit der Beantwortung der Choice Tasks zurecht gekommen ist und
- ob wichtige Eigenschaften gefehlt haben oder andere Ursachen für mögliche Verzerrungen bestehen (BENNETT und ADAMOWICZ, 2001, S. 56).

In einem letzten Teil des Fragebogens werden die soziodemographischen Angaben (wie Alter, Geschlecht, Ausbildung, Beruf, Einkommen, Familienstand usw.) erfragt und weitere Einstellungsvariablen erhoben (z. B. Umwelteinstellungsvariablen, Freizeitaktivitäten, Spendenbereitschaft, Mitgliedschaft in Umweltorganisationen).

Wenn geplant wird, Daten aus unterschiedlichen Studien in einem weiteren Schritt zu kombinieren (z. B. von geäußerten und beobachteten Präferenzen), werden zumeist auch noch Fragen zur Nutzung des betreffenden Umweltgutes durch den Befragten in der Vergangenheit erhoben. Dazu gehören ebenfalls Angaben über die Alternativen, die in Betracht gezogen wurden (bspw. bei der Entscheidung, zu welchem See eine Person zum Angeln fährt) sowie die Angaben, wann welche Option ausgewählt wurde (BENNETT und ADAMOWICZ, 2001, S. 56f).

Mit der Ausgestaltung des Fragebogens haben sich bislang eine Reihe von wissenschaftlichen Arbeiten beschäftigt, die sich vor allem mit den Aspekten der Einbettung und Vorstellung der Fragestellung, der Informationsvermittlung zu den Lösungsansätzen und der Beantwortung der Choice Tasks detaillierter auseinandersetzten. Der diesbezügliche Stand der Forschung soll nun näher vorgestellt werden.

Ein mögliches Problemfeld kann die Komplexität der Fragestellung darstellen, die in einer Überforderung des Befragten bei der Beantwortung der Choice Tasks und damit in inkonsistenten Antworten resultieren kann. Die Ursache kann zum einen in der Informationsvermittlung liegen, die entweder zu umfangreich oder zu kurz gehalten wurde, um die Fragestellung und das Bewertungsgut zu erläutern. Zum anderen ist es aber auch möglich, dass die Choice Tasks an sich zu komplex sind (zu viele Alternativen, Eigenschaften und/oder Ausprägungen) und die Befragten keine Abwägung zwischen allen Alternativen und Eigenschaften vornehmen. SÆLENSMINDE (2001 und 2002) zeigt, dass Inkonsistenzen die Ergebnisse verzerren können, was sich zum einen durch größere Varianzen der Störterme und zum anderen durch verzerrte Parameterschätzungen ausdrücken kann. Auch JOHNSON und MATHEWS (2001) können in ihrer Studie inkonsistente Antworten nachweisen[46], die sich in signifikant unterschiedlichen impliziten Preisen ausdrücken. Die Ergebnisse sind allerdings aufgrund der Problematik des paarweisen Vergleichs zur Ermittlung von wohlfahrtstheoretisch konsistenten Maßen kritisch zu hinterfragen.

Die Zusammenstellung des Choice Sets stellt das Kernstück eines Choice Experiments dar. Neben der bereits im Vorfeld festgelegten Anzahl von Eigenschaften und Ausprägungen muss entschieden werden, wie viele Optionen pro Auswahlentscheidung gezeigt werden sollen. Dabei stellt eine Alternative in jedem Choice Task den Status Quo bzw. eine Referenzoption dar. Untersuchungen von SWAIT und ADAMO-

46 Am Anfang und am Ende der Befragung wurden den Befragten drei identische Szenarien, die aus zwei Alternativen bestanden, vorgelegt, die sie auf einer Skala von eins (Alternative A gefällt mir wesentlich besser) bis fünf (Alternative B gefällt mir wesentlich besser) bewerten sollten. Nur etwa 10 % der Befragten nahmen jeweils eine identische Bewertung der Szenarien vor (JOHNSON und MATHEWS, 2001, S. 1330).

WICZ (2001a und 2001b) deuten darauf hin, dass die Anzahl der Optionen je Choice Task einen Einfluss auf die Varianz der Störterme hat und Befragte in Abhängigkeit davon, wie komplex die Auswahlsituation für sie erscheint, unterschiedliche Strategien verwenden. Zumeist werden die Befragten gebeten zwischen acht und 16 Choice Tasks zu beantworten. Gelegentlich finden sich auch Anwendungen mit bis zu 32 Choice Tasks. Bei der Festlegung der Anzahl von Choice Tasks je Interview und der Anzahl an Alternativen je Choice Task gilt es vor allem die kognitiven Anforderungen zu berücksichtigen, die an den Befragten gestellt werden. Wenn die präsentierten Informationen für den Befragten zu umfangreich oder komplex sind, kann dies die Ergebnisse der Befragung insgesamt kompromittieren. Es ist dann damit zu rechnen, dass die Antworten nicht die wahren Präferenzen angeben, sondern entweder zufällige Antworten darstellen oder der Befragte Heuristiken angewandt hat (BENNETT und ADAMOWICZ, 2001, S. 55). Es gibt jedoch nur wenige Studien, die sich gezielt mit dieser Problematik beschäftigen (ADAMOWICZ et al., 1998b, S. 15).

CAUSSADE et al. (2005) gehen in ihrer Studie der Frage nach, ob eine steigende Anzahl von Eigenschaften dazu führt, dass die Befragten Fehler machen oder Heuristiken verwenden. Dazu variieren sie die Anzahl der Eigenschaften von vier bis sieben. Ihre Ergebnisse zeigen, dass eine höhere Anzahl von Eigenschaften in einer größeren Varianz der Störterme resultiert und damit laut HENSHER (2003) die Konsistenz des Entscheidungsprozesses kompromittiert. Auch AMPT et al. (2000) sehen die Verwendung von Vereinfachungsstrategien kritisch, weil die impliztite Annahme des Abwägens zwischen Alternativen auf Basis der Ausprägungen bei der Entscheidung nicht mehr uneingeschränkt gewährleistet ist. CURRY (1997) empfiehlt nicht mehr als sechs bis acht Eigenschaften im Studiendesign zu verwenden, um den Befragten bei der Abwägung nicht zu überfordern und die Güte der Antworten nicht zu gefährden. AUTY (1995) sieht bereits eine Anzahl von sechs Eigenschaften als obere Grenze an[47].

RYAN und WORDSWORTH (2000) prüfen in ihrer Studie die Sensitivität der Zahlungsbereitschaften in Abhängigkeit von der Reichweite der Preisvariable. Während sie für fünf von sechs Eigenschaften keine signifikanten Unterschiede für die geschätzten Koeffizienten finden konnten, zeigen sich signifikante Unterschiede bei vier von fünf impliziten Preisen.

Bezüglich der Anzahl der Ausprägungen bei gleichbleibender Reichweite der Eigenschaft zeigen VERLEGH et al. (2002), dass eine Erhöhung der Ausprägungen einer Eigenschaft im Vergleich zu anderen Eigenschaften zu einer stärkeren Gewichtung

47 Die Empfehlungen von CURRY (1997) und AUTY (1995) sind der Marketingliteratur entnommen. Geht man davon aus, dass die Befragten aufgrund der Fragestellung bei privaten Güter mit der Thematik und dem Befragungsgut vertrauter sind als dies im Bereich der Umweltbewertung der Fall sein wird, sollte bereits eine Anzahl von sechs Eigenschaften als obere Grenze betrachtet werden.

dieser Eigenschaft führt. GREEN und SRINIVASAN (1990) führen das darauf zurück, dass eine höhere Anzahl von Ausprägungen die Aufmerksamkeit stärker auf diese Eigenschaft lenkt und sich damit ihre subjektive Wichtigkeit erhöht. Dagegen können CAUSSADE et al. (2005) in ihren Untersuchungen nur eine untergeordnete Bedeutung dieses Effekts auf die Ergebnisse ausmachen, wenn die Anzahl der Ausprägungen zwischen zwei und vier variiert. Sie identifizieren vielmehr die Anzahl der Eigenschaften als wichtige Größe im Studiendesign: Je höher die Anzahl der Eigenschaften, umso größer war ebenfalls die Varianz der Störterme. Daneben bestimmen sie die Anzahl der Alternativen als wichtige Determinante im Studiendesign. Von einem Studiendesign mit entweder drei, vier oder fünf Alternativen wies das Studiendesign mit vier Alternativen die kleinste Varianz der Störterme auf. Darüber hinaus erwies sich in ihrer Studie ein Choice Set, das aus neun oder zehn Choice Tasks besteht, als beste Alternative.

Eng mit der Frage nach der Anzahl der Choice Tasks ist auch das Auftreten von Ermüdungserscheinungen und Lerneffekten bei der Beantwortung verbunden[48]. Dabei sind die empirischen Ergebnisse zu den Auswirkungen von Ermüdungserscheinungen und Lerneffekten in Abhängigkeit von der Anzahl der Choice Tasks auf die Qualität der Daten kontrovers (vgl. BRAZELL und LOUVIERE, 1997; SWAIT und ADAMOWICZ, 1997).

Aus Urteils- und Entscheidungsexperimenten ist bekannt, dass es sogenannte Kontext-Effekte gibt, d. h. dass die Präferenzen der Befragten von den gegebenen Informationen bzw. allgemein vom Kontext abhängen. Darunter fallen auch die „Framing"-Effekte, d. h. die Abhängigkeit der Angaben davon, wie das Bewertungsgut und der Kontext beschrieben wurden und/oder welche Referenzsituation gewählt und wie die derzeitige Situation geschildert wird (PIATTELLI-PALMARINI, 1994). Kontext-Effekte haben einen direkten Einfluss darauf, welche Alternativen aktiv wahrgenommen werden bzw. welche Alternativen theoretisch in Betracht kommen (SWAIT et al., 2002, S. 198). So gibt es Hinweise darauf, dass Framing-Effekte auch in Choice Experimenten eine Rolle spielen[49], es ist allerdings bislang nicht eindeutig, wie stark sich diese Effekte auf die berechneten impliziten Preise und Zahlungsbereitschaften auswirken. So kann es bspw. einen Unterschied machen, ob für die Bewertung der Schließung eines Naherholungsgebietes als Ursache eine natürliche Entwicklung oder aber menschliche Eingriffe genannt werden. ROLFE et al. (2002) können für die Untersuchung zum Schutz von Regenwaldgebieten Framing-Effekte durch die Berücksichtigung unterschiedlicher Substitute im Studiendesign nachweisen, die sowohl

48 Es ist häufig zu beobachten, dass sich die Befragten nach einigen Choice Tasks wesentlich vertrauter mit der Art der Fragestellung fühlen und meinen, die Choice Tasks „besser" beantworten zu können.

49 SWAIT et al. (2002) beschäftigen sich eingehend mit der Thematik der Kontext-Effekte und wie diese bei der Modellierung berücksichtigt werden können.

die Konsistenz der Antworten als auch die Parameterschätzungen beeinflussen. PAYNE et al. (1999) empfehlen daher die Bedeutung von Framing-Effekten explizit im Studiendesign durch eine Variation der Abgrenzung des Umweltgutes und Informationsvermittlung zu untersuchen. Wird das Auftreten eines solchen Framing-Effekts bereits in der Pretest-Phase offensichtlich, ist es wichtig, diesen im weiteren Vorgehen (speziell bei der Ausweisung von Zahlungsbereitschaften) explizit zu berücksichtigen (ADAMOWICZ et al., 1998b, S. 21).

SWAIT und ADAMOWICZ (2001a und 2001b) verbinden Zufallsnutzenmodelle mit Ansätzen aus der Psychologie und der verhaltensbasierten Entscheidungstheorie, um auf diese Weise die Komplexität in der Entscheidungssituation zu berücksichtigen. Der Grundgedanke für die Verknüpfung ist, dass sich eine steigende Komplexität in einer größeren Varianz der Störterme niederschlägt. Die Verteilung der Störterme wird dazu in zwei Komponenten aufgeteilt, wobei der Teil, der durch die Komplexität beeinflusst wird, durch einen Entrophie-Index dargestellt wird. Dieser Index berücksichtigt dabei sowohl, dass Komplexität aufgrund der Anzahl der Alternativen und Eigenschaften besteht, als auch durch Korrelationen zwischen Eigenschaften und ähnlichen Präferenzen für verschiedene Alternativen bedingt sein kann (SWAIT und ADAMOWICZ, 2001b, S. 153). Die Analyse ist auch a posteriori möglich (SWAIT und ADAMOWICZ, 1999, S. 26) und kann bspw. für eine Schätzung von Modellen genutzt werden, die unterschiedlichen Präferenz-Gruppen innerhalb der Stichprobe berücksichtigen (SWAIT und ADAMOWICZ, 2001a, S. 144).

Ein weiterer theoretischer Ansatz darüber, wie die Entscheidungssituation in einem Choice Experiment wahrgenommen wird, stammt von CAMERON und DESHAZO (2004) und DESHAZO und FERMO (2004), die davon ausgehen, dass eine Person die Nutzen und Kosten der Entscheidungsfindung bzw. der Informationsverarbeitung gegeneinander abwägt. Dies kann dazu führen, dass bestimmte Alternativen oder Eigenschaften eine höhere Aufmerksamkeit erfahren. DESHAZO und FERMO (2004) vermuten, dass eine solche „selektive Aufmerksamkeit" zu verzerrten Parameterschätzungen führen kann (zitiert nach LOUVIERE et al., 2005, S. 257).

Eine allgemein gültige Richtlinie bzgl. der Anzahl der Choice Tasks je Interview, der Anzahl an Alternativen je Choice Task und der Anzahl von Eigenschaften und Ausprägungen lässt sich nicht festlegen, vielmehr hängt die Festlegung von der Ausgestaltung dieser Faktoren in jeder Studie ab. Jedoch lässt sich aus den bisherigen Forschungsarbeiten ein Aktionsspielraum ableiten, dessen Einhaltung als Voraussetzung für die Erhebung von validen Daten angesehen werden kann. Die aktuellen Forschungsarbeiten vor allem im Bereich der Entscheidungsfindung und des Verhaltens bei komplexen Entscheidungssituationen zeigen, dass auf einen Pretest des jeweiligen Fragebogens nicht verzichtet werden kann. Auf diese Weise können Schwachstellen und Unklarheiten des Fragebogens im Vorfeld ausgemacht und korrigiert werden. Auch die Wichtigkeit der Debriefingfragen in jedem Fragebogen, die zusätzliche Informationen darüber geben, wie der Befragte mit einzelnen Teilen des Fragebogens und vor allem mit der Beantwortung der Choice Tasks zurecht gekommen ist, werden vor diesem Hintergrund deutlich.

5.2.5 Auswahl der Stichprobe und Datenerhebung

Die relevante Grundgesamtheit für die Erhebung der Stichprobe ist bereits mit der Definition der Fragestellung erfolgt. In einem zweiten Schritt muss nun die Stichprobenziehung vorgenommen werden. Um eine repräsentative Stichprobe zu erhalten und so bereits im Vorfeld der Untersuchung mögliche Verzerrungen zu vermeiden, empfiehlt sich die Ziehung der Stichprobe auf Basis von Meldestatistiken, soweit eine räumliche Abgrenzung – im Sinne von Stadt- oder Gemeindegebieten – der Stichprobe möglich ist. Eine Mindestgröße der Stichprobe leitet sich aus den Verfahren der Modellschätzung ab. Für eine stabile Modellschätzung mit der Maximum Likelihood Methode sollten mindestens 50 Beobachtungen vorliegen. Die Stichprobengröße wird neben der Anzahl von Interviews auch von der Anzahl der Eigenschaften und Ausprägungen bestimmt. Je mehr Parameter zu schätzen sind, umso mehr Choice Tasks sind zu beantworten, um genug Beobachtungen je Ausprägung zu erhalten. Dies lässt sich neben einer größeren Stichprobe auch durch die Erhöhung der Optionen je Choice Task bzw. eine größere Anzahl von Choice Tasks je Interview erreichen (ADAMOWICZ et al., 1998b, S. 15). Dabei sollten jedoch die Empfehlungen für die Anzahl von Optionen je Choice Task und je Interview berücksichtigt werden.

5.2.6 Modellschätzungen

In der diskreten Choice Analyse kann aufgrund der Berücksichtigung von diskreten Variablen nicht auf Regressionsrechnungen zurückgegriffen werden. Die am häufigsten verwendete Methodik ist hier die Maximum Likelihood Schätzung, die in Kapitel 6.3 näher vorgestellt wird. In Abhängigkeit vom Modelltyp kann es jedoch auch notwendig sein, simulierte Schätzverfahren anzuwenden (vgl. Kapitel 6.5). Das am häufigsten verwendete Modell ist das sogenannte Multinomiale Logit Modell. Die unterschiedlichen Modelle sowie ihre Modellannahmen werden ausführlich in Kapitel 6 besprochen. Allen Modellen ist gemein, dass sie die Wahrscheinlichkeit für das Eintreten eines Ereignisses schätzen, wofür eine (doppelte) Variablentransformation vorgenommen werden muss. Logit Modelle können neben der diskreten Choice Analyse für eine Vielzahl von weiteren Fragestellungen verwendet werden. Im Kapitel 6.2 wird daher nicht nur der eher mathematisch basierte Transformationsansatz zur Ableitung des Multinomialen Logit Modells vorgestellt, sondern in einem zweiten Schritt ebenfalls gezeigt, dass das Modell die Grundlagen der Zufallsnutzentheorie berücksichtigt. Für die Analyse ist es erforderlich die dem Modell zugrunde liegende indirekte Nutzenfunktion zu spezifizieren[50].

Für die Spezifikation der Nutzenfunktion ist die Festlegung einer Präferenzfunktion notwendig. Diese beschreibt den Zusammenhang zwischen den Ausprägungen einer Eigenschaft und ihrem Nutzenbeitrag. Es lassen sich das Idealvektormodell, das Idealpunktmodell und das Teilnutzenmodell unterscheiden, die im Folgenden kurz vorgestellt werden.

Das Idealvektormodell geht davon aus, dass eine proportionale Beziehung zwischen einer Eigenschaftsausprägung und ihrem Nutzenbeitrag besteht. Dieser Zusammenhang ist in Abbildung 9 dargestellt. Für $W_{xj} > 0$ steigt der Nutzenbeitrag der Eigenschaft x für größere Werte der Ausprägungen an, während für $W_{xj} < 0$ die Nutzenbeiträge bei größeren Werten der Ausprägungen abnehmen (GUSTAFSSON et al., 2000, S 10).

Abbildung 9: Idealvektormodell

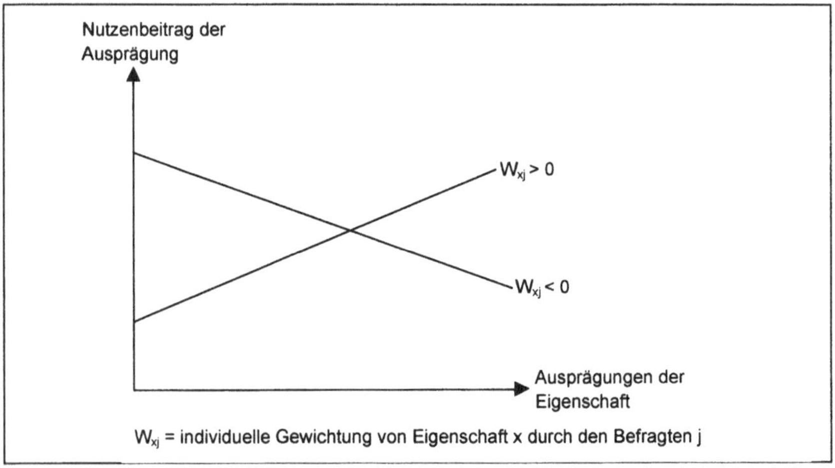

Quelle: GUSTAFSSON et al., 2000, S. 11

Damit müssen die Variablen zumindest eine Ordinalskalierung aufweisen, dürfen nicht nominalskaliert sein.

Das Idealpunktmodell unterstellt, dass es eine nutzenmaximale Eigenschaftsausprägung gibt und alle übrigen Ausprägungen einen geringeren Nutzenbeitrag liefern. Dieser Zusammenhang ist in Abbildung 10 dargestellt.

50 Es handelt sich um eine indirekte Nutzenfunktion, da der Nutzen einer Alternative für den Wissenschaftler nicht direkt beobachtbar ist. Vielmehr leitet er diesen aus den Eigenschaften und ihren Ausprägungen ab, die in ihrer Gesamtheit den Nutzen der jeweiligen Option ausmachen.

Abbildung 10: Idealpunktmodell

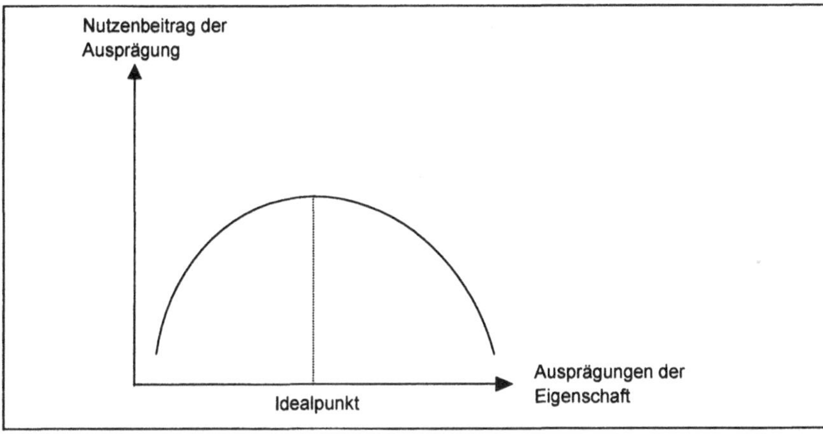

Quelle: GUSTAFSSON et al., 2000, S. 11

Das Teilnutzenmodell ist das Präferenzmodell, das für Choice Experimente am häufigsten zur Anwendung kommt (vgl. Abbildung 11).

Abbildung 11: Teilnutzenmodell

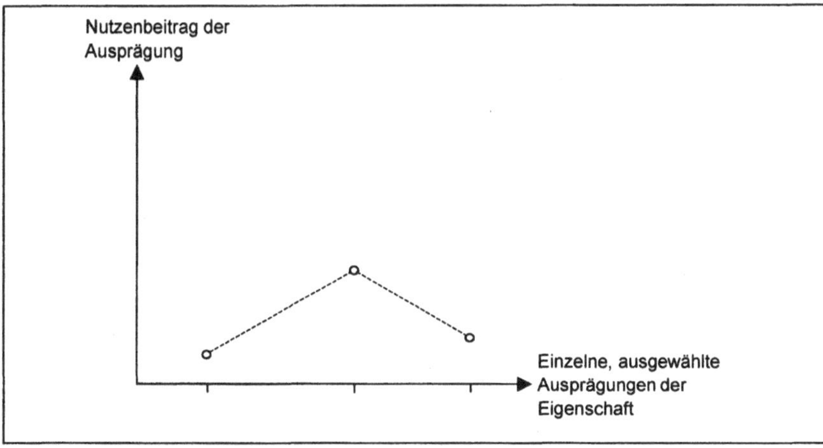

Quelle: GUSTAFSSON et al., 2000, S. 12

Sein Vorteil liegt in der höheren Flexibilität im Vergleich zum Idealvektor- und Idealpunktmodell, die Spezialfälle des Teilnutzenmodells darstellen.

Das Teilnutzenmodell setzt keine bestimmte Skalierung der Variablen voraus. Ein möglicher Nachteil besteht allerdings in der Anzahl der zu schätzenden Parameter, die im Fall einer nominalskalierten Variable im Vergleich zu Modellen mit quantitativ definierten Variablen am höchsten ist (GUSTAFSSON et al., 2000, S. 12). KRISHNAMURTHI und WITTINK (1991) empfehlen daher, dass kontinuierliche Variablen in der Modellspezifikation auch kontinuierlich gehandhabt werden sollen (zitiert nach GUSTAFSSON et al., 2000, S. 13).

Eine wichtige Größe für die Spezifikation aller Modelle stellt neben den unabhängigen Variablen die stochastische Größe dar, die den Einfluss auf den Nutzen beinhaltet, der vom Wissenschaftler nicht durch die Eigenschaften und Ausprägungen quantifiziert werden kann. Dabei bestimmt die Annahme über die Verteilung der stochastischen Größe den Modelltyp. Im Multinomialen Logit Modell wird bspw. von einer Gumbel- (oder Weibull-) Verteilung der Störgröße ausgegangen, das Probit Modell legt hingegen eine Normalverteilung zugrunde.

5.2.7 Politikanalyse

In einem letzten Schritt werden die Modellschätzungen in einer Vielzahl von Anwendungen für eine Politikanalyse herangezogen. Im Rahmen von Nutzen-Kosten-Analysen sind zumeist zwei unterschiedliche Aspekte von Interesse. Zum einen wird häufig die Bewertung von marginalen Änderungen angestrebt. Dazu können mit den Choice Experimenten die sogenannten impliziten Preise ausgewiesen werden. Diese geben an, wie der durchschnittliche Befragte die Änderung einer Eigenschaftsausprägung bewertet. Da die Größe der geschätzten Parameter von dem implizit enthaltenen Skalenparameter abhängig ist, ist ein Vergleich von zwei Parametern nicht aussagekräftig. Erst durch die Division mit einem weiteren Parameter kann der Effekt der Varianz der Störterme herausgerechnet werden. Damit sind die impliziten Preise auch für einen Vergleich zwischen verschiedenen Modellen geeignet (BENNETT und ADAMOWICZ, 2001, S. 63f). Für quantitative Variablen beziehen sich die impliziten Preise auf die monetäre Nutzenänderung je Einheit. Bei einer Dummy-Kodierung von Variablen ist lediglich die Bewertung von Veränderungen anhand der festgelegten Ausprägungen möglich. An dieser Stelle muss betont werden, dass die impliziten Preise nicht für eine Bewertung im Rahmen von Nutzen-Kosten-Analysen geeignet sind. Implizite Preise stellen marginale Substitutionsraten für einzelne Eigenschaften dar. Für eine Angabe von Wohlfahrtswerten ist es jedoch notwendig, auch die Wahrscheinlichkeit, mit der eine Alternative ausgewählt wird, zu berücksichtigen, ebenso wie etwaige Änderungen der übrigen Eigenschaften (BENNETT und ADAMOWICZ, 2001, S. 64).

Der Vorteil der Choice Experimente liegt darin, dass sie nicht nur die Zahlungsbereitschaft für die Änderung eines bestimmten Szenarios ausweisen, sondern diese für alle denkbaren Kombinationen und Änderungen berechnet werden kann. Die Choice Experimente erlauben eine Berechnung der kompensierenden Variation, die gegeben ist durch:

(10) $V(M,0) = V(M - CS,1)$,

mit V gleich dem Nutzen, *M* gibt das Einkommen an, *CS* ist die kompensierende Variation und 0 und 1 beschreiben die Ausgangssituation bzw. die Situation nach einer Änderung. Die kompensierende Variation entspricht dem Geldbetrag, den eine Person erhält oder zu entrichten hat, damit ihr Nutzenniveau der Situation vor der Änderung entspricht[51]. Ausgehend von einer Verbesserung des Umweltgutes entspricht die kompensierende Variation dem Betrag, den die Person zu zahlen bereit ist, so dass sie mit der Umweltverbesserung den gleichen Nutzen realisiert wie davor. Dabei lassen sich zwei unterschiedliche Situationen unterscheiden. Sogenannte „State of the World" Betrachtungen berücksichtigen lediglich zwei Alternativen, eine Ausgangssituation zum Zeitpunkt 0 und eine Situation zum Zeitpunkt 1. Daneben sind aber ebenso Möglichkeiten denkbar, in denen mehr als zwei Alternativen zur Auswahl stehen und die Änderung einer dieser Optionen betrachtet werden soll. Dies könnte bspw. bei der Bewertung von Naherholungsgebieten der Fall sein, bei der mehrere Optionen zur Auswahl stehen.

Darüber hinaus können über die Parameterschätzungen auch Marktanteile für Optionen berechnet werden. Dazu wird der Gesamtnutzen jeder Alternative berechnet, der sich aus den Parameterschätzungen für die einzelnen Ausprägungen und durch die spezifizierte Nutzenfunktion ergibt, die Werte aufsummiert und anschließend der Prozentsatz jeder Alternative als Marktanteil bestimmt. Diese Betrachtung kann von Interesse sein, wenn bspw. Besuchsanteile für verschiedene Naherholungsgebiete bestimmt werden sollen (BENNETT und ADAMOWICZ, 2001, S. 65ff).

5.3 Gütekriterien zur Beurteilung der Zuverlässigkeit der Choice Experimente

Da mittels der Choice Experimente geäußerte Präferenzen erfasst werden, stellt sich die Frage nach der Zuverlässigkeit der ermittelten Werte. Dieser Aspekt ist vor allem daher von Bedeutung, da die Choice Experimente auch Nicht-Gebrauchswerte ermitteln können, für die keine alternativen Methoden (der beobachteten Präferenzen) herangezogen werden können, um Präferenzen bzw. Zahlungsbereitschaften offenzulegen. Um die Güte der Ergebnisse von wissenschaftlichen Untersuchungen bzw. ihre Zuverlässigkeit zu beurteilen, werden die Kriterien der Objektivität, der Validität und der Reliabilität herangezogen.

Die Objektivität bezieht sich auf die Ausgestaltung der Analyse und fordert, dass Einflüsse der beteiligten Personen auf die Mess- bzw. Schätzergebnisse ausgeschlossen werden können. Die Einhaltung dieses Kriteriums stellt bei Anwendungen

51 Die äquivalente Variation gibt hingegen an, welchen Betrag eine Person erhalten oder entrichten muss, um das gleiche Nutzenniveau wie nach einer Änderung zu realisieren.

der Choice Experimente keinen Problembereich dar, so dass im Weiteren auf die Objektivität nicht näher eingegangen wird. Das Validitätskriterium erfasst die Genauigkeit der Messergebnisse in Bezug auf das theoretische Konstrukt und wird als zentrales Gütekriterium angesehen, das zugleich auch schwierig mess- und überprüfbar ist. In der Literatur findet sich eine Vielzahl von Begrifflichkeiten zur Validität (vgl. HOSSINGER, 1982, S. 35). Gebräuchlich ist die Einteilung der Validität in die Kategorien **Inhalts-**, **Kriterien-** und **Konstrukt-Validität**. Tabelle 13 gibt einen Überblick über die verschiedenen Kategorien der Validität.

Tabelle 13: Validitätsarten und Überprüfungsmöglichkeiten

Validitätsart	Möglichkeiten der Überprüfung
Inhalts-Validität oder **Face Validität**	Ist das Studiendesign angemessen, um die gewünschte Messgröße zu ermitteln? Sind die ermittelten Messwerte plausibel?
Kriterien-Validität	Können die Ergebnisse durch ein objektives Kriterium bestätigt werden?
Interne Validität	Wie ist die Güte des Schätzmodells?
Prognose-Validität	Können die Ergebnisse durch spätere Messungen bzw. tatsächliches Verhalten oder Entscheidungen bestätigt werden?
Konstrukt-Validität	Sind die Ergebnisse konsistent mit den Erwartungen?
Konvergenz-Validität	Konsistenz der Ergebnisse mit: ▪ Ergebnissen aus Studien beobachteter Präferenzen ▪ Ergebnissen anderer Studien geäußerter Präferenzen ▪ Ergebnissen aus Meta-Analysen ▪ Ergebnissen des Benefit-Transfer ▪ experimentellen Märkten/Feldexperimenten ▪ Daten aus tatsächlichen Märkten
Theoretische Validität	Konsistenz der Ergebnisse mit: ▪ Ökonomische Theorie ▪ Annahmen/Erwartungen

Quelle: Eigene Darstellung in Anlehnung an PEARCE et al., 2002, S. 79

Die Inhalts-Validität basiert auf inhaltlichen Überlegungen zu der Plausibilität des Studiendesigns. Die Kriterien-Validität prüft die Übereinstimmung der gewonnenen Messergebnisse anhand eines weiteren, objektiven Kriteriums. Die Konstrukt-Validität erfasst, wie exakt das verwendete Messinstrument in der Lage ist, das hypothetische Konstrukt zu messen. Das dritte Kriterium der Reliabilität gibt an, inwieweit die Methode in der Lage ist reproduzierbare Ergebnisse zu liefern. Im Folgenden werden die Kritierien näher vorgestellt und der empirische Befund zu den Choice Experimenten bzgl. der Validität und der Reliabilität vorgestellt.

5.3.1 Validität

Wie in Tabelle 13 dargestellt ist, lassen sich die Kriterien- und die Konstrukt-Validität unterscheiden. Die **Kriterien-Validität** überprüft die Güte der Messergebnisse anhand eines objektiven Kriteriums. Da die Choice Experimente ebenso wie die kontingente Bewertung Zahlungsbereitschaften ermitteln, die sich aus der Differenz der Konsumentenrente und den tatsächlich getätigten Aussagen ergeben, existiert genau genommen kein objektives Kriterium, um diese zu ermitteln, da die Konsumentenrente als solche nicht gemessen werden kann (BATEMAN et al., 2002, S. 304f). Alle Kriterien, die für eine Validierung der Choice Experimente herangezogen werden, setzen somit vielmehr an der Beurteilung des Konstrukts an. Für die Beurteilung der Choice Experimente hinsichtlich der ermittelten Präferenzstrukturen lassen sich die **interne Validität** und die **Prognose-Validität** als Komponenten der Kriterien-Validität unterscheiden.

Die **interne Validität** bezieht sich auf die Güte des geschätzten Modells und wird über den Regressionskoeffizienten angegeben. Für Choice Experimente gelten dabei bereits Werte von 0,2-0,4 als gute Modellanpassungen (SCHMITZ et al., 2003b, S. 143). Die interne Validität kann durch ein ungeeignetes Präferenzmodell (vgl. Kapitel 5.2.6) oder durch mangelnde Reliabilität beeinträchtigt werden. So weisen bspw. HARTMANN und SATTLER (2002) darauf hin, dass bei einigen Anwendungen der Choice Experimente für Marktforschungszwecke die Annahme eines kompensatorischen Modells, bei dem sich niedrige Präferenzen durch hohe Präferenzen kompensieren lassen, verletzt wurde, weil die Befragten einzelne Ausprägungen generell ablehnten. Weitere Statistiken zur Beurteilung von Modellschätzungen (Signifikanz der Parameter u. a.) finden sich in Kapitel 6.6.

CARLSSON et al. (2005) nutzen das sogenannte Cheap Talk Verfahren (vgl. dazu Kapitel 7.3.2) als Test für die interne Validität der ermittelten Zahlungsbereitschaften. In ihrer Untersuchung zu Fleischprodukten erhalten sie in sieben von zehn Fällen signifikant kleinere Parameterschätzungen, wenn das Cheap Talk Verfahren eingesetzt wurde. Die Ergebnisse deuten somit darauf hin, dass auch in Choice Experimenten hypothetische Verzerrungen auftauchen können.

Auch LIST et al. (2006) verwenden das Cheap Talk Verfahren in ihrer Choice Experiment Studie. Für beide durchgeführten Feldexperimente resultieren die Ergebnisse des Teils des Choice Experiments, bei dem das Cheap Talk Verfahren eingesetzt wurde, in zuverlässigen Schätzungen für das beobachtete Marktverhalten. Die Autoren schließen, dass das Cheap Talk Verfahren zur Konsistenz der ermittelten Werte eines Choice Experiments beiträgt.

Die **Prognose-Validität** bezieht sich auf die Leistungsfähigkeit der Choice Experimente Prognosen über zukünftige Entscheidungen bzw. Präferenzen zu tätigen. Prognose-Validität kann einem Messinstrument dann zugeschrieben werden, wenn die auf Basis der Messungen getätigten Vorhersagen durch spätere Messungen bestätigt werden können (MÜLLER-HAGEDORN et al., 1993, S. 127). In der Literatur findet sich eine Reihe von Anwendungen, die die Prognose-Validität über die Aufnahme einer zusätzlichen Entscheidungs-Situation in das Choice Set überprüfen. Dieser Choice Task wird nicht für die Schätzung der Parameter herangezogen und es wird anschließend überprüft, wie gut die Modellschätzung die tatsächliche Auswahl für den zusätzlichen Choice Task prognostizieren kann. MÜLLER-HAGEDORN et al. (1993) zählen diesen Ansatz nicht zur Prognose-Validität, sondern bezeichnen ihn als Kreuz-Validität, die sie der Konstrukt-Validität zuordnen. Auch KAMAKURA und OZER (2000) geben zu bedenken, dass durch das Einbeziehen eines oder mehrerer Choice Tasks zur Überprüfung, inwieweit die ermittelten Ergebnisse die Auswahl für diesen Choice Task angeben können, nicht die Prognose-Validität getestet wird. Sie ordnen dieses Vorgehen vielmehr einer Überprüfung der Reliabilität zu, da es dem Test-Retest-Ansatz zur Feststellung der Antwortkonsistenz der Befragten entspricht (vgl. Kapitel 5.3.2). Neben der Berücksichtigung zusätzlicher hypothetischer Choice Tasks kann, in Abhängigkeit von der Fragestellung, auch ein reales Produktprofil oder die tatsächliche Produktwahl als Kontrollgröße verwendet werden, wobei letzteres Vorgehen eher im Sinne der Überprüfung der Prognose-Validität zu verstehen ist. Dennoch wird in der Literatur dieser Ansatz häufig der Überprüfung der Prognose-Validität zugerechnet (KAMAKURA und OZER, 2000, S. 225ff).

HAENER et al. (2001) untersuchen für Naherholungsgebiete in Kanada, inwiefern die Daten aus einem Choice Experiment tatsächliches Verhalten prognostizieren können. Ihre Ergebnisse zeigen, dass eine Prognose der Auswahl möglich ist. Die besten Ergebnisse wurden mit kombinierten Modellen erzielt, die sowohl die Daten aus dem Choice Experiment als auch Informationen zu den einzelnen Naherholungsgebieten enthielten. Auch ADAMOWICZ et al. (1997) und SWAIT et al. (1994) kommen in ihren Untersuchungen zu dem Ergebnis, dass die Prognose-Validität durch die Verknüpfung der Daten aus Choice Experimenten und Marktdaten (aus Methoden der beobachteten Präferenzen) verbessert werden kann anstatt nur letztere für die Prognose zu verwenden.

Die **Inhalts-Validität** stellt ein Gütekriterium dar, das anhand subjektiver Einschätzungen überprüft wird. Sie fordert eine derartige Ausgestaltung des Messinstruments, so dass es in der Lage ist, das theoretische Konstrukt in seiner Gesamtheit zu erfassen und bezieht sich damit auf die im Design berücksichtigten Eigenschaften. Wie bereits in Kapitel 5.2.2 dargelegt, sollten die Eigenschaften so gewählt werden, dass alle wichtigen nutzenstiftenden Komponenten erfasst und diese auch durch entsprechende Ausprägungen repräsentiert werden (ALBRECHT, 1997, S. 301f). Synonym wird häufig auch der Begriff der Face-Validität gebraucht. Die Überprüfung der Plausibilität des Studiendesigns erfolgt hier bereits in der Pretest Phase und sollte bei einem entsprechend geprüften Design kein Problem darstellen. Dennoch empfiehlt sich im Fraugebogen die Verwendung von entsprechenden Debriefingfragen, so dass unter Umständen Personen aus der Auswertung heraus genommen werden können, die Verständnisprobleme mit der Bewertungssituation hatten.

Eine Überprüfung der **Konstrukt-Validität**, die in die Komponenten der **Konvergenz-Validität** und die **theoretische Validität** aufgegliedert werden kann, ist möglich, wenn weitere Messinstrumente zur Verfügung stehen, die das gleiche Konstrukt erfassen und außerdem bestimmte theoretische Anforderungen an die Ausgestaltung des Studiendesigns und die Ergebnisse erfüllt sind. Die Konvergenz-Validität ist gegeben, wenn ein Vergleich in übereinstimmenden Ergebnissen resultiert. ALBRECHT (1997) gibt zu bedenken, dass bei einem Vergleich verschiedener Varianten der gleichen Methodik der Grad der Übereinstimmung durch die Ähnlichkeit der Verfahren beeinflusst wird. So schlagen bspw. MÜLLER-HAGEDORN et al. (1993) vor die konvergierende Validität mittels eines Vergleichs zwischen Trade-off und Full-profile Ansätzen[52] zu überprüfen. Die Aussagekraft der Konvergenz-Validität ist insofern eingeschränkt, als dass keines der Maße als richtiger als das andere angesehen werden kann. Damit können trotz einer Übereinstimmung beide Methoden nicht valide sein. Andererseits lassen signifikante Unterschiede zumindest auf Validitätsprobleme für eine der beiden Methoden schließen (WRONKA, 2004, S. 96). Es stehen jedoch auch andere Methoden der Umweltbewertung zur Verfügung (wie die kontingente Bewertung oder die Reisekostenmethode), mittels derer ein Vergleich angestellt werden kann. Darüber hinaus ist ein Vergleich mit auf Marktexperimenten basierenden Werten oder mittels Meta-Analysen oder einem Benefit-Transfer möglich (WRONKA, 2004, S. 96). In Tabelle 14 sind aktuelle Studien, die sich mit der Überprüfung der Konvergenz-Validität befassen, zusammengestellt.

Die empirischen Befunde zur Konvergenz-Validität sind durchaus unterschiedlich. CARLSSON und MARTINSSON (2001) untersuchen in ihrer Studie die Konvergenz-Validität anhand eines hypothetischen und eines anschließenden wirklichen Choice Experiments. Dazu wählen sie als Bewertungsgut drei Projekte des WWF (zum Schutz des Regenwaldes, des Mittelmeers und der Baltischen See) aus, die als quasi öffentliche Güter zu betrachten sind, solange eine Spende für ein Projekt nicht an eine Mitgliedschaft gebunden ist. Neben den Umweltprojekten als erste Eigenschaft mit drei Ausprägungen wurde als zweite Eigenschaft die Spendenhöhe herangezogen, deren Ausprägungen Beträge zwischen 100 und 200 Kronen (das entspricht etwa 12,70 bis 25,30 US $ in Preisen von 1998) beinhaltete und insgesamt drei Ausprägungen hatte. Als dritte Eigenschaft wurde eine zweite Preisgröße in das Design aufgenommen, die den Betrag repräsentiert, der dem Befragten ausgezahlt würde. Die Beträge lagen zwischen 35 und 65 Kronen (das entspricht etwa 4,40 bis 8,20 US $ in

52 Entsprechend ihrer Kategorisierung der Validitätsarten zählt diese Vorgehensweise für MÜLLER-HAGEDORN et al. (1993) zu der Überprüfung der inneren Validität, die der Kritierien-Validität zuzuordnen ist.

Preisen von 1998). Die Befragten wurden aufgefordert 16 Choice Tasks zu beantworten, die aus je zwei Optionen bestanden. Eine Nicht-Wahl-Option stand nicht zur Verfügung, weil diese für das Experiment als nicht realistisch anzusehen war. Vielmehr wurde davon ausgegangen, dass die Befragten stets einen positiven Nutzen aus der Spende bzw. dem Honorierungsbetrag erzielen, da sie nicht mit ihrem eigenen Geld zahlen mussten. Erst nach der Beantwortung der hypothetischen Szenarien, bei denen keine Auszahlung des Honorierungsbetrags erfolgte, wurde den Befragten das wirkliche Choice Experiment vorgestellt. Dabei sollten sie erneut 16 Choice Tasks beantworten und ihnen wurde erklärt, dass eine zufällig ausgewählte Entscheidung tatsächlich in einer Spende und der dazugehörigen Honorierung für den Befragten resultieren würde. Um zu vermeiden, dass die Befragten den Interviewer davon zu überzeugen versuchten, dass sie sich in diesem zweiten Teil ebenso entscheiden, wie sie es in den hypothetischen Choice Tasks angegeben hatten, wurden die Antworten anonym gegeben und zwölf der 16 Choice Tasks verändert[53]. Das Geld für das ausgewählte Projekt wurde anschließend gespendet und den Befragten ihr Honorierungsbetrag ausgezahlt. Als erstes Ergebnis lässt sich festhalten, dass die aus dem Datensatz ermittelten impliziten Preise nicht signifikant voneinander verschieden waren (CARLSSON und MARTINSSON, 2001, S. 186).

Darüber hinaus wurden die beiden Experimente dahingehend analysiert, ob die Antworten der Befragten im hypothethsichen und wirklichen Choice Experiment identisch waren. Mehr als die Hälfte der Befragten beantworteten alle 16 Choice Tasks identisch, während etwa ein Drittel der Befragten bei einem Choice Task eine abweichende Entscheidung traf und die übrigen Befragten zwei abweichende Antworten gaben. Kritisch zu sehen in Bezug auf die Aussagekraft ist jedoch die geringe Stichprobe, die lediglich 34 Personen umfasste und ausschließlich aus Studenten bestand.

Svedsäter und Johansson-Stenman (2003) führen auf Basis des Studiendesigns von Carlsson und Martinsson (2001) eine weitere Untersuchung der Konvergenz-Validität durch. Als Eigenschaften gingen zwei WWF-Projekte (Schutz des afrikanischen Elefanten und der grünen Wasserschildkröte) als erste Eigenschaft, die Spendenvariable mit vier Ausprägungen (von 0 bis 15 £) als zweite Eigenschaft und der eigene Honorierungsbetrag mit vier Ausprägungen (von 0 bis 21 £) als dritte Eigenschaft in das Studiendesign ein. Dabei wählten die Autoren ein gesplittetes Design, in dem ein Teil der Befragten das tatsächliche Choice Experiment mit anschließender Auszahlung des Honorierungsbetrags durchführte.

53 Dabei wurde berücksichtigt, dass die Effizienz des Designs für beide Experimente identisch war (CARLSSON und MARTINSSON, 2001, S. 182).

Tabelle 14: Studien zur Konvergenz-Validität

Autor	Untersuchungsgut	Testverfahren und Umsetzung	Ergebnis
BLAMEY et al. (1999)	Umweltfreundliches Toilettenpapier	Daten aus tatsächlichem Markt; Vergleich mit geschätzten Marktanteilen aus CE	Keine Bestätigung der Konvergenz-Validität
BOYLE et al. (2001)	Waldgebiete	Vergleich von Rating, Ranking und Choice Ergebnissen	Keine Bestätigung der Konvergenz-Validität
CARLSSON und MARTINSSON (2001)	Umweltprojekte	Vergleich von hypothetischen und tatsächlichen marginalen WTP aus CE und Markt-experiment mit Spenden	Bestätigung der Konvergenz-Validität
CHRISTIE et al. (2004)	Artenvielfalt	Vergleich von WTP aus KB und CE Benefit-Funktionen-Transfer	Bestätigung der Konvergenz-Validität Benefit Transfer nicht valide
FOSTER und MOURATO (2003)	Wohltätigkeits-organisationen	Vergleich von WTP aus KB und CE	Keine Bestätigung der Konvergenz-Validität (WTP aus CE signifikant höher)
MORRISON et al. (2002)	Schutz von Feuchtgebieten und bedrohten Tierarten	BT von impliziten Preisen und WTP	Bestätigung der Konvergenz-Validität für implizite Preise; gemischter Befund bei Transfer von WTP
MORRSION und BENNETT (2004)	Bewertung von Flüssen	Benefit-Transfer von impliziten Preisen für Befragte außer- und innerhalb des Untersuchungsgebietes	Bestätigung der Konvergenz-Validität für ähnliche Bewertungsgüter Gemischter Befund bei großen Distanzen
SVEDSÄTER und JAHANSSON-STENMAN (2003)	Spende für WWF-Projekte	Vergleich von hypothetischen und tatsächlichen marginalen WTP aus CE und Markt-experiment mit Spenden	Keine Bestätigung der Konvergenz-Validität (hypothetische WTP höher als tatsächliche)
VAN BUEREN und BENNETT (2004)	Artenvielfalt, Wasserwege und Landschaft, Beschäftigung in der LW	Benefit Transfer für regionale und nationale Stichprobe	Bedingte Konvergenz-Validität (BT möglich nach Skalierung der Daten)

Anm.: CE: Choice Experiment; KB: Kontingente Bewertung; BT: Benefit Transfer; WTP: Zahlungsbereitschaft (willingness to pay)

Quelle: Eigene Zusammenstellung

Die Berechnungen von SVEDSÄTER und JOHANSSON-STENMAN (2003) zeigen, dass die höchsten marginalen Zahlungsbereitschaften für das tatsächliche Szenario im Anschluss an die hypothetischen Szenarien ausgewiesen werden können. Danach folgen die hypothetischen marginalen Zahlungsbereitschaften, während sich die niedrigsten marginalen Zahlungsbereitschaften für die Befragten ergeben, denen lediglich die tatsächlichen Szenarien vorgelegt wurden. Die Autoren belegen damit die Hypothese, dass die hypothetischen Zahlungsbereitschaften und die tatsächlichen marginalen Zahlungsbereitschaften, aus der Teilstichprobe, die nicht den hypothetischen Teil beantwortete, signifikant voneinander abweichen.

BOYLE et al. (2001) untersuchen die konvergierende Validität anhand eines Vergleichs verschiedener Antwort-Formate. Sie stellen in ihrer Untersuchung Rating, Ranking und diskrete Auswahl gegenüber und können die konvergierende Validität für die drei Antwort-Formate nicht bestätigen. Kritisch zu hinterfragen sind die Ergebnisse im Hinblick darauf, dass für einen Vergleich der Daten mit den Auswahlentscheidungen des Choice Experiments die Rating und Ranking Daten umgewandelt werden müssen. LOUVIERE et al. (2000a) zeigen, dass dies unter Einhaltung der Zufallsnutzentheorie möglich ist. Jedoch muss implizit die Annahme getroffen werden, dass eine höhere Präferenz im Sinne eines höheren Ratings oder Rankings gleichbedeutend mit einer Auswahl dieser Alternative ist.

GREEN et al. (1990) nehmen in ihrer Untersuchung für den Markt von Appartements eine Beurteilung der Konstrukt-Validität der Choice Experimente vor. Sie verwenden dazu ein gesplittetes Design und nutzen die Schätzungen der einen Stichprobe, um die Auswahl eines fixen Choice Tasks in der zweiten Stichprobe anzugeben[54]. Dabei unterscheiden sich die beiden Studiendesigns in der Festlegung der Preisvariablen, die für die Kontrollstichprobe nicht anhand eines orthogonalen Designs festgelegt wurde. Vielmehr variierten die Preise für die Alternativen entsprechend der Charakteristika der Appartements. GREEN et al. (1990) können zeigen, dass die Wahl des fixen Choice Tasks zufriedenstellend angegeben werden kann und belegen damit die Konstrukt-Validität.

Auch ältere Studien, die eine Untersuchung der Konstrukt-Validität der Choice Experimente anhand eines Vergleichs mit den Ergebnissen aus Methoden der beobachteten Präferenzen vornehmen, kommen zu dem Schluss, dass unter Berücksichtigung der Skaleneffekte der geschätzten Modelle die Choice Experimente in der Lage sind die Ergebnisse der für den Vergleich herangezogenen Methoden zu reproduzieren (BEN-AKIVA und MORIKAWA, 1991; SWAIT und LOUVIERE, 1993; SWAIT et al., 1994; ADAMOWICZ et al., 1994 und 1997; HENSHER et al., 1997).

Neben CHRISTIE et al. (2004) zeigen auch HANLEY et al. (1998b) und ADAMOWICZ et al. (1998a), dass die Ergebnisse aus einem Choice Experiment keine signifikanten

---

54 Da es sich um zwei verschiedene Stichproben handelt, wurde die Studie nicht zu den Untersuchungen zur Prognose-Validität bzw. Reliabilität gezählt.

Unterschiede zu denen aus einer kontingenten Bewertung aufweisen. HANLEY et al. (1998b) untersuchen dies für Landschaften in Schottland, während ADAMOWICZ et al. (1998a) eine Studie zum Schutz von Caribou-Populationen in Kanada durchführen.

HANLEY et al. (2001) weisen in diesem Zuge darauf hin, dass die Choice Experimente als eine Verallgemeinerung der diskreten kontingenten Bewertung aus methodischer Sicht gleichermaßen für hypothetische Verzerrungen anfällig sind wie diese. Wie auch Tabelle 14 zu entnehmen ist, gibt es bislang nur wenige Studien, die sich mit der Bedeutung von hypothetischen Verzerrungen bei der Anwendung von Choice Experimenten im Umweltbereich beschäftigen. Insgesamt kann festgehalten werden, dass die Diskussion um die Konvergenz-Validität der Choice Experimente noch nicht abgeschlossen ist.

Die **theoretische Validität** fordert die Konsistenz der Ergebnisse mit der ökonomischen Theorie und zuvor getroffenen Annahmen bzw. Erwartungen. Eine Verletzung der a priori-Erwartungen kann damit generell auf falsche Annahmen zurückzuführen sein. Ansatzpunkte für die Überprüfung sind plausible Vorzeichen der geschätzten Parameter und Erwartungen an die relativen Wichtigkeiten der Eigenschaften. Zudem ist zu erwarten, dass größere Veränderungen sich in höheren impliziten Preisen oder Zahlungsbereitschaften ausdrücken. Durch die wiederholte Beantwortung von Auswahlsituationen liefern die Choice Experimente bereits eine Art von internem Test bzgl. dieses sogenannten „Scope"-Effekts. Ein solch interner Test ist jedoch als schwächere Bestätigung im Vergleich zu einem externen Test zu sehen.

FOSTER und MOURATO (2003) testen in ihrer Studie, inwiefern Choice Experimente theoretisch valide bzw. sensitiv bzgl. des „Scope"-Effekts sind. Sie führen eine kontingente Bewertung und ein Choice Experiment durch, um vier verschiedene Sektoren von Wohltätigkeitsorganisationen zu bewerten. Die Ergebnisse der etwa 280 geführten Interviews werten sie mit einem Mixed Logit Modell aus. Für den Erhalt eines Sektors von Wohltätigkeitsorganisationen ermitteln sie eine Zahlungsbereitschaft von 2,90 £ und für alle vier Bereiche von knapp 260 £ im Jahr[55]. Der Test auf signifikante Unterschiede der beiden Zahlungsbereitschaften kann für die Choice Experimente eindeutig bestätigt werden (FOSTER und MOURATO, 2003, S. 154f). Die theoretische Validität kann damit belegt werden.

Als vorteilhaft in Hinsicht auf die „Scope"-Thematik sind die Choice Experimente vor allem deswegen anzusehen, weil der Fokus weniger (im Vergleich zur kontingenten Bewertung) auf der Angabe eines Höchstbetrages liegt, sondern durch die Auswahl-

55 Im Vergleich dazu liegen die Zahlungsbereitschaften, die mit der kontingenten Bewertung ermittelt wurden, bei 31,60 £ bzw. 46,70 £ (für einen Bereich) und 43,40 £ bzw. 55,90 £ (für alle Bereiche), wobei erstere Werte jeweils die unteren Grenzen und zweitere Werte die oberen Grenzen der Zahlungsbereitschaft angeben (FOSTER und MOURATO, 2003, S. 153).

entscheidungen der Abwägungsprozess zwischen den einzelnen Alternativen im Vordergrund steht (BENNETT und ADAMOWICZ, 2001, S. 53).

5.3.2 Reliabilität

Die Reliabilität ist definiert als die Zuverlässigkeit der gewonnenen Ergebnisse im Zeitablauf (PEARCE et al., 2002, S. 78). Zu ihrer Überprüfung werden sogenannte Test-Retest-Untersuchungen durchgeführt, also die Wiederholung einer Untersuchung zu einem späteren Zeitpunkt. Dabei können entweder die gleichen Befragten erneut befragt werden oder es werden unabhängige Stichproben gewählt. Jedoch muss nicht grundsätzlich verlangt werden, dass durch den Retest die Ergebnisse des Tests reproduziert werden. Genauso können sich die Präferenzen der Befragten in der Zwischenzeit geändert haben. In diesem Fall führen Test und Retest zu unterschiedlichen Präferenzschätzungen (BATEMAN et al., 2002, S. 334). Die Ursachen hierfür können z. B. aus einer veränderten finanziellen Situation des Befragten resultieren (CARSON et al., 2001, S. 195) oder aus einem erweiterten Informationsstand im Vergleich zu der ersten Befragung. Verschiedene Anwendungen haben gezeigt, dass Befragte tendenziell niedrige Präferenzen äußern, wenn sie mehr Zeit haben, um ihre Antwort zu bedenken (vgl. WHITTINGTON et al., 1992; LAURIA et al., 1999). Auch der Zeitpunkt der Untersuchung kann sich auf die ermittelten Präferenzen auswirken. So äußerten bei einer Befragung zum Angeln in Erholungsgebieten die Personen aufgrund verschiedener Befragungszeitpunkte während der Angelsaison unterschiedlich (BATEMAN et al., 2002, S. 334).

Daneben kann die Reliabilität einer Studie auch durch verschiedene Faktoren des Studiendesigns, der Informationsvermittlung und des Kontextes beeinflusst werden, die sich dann in den geschätzten Parametern und der Varianz der Störterme ausdrückt. Eine Verzerrung ist wie auch bei anderen Methoden zur Präferenzerfassung unerwünscht. Allerdings unterscheidet sich die Untersuchung der Reliabilität bei den Choice Experimenten insofern von anderen Methoden, als dass es unterschiedliche Einflüsse auf den Skalenparameter geben kann. So konnten SWAIT und ADAMOWICZ (1997) für die Untersuchung von verschiedenen Datensätzen zeigen, dass die Komplexität des Choice Tasks und der kognitive Anspruch an den Befragten den Skalenparameter der jeweiligen Modelle beeinflusst[56].

BRAZELL und LOUVIERE (1997) konnten in ihren Studien keine Unterschiede zwischen verschieden langen oder unterschiedlich angeordneten Choice Tasks ausmachen. Allerdings wiesen die Ergebnisse für eine geringere Anzahl von Choice Tasks eine bessere Reliabilität – in Form einer geringeren Varianz der Störgrößen und einer besseren Prognose-Fähigkeit der Schätzungen – auf, die mit steigender Anzahl an

56 Da sich der Skalenparameter sich invers proportional zu den Störtermen verhält, kann ein direkter Zusammenhang abgeleitet werden.

Choice Tasks (von acht bis 48) weiter abnahm. Als ein erster Test-Retest kann daher auch die Konsistenz der Antworten in einem Choice Experiment gesehen werden. Dazu werden die Schätzergebnisse zur Prognose der Auswahl eines nicht in die Auswertung eingegangenen Choice Task herangezogen. Allerdings lassen sich hier in der Literatur durchaus unterschiedliche Ergebnisse für die Prognose-Fähigkeit finden (vgl. MÜLLER-HAGEDORN, 1993; BLAMEY et al., 1999).

Studien, die eine Wiederholung zu einem späteren Zeitpunkt vornehmen, wie es im engeren Sinne eines Test-Retests vorgesehen ist, liegen für die Anwendung der Choice Experimente im Umweltbereich bislang nicht vor. Dies mag auch an den hohen Kosten liegen, die eine zweite Befragung bedeuten würde. So empfehlen auch BATEMAN et al. (2002), dass Untersuchungen zur Reliabilität bei weiteren Forschungsbemühungen nicht zu kurz kommen sollten.

5.4 Vor- und Nachteile

Die Choice Experimente stellen die jüngste methodische Entwicklung im Bereich der Umweltbewertung dar und erfreuen sich in den letzten Jahren zunehmender Popularität. Der vermehrte Einsatz der Methodik, nicht nur im Bereich der Umweltbewertung, geht vor allem auf folgende Stärken der Choice Experimente zurück:

- Die Choice Experimente sind im Gegensatz zu den indirekten Bewertungsmethoden in der Lage neben den Gebrauchswerten auch Nicht-Gebrauchswerte von Umweltgütern zu erfassen.
- Die zu bewertenden Güter müssen in keiner substitutiven Beziehung zu anderen Marktgütern stehen, wie das bspw. für die Hedonische Preisfindung Voraussetzung ist. Das macht die Methodik äußerst flexibel in Hinsicht auf die Anwendbarkeit für unterschiedlichste Bewertungsfragen und –güter.
- Die Flexibilität der Methodik ist nicht nur in der Anwendungsbreite zu sehen, sondern ebenfalls in den vielfältigen Auswertungsmöglichkeiten. So ist nicht nur eine Bewertung von explizit abgefragten Szenarien möglich, vielmehr können alle möglichen Optionen bewertet werden, die nicht jedem einzelnen Befragten zur Bewertung vorgelegt werden müssen.
- Häufig ist in Rahmen von Nutzen-Kosten-Analysen nicht nur die Bewertung des Verlustes einer ganzen Ressource von Interesse. Die Choice Experimente ermöglichen auch Aussagen über marginale Änderungen von Qualitätszuständen einzelner Ressourcen (HANLEY et al., 1998a, S. 416).
- Choice Experimente ermittelten mit der Zahlungsbereitschaft ebenfalls ein wohlfahrtstheoretisch exaktes Maß, das auch im Rahmen von Nutzen-Kosten-Analysen verwendet werden kann.

- Die Methodik ermöglicht es, mehrere Beobachtungen aus einem Interview zu erzielen, wenn der Befragte nicht nur eine Auswahlsituation vorgelegt bekommt, sondern mehrere Choice Tasks beantwortet.
- Bei den Auswahlsituationen im Choice Experiment liegt der Fokus im Vergleich zur kontingenten Bewertung weniger auf dem Preis, sondern vielmehr sind die Befragten aufgefordert, abzuwägen bzw. Trade-offs zwischen den Alternativen und den unterschiedlichen Ausprägungen vorzunehmen. Im Vergleich zur kontingenten Bewertung sind die Choice Experimente damit weniger für das sogenannte „Ja-Sagen", also dem Zustimmen zu Beträgen unabhängig von den eigenen Präferenzen, anfällig.
- Im Vergleich zur kontingenten Bewertung versprechen Choice Experimente eine bessere Möglichkeit zur Durchführung des Benefit Transfers. Das Potential der Methodik ist vor allem darin zu sehen, dass unterschiedliche Qualitätszustände des Umweltgutes und verschiedene Eigenschaften gleichzeitig berücksichtigt werden können.

Jedoch weisen auch die Choice Experimente einige Schwachstellen auf, die an dieser Stelle ebenfalls genannt werden sollen:

- Die Choice Experimente zählen zu den Methoden der geäußerten Präferenzen und unterliegen damit auch den allgemeinen Nachteilen dieser Methoden. Am häufigsten wird hier die Unzuverlässigkeit der ermittelten Daten angeführt, da diese nicht auf beobachteten Verhalten beruhen. Es wird unterstellt, dass in einer Befragungssituation zum einen nicht genügend Anreize bestehen sich wahrheitsgemäß zu äußern und zum anderen eine Handlungsabsicht bzw. die Angabe einer theoretischen Zahlungsbereitschaft nicht damit gleichgesetzt werden kann, dass der Befragte später auch bereit wäre, diesen Betrag tatsächlich zu zahlen.
- Zwar können mit den Choice Experimenten eine Menge Informationen gewonnen werden, was aber an einen hohen kognitiven Anspruch an den Befragten verbunden ist. Zum einen ist er in der Regel mit dem Befragungsgut nicht so vertraut wie im Fall eines privaten Gutes, zum anderen muss er zusätzlich mehrere Eigenschaften bzw. Ausprägungen gegeneinander abwägen. Eine Überforderug des Befragten mit der Bewertungssituation kann die Anwendung von Heuristiken zur Folge haben.
- Für die Berechnung des Gesamtwertes eines Umweltprogramms oder Umweltgutes, das mittels eines Choice Experiments beurteilt wurde, wird vorausgesetzt, dass dieses sich aus der Summe der Werte für die einzelnen Komponenten zusammensetzt. Mögliche Probleme können sich einerseits daraus ergeben,

dass nicht alle nutzenstiftenden Eigenschaften im Studiendesign berücksichtigt wurden und diesen somit auch kein Wert zugemessen werden kann[57]. Andererseits bleibt zu hinterfragen, ob der Wert des Ganzen sich durch die Summe seiner Teile darstellen lässt, wie das bei Annahme einer linear-additativen Nutzenfunktion der Fall ist (HANLEY et al., 2001, S. 449). So weisen bspw. HANLEY et al. (2001) darauf hin, dass verschiedene Studien zeigen konnten, dass eine Bewertung eines Gutes im Ganzen häufig zu niedrigen Werten führt, als die Summe der Werte seiner Teile.

- Auch bei den Choice Experimenten sind die Ergebnisse von den Informationen, die während des Interviews vermittelt werden, abhängig. Das bezieht sich sowohl auf die Informationsmenge als auch auf die Qualität der gegebenen Informationen (HANLEY et al., 1998a). Daher ist eine Überprüfung der Informationsvermittlung in einem Pretest von großer Bedeutung.

Insgesamt kann festgehalten werden, dass es eine Reihe von wichtigen Aspekten für die erfolgreiche Durchführung eines Choice Experiments gibt. Um die Stärken der Methodik auszunutzen und mögliche Fehlerquellen im Studiendesign zu vermeiden, ist es von Bedeutung die empirische Untersuchung sorgfältig zu konzipieren.

Aufgrund der noch vergleichsweise kurzen Anwendungszeit der Choice Experimente in der Umweltbewertung lassen sich für verschiedene methodische Gesichtspunkte bislang kaum mehr als theoretische basierte Empfehlungen aussprechen, so dass noch eine Reihe methodischer Aspekte einer eingehenderen empirischen Überprüfung bedürfen.

5.5 Beurteilung der Methodik für die eigene Fragestellung

Die Ausführungen dieses Kapitels haben gezeigt, dass es sich bei den Choice Experimenten um eine vielversprechende Methodik handelt, die in der Umweltbewertung schon in vielen Untersuchungen erfolgreich eingesetzt werden konnte. Andererseits muss festgehalten werden, dass die im Vergleich zur kontingenten Bewertung noch recht junge Methode noch ein weites Forschungsfeld für die verschiedenen Anwendungsbereiche darstellt. Zwar wurde bereits eine Reihe von Aspekten näher untersucht (z. B. Anzahl der Choice Tasks, Eigenschaften und Ausprägungen), jedoch gibt es zu anderen Gesichtspunkten bislang noch keine abschließenden Erkenntnisse (z. B. Verwendung von Bildern, Informationsumfang, Komplexität der Befragungssituation). Es ist daher im Einzelfall zu überprüfen, wie die Methodik für die eigene Fragestellung angepasst und eingesetzt werden kann. Dies setzt für den An-

57 In den Modellschätzungen werden diese Einflüsse durch die alternativenspezifischen Konstanten erfasst.

wender ein fundiertes Methodenwissen voraus, das im Weiteren auch bei der Auswertung der Daten von Bedeutung ist (vgl. Kapitel 6).

Die Choice Experimente sind vor allem für Fragestellungen, bei denen verschiedene Kriterien und unterschiedliche Qualitätszustände beurteilt werden sollen, durch ihre große Flexibilität besonders geeignet. Daneben können sie auch für ex-ante Analysen herangezogen werden und sind auch für solche Umweltgüter anwendbar, die sich durch Nicht-Gebrauchswerte auszeichnen. Damit scheint die Methodik für die eigene Fragestellung im besonderen Maße geeignet. An dieser Stelle sei angemerkt, dass die Entscheidung für eine Verwendung der Choice Experimente für die Fragestellung bereits im Vorfeld getroffen wurde. Die Ausführungen haben jedoch unabhängig davon gezeigt, dass diese Auswahl wohlbegründet war und es mit einer sorgfältig geplanten und durchgeführten Untersuchung möglich ist, wohlfahrtstheoretisch konsistente Werte zu ermitteln.

Nach der Vorstellung der methodischen Aspekte der Choice Experimente befasst sich das folgende Kapitel mit den ökonometrischen Grundlagen der diskreten Choice Analyse.

6 Ökonometrische Grundlagen der diskreten Choice Analyse

In diesem Kapitel werden die Grundlagen der diskreten Choice Analyse erläutert, d. h. der Auswertungsmöglichkeiten der Daten aus einem (diskreten) Choice Experiment. Hierfür kommen die sogenannten Logit Modelle bzw. die Logit-Analyse zur Anwendung, die sich vor allem auch für die Berechnung von Wahrscheinlichkeitsfunktionen eignet, aber bei weitem nicht den einzigen Anwendungsbereich darstellt. Der grundlegende Vorteil besteht in der Möglichkeit der Berücksichtigung von diskreten und qualitativen Variablen in der Auswertung, wodurch sich das weite Anwendungsfeld der Logit-Analyse ergibt. Durch die Betrachtung von qualitativen Variablen bei der Auswertung von diskreten Beobachtungen im Zuge eines Choice Experiments stößt die Regressionsrechnung an die Grenzen ihres Anwendungsbereiches. Obwohl sich die Anwendung der Logit Modelle für eine Vielzahl von Fragestellungen eignet, wird im deutschsprachigen Raum die Regressionsrechnung anderen Auswertungsverfahren oftmals vorgezogen. Aus diesem Grund wird im Folgenden näher auf die wichtigsten Modelltypen der Logit-Analyse sowie auf ihre Berechnung eingegangen.

Das Grundmodell stellt das sogenannte Multinomiale Logit Modell dar, das zum besseren Verständnis in einem ersten Schritt in Kapitel 6.1 aus dem binomialen Logit Modell hergeleitet wird. Ergänzend zu dieser mathematisch fundierten Ableitung wird in einem zweiten Schritt das Multinomiale Logit Modell ebenfalls auf Basis der Zufallsnutzentheorie abgeleitet. Auf diese Weise soll gewährleistet werden, dass sowohl die methodischen Grundlagen der Analyse an sich (unabhängig von den zu analysierenden Daten), als auch die Besonderheiten der diskreten Choice Analyse nachvollzogen werden können. Der Vollständigkeit halber und zum besseren Verständnis der später vorgestellten Test-Statistiken wird in Kapitel 6.3 die Maximum Likelihood Methode erläutert, mit der die unterschiedlichen Logit Modelle berechnet werden. Daran anschließend werden mit dem Allgemeinen Extremwert Modell (Kapitel 6.4) und dem Mixed Logit Modell (Kapitel 6.5) zwei weitere Modelle vorgestellt, die die zum Teil recht restriktiven Annahmen des multinominalen Logit Modells lockern und so eine weitergehende Analyse der Daten ermöglichen. Das Kapitel 6.6 beschäftigt sich im Weiteren mit den zur Beurteilung der Modelle notwendigen Test-Statistiken. Im abschließenden Kapitel 6.7 wird erläutert, wie sich auf Basis der Daten implizite Preise und Zahlungsbereitschaften ableiten lassen. Abschließend werden die wesentlichen Ergebnisse nochmals kurz zusammengefasst.

6.1 Ableitung des Multinomialen Logit Modells aus dem binären Logit Modell

Die aus einem Choice Experiment gewonnenen Daten sind oftmals sogenannte diskrete Variablen, die den kategorialen Variablen zuzuordnen sind. Kategoriale Variablen zeichnen sich dadurch aus, dass sie durch eine endliche Anzahl von Werten bzw. Kategorien gemessen werden können. Aber auch eine kontinuierliche Variable können durchaus als kategoriale Variable behandelt werden. Dies wird als sogenannte Kategorisierung oder Diskretisierung bezeichnet (Powers und Xie, 2000, S. 2). Ein typisches Beispiel für eine kategoriale Variable ist die Einteilung des Einkommens in verschiedene Einkommensklassen oder die Bildung von Altersklassen. Verwendet man hingegen die exakten Einkommensangaben oder Altersangaben, liegt eine kontinuierliche Variable vor. Wie in Abbildung 12 dargestellt ist, kann grundsätzlich zwischen qualitativen und quantitativen Variablen unterschieden werden, wobei erstere entweder kontinuierlich bzw. intervall- oder diskret skaliert sein können. Eine diskrete Variable zeichnet sich dabei durch eine begrenzte Anzahl von Ausprägungen aus und zählt somit ebenfalls zu den kategorialen Variablen. Qualitative Variablen dagegen sind entweder ordinal oder nominal skaliert. Während sich bei einer ordinal skalierten Variable eine Rangreihung der einzelnen Ausprägungen vornehmen lässt, wie bspw. bei einer Einstellungsvariablen „starke Zustimmung – Zustimmung – neutral – Ablehnung – starke Ablehnung", ist die Einteilung einer nominal skalierten Variablen (bspw. rot, grün und blau) nicht möglich. Bei qualitativen Variablen handelt es sich somit stets um kategoriale Variablen (Powers und Xie, 2000, S. 3ff).

Abbildung 12: Einteilung der Variablentypen

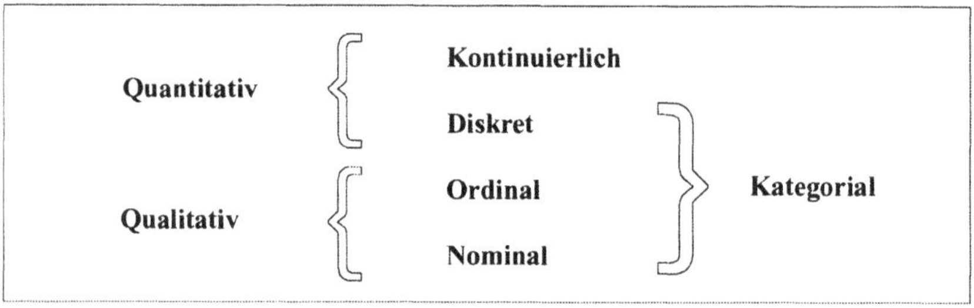

Quelle: Powers und Xie, 2000, S. 5

Bei der Arbeit mit kategorialen Variablen können zwei unterschiedliche Herangehensweisen zugrunde gelegt werden. Während vor allem in der Statistik und Biostatistik angenommen wird, dass kategoriale Variablen von Natur aus vorliegen und demnach auch als solche behandelt werden sollten, wird in der Ökonometrie oftmals davon ausgegangen, dass es sich bei der betrachteten Variablen um eine kontinuierliche Variable handelt, die jedoch nur als kategoriale Variable beobachtet und gemessen werden kann. Dieser Typ von Variablen wird als latente Variable[58] bezeichnet (Powers und Xie, 2000, S. 8ff). In der Praxis resultieren diese beiden Ansätze

58 Aus diesem Ansatz heraus wurden schließlich auch die Latente Klassen Modelle entwickelt.

jedoch oftmals in den gleichen Ergebnissen und unterscheiden sich lediglich in der grundlegenden Interpretation der gewonnenen Ergebnisse (POWERS und XIE, 2000, S. 13).

Bedeutsame Unterschiede ergeben sich hingegen, wenn es sich bei der abhängigen Variablen um eine kategoriale Variable handelt. Die Anwendung eines linearen Regressionsmodells auf eine abhängige, kategoriale Variable kann in diesem Fall zu Schätzergebnissen führen, die außerhalb des plausiblen Wertebereichs der Variablen liegen[59] und resultiert damit zumeist in zweifelhaften Ergebnissen (URBAN, 1993, S. 6).

Die im Folgenden vorgestellten sogenannten Logit Modelle erlauben eine Analyse von kategorialen abhängigen Variablen. Zur Herleitung des für die eigene Fragestellung relevanten multinominalen Logit Modells wird zunächst auf das binäre Logit Modell zurückgegriffen.

Binäre Logit Modelle zeichnen sich dadurch aus, dass die abhängige Variable lediglich zwei Werte annehmen kann. Es gilt also entweder $y = 1$ oder $y = 0$, wobei man in diesem Fall auch von sogenannten $(0;1)$-Variablen spricht (POWERS und XIE, 2000, S. 41). Der grundlegende Vorteil der Logit Modelle basiert auf der Überführung der kategorialen Variablen in eine kontinuierliche Form, so dass diese in den Berechnungen als kontinuierliche Variable behandelt werden kann. Um sich von der Skalierung der Variablen zu lösen, wird die abhängige Variable in mehreren Schritten transformiert.

Soll bspw. untersucht werden, mit welcher Wahrscheinlichkeit eine Person einen Hochschulabschluss erwirbt, dann ergibt sich folgendes binäre Modell mit:

$$(11) \qquad y_i = \beta_0 + \beta_1 x_{i1} + \beta_2 x_{i2} + \beta_3 x_{i3} + \ldots + \beta_K x_{iK} = \sum_{k=0}^{K} \beta_k x_{ik} ,$$

wobei mit x_{ik} unterschiedliche Einflussfaktoren, wie z. B. das Alter, Geschlecht, Anzahl der Geschwister, Familienverhältnis usw. in das Modell eingehen. β_k sind die korrespondierenden Koeffizienten, wobei β_0 die Konstante ist, die den Einfluss auf die abhängige Variable angibt, wenn alle übrigen Koeffizienten gleich Null gesetzt werden.

In einem ersten Schritt wird nun nicht mehr das Eintreten eines bestimmtes Zustandes, also der Erwerb oder Nicht-Erwerb des Abschlusses, sondern vielmehr die Wahrscheinlichkeit des Eintretens von $y = 1$ oder $y = 0$ betrachtet, also $Pr(y = 1)$ bzw. $Pr(y = 0)$. Dabei lässt sich die Wahrscheinlichkeit, dass $y = 0$ ($Pr(y = 0)$) in

59 Unabhängige kategoriale Variablen können mittels einer Dummy-Kodierung in Regressionsmodellen berücksichtigt werden (POWERS und XIE, S. 37).

Form der Gegenwahrscheinlichkeit ausdrücken durch $Pr(y=0)=1-Pr(y=1)$. Die obere Grenze des Wertebereichs, der für dieses Wahrscheinlichkeitsmodell zwischen 0 und 100 (Prozent) liegt, lässt sich aufheben, indem jede Wahrscheinlichkeit für das Eintreten eines Ereignisses durch die jeweilige Gegenwahrscheinlichkeit bzw. die Wahrscheinlichkeit für das Nicht-Eintreten dieses Ereignisses dividiert wird, also

$$P_i' = \frac{P_i}{(1-P_i)}.$$

P_i' kann damit alle Werte zwischen 0 und $+\infty$ annehmen, denn je mehr P_i anwächst, umso größer wird P_i'. Um nun die untere Grenze von 0 aufzuheben, wird P_i' anschließend logarithmiert:

(12) $$P_i'' = ln\left[\frac{P_i}{1-P_i}\right] = log\,it(P_i).$$

Damit ergibt sich für P_i'' ein Wertebereich von $-\infty < P_i'' < +\infty$ (URBAN, 1993, S. 24f).

Während P_i' als Gewinnchance bzw. im Angelsächsischen als „odds" bezeichnet wird, hat sich für P_i'' [60] der Begriff „Logit" geprägt, der als natürlicher Logarithmus der Gewinnchancen zu verstehen ist (REISINGER, 1996, S. 96). Die Logit-Transformation, welche auch als Link-Funktion bezeichnet wird, resultiert somit in einem linearen Modell der unbekannten Parameter (POWERS und XIE, 2000, S. 49f).

Das binäre Logit Modell kann damit wie folgt geschrieben werden:

(13) $$log\left[\frac{Pr(y=1)}{1-Pr(y=1)}\right] = log\left[\frac{Pr(y=1)}{Pr(y=0)}\right] = \sum_{k=0}^{K} \beta_k x_k$$ (POWERS und XIE, 2000, S. 224).

Dabei gibt x_k die k-te unabhängige Variable mit dem zugehörigen Koeffizienten β_k an. Für $k=0$ gilt $x_0=1$. P_i lässt sich somit wie folgt berechnen:

(14) $$P_i = \frac{exp(\sum_{k=0}^{K} \beta_k x_{ik})}{1+exp(\sum_{k=0}^{K} \beta_k x_{ik})}$$ (POWERS und XIE, 2000, S. 49).

Damit ergeben sich für das binäre Logit Modell folgende Wahrscheinlichkeiten:

(15) $$Pr(y=1) = \frac{exp(\sum_{k=0}^{K} \beta_k x_{ik})}{1+exp(\sum_{k=0}^{K} \beta_k x_{ik})}$$ und

60 Im Folgenden wird für den Logit P_i'' nur noch kurz P_i verwendet.

$$Pr(y=0)=\frac{1}{1+exp(\sum_{k=0}^{K}\beta_k x_{ik})}$$ (POWERS und XIE, 2000, S. 225).

Im Vergleich zum binären Logit Modell kann im Multinomialen Logit Modell die abhängige Variable y mehrere Werte J mit $j=1,...,J$ annehmen. Für den Vergleich der j-ten Kategorie mit der ersten Kategorie folgt:

(16) $$log\left(\frac{P_j}{P_1}\right)=log\left[\frac{Pr(y=j)}{Pr(y=1)}\right]=BL_j \text{ für } j=2,...,J.$$

Der sich ergebende Logit wird als sogenannter Baseline-Logit (BL) bezeichnet, da jeweils eine Kategorie als Referenz für die Berechnungen festgelegt wird. Die Wahl dieser Referenzkategorie ist beliebig, analog zu der Auswahl einer Referenzkategorie bei der Kodierung von Dummy-Variablen. Jede Kategorie wird somit der gewählten Referenzkategorie gegenübergestellt. Gleichung (16) gibt also den Baseline-Logit der j-ten Kategorie für die Referenzkategorie $y=1$ an (POWERS und XIE, 2000, S. 206f).

Während im Fall des binären Logit Modells lediglich eine Größe, entweder nämlich $Pr(y=1)$ oder $Pr(y=0)$, bestimmt werden musste, ist es für das Multinomiale Logit Modell notwendig, sowohl die Baseline-Kategorie als auch die Vergleichskategorie festzulegen, um den Baseline-Logit berechnen zu können. Da die Wahl der Referenzkategorie beliebig ist, gibt es insgesamt $J-1$ nicht redundante Baseline-Logits bei J Kategorien der abhängigen Variablen (POWERS und XIE, 2000, S. 226).

Analog zum binären Logit Modell aus Gleichung (13) lässt sich das Multinomiale Logit Modell folgendermaßen darstellen:

(17) $$P_{ij}=\frac{exp(x_i'\beta_j)}{exp(\sum_{j=1}^{J}x_i'\beta_j)} \text{ mit } \sum_{j=1}^{J}P_{ij}=1 \text{ für jedes } i \text{ und } x_i'\beta_j=\sum_{k=0}^{K}\beta_{jk}x_{ik}.$$

J steht dabei für die Anzahl der im Modell enthaltenen Kategorien, während der Index i sich auf das Individuum i bezieht. X_i' enthält alle im Modell berücksichtigten unabhängigen Variablen, wobei das erste Element des Vektors gleich Eins ist und die Konstante repräsentiert. $\boldsymbol{\beta}_j$ ist der Vektor für die Parameter, die für das Multinomiale Logit Modell zwischen den einzelnen Kategorien variieren (GREENE, 2000, S. 721).

Für das Multinomiale Logit Modell ergeben sich für die erste und die j-te Kategorie damit:

(18) $$Pr(y=1|x_i=P_{i1}=\frac{1}{1+\sum_{j=2}^{J}exp(x_i'\beta_j)} \text{ und}$$

$$Pr(y = j|x_i) = P_{ij} = \frac{exp(x_i'\beta_j)}{1 + \sum_{j=2}^{J} exp(x_i'\beta_j)} \quad \text{für } \beta_1 = 0.$$

Im Fall von bspw. $J = 3$ Kategorien lassen sich die Wahrscheinlichkeiten mit der ersten Kategorie als Referenzkategorie wie folgt schreiben:

(19) $$Pr(y_i = 1|x_i = P_{i1} = \frac{1}{1 + exp(x_i'\beta_2) + exp(x_i'\beta_3)} \quad \text{mit } P_{i1} = 1 - (P_{i2} + P_{i3}),$$

$$Pr(y_i = 2|x_i = P_{i2} = \frac{exp(x_i'\beta_2)}{1 + exp(x_i'\beta_2) + exp(x_i'\beta_3)} \quad \text{und}$$

$$Pr(y_i = 3|x_i = P_{i3} = \frac{exp(x_i'\beta_3)}{1 + exp(x_i'\beta_2) + exp(x_i'\beta_3)}$$ (POWERS und XIE, 2000, S. 227ff).

Das Multinomiale Logit Modell lässt sich also paarweise in mehrere binäre Logit Modelle auflösen. Entsprechend $P_{i1} = 1 - (P_{i2} + P_{i3})$ müssen lediglich zwei der drei Parameter berechnet werden (URBAN, 1993, S. 76f). Allgemein müssen für ein Multinomiales Logit Modell mit K abhängigen Variablen und J Kategorien damit $(K+1)*(J-1)$ Parameter geschätzt werden. Oftmals wird, in Anlehnung an den engen Zusammenhang mit dem binären Logit Modell[61], eine Kodierung der Kategorien von $0,...,J-1$ vorgenommen anstatt von $1,...,J$. Dementsprechend gilt dann für die erste Kategorie ($y = 0$) als Referenzkategorie $\beta_0 = 0$[62]. Die Wahl einer anderen Referenzkategorie führt zwar zu anderen Parameterschätzungen, jedoch bleiben die Ergebnisse an sich davon unberührt (POWERS und XIE, 2000, S. 227ff). Bei der verwendeten Schätzmethode, die in Kapitel 6.3 näher vorgestellt wird, ist die Auslassung einer Kategorie notwendig, um eine Singularität zu vermeiden[63] (GUADAGNI und LITTLE, 1983, S. 214).

In Abgrenzung zum Multinomialen Logit Modell soll an dieser Stelle auch das Konditionale Logit Modell kurz vorgestellt werden. Die Begriffe werden in der Literatur teilweise synonym verwandt, jedoch weisen die Modelle zumindest einige theoretisch fundierte Unterschiede auf. Das Konditionale Logit Modell kommt dann zum Einsatz, wenn die unabhängigen Variablen sowohl zwischen den einzelnen Kategorien variieren, also spezifisch für jede Kategorie sind, als auch für das Individuum (GREENE, 2000, S. 720ff). Jedoch wird gleichzeitig angenommen, dass sich die Parameter für das einzelne Individuum nicht ändern, sondern konstant über alle Kategorien sind (POWERS und XIE, 2000, S. 239). Für das Konditionale Logit Modell gilt:

61 Dieses ergibt sich aus dem Multinomialen Logit Modell für $J = 2$ Kategorien.

62 Dieser Konvention liegt auch die Wahl der Referenzkategorie im Software Paket LIMDEP und NLogit zugrunde.

63 Zu einer singulären Matrix lassen sich keine inversen Matrizen berechnen. Dies ist jedoch für eine Berechnung der Parameter notwendig.

(20) $$P_{ij} = \frac{exp(\beta_j z'_{ij})}{exp(\sum_{j=1}^{J} \beta_j z'_{ij})} \text{ mit } z'_{ij} = \lfloor \mathbf{x}_{ij}, \mathbf{w}_i \rfloor.$$

Hier umfasst die Variable z'_{ij} nicht nur die unabhängigen Variablen $\mathbf{x}_{ij}$, sondern ebenfalls noch eine weitere Variable $\mathbf{w}_i$, die es erlaubt, spezifische Faktoren der einzelnen Befragten bzw. Individuen zu erfassen. Im Gegensatz zu den Variablen $\mathbf{x}_{ij}$, die zwischen den einzelnen Kategorien variieren und ebenfalls für die jeweiligen Befragten unterschiedlich sein können, sind die spezifischen Faktoren konstant für jedes Individuum. Gleichung (20) lässt sich damit wie folgt umschreiben:

(21) $$P_{ij} = \frac{exp(\beta'_j x_{ij} + \alpha' w_i)}{exp(\sum_{j=1}^{J} \beta'_j x_{ij} + \alpha' w_i)} \text{ mit } \alpha = \text{zugehöriger Koeffizient zu } \mathbf{w}_i.$$

Bei der Berechnung des Konditionalen Logit Modells fallen alle Terme, die zwischen den Kategorien nicht variieren, wie hier die Charakteristika $\mathbf{w}_i$ des Individuums, aus den Wahrscheinlichkeiten heraus. Um diese in einem Modell zu berücksichtigen, kann bspw. eine Dummy Variable für jede Kategorie erstellt werden, die dann jeweils mit w multipliziert wird. Dieser Koeffizient kann dann zwischen den Kategorien variieren und ermöglicht so die Berechnung von **w**[64] (GREENE, 2000, S. 720ff).

6.2 Zusammenführung des Multinomialen Logit Modells mit der Zufallsnutzentheorie

In der diskreten Choice Analyse werden Präferenzen von Personen erfasst und ausgewertet. Dabei gibt es verschiedene Möglichkeiten, wie Präferenzen gemessen werden können. Neben der Messmethodik an sich ist dabei auch die zugrunde liegende Theorie von Bedeutung. Ohne ein theoretisches Konstrukt, das eine Einordnung der gemessenen Werte erlaubt, sind die Ergebnisse nicht interpretierbar. Wählt ein Befragter auf einer Skala von Null bzw. sehr unzufriedenstellend bis Zehn bzw. absolut zufriedenstellend die Sechs, ist eine Interpretation schwierig. Wie ist diese Bewertung im Vergleich zu anderen Kriterien oder zu einem Konkurrenten zu sehen, dem der Befragte eine Vier zuordnet? Um eine Interpretation dieser Ergebnisse zu gewährleisten, ist daher einer Theorie notwendig, die erklärt, welche Überlegungen des Befragten zu dieser Beurteilung führen (LOUVIERE et al., 2000a, S. 25).

Bei der Erfassung von sogenannten geäußerten Präferenzen (im Angelsächsischen „stated preference"), die sich in die übergeordnete Kategorie der Dominanzmessungen einordnen lassen, können unterschiedliche Messmethoden unterschieden werden:

64 Aus praktischen Gründen werden in Befragungen die Charakteristika und die unabhängigen Variablen separat erfasst und über eine Dummy-Kodierung schließlich in das Logit Modell aufgenommen (GREENE, 2000, S. 720).

Auswahl der am meisten präferierten Option aus einem Auswahl-Set: Hierbei gehen Informationen zu den übrigen Alternativen verloren, da diese nicht weiter betrachtet werden.

Ranking von allen zur Verfügung stehen Optionen: Es werden alle Möglichkeiten in eine Präferenzreihenfolge gebracht. Allerdings liegen keine Informationen über das Maß der Präferenz einer Option gegenüber der nächsten vor.

Rating von allen zur Verfügung stehenden Optionen: Beim Rating werden alle Optionen auf einer Präferenzskala eingeordnet. Dadurch wird im Vergleich zum Ranking zusätzlich eine Aussage über die Präferenzunterschiede von verschiedenen Optionen ermöglicht.

Darüber hinaus sind noch weitere Möglichkeiten der Präferenzerfassung denkbar, auf die an dieser Stelle jedoch nicht weiter eingegangen werden soll. Zur Ermittlung der Präferenzen ist es notwendig, dass nicht nur die Daten für die gewählte Option (im Fall der Auswahl der am meisten präferierten Option) vorliegen, sondern auch alle nicht gewählten Optionen müssen bekannt sein (LOUVIERE et al., 2000a, S. 26ff).

Allen vorgestellten Messmethoden liegt die Zufallsnutzen-Theorie als theoretisches Konstrukt bei der Analyse zugrunde. An dieser Stelle sollen daher die Zufallsnutzen-Theorie und die zur Anwendung kommenden Logit Modelle zusammengeführt und der beispielhaft in Gleichung (11) vorgestellte funktionale Zusammenhang für die eigene Fragestellung konkretisiert werden.

Nach dem Ansatz von LANCASTER (1966 und 1971) ist nicht ein Gut an sich nutzenstiftend, sondern vielmehr sind es die Eigenschaften, aus denen sich ein Gut zusammensetzt, die den Nutzen für einen Konsumenten hervorrufen. Somit ergeben sich drei miteinander verbundene Gleichungen:

(22) $s_k = f_{kr}(t_r)$,

(23) $u_j = j(s_{kj})$ und

(24) $P_j = h(u_j)$,

wobei s_k den (marginalen) Nutzen aus dem Konsum von Gut k darstellt, t den beobachtbaren Wert der gegenständlichen Eigenschaft r, u_j der gesamte Nutzen der Alternative j, s_{kj} stellt die Ausprägung der (zu Gut k gehörenden) Eigenschaft k von Alternative j dar und P_j ist die Wahrscheinlichkeit der Auswahl von Alternative j. Die Funktionen f, g und h sind an dieser Stelle noch nicht näher spezifiziert.

Setzt man Gleichung (22) und (23) in Gleichung (24) ein, ergibt sich:

(25) $P_j = h\{g[f_{kr}(t_r)]\}$.

Nach LANCASTER ist das betreffende Gut nun anhand seiner Eigenschaften zu definieren, also:

(26) $t = \mathbf{B}X$,

mit **B** als $R * J$-Matrix, die die J Güter (z. B. einer Auswahlsituation) in Form ihrer r Eigenschaften beschreibt. Die Eigenschaften sollten dabei objektiv gewählt sein, also anhand der tatsächlichen Beschaffenheit des Gutes. Zudem wird in der Analyse davon ausgegangen, dass die Eigenschaften t den Nutzen, den eine Person aus dem Konsum des Gutes erzielt, perfekt wiedergeben. Daraus folgt, dass der Nutzen für ein Gut dargestellt werden kann mittels der Eigenschaften dieses Gutes:

(27) $u = U(t_1, t_2, \ldots, t_R)$.

Der Nutzen ist demnach eine Funktion des Konsums bzw. genauer der Konsumerwartung und ergibt sich aus den Eigenschaften, aus denen sich das Gut zusammensetzt, und der Erwartung daran, wie gut diese den gewünschten Nutzen liefern. Je genauer ein Konsument seine eigenen Konsumerwartungen kennt, umso sicherer wird er sich für ein Produkt entscheiden können. Der Wissenschaftler ist dabei lediglich in der Lage die Eigenschaften, aus denen sich das Gut zusammensetzt, zu identifizieren. Ihm stehen jedoch nicht die gleichen Informationen zur Verfügung wie dem Konsumenten, so dass sich für ihn folgende Nutzenfunktion ergibt:

(28) $u = U((t_b + se_{nb})_1, \ldots, (t_b + t_{nb})_K)$.

Die Indizes repräsentieren den beobachtbaren (b) und nicht-beobachtbaren (nb) Anteil aus Sicht des Wissenschaftlers. Der nicht-beobachtbare Nutzenanteil wird häufig auch als stochastische Größe oder Störgröße bezeichnet. Dies soll jedoch nicht zum Ausdruck bringen, dass Individuen eine zufällige Auswahl treffen, sondern vielmehr, dass ein Teil des Einflusses auf die Auswahl existiert, der einer Zufallsverteilung über die Stichprobe hinweg unterliegt, da der Analyst sie nicht in messbaren Größen erfassen kann (LOUVIERE et al., 2000a, S. 4ff).

Um nun in einem nächsten Schritt ein Modell operationalisieren zu können, müssen drei Faktoren erfüllt sein:

- Der Bewertungsgegenstand bzw. das Bewertungsobjekt sowie die möglichen Alternativen müssen verfügbar bzw. bekannt sein.
- Die Eigenschaften des Bewertungsgegenstands müssen festgelegt und eine Verknüpfungsregel bestimmt werden.
- Es muss ein Modell gewählt werden, das die Verhaltensweise bzw. die Präferenzverteilung der Bevölkerung abbildet.

Die Wahrscheinlichkeit für die Auswahl einer Alternative x aus einem Set von Alternativen A, die durch die Eigenschaften s beschrieben werden, ist dann:

(29) $P(x|s,A)$ mit $\forall x \in A$.

Die Wahrscheinlichkeit P, mit der eine Person die Alternative x aus einem Set von Alternativen A auswählt, kann dabei als Ziehung aus einer Multinomialen Verteilung, d. h. wenn mehr als zwei Alternativen zur Auswahl stehen, betrachtet werden (LOUVIERE et al., 2000a, S. 37f). Legt man eine individuelle Verhaltensregel (IVR) zugrunde, mit der die Eigenschaften s einer Alternative in einer tatsächlichen Auswahl aus A resultieren, und ist GIVR die Menge aller Verhaltensregeln in der relevanten Grundgesamtheit, dann lässt sich die Auswahlwahrscheinlichkeit P schreiben als:

(30) $P(x|s,A) = P\{IVR \in GIVR | IVR(s,A) = x\}$.

Die rechte Seite der Gleichung definiert damit die Wahrscheinlichkeit, dass die IVR in der Wahl der Alternative A mündet. Das ist die grundlegende Idee des Wahlverhaltens. Die Identifizierung dieses Modells ist möglich, wenn P einer Wahrscheinlichkeitsverteilung folgt, z. B. einer Normalverteilung oder log-normalen Verteilung, und die beschriebene Auswahl multinomial mit der in Gleichung (30) beschriebenen Wahrscheinlichkeit ist.

In einem weiteren Schritt muss nun eine Verknüpfung der Auswahlwahrscheinlichkeit einer Alternative zur Annahme der Nutzenmaximierung erfolgen. Dazu ist es notwendig, die „Nutzenquelle“ im Modell zu operationalisieren. Dies geschieht in Form der Eigenschaften des betrachteten Bewertungsobjekts in einem funktionalen Zusammenhang.

Durch Modifizierung erhält man aus Gleichung (28):

(31) $U_{iq} = V_{iq} + \varepsilon_{iq}$,

mit U_{iq} als Nutzen der i-ten Alternative für Person q, V_{iq} als systematische Nutzenkomponente, die durch die Eigenschaften gemessen werden kann und häufig auch als representative Nutzenkomponente bezeichnet wird, und ε_{iq} als stochastische Komponente, die alle nicht-beobachtbaren Nutzenkomponenten erfasst (TRAIN, 2002, S. 19). Der Index q der systematischen Nutzenkomponente V verdeutlicht, dass V zwischen den Befragten variieren kann, allerdings ist der dazugehörige Koeffizient β identisch für alle Befragten im Multinomialen Logit und Nested Logit Modell. Für das Mixed Logit Modell sind jedoch unterschiedliche Parameter möglich (LOUVIERE et al., 2000a, S. 39).

Die grundlegende Annahme ist nun, dass sich eine Person genau dann für die Alternative i entscheidet, wenn:

(32) $U_{iq} > U_{jq}$ für alle $j \neq i \in A$.

Setzt man nun Gleichung (31) in Gleichung (32) ein, erhält man:

(33) $(V_{iq} + \varepsilon_{iq}) > (V_{jq} + \varepsilon_{jq})$ und

(34) $(V_{iq} - V_{jq}) > (\varepsilon_{jq} - \varepsilon_{iq})$ und unter Verwendung von Gleichung (30)

(35) $P(x_{iq} | s_q, A) = P_{iq} = P[\{\varepsilon(s,x_j) - \varepsilon(s,x_i)\} < \{V(s,x_i) - V(s;x_j)\}]$ für alle $j \neq i$.

Gleichung (35) kann umformuliert werden zu:

(36) $P_{iq} = P((\varepsilon_{jq} - \varepsilon_{iq}) < (V_{iq} - V_{jq}))$ für alle $j \neq i$ (LOUVIERE et al., 2000a, S. 39ff).

Da die Differenz der stochastischen Komponenten aus Gleichung (34) nicht beobachtet und somit auch Gleichung (34) insgesamt nicht exakt bestimmt werden kann, ist es lediglich möglich eine Aussage über die Wahrscheinlichkeit der Auswahl einer Alternative zu treffen. Es ist jedoch nicht möglich zu bestimmen, welche Alternative ausgewählt werden wird. Mit der Dichtefunktion $f(\varepsilon)$ kann der Analyst Aussagen über die Wahrscheinlichkeit der Auswahl einer Alternative machen (TRAIN, 2002, S. 19). Für die Berechnung des Modells fehlt nun noch die Spezifizierung der funktionalen Zusammenhänge, worauf im Weiteren eingegangen wird.

Die stochastische Komponente fällt bei der notwendigen Integration des Modells aus dem Term heraus, so dass in dem resultierenden Modell lediglich die Nutzenparameter des repräsentativen Nutzenanteils unbekannt sind. Damit die stochastischen Terme bei der Integration aus dem Modell herausfallen, ist es notwendig eine Annahme über ihre Verteilung zu treffen. Hierzu gilt im Multinomialen Logit Modell (LOUVIERE et al., 2000a, S. 45):

(37) $P(\varepsilon_j \leq \varepsilon) = exp(-exp-\varepsilon) = e^{-e^{-\varepsilon}}$.

Diese Verteilung wird als Extremwert-Verteilung Typ 1 oder auch als Gumbel- oder Weibull-Verteilung bezeichnet. Durch Umstellung von Gleichung (36) und unter Auslassung des Indizes q (ohne Verlust an Information) und für $\varepsilon_i = b$ ergibt sich:

(38) $P_i = P(\varepsilon_i < (b + V_i - V_j)$ für alle $j \neq i) = \prod_{j=1}^{J} exp(-exp-[b + V_i + V_j])$.

Da die Verteilung der stochastischen Störterme als unabhängig identisch angenommen wird, lässt sich die Wahrscheinlichkeit der Auswahl der Alternative P_i als Produkt von $J-1$ Faktoren schreiben. Gleichung (38) lässt sich weiter vereinfachen zu:

(39) $exp(-b)\,exp\left[-\sum_{j=1}^{J} exp-(b + V_i - V_j)\right]$.

Die Wahrscheinlichkeit der Auswahl der Alternative P_i lässt sich nun mittels der Wahrscheinlichkeits-Dichtefunktion über den Wertebereich von ε berechnen:

(40) $P_i = \int_{b=-\infty}^{b=\infty} exp(-b)\,exp\left[-\sum_{j=1}^{J} exp-(b + V_i - V_j)\right] db$.

Durch eine weitere Umformung ergibt sich:

$$(41)\qquad P_i = \int_{b=-\infty}^{b=\infty} exp(-b)\, exp\left\{-exp(b)\left[\sum_{j=1}^{J} exp(V_j - V_i)\right]\right\} db\,.$$

Die Berechnung des geschlossene Integrals aus Gleichung (41) kann vereinfacht werden, indem eine entsprechende Variablentransformation vorgenommen wird, so dass nunmehr $exp(-b) = z$ bzw. $b = -ln\,z$ und $\sum_{j=1}^{J} exp(V_j - V_i) = a$ gilt, so dass dadurch der Ausdruck $z\,exp(-za)$ zu integrieren ist. Aufgrund der Variablentransformation ist es nicht mehr erforderlich nach der Variablen b zu integrieren, sondern vielmehr nach der neuen Variablen z.

Da $b = -ln\,z$ ist, wird db ersetzt durch $-(1/z)dz$. Entsprechend ändern sich ebenfalls die Integrationsgrenzen ($z = \infty$ *für* $b = -\infty$ und $z = 0$ *für* $b = \infty$). Es ergibt sich aus Gleichung (41) nunmehr:

$$(42)\qquad P_i = \int_{\infty}^{0} z\,exp(-za)(-1/z)dz\,.$$

Durch eine weitere Vereinfachung – das negative Vorzeichen kann durch ein Vertauschen der Integrationsgrenzen eliminiert werden – ergibt sich schließlich:

$$(43)\qquad P_i = \int_{0}^{\infty} exp(-za)dz\,.$$

Das Integral lässt sich somit berechnen zu:

$$(44)\qquad P_i = \left.\frac{-exp(-za)}{a}\right|_{0}^{\infty},$$

woraus sich

$$(45)\qquad P_i = -\left[\frac{1}{a}(0-1)\right] = \frac{1}{a} \text{ mit } \sum_{j=1}^{J} exp(V_j - V_i) = a$$

bzw. (wieder ergänzt um den Index q (vgl. Gleichung (36))

$$(46)\qquad P_{iq} = \frac{1}{\sum_{j=1}^{J} exp-(V_{iq} - V_{jq})} = \frac{exp(V_{iq})}{\sum_{j=1}^{J} exp(V_{jq})}$$

als das Multinomiale Logit Modell ergibt (LOUVIERE et al., 2000a, S. 46ff). In Abhängigkeit von der Wahl der Verteilung der stochastischen Größe ergeben sich unterschiedliche Modelle, von denen das Multinomiale Logit Modell und das Nested Logit Modell gegenüber dem Mixed Logit Modell den Vorteil einer einfachen Berechnung aufweisen, da die zu berechnenden Integrale eine geschlossene Form aufweisen (TRAIN, 2002, S. 17f). Für das Multinomiale Logit Modell ist die Varianz der stochastischen Größe gegeben durch $\frac{\pi^2}{6\lambda^2}$ und der Mittelwert durch $\frac{\gamma}{\lambda}$ mit $\gamma = 0{,}577$ (Euler Zahl). Die Varianz der Störterme ist also invers proportional zu λ^2 bzw. λ ist invers proportional zur Standardabweichung der Störterme. λ wird als Skalenparameter bezeichnet und im Multinomialen Logit Modell als Eins angenommen (LOUVIERE et al., 2000a, S. 142f; TRAIN, 2002, S. 44).

Genau genommen werden bei der Berechnung eines Multinomialen Logit Modells nicht die Koeffizienten β geschätzt, sondern vielmehr die Koeffizienten β zusammen mit dem Skalenparameter λ. Gleichung (46) ist demnach zu modifizieren:

(47) $$P_{iq} = \frac{exp(\lambda V_{iq})}{\sum_{j=1}^{J} exp(\lambda V_{jq})} = \frac{exp(\lambda \beta X_{iq})}{\sum_{j=1}^{J} exp(\lambda \beta X_{jq})}$$ (HENSHER et al., 1999, S. 205).

Die Berücksichtigung des Skalenparameters ist vor allem bei einem Vergleich von verschiedenen Modellen von Bedeutung, da unterschiedlich große Koeffizienten nicht zwangsläufig auf unterschiedliche Präferenzen zurückzuführen sind. An dieser Stelle sollte vielmehr zunächst der Effekt von unterschiedlichen Skalenparametern untersucht werden. Relativ große Koeffizienten resultieren dabei aus geringen Varianzen in den Störtermen, während kleine Koeffizienten auf große Varianzen zurückzuführen sind. Größere Koeffizienten weisen somit im Vergleich zur stochastischen Größe ε einen höheren Erklärungsgehalt auf als jene mit kleineren Koeffizienten (TRAIN, 2002, S. 29). Betrachtet man hingegen marginale Substitutionsraten zwischen zwei Koeffizienten, spielen unterschiedliche Skalenparameter keine Rolle, da durch die Division zweier Koeffizienten dieser Effekt eleminiert wird (TRAIN, 2002, S. 45).

6.2.1 Erläuterung der Modellergebnisse

Wesentliches Ergebnis nach Schätzung eines diskreten Choice Modells sind die Nutzenkoeffizienten der im Modell berücksichtigten Eigenschaften bzw. ihrer Ausprägungen. Die Koeffizienten werden als Gewichtungsfaktor des Attributes bzw. der Ausprägung einer Eigenschaft in der Nutzenfunktion (bzw. genau genommen am repräsentativen Nutzen) der betreffenden Alternative interpretiert. Dabei wird – je nach Spezifizierung – zwischen generischen und alternativenspezifischen Koeffizienten unterschieden. Analog zu Regressionsrechnungen gibt die T-Statistik die statistische Signifikanz des Modells an (LOUVIERE et al., 2000a, S. 51).

Das Multinomiale Logit Modell erlaubt ebenfalls die Berechnung von Ableitungen und Elastizitäten. Diese sind vor allem dann interessant, wenn angegeben werden soll, in welchem Umfang sich die Auswahlwahrscheinlichkeiten in Folge der Änderung einer Eigenschaft einer Alternative ändern. Dazu können die Ableitungen der Auswahlwahrscheinlichkeiten berechnet werden. Die Änderung der Wahrscheinlichkeit, dass

Alternative i von Individuum n ausgewählt wird, wenn sich eine Eigenschaft z_{ni} ändert, die in den repräsentativen Nutzen derjenigen Alternative eingeht, entspricht:

(48) $$\frac{\partial P_{ni}}{\partial z_{ni}} = \frac{\partial (e^{V_{ni}} / \sum_j e^{V_{nj}})}{\partial z_{ni}}.$$

Aus Gleichung (48) folgt durch Umformung schließlich:

(49) $$\frac{\partial V_{ni}}{\partial z_{ni}} = P_{ni}(1 - P_{ni}).$$

Wenn der repräsentative Nutzen in linearer Form durch z_{ni} mit den Koeffizienten β_2 dargestellt wird, kann Gleichung (49) zu $\beta_z P_{ni}(1-P_{ni})$ umgeformt werden. Die Ableitung nimmt für $P_{ni} = 0{,}5$ den größten Wert an und wird kleiner, wenn sich P_{ni} Eins oder Null annähert. Je unsicherer demnach die Entscheidung für eine Alternative, also wenn $P_{ni} \approx 0{,}5$, umso größer ist die Auswirkung auf die Wahrscheinlichkeit der Auswahl, wenn eine Eigenschaft dieser Alternative geändert wird.

Es ist ebenfalls möglich, die Auswirkungen der Änderung einer Eigenschaft einer anderen Alternative j auf die Auswahlwahrscheinlichkeit von Alternative i anzugeben. Entsprechend gilt dann:

(50) $$\frac{\partial P_{ni}}{\partial z_{nj}} = -\frac{\partial (e^{V_{ni}} / \sum_k e^{V_{nk}})}{\partial z_{nj}}$$

$$= -\frac{\partial V_{nj}}{\partial z_{nj}} P_{ni} P_{nj}.$$

Ist der repräsentative Nutzen V_{ij} wiederum linear in z_{nj} mit den Koeffizienten β_2, reduziert sich die rechte Seite aus Gleichung (50) zu $-\beta_z P_{ni} P_{nj}$. Somit führt eine Verbesserung von z_j für den Fall, dass β_z ein positives Vorzeichen hat, zu einer Abnahme der Auswahlwahrscheinlichkeiten für alle übrigen Alternativen. Dabei verhält sich die Änderung der Auswahlwahrscheinlichkeit proportional zur Höhe der Wahrscheinlichkeit, bevor die Änderung der Eigenschaft z_{nj} betrachtet wurde. Insgesamt muss die Summe aller Änderungen gleich Null sein, da sich alle Wahrscheinlichkeiten zu Eins summieren.

Gebräuchlicher als die Betrachtung von Ableitungen ist für den Ökonom jedoch das Arbeiten mit Elastizitäten, da diese auf die Einheiten der Variablen normalisiert sind. Die Elastizität gibt die Änderung einer Variablen in Prozent an, die aus einer einprozentigen Änderung einer zweiten Variablen resultiert. Es gilt also:

(51) $$E_{iz_{ni}} = \frac{\partial P_{ni}}{\partial z_{ni}} \frac{z_{ni}}{P_{ni}}$$

$$= \frac{\partial V_{ni}}{\partial z_{ni}} z_{ni}(1 - P_{ni}).$$

Gleichung (51) lässt sich bei Linearität von V_{ni} in z_{ni} mit dem Koeffizienten β_2 wiederum vereinfachen zu

$E_{iz_{ni}} = \beta_z z_{ni}(1 - P_{ni})$.

Die Kreuz-Elastizität für die Änderung einer Eigenschaft z_{nj} von Alternative j lässt sich entsprechend Gleichung (52) darstellen:

$$(52) \qquad E_{iz_{nj}} = \frac{\partial P_{ni}}{\partial z_{nj}} \frac{z_{nj}}{P_{ni}} = -\frac{\partial V_{nj}}{\partial z_{nj}} z_{nj} P_{nj}.$$

Gleichung (52) kann zu

$E_{iz_{nj}} = \beta_z z_{nj} P_{nj}$

umgeformt werden im Fall eines linear spezifizierten repräsentativen Nutzens. Dabei ändert sich aufgrund der IIA-Annahme (vgl. dazu Kapitel 6.2.2) des Multinomialen Logit Modells die Wahrscheinlichkeit für alle übrigen Alternativen um den gleichen Prozentsatz (TRAIN, 2002, S. 61ff; LOUVIERE et al., 2000a, S. 58ff).

6.2.2 Die IIA-Annahme im Multinomialen Logit Modell

Das Multinomiale Logit Modell ist in vielen Anwendungsbereichen weit verbreitet, jedoch wird seine Anwendung vor allem durch die sogenannte Unabhängig von irrelevantenAlternativen-Annahme (im Angelsächsischen: Independent from irrelevant alternatives – IIA) limitiert. Die IIA-Annahme besagt, dass die relative Auswahlwahrscheinlichkeit zwischen zwei unterschiedlichen Kategorien ausschließlich auf den Eigenschaften, die diesen zugrunde liegen, basiert und somit unabhängig ist von allen weiteren Kategorien und deren Eigenschaften, die gleichzeitig zur Auswahl stehen (POWERS und XIE, 2000, S. 245). Für das Multinomiale Logit Modell gilt also:

$$(53) \qquad \frac{P_{ij}}{P_{ij'}} = exp\left[x_i'(\beta_j - b_j')\right]$$ (POWERS und XIE, 2000, S. 231).

Diese Annahme stellt in vielen Fällen eine starke Vereinfachung der Wirklichkeit dar und wird vor allem in Multinomialen Logit Modellen dann restriktiv wirksam, wenn es sich bei den zu vergleichenden Kategorien um zwei Substitute handelt. Man spricht hierbei auch von dem von MCFADDEN (1974) beschriebenen Beispiel des „roten Bus – blauen Bus“ Problems. Es wird angenommen, dass für den Weg zur Arbeit vier unterschiedliche Alternativen zur Verfügung stehen: (1) Roter Bus, (2) Blauer Bus, (3) Auto und (4) Zug, wobei zum betrachteten Zeitpunkt die Berufspendler die Alternativen gleichermaßen nutzen, also ist $P_j = 0{,}25$ für jede der vier Alternativen. Das heißt die Auswahlwahrscheinlichkeit für jedes Paar von Alternativen beträgt 1.

Unter der Annahme, dass es sich bei dem roten und blauen Bus um vollständige Substitute handelt, würde sich die Wahrscheinlichkeit, dass der rote Bus als Transportmittel zur Arbeit gewählt wird, wenn der blaue Bus nicht mehr zur Verfügung stünde, auf $P_j = 0{,}5$ erhöhen. Damit würde sich die Auswahlwahrscheinlichkeit zwischen dem roten Bus und Zug bzw. dem roten Bus und Auto auf 2 erhöhen. Gemäß der IIA-Annahme müssten die Auswahlwahrscheinlichkeiten jedoch unverändert bleiben und die Wahrscheinlichkeit, dass eines der drei Transportmittel gewählt wird jeweils $P_j = 0{,}33$ betragen.

Die IIA-Annahme geht auf die grundlegende Annahme für das Multinomiale Logit Modell zurück, dass die Störterme unabhängig voneinander verteilt sind und Homoskedastizität vorliegt (GREENE, 2000, S. 724), d. h. es wird eine identische Verteilung der Störterme zugrunde gelegt (URBAN, 1993, S. 116). Im Multinomialen Logit Modell wird von einer eindimensionalen Extremwert-Verteilung der Störterme ausgegangen (TRAIN, 2002, S. 83), die auch als Gumbel-Verteilung oder Extremwert-Verteilung vom Typ I bezeichnet wird (URBAN, 1993, S. 116).

Laut HAUSMAN und MCFADDEN (1984) kann angenommen werden, dass, wenn ein Teil des Choice Sets nicht relevant für eine Entscheidung ist, die Herausnahme dieses Teils nicht zu signifikant unterschiedlichen Parametern für das ´reduzierte´ Multinomiale Logit Modell führt. Die berechneten Parameter sind in diesem Fall zwar nicht effizient, aber die Schätzung ist nicht inkonsistent. Ist das verbleibende, reduzierte Choice Set jedoch nicht unabhängig von den entfernten Alternativen, führt ein Modell, welches diese enthält, zu inkonsistenten Ergebnissen.

Die zugehörige Test-Statistik lautet:

(54) $$\chi^2 = (\hat{\beta}_s - \hat{\beta}_f)'\left[\hat{V}_s - \hat{V}_f\right]^{-1}(\hat{\beta}_s - \hat{\beta}_f).$$

Der Index f bezieht sich auf das reduzierte Choice Set und s auf das komplette Choice Set. $\hat{V}$ steht für die Varianz-Kovarianz-Matrix der jeweiligen mulitinomialen Logit Modelle. Die Hausman-McFadden Test-Statistik folgt einer χ^2-Verteilung mit K Freiheitsgraden (GREENE, 2000, S. 724), wobei K sich aus der Differenz der in den beiden Modellen geschätzten Parametern ergibt[65]. Die Nullhypothese H_0 lautet: $H_0 : \beta_s = \beta_f$ und führt bei großen Werten ($\alpha > 0{,}5$) für die Test-Statistik zur Ablehnung der Nullhypothese gleicher Parameter (POWERS und XIE, 2000, S. 247).

Damit ergeben sich folgende Möglichkeiten bzw. Grenzen in der Anwendung des Multinomialen Logit Modells, die sich aus der IIA-Eigenschaft des Modells ableiten:

65 Bei der Berechnung der Test-Statistik kann es vorkommen, dass für das reduzierte Choice Set bei Auslassung einer Alternative die Berechnung des Multinomialen Logit Modells aufgrund der verbleibenden Beobachtungen nicht möglich ist. In diesem Fall kann der Test nur eine Aussage bzgl. der Einhaltung der IIA-Annahme für die übrigen Alternativen liefern.

- Berücksichtigung von systematischen, nicht jedoch von zufälligen Präferenz-Variationen,
- Unterstellung von proportionalen Substitutionsbeziehungen,
- Erfassung von Präferenzen über die Zeit, unter der Bedingung, dass die Störgrößen über die Zeit unabhängig sind,
- keine Berücksichtigung von Dominanzbeziehungen und
- Eigenschaft der Regularität.

Das Logit Modell stößt also an seine Grenzen, wenn Geschmacksvariationen berücksichtigt werden sollen, die nicht in den erklärenden Variablen erfasst werden können, sondern mit der Störgröße variieren bzw. zufällig sind. Dieser Sachverhalt ergibt sich aus der IIA-Annahme des Multinomialen Logit Modells. Alle nicht bekannten Einflüsse auf den repräsentativen Nutzen werden von der Störgröße ε aufgefangen. Damit ist das Einhalten der IIA-Annahme jedoch nicht mehr gewährleistet, da die Störgrößen nicht mehr identisch und aufgrund der Korrelationen nicht unabhängig verteilt sind. Das Multinomiale Logit Modell ist in diesem Fall eine Fehlspezifikation und liefert lediglich eine Annäherung an die wahren Parameter. Außerdem gehen so wichtige Informationen zu den Geschmacksvariationen verloren bzw. bleiben unberücksichtigt. Um diese im Modell explizit aufzunehmen, kann stattdessen ein Mixed Logit Modell verwendet werden (TRAIN, 2002, S. 48ff), das in Kapitel 6.5 näher vorgestellt wird.

Ähnlich verhält es sich beim Auftreten von Substitutionsbeziehungen, welche oftmals zwar nicht im Vordergrund der Forschungsbemühungen stehen, aber dennoch wichtig sind. Da durch die Verwendung eines Multinomialen Logit Modell die Art der Substitutionsbeziehung bereits vorgegeben ist, sind möglicherweise andere Modelle notwendig, die diesbezüglich flexibler sind. Die Verbesserung des Attributes einer Alternative erhöht die Auswahlwahrscheinlichkeit für diese Alternative und senkt sie für die übrigen Alternativen. Aufgrund der IIA-Annahme hängt das Verhältnis der Auswahlwahrscheinlichkeit zwischen zwei Alternativen nur von diesen beiden ab, unabhängig davon welche weiteren Alternativen zur Verfügung stehen und wie die Eigenschaften dieser Alternativen aussehen. Das bedeutet, dass die Auswahlwahrscheinlichkeiten für die übrigen Alternativen sich jeweils um den gleichen Prozentsatz ändern müssen, damit die IIA-Annahme nicht verletzt wird. Mit anderen Worten sind im Multinomialen Logit Modell die Kreuzelastizitäten für verschiedene Alternativen identisch bzw. es werden proportionale Substitutionsbeziehungen unterstellt. Dies kann jedoch zu bedeutsamen Über- bzw. Unterschätzungen von Auswahlwahrscheinlichkeiten führen. Die Anwendung von Nested Logit, Probit oder Mixed Logit Modellen bietet eine flexiblere Handhabung von Substitutionsbeziehungen (TRAIN, 2002, S. 51f; REISINGER, 1996, S. 129ff).

Werden die Präferenzen über einen bestimmten Zeitraum hinweg mehrmals erhoben, z. B. in monatlichen Abständen, oder, wie im Bereich der Marktforschung, beantworten die Befragten eine Reihe von Choice Tasks, mit denen jeweils unterschiedliche Produkte abgefragt werden, spricht man von sogenannten Panel Daten. Wenn die Störgrößen über die wiederholten Präferenzerhebungen hinweg unabhängig sind, kann wiederum das Multinomiale Logit Modell zur Anwendung kommen. Dynamische Effekte, die sich auf den repräsentativen Nutzen beziehen, können mit dem Modell erfasst werden, nicht jedoch dynamische Effekte, die mit der Störgröße zusammenhängen. Wenn die dynamischen Effekte mit den beobachtbaren Variablen zusammenhängen, können diese modelliert werden, indem der repräsentative Nutzen einer jeden Periode von den beobachtbaren Variablen anderer Perioden abhängt. Dabei sind zum einen verzögerte Variablen denkbar, die sich auf vergangene Perioden beziehen, als auch solche, die zukünftige Einflüsse in das Modell einbringen. Im Allgemeinen kann davon ausgegangen werden, dass beim Vorliegen von dynamischen Effekten auf den repräsentativen Nutzen auch dynamische Effekte bezüglich der Störgrößen vorliegen (TRAIN, 2002, S. 54ff).

Im Multinomialen Logit Modell ist es aufgrund der IIA-Eigenschaft darüber hinaus nicht möglich, sogenannte Dominanzbeziehungen zwischen Alternativen abzubilden. Verhält sich ein Individuum bspw. indifferent bei der Auswahl zwischen den Alternativen a und b sowie c und d, kann es durchaus sein, dass bei einer Auswahlentscheidung zwischen a und d eine der beiden Alternativen deutlich präferiert wird. Die Modellierung dieser Datenstruktur ist jedoch mit dem Multinomialen Logit Modell nicht möglich (REISINGER, 1996, S. 132f).

Aus der IIA-Eigenschaft leitet sich ebenfalls die Eigenschaft der Regularität ab. Diese besagt, dass die Auswahlwahrscheinlichkeiten von Alternativen nicht steigen dürfen, wenn eine weitere Alternative in die Auswahlsituation eingebracht wird. Die Verwendung eines Nested Logit Modells ermöglicht hingegen die Berücksichtigung von Dominanzbeziehungen und erlaubt ebenso eine flexiblere Handhabung der Substitutionsbeziehungen (REISINGER, 1996, S. 133).

Während die IIA-Annahme aus verhaltensorientierter Sicht eher als eine Restriktion des Multinomialen Logit Modells gesehen wird, stellt sie aus modelltheoretischen Überlegungen lediglich eine Spezifikation dar, die an sich nicht mit der Auswahlsituation verknüpft ist. Konnten mit den erklärenden Variablen V_i alle bedeutsamen erklärenden Größen identifiziert und im Modell berücksichtigt werden, ist der durch die Störgröße ε spezifizierte, nicht-beobachtbare Anteil des Nutzen U lediglich als „white noise" zu sehen. Aus dieser Sicht sollte es also das grundlegende Ziel sein, das Multinomiale Logit Modell so genau zu spezifizieren, dass seine Anwendung geeignet ist (TRAIN, 2002, S. 39f).

In dem Fall, dass die Störgrößen nicht identisch verteilt sind, sondern zwischen den Alternativen korrelieren, bieten sich verschiedene Lösungsalternativen an. Eine Möglichkeit besteht in der Anwendung eines anderen Modells, das sich von der IIA-Annahme löst, wie bspw. das Nested Logit Modell aus der Familie der Allgemeinen Extremwert Modelle. Weiterhin denkbar wäre ebenfalls die Neuspezifizierung des Modells bezüglich des repräsentativen Nutzens V_i, so dass die Korrelationen explizit (in den erklärenden Variablen) berücksichtigt werden und die verbleibenden Störgrößen unabhängig sind. Andernfalls kann auch das Multinomiale Logit Modell in seiner Spezifikation unverändert unter der Prämisse zur Anwendung kommen, dass es lediglich eine Annäherung darstellt (TRAIN, 2002, S. 40).

6.3 Die Maximum Likelihood Methode

Um das statistische Modell schätzen zu können, werden verschiedene Schätzverfahren herangezogen. Unabhängig von der gewählten Schätzmethode hat diese jedoch einige Qualitätskriterien zu erfüllen. Dies ist zum einen die Konsistenz der Schätzergebnisse, die besagt, dass mit größeren Stichproben die geschätzten Parameter immer weniger von den wahren Parametern abweichen. Ein weiteres Kriterium ist die Effizienz der Modellschätzung. Hier wird davon ausgegangen, dass die Varianz der Modellschätzung im Vergleich zu Varianzen, die sich aus anderen Schätzverfahren ergeben, möglichst klein bzw. sogar die kleinste ist. Des Weiteren sollte das Verfahren erwartungstreue, das heißt unverzerrte Parameterschätzungen liefern und es zudem ermöglichen, mit der zugrunde gelegten Schätzfunktion sämtliche Informationen auszuschöpfen, die die Stichprobe über den zu schätzenden Parameter liefert. Bei dieser Eigenschaft wird von der Suffizienz des Schätzverfahrens gesprochen (URBAN, 1993, S. 52).

Das Schätzverfahren, das auch in dieser Arbeit zur Anwendung kommt, ist die Maximum Likelihood Methode. Dabei werden in einer schrittweisen Annäherung die Parameter als optimale Schätzwerte ausgewählt, „die, unter der Annahme sie wären identisch mit den wahren Parametern in der Grundgesamtheit, die beobachteten Stichprobenwerte mit der größten Wahrscheinlichkeit hervorbringen würden“ (URBAN, 1993, S. 53). Nach dem Prinzip der Maximum Likelihood Methode werden also diejenigen Parameter gesucht, die mit der größten Wahrscheinlichkeit die beobachteten Daten hervorgebracht haben (URBAN, 1993, S. 55).

Als wesentliche Voraussetzungen für die Anwendung der Maximum Likelihood Methode sind zu nennen:

- Die Stichprobe sollte möglichst groß sein, das heißt es sollten minimal 50, besser 100 Meßwerte für die unabhängigen Variablen vorliegen (URBAN, 1993, S. 1ff).

- Lineare Beziehungen zwischen den abhängigen Variablen sollten nur in einem geringen Umfang vorliegen, vollständige Kollinearitäten sind zu vermeiden.
- Keine unabhängige Variable sollte bzgl. eines abhängigen Ereignisses ohne Varianz auftreten, da in diesem Fall die Variable das Ereignis perfekt vorhersagen würde und eine Maximum Likelihood Schätzung in diesem Fall ins Unendliche ginge.
- Jede zur Auswahl stehende Alternative sollte zumindest von einem kleinen Anteil der Stichprobe ausgewählt worden sein.
- Die Verteilung der unabhängigen Variablen darf nicht vom Wert der abhängigen Variablen bestimmt sein, d. h. die Stichprobe darf nicht bzgl. des Vorliegens oder Nicht-Vorliegens eines bestimmten Ereignisses konstruiert sein (URBAN, 1993, S. 54).

Im Folgenden soll die Log-Likelihood Funktion für das binäre Logit Modell hergeleitet werden. Wie bereits für das binäre Logit Modell beschrieben wurde, lässt sich die Wahrscheinlichkeit für das Eintreten von $y = 1$ für die t-te Beobachtung angeben mit $Pr(y_t = 1) = \pi_t$ und die entsprechende Gegenwahrscheinlichkeit mit $Pr(y_t = 0) = 1 - \pi_t$.

Allgemein lässt sich der Anteil eines Beobachtungspaares (x_t, y_t) an der Likelihood Funktion somit wie folgt darstellen:

(55) $$\pi_t^{y_t}(1-\pi_t)^{1-y_t}.$$

Bei Vorliegen voneinander unabhängiger Beobachtungen ergibt sich die Likelihood Funktion $L(\theta; y)$ (im Folgenden mit L oder LL bezeichnet) aus dem Produkt der Terme aus (55), also der Auswahlwahrscheinlichkeiten:

(56) $$L(\theta; y) = \prod_{t=1}^{T} \pi_t^{y_t}(1-\pi_t)^{1-y_t}.$$

Dabei steht θ für den zu schätzenden Parameter bei T Beobachtungen (x_t, y_t) mit $t = 1, \ldots, T$. Zu beachten ist, dass bei der Likelihood Funktion die Beobachtungen gegeben sind und die Parameter variieren (REISINGER, 1996, S. 104).

Anschließend wird die Likelihood Funktion logarithmiert, um statt mit Produkten mit Summen operieren zu können (URBAN, 1993, S. 56). Damit ergibt sich folgende Funktion:

(57) $$L(\theta; y) = ln[L(\theta; y)] = \sum_{t=1}^{T} (y_t \, ln \, \pi_t + (1-y_t) ln(1-\pi_t))$$ (Vgl. POWERS und XIE, 2000, S. 266).

Die unbekannte Wahrscheinlichkeit π_t leitet sich aus dem schon beschriebenen binären Logit Modell ab und entspricht laut Gleichung (14):

(58) $\pi_t = P_i = \pi_t = P_i = \frac{exp(\sum_{t=1}^{T} \beta x_t)}{1 + exp(\sum_{t=1}^{T} \beta x_t)}$ (URBAN, 1993, S. 56).

Setzt man nun Gleichung (58) in Gleichung (57) ein, lässt diese sich wie folgt schreiben:

(59) $$LL = \sum_{t=1}^{T} \left[y_t \ln \left(\frac{\exp(\sum \beta x_t)}{1 + \exp(\sum \beta x_t)} \right) + (1 - y_t) \ln \left(\frac{1}{1 + \exp(\sum \beta x_t)} \right) \right]$$

$$= \sum_{t=1}^{T} \left[y_t \beta x_t - \ln(1 + \exp(\sum \beta x_t) \right].$$

Um das Maximum dieser Funktion zu finden, muss zunächst die erste Ableitung gebildet werden, also:

(60) $$\frac{\partial LL}{\partial \beta} = \sum_{t=1}^{T} \left[y_t x_t \left(\frac{1}{1 + \exp(\sum \beta x_t)} \exp(\sum \beta x_t)\, x_t \right) \right]$$

$$= \sum_{t=1}^{T} x_t (y_t - \pi_t).$$

Diese wird schließlich gleich Null gesetzt, so dass gilt:

(61) $$\sum_{t=1}^{T} x_t (y_t - \hat{\pi}_t) = 0,$$

wobei $\hat{\pi}_t$ für die geschätzte Erfolgswahrscheinlichkeit der Beobachtung t, wie in Gleichung (58) dargestellt, steht (vgl. REISINGER, 1996, S. 105f). Die hinreichende Bedingung für das Vorliegen eines Maximums ist, dass die zweite Ableitung an der Extremstelle kleiner Null ist. Um mittels der Log-Likelihood Gleichungen alle Parameter β berechnen zu können, wird für jeden Parameter nun die erste Ableitung der Log-Likelihood Funktion berechnet, gleich Null gesetzt und schließlich nach dem jeweiligen Parameter aufgelöst[66]. Dazu ist ein iteratives Verfahren notwendig, mit dem sich schrittweise dem gesuchten Maximum angenähert wird. Bei einem konkaven Verlauf der Log-Likelihood Funktion konvergiert der Iterationsprozeß in jedem Fall gegen ein globales Maximum. Zum Beenden des Iterationsprozesses wird ein Abbruchkriterium festgelegt, das in der Regel bei einer 0,1 %-igen Veränderung des Log-Likelihood Wertes liegt. Als hinreichende Bedingung zur Überprüfung des Vorliegens eines lokalen Maximums muss schließlich noch die zweite Ableitung der

66 Die erste Ableitung der Log-Likelihood Funktion wird üblicherweise auch als Score-Funktion bezeichnet (POWERS und XIE, 2000, S. 265).

Log-Likelihood Funktion gebildet werden, die an dieser Stelle negativ sein muss. Zur iterativen Schätzung hat sich das Newton-Raphson-Verfahren als gebräuchliche Methode durchgesetzt. Da die Log-Likelihood Funktion lediglich negative Werte annehmen kann, wird das Maximum der Schätzung stets beim absolut geringsten Wert des negativen Log-Likelihoods erreicht (URBAN, 1993, S. 56f).

Eine Vereinfachung der Schreibweise ergibt sich durch die Matrizendarstellung. In dieser Form lässt sich die Log-Likelihood Funktion aus Gleichung (61) wie folgt darstellen:

(62) $$U = X'(y - \Lambda) = 0 \text{ mit } \Lambda = \frac{exp(x_i'\beta)}{1 + exp(x_i'\beta)}.$$

Als zweite Ableitung der Log-Likelihood Funktion ergibt sich in Matrizenschreibweise die sogenannte Hesse-Matrix, die im Falle des binären Logit Modells folgendermaßen lautet:

(63) $$H = -X'WX.$$

Dabei beschreibt **W** eine diagonale Matrix[67] mit $\omega_i = \Lambda_i(1 - \Lambda_i)$ (POWERS und XIE, 2000, S. 267).

In allgemeiner Form, unabhängig vom zugrunde liegenden Funktionstyp, lässt sich die Log-Likelihood Funktion folgendermaßen darstellen:

(64) $$LL(\beta) = \frac{\sum_{n=1}^{N} ln P_n(\beta)}{N},$$

wobei $P_n(\beta)$ bekanntermaßen die Wahrscheinlichkeit der beobachtbaren Entscheidung des Individuums n angibt und N beschreibt den Stichprobenumfang. β ist der $K \times 1$ Vektor, der die zu schätzenden Parameter enthält. Aufgrund der Division der Log-Likelihood Funktion durch N gibt die Funktion in Gleichung (64) den durchschnittlichen Log-Likelihood der Stichprobe an. Bei der Bestimmung der Maximalstelle der Log-Likelihood Funktion ist die Division durch N jedoch unbedeutend, da sie als Konstante bei der Differenzierung herausfällt und somit keinen Einfluss auf die Maximalstelle hat. Wie aus Gleichung (64) leicht ersichtlich ist, sind alle Werte für die Log-Likelihood Funktion negativ. Dies ergibt sich dadurch, dass die Wahrscheinlichkeiten $P_n(\beta)$ zwischen Null und Eins liegen und der Logarithmus für Werte zwischen Null und Eins stets negativ ist. Da es sich bei der Maximum Likelihood Methode um ein iteratives Verfahren handelt, muss zunächst ein Startwert β_0 für die Berechnung der Koeffizienten gewählt werden. Für jede weitere Iteration muss dann festgelegt werden, welcher –ausgehen d von dem bis dahin berechneten Wert β_t –

67 Eine diagonale Matrix hat die Dimension $n \times n$, wobei alle von der Hauptdiagonalen verschiedenen Werte gleich Null sind (POWERS und XIE, 2000, S. 257f).

der beste Werte für β_{t+1} ist. Um festzustellen, ob die berechneten Werte β_t rechts oder links von der zu bestimmenden Maximalstelle liegen, wird der Vektor g_t, der auch als Gradient bezeichnet wird und die erste Ableitung der Log-Likelihood Funktion für die berechneten β_t ist, herangezogen.

Da die erste Ableitung die Steigung der jeweiligen Funktion wiedergibt, liegen die berechneten β_t links des zu suchenden Maximums, wenn der Gradient g_t positive Werte aufweist und rechts vom Maximum, wenn g_t negativ ist. Die Hesse-Matrix, also die zweite Ableitung der Log-Likelihood Funktion kann herangezogen werden, um β_{t+1} zu bestimmen (TRAIN, 2002, S. 189f). Der zuvor beschriebenen Vorgehensweise bedient sich auch das Newton-Raphson-Verfahren, das als der bedeutendste Algorithmus zur Schätzung mittels der Maximum Likelihood Methode angesehen werden kann[68]. An dieser Stelle soll lediglich auf die Bedeutung der Konkavität der Log-Likelihood Funktion für das Auffinden des Maximums hingewiesen werden. Verläuft die Log-Likelihood Funktion global konkav, kann mittels des Newton-Raphson-Verfahrens sicher das Maximum der Funktion bestimmt werden. Für den Fall, dass die Log-Likelihood Funktion Bereiche aufweist, in denen sie nicht konkav verläuft, wie in Abbildung 13 dargestellt ist, kann das Newton-Raphson-Verfahren möglicherweise versagen. Dies kann auf die Verwendung der Hesse-Matrix für die Bestimmung des nächsten Iterationsschritts zurückgeführt werden. Diese muss stets positiv definit sein, um einen Anstieg des Log-Likelihood Wertes mit dem nächsten Iterationsschritt und somit eine Verbesserung der Parameterschätzungen zu gewährleisten. Wird bspw. ein Startwert gewählt, der kleiner als β_t ist, dann ermittelt das Newton-Raphson-Verfahren Werte, die sich vom Maximum der Log-Likelihood Funktion wegbewegen, also weiter links vom gewählten Startwert liegen. In diesem Fall kann es sinnvoll sein, sich anderer Verfahren zu bedienen, die nicht auf die Hesse-Matrix zurückgreifen. Dies ist vor allem auch vor dem Hintergrund zu überlegen, dass die Berechnung der Hesse-Matrix aufwendig und nicht zwangsläufig für jeden Iterationsschritt notwendig ist (TRAIN, 2002, S. 195f).

Die Spezifizierung der zugehörigen Nutzenfunktion erfolgt zumeist in linearer Form. Dies hat vor allem den Vorteil, dass die Log-Likelihood Funktion global konkav verläuft und somit ein Maximum gefunden werden kann. Unter Umständen kann es aber auch sinnvoll erscheinen, eine Nutzenfunktion zu spezifizieren, die den repräsentativen Nutzen in einer nicht-linearen Form wiedergibt. Schwierigkeiten können in diesem Fall auftreten, da die Log-Likelihood Funktion nicht mehr zwangsläufig global konkav verläuft (vgl. Abbildung 13) und Computerroutinen nicht mehr verfügbar sind, so dass möglicherweise ein neuer Programmcode erforderlich wird (TRAIN, 2002, S. 56).

68 RUUD (2000) oder JUDGE et al. (1985) stellen das Newton-Raphson-Verfahren ausführlich vor.

Abbildung 13: Log-Likelihood Funktion mit konkavem und konvexem Bereich

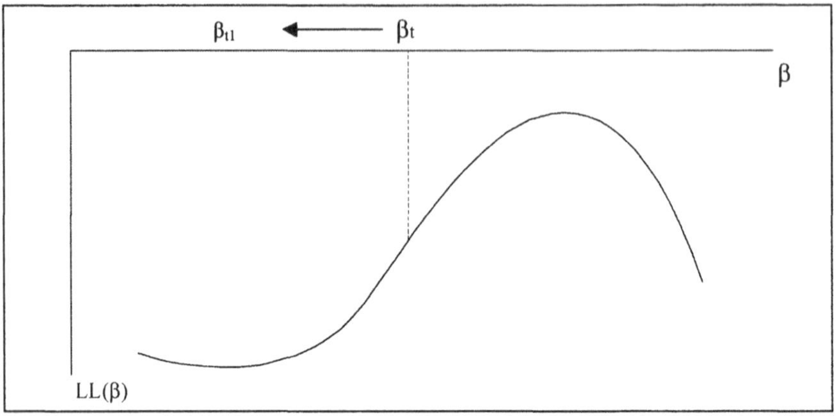

Quelle: In Anlehnung an TRAIN, 2002, S. 196

Zwei Beispiele für nicht-lineare Nutzenfunktionen aus dem Transportwesen können TRAIN (2002, S. 57ff) entnommen werden. Eine detaillierte Darstellung der Maximum Likelihood Methode findet sich in TRAIN (2002, S. 189ff) und GREENE (2000, S. 472ff).

6.4 Das Allgemeine Extremwert Modell

Wie bereits besprochen wurde, ist die IIA-Annahme grundlegende Eigenschaft des Multinomialen Logit Modells. Sie lässt sich einerseits als natürliche Gegebenheit für ein gut spezifiziertes Modell ansehen, in dem alle möglichen Einflüsse durch den repräsentativen Nutzen erklärt werden und die Störgröße lediglich als „white noise" anzusehen ist (TRAIN, 2002, S. 39f). Andererseits ist es häufig nicht möglich, alle Einflüsse auf den Nutzen explizit zu berücksichtigen, so dass die Störgrößen doch miteinander korreliert sind und die IIA-Annahme nicht eingehalten werden kann. In diesem Fall können die so genannten Extremwert Modelle zur Anwendung kommen. Diesen Modellen ist gemein, dass sie eine gemeinsame Extremwert-Verteilung der Störgrößen unterstellen. Der Vorteil dieser Verteilungsfunktion liegt in der Zulassung von Korrelationen zwischen den Alternativen und stellt eine Verallgemeinerung der univariaten Extremwert-Verteilung des Multinomialen Logit Modells dar. Hieraus wird ebenfalls ersichtlich, dass sich die Extremwert Modelle zum Multinomialen Logit Modell reduzieren, wenn keine Korrelationen vorliegen, da in diesem Fall die allgemeine Extremwert-Verteilung zum Produkt von unabhängigen Extremwert-Verteilungen wird. Eine Überprüfung der Hypothese, ob alle Korrelationen in einem Allgemeinen Extremwert Modell gleich Null sind, untersucht somit, ob es sich um ein Multinomiales Logit Modell handelt bzw. ob mit diesem die Substitutionsbeziehungen richtig wiedergegeben werden (TRAIN, 2002, S. 80). Als weiterer Vorteil der Allgemeinen Extremwert Modelle ist zu nennen, dass die Auswahlwahrscheinlichkeiten in der Regel eine geschlossene Form aufweisen, so dass die Berechnung einfach ohne Simulationen erfolgen kann (TRAIN, 2002, S. 81). Zu der Gruppe der Allgemeinen Extremwert Modelle zählen das Nested Logit Modell, das Gepaart Kombinatorische Logit Modell und das Allgemeine Nested Logit Modell[69]. Das Nested Logit Modell kommt von diesen Modellen jedoch mit Abstand am häufigsten zur Anwendung, so dass im Folgenden auf dieses Modell näher eingegangen wird[70].

Das Nested Logit Modell legt zugrunde, dass die Alternativen in Teilmengen bzw. Nester getrennt werden können. Dieser Prozess muss zwar bei der Auswahlentscheidung nicht unbedingt zeitlich verzögert ablaufen, dennoch spricht man hierbei im Allgemeinen von einem mehrstufigen Entscheidungsprozeß (REISINGER, 1996, S. 133f). Dabei greift die IIA-Annahme innerhalb eines Nestes, nicht aber zwischen den verschiedenen Nestern. Für zwei Alternativen innerhalb eines Nestes bleibt das Verhältnis der Auswahlwahrscheinlichkeiten damit unabhängig von allen anderen Alternativen oder Attributen. Bei der Betrachtung von Alternativen aus verschiedenen Nestern kann sich jedoch das Verhältnis der Auswahlwahrscheinlichkeiten zwischen den Alternativen ändern. In der folgenden Abbildung 14 wird ein Baumdiagramm für einen zweistufigen Entscheidungsprozess anhand des Beispiels „Weg zur Arbeit" vorgestellt. Wie zu erkennen ist, können die vorliegenden Alternativen in zwei Nester eingeteilt werden, entweder wird das Auto als Transportmittel für den Weg zur Arbeit gewählt oder die öffentlichen Verkehrsmittel. Jeder dieser beiden so genannten Branches oder „Zweige" beinhaltet wiederum zwei Entscheidungsalternativen. Entscheidet sich die jeweilige Person für den Zweig „Auto", kann sie innerhalb von diesem zwischen der Mitfahrgelegenheit oder dem eigenen Auto auswählen, bei den öffentlichen Verkehrsmitteln stehen die Alternativen Bahn oder Bus zur Verfügung. Darüber hinaus sind aber auch Nested Logit Modelle denkbar, die aus mehr als zwei Entscheidungsstufen bestehen und/oder mehr als zwei Nester aufweisen. Dabei ist es grundsätzlich ebenfalls möglich, dass ein Nest lediglich eine Alternative umfasst. In diesem Fall wird von einem so genannten „degenerierten Nest" gesprochen (HENSHER und GREENE, 2002, S. 3). Beim Nested Logit Modell ist innerhalb eines Nestes die IIA-Annahme auch weiterhin gültig. Das bedeutet, dass bei der Herausnahme einer Alternative aus einem der Nester sich die Auswahlwahrscheinlichkeiten in den übrigen Nestern gemäß der Gesetzmäßigkeit der proportionalen Substitutionseffekte (vgl. Kapitel 6.2.2) um den gleichen Prozentsatz ändern (TRAIN, 2002, S. 82).

---

69 Im Vergleich zum Nested Logit Modell erlaubt das Allgemeine Nested Logit Modell, dass eine Alternative in verschiedenen Nestern beinhaltet sein kann (vgl. TRAIN, 2002, S. 93ff).

70 Das Gepaart Kombinatorische Logit Modell und das Allgemeine Nested Logit Modell werden ausführlich in TRAIN (2002, S. 93ff) vorgestellt. Darüber hinaus sei an dieser Stelle ebenfalls auf die Möglichkeit verwiesen, Modelle zu spezifizieren, die eine noch genauere Erfassung der Präferenzstrukturen erlauben. Die notwendigen Grundlagen hierzu liefert TRAIN (2002, S. 97ff).

Abbildung 14: Beispiel für ein Baum-Diagramm eines Nested Logit Modells

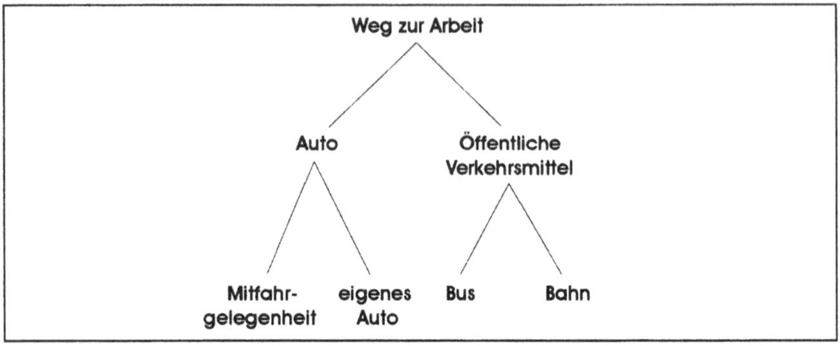

Quelle: In Anlehnung an TRAIN, 2002, S. 83

Wie bereits von MCFADDEN (1978), DALY und ZACHARY (1978) und WILLIAMS (1977) unabhängig voneinander und mit unterschiedlichen Ansätzen gezeigt wurde, ist auch das Nested Logit Modell konsistent bzgl. der Theorie der Nutzenmaximierung. Es kann als Verallgemeinerung des Multinomialen Logit Modells betrachtet werden, da es mit seiner kumulativen Verteilung ebenfalls eine allgemeine Extremwert-Verteilung der Störterme zugrunde legt, und sich das Multinomiale Logit Modell für den Fall ergibt, dass die Verteilung der Störterme eindimensional ist. Für das Nested Logit Modell gilt in Abgrenzung zum Multinomialen Logit Modell, dass lediglich die Randverteilung der Störterme einer univariaten Extremwert-Verteilung folgt. Dabei sind die Störterme ε_{nj} eines Nestes miteinander korreliert, während zwischen verschiedenen Nestern keine Korrelationen vorliegen (REISINGER, 1996, S. 134; CRAMER, 1991, S. 80). Die Stärke der Korrelation innerhalb eines Nestes k lässt sich über den Skalenparameter λ_k messen (vgl. Gleichung (65)). Je höher der Wert für λ_k ist, umso geringer ist die Korrelation in Nest k. Die Größe $1-\lambda_k$ wird daher auch als Korrelationsmaß herangezogen (LOUVIERE et al., 2000a, S. 147). Mit $\lambda_k = 1$ liegt in dem Nest k somit keine Korrelation vor. Gilt dies für alle Nester, reduziert sich das Nested Logit Modell zum Multinomialen Logit Modell, da in diesem Fall die generalisierte Extremwert-Verteilung der Störterme als ein Produkt von unabhängigen Termen von Extremwerten betrachtet werden kann (CRAMER, 1991, S. 80). Jedoch sollte beachtet werden, dass die Korrelationsbeziehungen zumeist komplexer sind, als dies durch den hier verwendeten Indikator wiedergegeben werden kann. Dennoch ist laut MCFADDEN (1978) die Verwendung des Indikators zulässig.

Für das Nested Logit Modell ergibt sich für den Vektor der Störterme $\varepsilon_n = \langle \varepsilon_{n1}, \ldots, \varepsilon_{nJ} \rangle$ somit folgende kumulative Verteilung (CRAMER, 1991, S. 80; TRAIN, 2002, S. 83):

(65) $$exp\left(-\sum_{k=1}^{K}\left(\sum_{j\in B_k} e^{-\varepsilon_{nj}/\lambda_k}\right)^{\lambda_k}\right),$$

wobei der Skalenparameter λ_k wiederum der bereits bekannte Indikator für die Korrelation der Störterme ist. Durch die Einbringung des Skalenparameters ist es nun möglich, unterschiedliche Varianzen explizit im Modell zu berücksichtigen (HENSHER und GREENE, 2002, S. 3). Aus Gleichung (65) ist außerdem ersichtlich, wie sich im Fall der vollkommenen Unabhängigkeit der Störterme in allen Nestern die Verteilung zu einer Extremwert-Verteilung des Typs I bzw. Gumbel-Verteilung, wie sie im Multinomialen Logit Modell vorliegt, reduziert. Der Umkehrschluss, dass bei einer perfekten Korrelation der Störterme identische Alternativen vorliegen, gilt jedoch nicht, da in diesem Fall ebenfalls die systematischen Komponenten identisch sein müssten (CRAMER, 1991, S. 80).

Entsprechend lässt sich damit die Auswahlwahrscheinlichkeit P_{ni} im Nested Logit Modell wie folgt darstellen[71]:

(66) $$P_{ni} = \frac{e^{V_{ni}/\lambda_k}\left(\sum_{j \in B_k} e^{V_{nj}/\lambda_k}\right)^{\lambda_k - 1}}{\sum_{l=1}^{K}\left(\sum_{j \in B_l} e^{V_{nj}/\lambda_l}\right)^{\lambda_l}}.$$

Anstelle dieser Schreibweise ist es ebenfalls möglich, die Auswahlwahrscheinlichkeit in Form der bedingten und marginalen Wahrscheinlichkeiten anzugeben. Die Wahrscheinlichkeit, mit der Alternative i aus Nest B_k ausgewählt wird, lässt sich folgendermaßen ausdrücken (REISINGER, 1996, S. 135):

(67) $$P_{ni} = P_{ni|Bk} P_{nBk}.$$

$P_{ni|Bk}$ ist die konditionale bzw. bedingte Wahrscheinlichkeit mit der Alternative i ausgewählt wird, wenn die Auswahl aus Nest B_k erfolgt. P_{nBk} beinhaltet die marginale Wahrscheinlichkeit[72], mit der aus Nest B_k ausgewählt wird. Durch die Aufteilung in eine marginale und eine bedingte Wahrscheinlichkeit ist es möglich, das Nested Logit Modell in Form der bereits bekannten Logits auszudrücken. Es ergibt sich somit für die marginale und bedingte Auswahlwahrscheinlichkeit:

(68) $$P_{nB_k} = \frac{e^{W_{nk} + \lambda_k I_{nk}}}{\sum_{l=1}^{K} e^{W_{nl} + \lambda_l I_{nl}}} \text{ mit } I_{nk} = ln \sum_{j \in B_k} e^{Y_{nj}/\lambda_k} \text{ und}$$

(69) $$P_{ni|B_k} = \frac{e^{Y_{ni}/\lambda_k}}{\sum_{j \in B_k} e^{Y_{nj}/\lambda_k}}.$$

W_{nk} beinhaltet für alle $j \in B_k$ den Nutzenanteil, der lediglich von den Variablen abhängt, die in Nest i zu finden sind und damit zwischen den einzelnen Nestern variie-

---

71 Zu einer detaillierten Herleitung siehe auch MCFADDEN (1978), DALY und ZACHARY (1978) und WILLIAMS (1977).

72 Diese bezieht sich auf alle Alternativen in Nest B_k.

ren, aber nicht zwischen den Alternativen eines Nestes. Y_{ni} hängt von den Variablen ab, die die Alternative j beschreiben. Diese Variablen können daher zwischen den Alternativen im betrachteten Nest k variieren. Fasst man nun Gleichung (68) und (69) entsprechend Gleichung (67) zusammen, ergibt sich die Auswahlwahrscheinlichkeit im Nested Logit Modell zu:

(70) $$P_{ni} = \frac{e^{Y_{ni}/\lambda_k}}{\sum_{j \in B_k} eY_{nj}/\lambda_k} \frac{e^{W_{nk} + \lambda_k I_{nk}}}{\sum_{l=1}^{K} e^{W_{nl} + \lambda_l I_{nl}}} \text{ mit } I_{nk} = ln \sum_{j \in B_k} e^{Y_{nj}/\lambda_k}.$$

Die in dieser Gleichung dargestellte Form des Nested Logit Modells ist gleichbedeutend mit derjenigen aus Gleichung (66). Auf eine algebraische Ableitung wird an dieser Stelle verzichtet, die hierzu notwendigen Umformungsschritte können jedoch TRAIN (2002, S. 90) entnommen werden.

Wie aus den Gleichungen (68) und (69) zu entnehmen ist, werden die zu schätzenden Koeffizienten der bedingten Auswahlwahrscheinlichkeit jeweils durch den Parameter λ dividiert, so dass sich die Koeffizienten im Falle eines linearen Zusammenhangs durch Division der ursprünglichen Koeffizienten mit λ ergeben. In Analogie zur Darstellung eines Nested Logit Modells mittels eines Entscheidungsbaums (vgl. Abbildung 14), wird die marginale Auswahlwahrscheinlichkeit aus Gleichung (68), die die Entscheidung für ein bestimmtes Nest festlegt, als „oberes Modell", und die bedingte bzw. konditionale Auswahlwahrscheinlichkeit in Gleichung (69), mit der die Auswahl einer Alternative innerhalb des Nestes beschrieben wird, als „unteres Modell" bezeichnet (TRAIN, 2002, S. 87).

An dieser Stelle soll nochmals auf Gleichung (66) zurückgekommen werden, um zu verdeutlichen, dass die IIA-Annahme im Nested Logit Modell innerhalb eines Nestes weiterhin gilt. Dazu wird das Verhältnis zweier Auswahlwahrscheinlichkeiten P_{ni} und P_{nm} betrachtet, wobei die Alternative i aus dem Nest B_k stammt und die Alternative m aus einem anderen Nest B_l. Somit ergibt sich:

(71) $$\frac{P_{ni}}{P_{nm}} = \frac{e^{V_{ni}/\lambda_k} \left(\sum_{j \in B_k} e^{V_{nj}/\lambda_k} \right)^{\lambda_k - 1}}{e^{V_{nm}/\lambda_l} \left(\sum_{j \in B_l} e^{V_{nj}/\lambda_l} \right)^{\lambda_l - 1}}.$$

Allgemein gilt, dass sich das Verhältnis zweier Auswahlwahrscheinlichkeiten durch die Division der Zähler der jeweiligen Einzelwahrscheinlichkeiten ergibt, da der Nenner für beide identisch ist und somit gekürzt werden kann. Entstammen beide Alternativen nun dem gleichen Nest, ist also $k = l$, so reduziert sich Gleichung (71) zu

(72) $$\frac{P_{ni}}{P_{nm}} = \frac{e^{V_{ni}/\lambda_k}}{e^{V_{nm}/\lambda_l}}.$$

Ist darüber hinaus $\lambda_k = \lambda_l = 1$ für alle k, liegt also keine Korrelation zwischen den Alternativen in keinem der Nester vor, reduziert sich Gleichung (72) zu Gleichung (53) und somit das Modell zu einem Multinomialen Logit Modell.

Gilt $k \neq l$, entstammen die beiden betrachteten Alternativen zwei verschiedenen Nestern i und m und die Ausdrücke in den Klammern in Gleichung (71) bleiben somit erhalten. In diesem Fall ist die Auswahlwahrscheinlichkeit bzw. das Verhältnis zweier Auswahlwahrscheinlichkeiten abhängig von allen Alternativen, die in Nest *i* und *m* enthalten sind. Da sie aber weiterhin unabhängig ist von allen übrigen Alternativen in anderen Nestern, spricht man bei dieser Eigenschaft auch als „unabhängig von irrelevanten Nestern" bzw. IIN-Annahme (TRAIN, 2002, S. 84).

Wie bereits erwähnt wurde, ist das Nested Logit Modell konsistent mit dem Prinzip der Nutzenmaximierung. Dies gilt allerdings nur uneingeschränkt, wenn der Wert für den Skalenparameter λ zwischen Null und Eins liegt. Ist $\lambda > 1$, ist das Modell lediglich für einen Teilbereich der erklärenden Variablen nutzenmaximierend. Nutzenmaximierung liegt hingegen nicht mehr vor, wenn $\lambda < 0$ ist, da dann die Verbesserung eines Attributes in einer geringeren Auswahlwahrscheinlichkeit für die betreffende Alternative resultieren würde (TRAIN, 2002, S. 84). LOUVIERE et al. (2000a, S. 148) geben jedoch zu bedenken, dass diese strikte Annahme gelockert werden kann, wenn davon auszugehen ist, dass Nutzenmaximierung auch weiterhin für den interessierenden Datenbereich gewährleistet werden kann. In diesem Fall erscheint eine obere Grenze für λ als angemessen[73].

Neben der Gewährleistung des Einhaltens des Prinzips der Nutzenmaximierung gilt es auch zu überprüfen, ob der Skalenparameter signifikant von Eins verschieden ist, also das Modell nicht auch als Multinomiales Logit Modell spezifiziert werden kann. Dazu kann sich eines t-Tests bedient werden (LOUVIERE et al., 2000a, S. 147).

In der Form, wie der Skalenparameter λ bislang betrachtet wurde, handelt es sich um einen fixen Parameter, das bedeutet, dass für alle Beobachtungen die gleiche Korrelation für die Störterme angenommen wird. Es sollte aber auch bedacht werden, dass in der Realität die Störterme durchaus zwischen den Personen variieren können[74], und die Annahme eines fixen Parameters somit eine Vereinfachung der Realität darstellt (TRAIN, 2002, S. 85).

Von besonderer Bedeutung für die Spezifizierung des Nested Logit Modells ist neben dem Skalenparameter λ auch der Ausdruck I_{nk} (vgl. Gleichung (68) und (70)), der als Link-Funktion die Verknüpfung des „oberen" und „unteren Modells" erlaubt bzw. durch ihn die bedingte Entscheidung in die übergeordnete marginale Entscheidung

73 Die sich hierfür ergebene Test-Statistik kann in LOUVIERE et al. (2000a, S. 148) nachgelesen werden.

74 BHAT (1997) spezifiziert in seinem Modell eine Funktion für den Parameter λ, die ebenfalls die Charakteristiken der Befragten berücksichtigt.

eingefügt wird. Bei genauer Betrachtung kann festgestellt werden, dass es sich dabei um den Logarithmus des Nenners der bedingten Entscheidung bzw. des „unteren Modells" handelt (URBAN, 1993, S. 141). Das Produkt aus λ und I_{nk} gibt den erwarteten Nutzen eines Individuums an, der sich aus der Auswahl innerhalb eines gewählten Nests ergibt. Daher rührt auch die Bezeichnung für I_{nk} als so genannter „Inclusive Value" oder „Inclusive Utility". Der zugehörige Skalenparameter λ des „oberen Modells" wird davon abgeleitet oftmals auch als „Log-Sum" Koeffizient bezeichnet. Es erscheint sinnvoll, dass in die marginale Auswahlwahrscheinlichkeit bereits der erwartete Nutzen für die Auswahl einer Alternative aus diesem Nest in Form des Inclusive Value eingeht, da die Auswahl für ein Nest an sich bereits voraussetzt, dass durch die enthaltenen Alternativen ein bestimmter Nutzen realisiert werden kann. Die marginale Auswahlwahrscheinlichkeit enthält somit zum einen die Komponente W_{nk}, die durch die Wahl des Nests realisiert wird, und der darüber hinaus erwartete Nutzen in Form von $\lambda_k I_k$, der sich dadurch ergibt, dass die beste Alternative aus diesem Nest ausgewählt wird (TRAIN, 2002, S. 87f).

Für die Berechnung des Nested Logit Modell ist es nun notwendig, einen der beiden Skalenparameter, entweder den des „unteren" oder den des „oberen Modells", zu normalisieren, d. h. einen der beiden Parameter zu fixieren, und lediglich den zweiten frei zu schätzen. HENSHER und GREENE (2002, S. 3ff) weisen jedoch darauf hin, dass die beiden Modelle unterschiedliche Koeffizienten hervorbringen, die jedoch durch eine Transformation, in diesem Fall durch die Multiplikation mit dem Kehrwert des frei berechneten Skalenparameters, ineinander überführt werden können. Dabei muss gewährleistet sein, dass die Skalenparameter, die frei bestimmt werden, für gleiche Ebenen des Modells auch identisch sind (LOUVIERE et al., 2000a, S. 148). Im Fall des Vorliegens eines degenerierten Zweigs empfiehlt sich die Fixierung des Parameters des „oberen Modells", da auf diese Weise der Skalenparameter des „unteren Modells" in der Berechnung herausfällt und die Ergebnisse damit unabhängig von dem Wert des Parameters sind. Für die Vergleichbarkeit von verschiedenen Nested Logit Modellen ist deswegen die Angabe der Werte für die Skalenparameter bzw. des Inclusive Value notwendig (HENSHER und GREENE, 2002, S. 11f). Dies ergibt sich aus der Tatsache, dass die bedingte Wahrscheinlichkeit für ein degeneriertes Nest stets gleich Eins ist, da lediglich eine Alternative zur Auswahl steht. Dadurch vereinfacht sich die Berechnung des Inclusive Values, der anschließend bei der Berechnung der marginalen Wahrscheinlichkeit herausfällt, so dass für das degenerierte Nest kein Inclusive Value bestimmt werden kann (LOUVIERE et al., 2000a, S. 153).

Bezüglich der Schätzung von Nested Logit Modellen mit der Maximum Likelihood Methode ist darüber hinaus zu bemerken, dass die Log-Likelihood Funktion nicht global konkav verläuft. Wenn die Funktion lokale Maxima aufweist, kann dadurch die Schätzung erschwert werden. In diesem Fall kann es notwendig sein, unterschiedliche Startwerte für die Berechnung zu berücksichtigen (LOUVIERE et al., 2000a,

S. 150). In einem solchen Fall ist es ggf. auch erforderlich, mit anderen Algorithmen zu arbeiten oder sich anstatt der Log-Likelihood Methode eines sequentiellen Verfahrens zu bedienen, mit dem zuerst das „untere" und schließlich das „obere Modell" berechnet wird. Der Nachteil eines sequentiellen Verfahrens besteht allerdings in einem gewissen Informationsverlust und einer Verzerrung der geschätzten Parameter[75]. Zudem werden Parameter, die mittels der Log-Likelihood Methode für das gesamte Modell berechnet werden, bei einem sequentiellen Verfahren separat für die jeweiligen Sequenzen geschätzt. Es empfiehlt sich daher, das sequentielle Verfahren zu nutzen, um für eine anschließende Berechnung mit der Log-Likelihood Methode (oder einem anderen simultanen Schätzverfahren) Informationen über geeignete Startwerte für die Berechnung zu erhalten (TRAIN, 2002, S. 88f). Schwierigkeiten bei der Berechnung können sich darüber hinaus aus dem Umstand ergeben, dass die notwendige zweite Ableitung aufgrund der nicht-linearen Form des Inclusive Value meist nur als Annäherung bestimmt werden kann. Hier empfiehlt sich gegebenenfalls die Anwendung von simulierten Maximum Likelihood Methoden (LOUVIERE et al., 2000a, S. 150f).

Zwar dürfen die Varianzen der Störterme in den einzelnen Nestern durchaus unterschiedlich sein, jedoch ist es erforderlich, dass die gesamte Varianz wiederum konstant ist, wobei Kovarianzen in den einzelnen Nestern erlaubt sind. In Abgrenzung zum Skalenparameter, der als Maß für die Korrelation herangezogen werden kann, gilt der Inclusive Value als Maßzahl für die Unähnlichkeit, da er die Korrelationen der Störterme der Alternativen eines Nestes erfasst (LOUVIERE et al., 2000a, S. 147).

6.5 Das Mixed Logit Modell

Das Mixed Logit Modell lockert alle drei zuvor genannten Restriktionen des Multinomialen Logit Modells, indem es zufällige Geschmacksvariationen, Substitutionsbeziehungen und Korrelationen zwischen den nicht beobachtbaren Faktoren (auch über die Zeit) zulässt. Die eher seltene Anwendung des Modells in der Vergangenheit ist vor allem auf die aufwendigere Berechnung zurückzuführen. Die Berechnung von simulierten Likelihood-Funktionen und schnellere Rechnergeschwindigkeiten erlauben es nun hingegen, die Möglichkeiten des Mixed Logit Modells auszunutzen (TRAIN, 2002, S. 138).

Die Flexibilität des Mixed Logit Modell ergibt sich vor allem durch die Zulassung von Korrelation des nicht-beobachtbaren Nutzenanteils verschiedener Alternativen, wodurch die IIA-Annahme umgangen werden kann. Im Unterschied zum Multinomialen Logit Modell können im Mixed Logit Modell die Koeffizienten β für jede Person mit

75 Auf die Problematik bei der Verwendung eines sequentiellen Verfahrens zur Schätzung eines Nested Logit Modells geht URBAN (1993, S. 142ff) näher ein.

einer bestimmten Verteilung variieren. Dies lässt sich durch die Aufteilung der stochastischen Komponente in zwei Anteile verdeutlichen, so dass gilt:

(73) $U_{iq} = \beta'_q x_{iq} + \lfloor \eta_{iq} + \varepsilon_{iq} \rfloor$ (HENSHER und GREENE, 2003, S. 135).

Dabei ist U der Nutzen und ε_{iq} die stochastische Nutzenkomponente, wie sie auch im Multinomialen Logit Modell zu finden ist. Entsprechend gilt für ε_{iq} wie im Multinomialen Logit Modell die IIA-Annahme, womit diese nicht von den berücksichtigten Attributen oder Daten abhängig ist. η_{iq} ist ebenfalls eine zufällige Größe, die einen Mittelwert von Null aufweist. Ihre Verteilung über die Individuen und Alternativen ist zum einen abhängig von den Parametern und zum anderen von den beobachteten Daten in Bezug auf die betrachtete Alternative i für das jeweilige Individuum q. Für η_{iq} können unterschiedliche Verteilungen angenommen werden, wobei die Normal-, die logarithmische Normalverteilung oder die Dreiecksverteilung zu den gebräuchlichsten zählen (TRAIN, 2002, S. 138ff; HENSHER und GREENE, 2003, S. 145). Die Wahl der unterstellten Verteilung hängt vor allem von den Annahmen über die zu erwartende Verteilung dieses Parameters ab. Eine Gleichverteilung ist bspw. im Fall einer Dummy-Variablen sinnvoll (HENSHER und GREENE, 2003, S. 145). Eine logarithmische Normalverteilung (oder Exponentialverteilung) wird häufig unterstellt, wenn die zu schätzenden Parameter ein bestimmtes – positives – Vorzeichen haben sollen (LOUVIERE et al., 2000a, S. 200). Die Störgröße ε_{iq} folgt ebenso wie im Multinomialen Logit Modell einer Gumbel-Verteilung (HENSHER und GREENE, 2003, S. 145). Ist η_{iq} bekannt, ergibt sich die bedingte Wahrscheinlichkeit als schon bekannter Logit-Ausdruck, da der verbleibende Störterm ε wie im Multinomialen Logit Modell der IIA-Annahme unterliegt:

(74) $$L_{iq}(\beta_q \mid \eta_{iq}) = \frac{exp(\beta'_q x_{iq} + \eta_{iq})}{\sum_j exp(\beta'_q x_{jq} + \eta_{jq})}.$$

Da jedoch η_{iq} nicht beobachtet werden kann, muss die Auswahlwahrscheinlichkeit durch Integration der bedingten Auswahlwahrscheinlichkeit aus Gleichung (74) für η_{iq} gewichtet über die Dichtefunktion von η_{iq} berechnet werden:

(75) $P_{iq}(\beta_q \mid \Omega) = \int_{\eta_{iq}} L_{iq}(\beta \mid \eta_{iq}) f(\eta_{iq} \mid \Omega) \eta_{iq}$ (TRAIN, 2002, S. 142).

Dabei gibt Ω die Lageparameter, also Mittelwert und Kovarianz, der Verteilung von η_{iq} an. Diese wird auch als sogenannte „mixing distribution" bezeichnet, woraus sich die Bezeichnung des Modells als Mixed Logit Modell ableitet. Dieser Ansatz, der die Heterogenitäten in Form eines zusätzlichen Störkomponenten-Anteils darstellt, wird auch als „error components" Ansatz bezeichnet (TRAIN, 2002, S. 143ff; HENSHER und GREENE, 2003, S. 135). Der Störterm η_{iq} erfasst somit die individuellen Unterschiede bezüglich einer Eigenschaft, die nicht über den Durchschnitt aller Befragten im geschätzten Koeffizienten β zum Ausdruck kommen (TRAIN, 1998, S. 231). Einen zweiten Interpretationsansatz stellt der „random coefficients" Ansatz dar. Dabei wird unterstellt, dass die Koeffizienten für die Befragten mit einer bestimmten Dichtefunktion $f(b)$ variieren. Dieser Ansatz bietet sich vor allem für ein Choice Experiment an, bei dem ein Befragter mehrere Choice Tasks beantworten soll (BROWNSTONE et al., 1998, S. 12). Da es nicht möglich ist, die Koeffizienten zu beobachten, ergibt sich die Auswahlwahrscheinlichkeit als Integral aus allen möglichen Werten von b. Dabei muss eine Verteilung für $f(b)$ angenommen werden (TRAIN, 2002, S. 141f). Die Auswahlwahrscheinlichkeit ergibt sich durch:

(76) $P_{ni} = \int L_{ni}(\beta) f(\beta \mid \theta) d\beta$ (TRAIN, 2002, S. 140).

Somit sind bei der Berechnung eines Mixed Logit Modells zwei Arten von Parametern von Interesse:Zum einen die in der Logit Formel beinhalteten Parameter b und zum anderen die Parameter, die die Verteilung von b beschreiben, also Mittelwert und Kovarianz. Da jedoch bei der Integration die Parameter b aus der Gleichung herausfallen, sind vor allem die Lageparameter θ der Dichtefunktion von b bedeutsam (TRAIN, 2002, S. 140).

Beide Ansätze, der „error components" und der „random coefficients" Ansatz, sind formal betrachtet äquivalent. Im Fall des „random coefficients" Ansatzes ergibt sich folgende Nutzenfunktion, in der β_n die Zufallskoeffizienten beinhaltet:

(77) $U_{nj} = \beta_q' x_{nj} + \varepsilon_{nj}$

Zerlegt man nun β_n in Mittelwert α und Abweichung μ, ergibt sich:

(78) $U_{nj} = \alpha_q' x_{nj} + \mu_n' x_{nj} + \varepsilon_{nj}$ mit $x_{nj} = z_{nj}$ als „error components".

Umgekehrt gilt bei Annahme von „error components" für das Mixed Logit Modell

(79) $U_{nj} = \alpha_q' x_{nj} + \mu_n' z_{nj} + \varepsilon_{nj}$,

das äquivalent zum „random coefficients" Ansatz gilt, wenn die Koeffizienten für die Variable x_{nj} fix sind und „random coefficients" mit einem Mittelwert von Null für z_{nj} unterstellt werden. Obwohl beide Ansätze wie gezeigt formal äquivalent sind, ist ein Unterschied in der Interpretation und somit bereits in der Auswahl des Ansatzes zu sehen (TRAIN, 2002, S. 144f; LOUVIERE et al., 2000a, S. 199).

Die Wahrscheinlichkeiten, die mittels eines Mixed Logit Modells berechnet werden, ergeben sich somit aus dem Integral der Wahrscheinlichkeiten $L_{ni}(b)$, die die aus Gleichung (42) bekannte Auswahlwahrscheinlichkeit im Multinomialen Logit Modell darstellen, multipliziert mit den Werten der Dichtefunktion $f(\beta)$ der Parameter b.

L_{ni} enthält den beobachtbaren Nutzenanteil V_{ni}, der über die Parameter β explizit im Modell berücksichtigt wird. Ist die Nutzenfunktion linear in den Parametern β mit $V_{ni}(\beta) = \beta' x_{ni}$, ergibt sich die Auswahlwahrscheinlichkeit im Mixed Logit Modell durch:

(80) $$P_{ni} = \int \left(\frac{e^{\beta' x_{ni}}}{\sum_{j=1}^{J} e^{\beta' x_{nj}}} \right) f(\beta) d\beta .$$

Die Auswahlwahrscheinlichkeit ergibt sich damit aus dem gewichteten Durchschnitt der schon aus dem Multinomialen Logit Modell bekannten Auswahlwahrscheinlichkeit, berechnet für verschiedene Werte des Parameters β, wobei die Gewichtung gegeben ist durch die Dichtefunktion $f(\beta)$. Dabei reduziert sich das Mixed Logit Modell wiederum zum Multinomialen Logit Modell für den Fall, dass die Dichtefunktion eine degenerierte Funktion mit fixem Parameter β ist mit $f(\beta) = 1$ für $\beta = b$ und $f(\beta) = 0$ für $b \neq \beta$.

Liegen Panel-Daten vor, d. h. wurden mehrere Beobachtungen für einen Befragten erhoben, ergibt sich der Nutzen von Alternative j in der Auswahlsituation t von Person n mit

(81) $$U_{njt} = \beta_n' x_{njt} + \varepsilon_{njt} ,$$

wobei der Störterm wiederum Gumbel-verteilt ist über Zeit, Person und Alternativen. Beantwortet ein Befragter eine Reihe von $i = 1,...,T$ Beobachtungen, dann ergibt sich die in Abhängigkeit von Parameter β bedingte Wahrscheinlichkeit aus dem Produkt der einzelnen Logits:

(82) $$L_{ni}(\beta) = \prod_{t=1}^{T} \left[\frac{e^{\beta_n' x_{njt}}}{\sum_j e^{\beta_n' x_{njt}}} \right].$$

Die Störterme ε_{njt} sind dabei unabhängig vom Zeitpunkt i. Die unbedingte Auswahlwahrscheinlichkeit lässt sich somit angeben durch:

(83) $$P_{ni} = \int L_{ni}(\beta) f(\beta) d\beta .$$

Der einzige Unterschied zwischen dem Mixed Logit für mehrere Beobachtungen und einer einzigen Beobachtung liegt somit darin, dass das Integral im ersten Fall das Produkt mehrerer Logits (entsprechend der Beobachtungszeitpunkte i) enthält und im zweiten Fall lediglich eine Logit Formel.

Üblicherweise wird bei den Anwendungen von Mixed Logit Modellen davon ausgegangen, dass die Koeffizienten β_n für die einzelnen Befragungszeitpunkte konstant sind, da angenommen wird, dass sich die Präferenzen des Befragten während der Befragung nicht ändern (TRAIN, 2002, S. 150f). Entsprechend kann für den „error components" Ansatz davon ausgegangen werden, dass eine Korrelation von η_{iq} für die einzelnen Auswahlentscheidungen vorliegt, da die gleichen Einstellungen usw. des Befragten bei jeder Entscheidung zum Tragen kommen (TRAIN, 1998, S. 231).

Die Berechnung von Mixed Logit Modellen erfolgt mittels sogenannter simulierter Log-Likelihood Funktionen. Dazu wird die unbedingte Auswahlwahrscheinlichkeit (vgl. Gleichung (62)) für die Lageparameter der Dichtefunktion (mit der angenommenen Verteilung) simuliert und eine bestimmte Anzahl von Wiederholungen durchgeführt, so dass sich für P_{ni} schließlich ein simulierter Durchschnittswert ergibt. Die simulierten Wahrscheinlichkeiten werden in die Log-Likelihood Funktion eingesetzt und diese maximiert (TRAIN, 2002, S. 148). Dabei kann die Anzahl der durchgeführten Wiederholungen durchaus einen Einfluss auf die Signifikanz der Ergebnisse haben. LOUVIERE et al. zeigen, dass Koeffizienten bei 100 Wiederholungen nicht signifikant sind, während eine Erhöhung auf 500 Wiederholungen zu einem signifikanten Einfluss dieser Variable führen (2000a, S. 204). TRAIN (1998) hingegen sieht eine Wiederholungszahl von 100 als ausreichend an, während BHAT (1997) eine Wiederholungszahl von 1.000 für sinnvoll erachtet. Allgemein kann gesagt werden, dass mit steigender Anzahl von „random parameters" auch die Anzahl der für eine Simulation mit stabilen Ergebnissen notwendigen Anzahl von Draws steigt. Um die Stabilität der Ergebnisse zu gewährleisten, sollten daher Modelle, die sich aus unterschiedlichen Draws von 25 bis 2.000 ergeben, berechnet und gegenüber gestellt werden. Es spielt jedoch nicht nur die Anzahl von Draws eine Rolle, sondern auch das Verfahren, mit dem diese ausgewählt werden. Dabei haben sich sogenannte „intelligente" Verfahren wie Halton-Sequenzen gegenüber „zufälligen" Methoden bewährt. Auf diese Weise kann die Anzahl von Wiederholungen nochmals etwa um ein Zehnfaches reduziert werden (HENSHER und GREENE, 2003, S. 154).

Bei der Berechnung des Mixed Logit Modells wird der Durchschnitt b von β über alle Personen berechnet. Die Verteilung des Parameters β wird über die Differenz $\beta - b$ mittels des Koeffizienten η berücksichtigt, der zusammen mit der Störgröße ε den nicht-beobachtbaren Anteil des Nutzens ausmacht. Da η aufgrund der Einstellungen jeder Person nicht unabhängig für einzelne Beobachtungen der gleichen Person ist, kann von einer Korrelation ausgegangen werden. Diese gilt jedoch nur für den Anteil η am nicht-beobachtbaren Nutzen, während die Störgröße ε weiterhin Gumbelverteilt ist (TRAIN, 1998, S. 231).

Das sogenannte Latente Klassen Modell ergibt sich aus dem Mixed Logit Modell für den Fall, dass statt einer kontinuierlichen gemeinsamen Verteilung der „random compoenents" die Heterogenität ausreichend durch eine diskrete Variable mit M Werten erklärt werden kann (TRAIN, 2002, S. 139; LOUVIERE et al., 2000a, S. 205; HENSHER und GREENE, 2003, S. 148). Dieser Ansatz korrespondiert mit dem Ansatz der Marktsegmentierung, so dass für jede Klasse unterschiedliche Marktsegmente mit für diese Klasse zugrundeliegenden Charakteristika angenommen werden. Ein weiterer Schritt besteht dabei in der Bestimmung der Wahrscheinlichkeit, mit der eine Person einer bestimmten Klasse zuzuordnen ist, sowie der Festlegung der Anzahl der Klassen (LOUVIERE et al., 2000a, S. 205f).

6.6 Signifikanz-Tests

Das folgende Kapitel beschäftigt sich nun mit den Test-Statistiken, die zur Beurteilung der geschätzten Modelle bzw. zum Vergleich verschiedener Modelle hinsichtlich ihrer Anpassungsgüte herangezogen werden können. Dabei sei an dieser Stelle bereits vorweggenommen, dass im Unterschied zu den für die Beurteilung von OLS-Regressionen bekannten Testgrößen keine vergleichbaren Test-Statistiken für die Beurteilung von Wahrscheinlichkeitsmodellen im Allgemeinen existieren. Dies ist darauf zurückzuführen, dass für diese Modelle keine entsprechenden Residuen oder Störvarianzen ermittelt werden können (CRAMER, 1991, S. 93). Die nachfolgend vorgestellten Testgrößen werden vielmehr auf Grundlage von unterschiedlichen Parametern ermittelt und weisen daher spezifische Vor- und Nachteile auf, auf die ebenfalls kurz eingegangen wird.

6.6.1 Likelihood Ratio Index (Pseudo-R^2)

Ein gebräuchlicher Test zur Angabe der Modellgüte eines Logit Modells ist der sogenannte Likelihood Ratio Index, der häufig auch als Pseudo-R^2 bezeichnet wird. Der Test gibt an, wie gut das geschätzte Modell die Daten im Vergleich zum sogenannten Null-Modell wiedergibt, d. h. einem Modell, bei dem alle Parameter gleich Null gesetzt wurden. Die Test-Statistik lautet:

(84) $$\rho = 1 - \frac{LL(\hat{\beta})}{LL(0)},$$

wobei $LL(\hat{\beta})$ den Wert der Log-Likelihood Funktion des geschätzten Logit Modells angibt und $LL(0)$ der Log-Likelihood Wert des Null-Modells ist. Der Wertebereich von ρ liegt zwischen Null und Eins, da der Log-Likelihood Wert stets negativ bzw. höchstens Null ist (REISINGER, 1996, S. 141f). Damit ergäbe sich $\rho = 1$ für den Fall, dass das geschätzte Modell die Daten perfekt beschreibt bzw. $\rho = 0$, wenn das Modell keinen Erklärungsbeitrag leistet und alle geschätzten Parameter somit ebenfalls gleich Null wären. Während jedoch das R^2 in OLS-Regressionen den Prozentsatz an der Gesamtvariation angibt, der durch das Modell erklärt werden kann, ist der Likelihood Ratio Index als Gütekriterium für zwei Modellschätzungen geeignet, die auf der gleichen Datengrundlage basieren. Er beschreibt den prozentualen Anstieg der Log-Likelihood Funktion des geschätzten Modells über den Wert des Log-Likelihoods des Null-Modells[76]. Ein Vergleich zweier Modelle anhand des Likelihood Ratio Index ist nur möglich, wenn beide Modelle auf Grundlage des gleichen Datensatzes berechnet und für die Schätzung die gleichen Sets von Alternativen verwendet wurden, so dass der Log-Likelihood Wert der Null-Modelle identisch ist.

76 Da es jedoch für Logit Modelle kein Analogon zur Streuung der Residuen in OLS-Regressionen gibt, ist die Aussagekraft eines solchen Pseudo-R^2 in der Literatur umstritten (CRAMER, 1991, S. 95).

Grundsätzlich kann dann gesagt werden, dass das Modell mit dem größeren Likelihood Ratio Index die Daten besser wiedergibt (TRAIN, 2002, S. 71ff).

Ein Nachteil des Likelihood-Ratio Index besteht in dem Sachverhalt, dass dieser durch die Berücksichtigung weiterer Variablen im Modell nicht sinken kann. Ein korrigierter Likelihood-Ratio Index $\bar{p}$ bereinigt die Test-Statistik aus Gleichung (84) daher um die Anzahl der erklärenden Variablen:

$$(85) \qquad \bar{p} = 1 - \frac{LL(\hat{\beta}) - n}{LL(0)},$$

wobei n die Anzahl der erklärenden Variablen angibt. Bedeutsam ist, dass $\bar{p}$ bei der Aufnahme einer weiteren erklärenden Variablen in das Modell nur dann ansteigt, wenn der Erklärungsbeitrag dieser Variablen den Verlust an Freiheitsgraden überkompensiert. Der Wertebereich von $\bar{p}$ ist somit $-\infty \leq \bar{p} \leq 1$ und für $n > 0$ ist $\bar{p}$ stets kleiner als p (REISINGER, 1996, S. 144). Der Likelihood-Ratio Index und der korrigierte Likelihood-Ratio Index werden vor allem zur Modellauswahl herangezogen (REISINGER, 1996, S. 204). Im Gegensatz zum Bestimmtheitsmaß von OLS-Schätzungen, wird bereits ab einem Wert von $p = 0{,}2$ von einer guten Modellanpassung gesprochen (BENNETT, 1999, S. 17).

6.6.2 Prognoseerfolg

In einigen empirischen Untersuchungen findet sich als Maß für die Anpassungsgüte eines Modells die Bewertung des sogenannten Prognoseerfolgs (URBAN, 1993, S. 65f). Die Testgröße wird ermittelt, indem die Auswahlwahrscheinlichkeiten für einen nicht für die Berechnung des Modells verwendeten Choice Task mit den bzw. eine Auswahlsituation, die nicht in die Berechnung der Parameter eingeht, herangezogen wird und der auf Basis der Parameterschätzungen ermittelte Prozentsatz der richtig vorhergesagten Antworten für diese Auswahlsituation angegeben wird. Ein anderes Vorgehen besteht in der Überprüfung, ob die Alternativen mit den höchsten Auswahlwahrscheinlichkeiten, wie sie auf Basis der Schätzungen ausgewiesen werden, auch mit der tatsächlichen Auswahl übereinstimmen. LOUVIERE et al. (2000a, S. 55) weisen jedoch zusätzlich darauf hin, dass es möglich sein kann, dass auf Basis der Parameterschätzungen eine gute Prognose für die erhobene Stichprobe möglich ist, aber ein Politikszenario, das ein oder mehrere Veränderungen unterstellt, nur weniger gut prognostiziert werden kann. Sie empfehlen daher als besten Test zur Überprüfung der Prognosefähigkeit ein Test-Retest-Verfahren. Dieser Ansatz entspricht dem Vorgehen zur Feststellung der externen Validität der Daten.

6.6.3 Likelihood Ratio Test

Analog zu OLS-Schätzungen ist bei der Beurteilung von Logit Modellen die Verwendung von t-Statistiken üblich, um einzelne Parameter auf ihre Verschiedenheit von

Null zu testen, worauf an dieser Stelle nicht näher eingegangen werden soll. Darüber hinaus kommt auch der sogenannte Likelihood Ratio Test zur Anwendung, der auch für komplexere Fragestellungen geeignet ist. Er erlaubt z. B. die Überprüfung der Hypothese, ob mehrere geschätzte Parameter von Null verschieden sind oder zwei geschätzte Parameter gleich sind. Dazu werden jeweils zwei Modelle geschätzt, wobei das eine Modell die zu untersuchenden Variablen enthält und das andere nicht bzw. in einem Modell die Variablen einzeln berücksichtigt und in dem zweiten Modell beide Variablen zu einer aufaddiert werden. Die Test-Statistik greift wiederum auf den Vergleich der den Modellen jeweils zugrunde liegenden Log-Likelihood Werte zurück und lautet:

(86) $$LR = -2(LL(\hat{\beta}^H) - LL(\hat{\beta})),$$

wobei $\hat{\beta}^H$ das Modell mit Restriktionen (ohne die zu untersuchenden Variablen bzw. in der addierten Form) bezeichnet und $\hat{\beta}$ jenes ohne Restriktionen (alle Variablen sind enthalten). Die Test-Statistik folgt einer χ^2-Verteilung mit dem Freiheitsgrad gleich der Differenz der Anzahl von Parametern in beiden geschätzten Modellen. Übersteigt die Test-Statistik den kritischen Wert der theoretischen χ^2-Verteilung, kann die Nullhypothese verworfen werden, dass die Parameter gleich Null bzw. identisch sind (TRAIN, 2002, S. 71ff; REISINGER, 1996, S. 121f). Mittels des Likelihood Ratio Tests lässt sich entsprechend auch die Signifikanz des Gesamtmodells überprüfen, wenn eines der beiden Modelle als Null-Modell spezifiziert wird. In diesem Fall ist $LL(\hat{\beta}^H) = LL(0)$ und n entspricht der Anzahl der geschätzten Parameter des Modells ohne Restriktionen (REISINGER, 1996, S. 122).

6.6.4 Akaike-Informationskriterium (AIC)

Das AIC ermöglicht durch die Berücksichtigung der Stichprobengröße ebenfalls den Vergleich von Modellen, die auf unterschiedlichem Datenmaterial basieren. Dabei trägt es dem Sachverhalt Rechnung, dass der Log-Likelihood Wert ebenfalls mit der Anzahl der geschätzten Parameter steigt. Die Berechnung des AIC ergibt sich aus:

(87) $$AIC = -\frac{2}{T}(LL(\hat{\beta}) - n),$$

wobei T für die Anzahl der Beobachtungen und n für die Anzahl der erklärenden Variablen steht. Je besser die Modellanpassung ist, umso kleiner ist der Wert des AIC (CRAMER, 1991, S. 96).

6.6.5 Devianz

Die Devianz zählt ebenfalls zu den Likelihood Ratio Tests und stellt ein Maß für die Anpassungsgüte eines Logit Modells dar. Dabei wird der Log-Likelihood Wert des geschätzten Modells mit dem Log-Likelihood Wert des entsprechenden perfekten Modells, der gleich Null ist, verglichen. Die Devianz berechnet sich somit als:

(88) $D = -2LL(\hat{\beta})$,

dabei folgt die Verteilung der Testgröße einer (asymptotischen) χ^2-Verteilung mit $(n-k)$ Freiheitsgraden, wobei n die Anzahl der vorliegenden Beobachtungen und k die Anzahl der geschätzten Parameter ist. Bei der Berechnung der Devianz wird davon ausgegangen, dass das perfekte Modell mit dem Log-Likelihood Wert Null ebenfalls n geschätzte Parameter aufweist (CRAMER, 1991, S. 96).

6.6.6 Test auf unterschiedliche Koeffizienten für verschiedene Modelle

Da in einem Logit Modell alle geschätzten Koeffizienten Modell abhängig sind, ist ein Vergleich von Koeffizienten aus zwei verschiedenen Modellen nicht anhand eines T-Tests bzw. der Größe des Koeffizienten möglich. In der Literatur finden sich verschiedene Ansätze, um die Unterschiede zwischen empirischen Verteilungen zu untersuchen. POE et al. (2005) weisen jedoch darauf hin, dass nicht alle Ansätze zu richtigen und unverzerrten Ergebnissen führen. Eine exakte Messung der Unterschiede zwischen zwei Verteilungen beim Vorliegen von unabhängigen Stichproben ermöglicht der sogenannte „complete combinatorial"-Ansatz (POE et al., 2005, S. 363). Dazu wird mittels eines Bootstrap-Verfahrens von beiden Verteilungen eine zuvor festgelegte Anzahl von Beobachtungen von den zu vergleichenden Koeffizienten erzeugt. Anschließend wird jede mögliche Differenz zwischen diesen beiden empirischen Verteilungen berechnet. Üblicherweise werden mittels des Bootstrapping 1.000 Beobachtungen für den jeweiligen Koeffizienten generiert, so dass sich bei Berücksichtigung aller möglichen Differenzen für zwei Koeffizienten eine Millionen Beobachtungen ergeben[77] (POE et al., 2005, S. 363). Die Testgröße ergibt sich aus der Überprüfung der Anzahl der Differenzen, die größer bzw. kleiner als Eins sind. Die auf diese Weise ermittelten p-Werte zeigen bei $p \leq 0{,}05 \vee p \geq 0{,}95$ eine signifikante Abweichung der jeweiligen Koeffizienten voneinander an. Ein weiterer Vorteil dieses Ansatzes ergibt sich daraus, dass keine Normalverteilung für die zu untersuchenden Verteilungen angenommen werden muss (POE et al., 1994, S. 908), womit dieser Ansatz zu den nicht parametrischen Tests zählt.

77 Ein weniger strenger Test stellt die „simple convolutions" Methode von POE et al. (2001) dar, bei dem lediglich 1.000 Differenzen berechnet werden und der Anteil der Differenzen kleiner bzw. größer Null ausgewiesen wird.

6.7 Wohlfahrtstheoretische Fundierung der diskreten Choice Analyse – Implizite Preise und Zahlungsbereitschaft

Ein herausragender Vorteil der Choice Experimente besteht in der Möglichkeit, sogenannte implizite Preise und Zahlungsbereitschaften zu berechnen. Dies gelingt durch die Berücksichtigung einer monetären Variablen im Studiendesign. In einem linearen Modell gibt der Quotient zweier Koffizienten (wenn beide linear spezifiziert wurden und der Preiskoeffizient im Nenner steht) die Zahlungsbereitschaft für die Änderung dieser Eigenschaft um eine Einheit an. Wurde hingegen eine Dummy-Kodierung gewählt, ist im Zähler die Differenz der beiden Ausprägungen anzugeben (TRAIN, 2002, S. 43). Es gilt:

(89) $W = -\frac{\beta_1 - \beta_0}{Preis}$ (ROLFE et al., 2000, S. 295).

Dieser Zusammenhang lässt sich an einem Beispiel gut verdeutlichen. Die Variable p gibt den Preis bspw. für Heizkosten an und w steht für Zeit der jährlich anfallenden Wartungsarbeiten. Die Zahlungsbereitschaft für eine Reduzierung der Wartungsarbeiten ergibt sich somit aus

$$dU = \beta_1 dp + \beta_2 dw = 0.$$

Der Grenznutzen aus der Änderung der Kosten und der Zeit für Wartungsarbeiten soll gleich Null sein, das Nutzenniveau also konstant bleiben. Löst man diese Gleichung nun nach den Grenzkosten auf bei konstantem Grenznutzen für eine Änderung der Zeit für die Wartungsarbeiten, dann ergibt sich $\frac{dp}{dw} = -\frac{\beta_2}{\beta_1}$. Das negative Vorzeichen zeigt an, dass die Änderungen unterschiedlich ausgerichtet sind. Um das Nutzenniveau konstant zu halten, muss der Preis sinken, wenn gleichzeitig die Zeit für die Wartungsarbeiten ansteigt und umgekehrt.

Außer den impliziten Preisen lässt sich ebenfalls die Zahlungsbereitschaft für die Änderung von Optionen berechnen. Bereits die Änderung von Eigenschaften einer Alternative kann in Änderungen der Zahlungsbereitschaft resultieren. Es gilt:

(90) $CS_n = \frac{1}{\alpha_n} max_j(U_{nj} \forall_j)$ mit $\frac{dU_n}{dY_n} = \alpha_n$ (= Grenznutzen des Einkommens).

Y_n gibt dabei das Einkommen von Person n an, der Index j bezeichnet die nutzenmaximale Alternative. Die Division mit α_n (vgl. Gleichung (90)) ermöglicht es, den Nutzen bzw. die Nutzenänderung in eine monetäre Größe zu überführen, da $\frac{1}{\alpha_n} = \frac{dY_n}{dU_n}$ gilt. Da U_n nicht beobachtet, sondern nur der repräsentative Nutzenanteil V_{nj} gemessen werden kann und die Verteilung des verbleibenden Nutzenanteils (ε) bekannt ist, kann die Zahlungsbereitschaft berechnet werden mit:

(91) $$E(CS_n) = \frac{1}{\alpha_n} E\left[\max j(V_{nj} + \varepsilon_{nj} \forall j)\right].$$

Der Erwartungswert der Zahlungsbereitschaft ergibt sich bei einer Extremwert-Verteilung vom Typ 1 für den stochastischen Term und einem linearen Nutzenzusammenhang für das Einkommen, so dass α_n als konstant in Bezug auf das Einkommen ist, zu:

(92) $$E(CS_n) = \frac{1}{\alpha_n} \ln\left(\sum_{j=1}^{J} e^{V_{nj}}\right) + C.$$

C ist eine unbekannte Konstante, die den Sachverhalt widerspiegelt, dass das absolute Nutzenniveau nicht berechnet werden kann. Bei der Berechnung einer Änderung der Zahlungsbereitschaft von einer Ausgangssituation 0 zu einer neuen Situation 1 fällt C aus der Gleichung heraus und die Änderung berechnet sich zu:

(93) $$\Delta E(CS_n) = \frac{1}{\alpha_n}\left[\ln\left(\sum_{j=1}^{J^1} e^{V_{nj}^1}\right) - \ln\left(\sum_{j=1}^{J^0} e^{V_{nj}^0}\right)\right].$$

Gleichung (93) gilt unter der Annahme, dass die stochastischen Terme einer Extremwert-Verteilung vom Typ 1 unterliegen, und gibt die durchschnittliche Zahlungsbereitschaft aller Personen der Stichprobe an, die den gleichen repräsentativen Nutzen wie Person n aufweisen. Der Grenznutzen des Einkommens α_n wird aus dem Koeffizienten der Preisvariablen multipliziert mit –1 abgeleitet. Da der Preiskoeffizient (erwartungsgemäß) ein negatives Vorzeichen aufweist, hat α_n entsprechend ein positives Vorzeichen. Eine wichtige Grundannahme der in Gleichung (92) berechneten Zahlungsbereitschaft ist die Unabhängigkeit des Preiskoeffizienten vom Einkommen. Ändert sich hingegen der Grenznutzen des Einkommens mit dem Einkommen, wird der Koeffizient α_n zu einer Funktion der Änderung der Eigenschaften der jeweiligen Alternative und ist nicht länger konstant[78]. Eine Interaktion der Preisvariablen (als Größe für den Grenznutzen des Einkommens) mit einer Einkommensvariablen führt daher zu einer Verletzung der in Gleichung (92) enthaltenen Annahme. Dies mag zwar im Fall von kleinen Änderungen der Zahlungsbereitschaft nicht von wesentlicher Bedeutung sein, ist bei großen Änderungen jedoch nicht zu vernachlässigen (TRAIN, 2002, S. 59ff). TRAIN weist darauf hin, dass eine Anwendung auch für den Fall zulässig ist, dass der Grenznutzen des Einkommens als konstant für den betrachteten Spielraum von impliziten Einkommensänderungen angenommen werden kann. Dies ist vor allem dann der Fall, wenn die Änderungen der Zahlungsbereitschaft im Vergleich zum Einkommen nur einen geringen Anteil ausmachen und in der

78 MCFADDEN (1999) und KARLSTROM (2000) zeigen, wie auch in diesem Fall eine Berechnung von Änderungen der Zahlungsbereitschaft möglich ist.

Realität der Grenznutzen des Einkommens mit dem Einkommen variiert (2002, S. 61).

Eine Modifizierung von Gleichung (93) ist notwendig bei Berechnung der Zahlungsbereitschaft für Nested Logit Modelle. In diesem Fall gilt:

$$(94) \qquad CS = \frac{1}{\alpha_n}\left[ln\left(\sum_{j=1}^{J^1} e^{V_{nj}^1}\right) - \delta\, ln\left(\sum_{j=1}^{J^0} e^{V_{nj}^0}\right)\right]$$

mit δ als Inclusive Value des Nested Logit Modells (LOUVIERE et al., 2000a, S. 188).

6.8 Zusammenfassung

Nachdem im vorangegangenen Kapitel die Methodik der Choice Experimente näher vorgestellt wurde, sind in diesem Kapitel die ökonometrischen Grundlagen der Datenanalyse, der sogenannten diskreten Choice Analyse, erläutert worden. Für die Auswertung von Choice Experiment Daten stehen eine Reihe von Modellen zur Verfügung, von denen das Multinomiale Logit Modell, das Allgemeine Extremwert sowie das Mixed Logit Modell präsentiert wurden. Durch das zur Verfügung stehende Spektrum an Modellen kann somit eine Reihe unterschiedlicher Präferenzstrukturen modelliert werden. Zur Beurteilung der Modellanpassungen wurden weiterhin verschiedene Test-Statistiken vorgestellt. Dabei haben sich vor allem der Likelihood Ratio Index bzw. das Pseudo-R^2 und der Likelihood Ratio Test zur Beurteilung der Modellgüte bzw. zum Vergleich von Modellen durchgesetzt. Für den Vergleich von Parametern werden parametrische Tests auf Basis von Boostrapping Prozeduren genutzt. Zuletzt konnte ebenfalls hergeleitet werden, wie auf Basis eines Logit Modells die Berechnung von impliziten Preisen und Zahlungsbereitschaften möglich ist.

Aufbauend auf den methodischen Grundlagen der Choice Experimente, die bereits in Kapitel 5 gelegt wurden, und der Ausführungen zu der ökonometrischen Analyse von diskreten Choice Daten, kann nun im folgenden Kapitel die empirische Analyse und monetäre Bewertung von Landschaftsfunktionen vorgenommen werden.

7. Empirische Analyse und monetäre Bewertung von Landschaftsfunktionen

Dieses Kapitel befasst sich mit der eigenen empirischen Anwendung der Choice Experimente, in derem Rahmen im Dezember 2004 eine Befragung von etwa 400 Personen durchgeführt wurde. Die Studie beinhaltete sowohl die Anwendung der Choice Experimente als auch eine kontingente Bewertung. Die Darstellung der Ergebnisse bezieht sich jedoch nur auf die Choice Experimente[79]. Wie bereits in Kapitel 2 vorgestellt wurde, ist die Arbeit inhaltlich in den SFB 299 eingebunden und befasst sich mit der Bewertung von Landschaftsfunktionen im Lahn-Dill-Bergland.

Aufbauend auf den in Kapitel 5.2 vorgestellten Arbeitsschritten zur Durchführung eines Choice Experiments wird in den Kapiteln 7.1.1 bis 7.1.3 zunächst die Entwicklung des Studiendesigns für die eigene Erhebung vorgestellt. Die anschließenden Kapitel 7.1.4 bis 7.1.6 erläutern die Organisation und Durchführung der Studie, begründen die Wahl der Grundgesamtheit und geben einen Überblick über die Statistik der Stichprobenerhebung. Die Ergebnisse der vorliegenden Arbeit werden nachfolgend vorgestellt. In Kapitel 7.2 finden sich zunächst die inhaltlichen Ergebnisse der Studie, und es wird die Frage beantwortet, welche Wertschätzung den verschiedenen Landschaftsfunktionen zukommt. Das folgende Kapitel 7.3 widmet sich den spezifischen methodischen Aspekten der Untersuchung. Es wird zuerst überprüft, inwiefern sich die Kombination der beiden Methoden in einem Interview auf die Ergebnisse auswirkt. Anschließend erfolgt die Auswertung zum Einsatz des Cheap Talk Verfahrens und zu den zwei verschieden langen Fragebogenversionen bzgl. der Anzahl der Choice Tasks. Zuletzt werden die Daten auf ihre Eignung für die Durchführung eines Benefit Transfers überprüft.

7.1 Studiendesign

7.1.1 Inhaltliche Aspekte des Choice Experiments

Bei der Entwicklung des Fragebogens wurde sich an den bereits in Kapitel 5.2 vorgestellten Abschnitten zur Erstellung einer Choice Experiment Studie gehalten, von denen die Festlegung der Eigenschaften und Ausprägungen den umfangreichsten Arbeitsschritt darstellt.

Der erste Arbeitsschritt, die Festlegung und Charakterisierung der Fragestellung, ist bereits durch die Einbettung der vorliegenden Arbeit in den SFB 299 erfolgt: Mittels der Choice Experimente soll die nachfrageseitige Bewertung der in den naturwissenschaftlichen Projekten untersuchten Landschaftsfunktionen (vgl. Kapitel 2.2) erfol-

79 Erste Ergebnisse zu der kontingenten Bewertung können dem Fortsetzungsantrag des SFB 299 2006-2008 entnommen werden.

gen. Es stellt sich die Frage, ob[80], und wenn ja, welche Wertschätzung den verschiedenen Landschaftsfunktionen zukommt. Dabei sind inhaltlich vor allem die innerhalb des SFB 299 untersuchten Landschaftsfunktionen von Interesse, da für diese die Auswirkungen bei sich ändernden Landnutzungen bekannt sind und mittels der eigenen Untersuchung bewertet werden sollen. Durch den Einsatz der Choice Experimente können dazu mehrere Eigenschaften simultan bewertet und somit der Multifunktionalität von Landschaft Rechnung getragen werden. Gleichzeitig ist es möglich die Veränderungen verschiedener Qualitätszustände der jeweiligen Landschaftsfunktionen zu bewerten.

Aufgrund der Vorarbeiten im Teilprojekt A4 von MÜLLER (2002), SCHMITZ et al. (2003a) und WRONKA (2004) konnten bereits die Trinkwasserqualität und die Artenvielfalt als wichtige Komponenten einer Landschaft identifiziert werden. Ebenso erwies sich das Landschaftsbild als eine dritte bedeutsame Eigenschaft. Die zuvor durchgeführten Arbeiten zeigen, dass eine Operationalisierung der Eigenschaften auf Basis der in den Forschungsgruppen verwendeten Indikatoren nicht sinnvoll ist. So verwendete MÜLLER (2002, S. 175) als Ausprägungen für die Artenvielfalt, den Wasser- und Stoffhaushalt sowie für den Erhalt der Kulturlandschaft eine ordinale Skalierung mit den Ausprägungen „sehr gering“, „gering“, „mittel“, „gut“ und „sehr gut“. WRONKA (2004) griff bei der Artenvielfalt hingegen auf absolute Artenzahlen zurück, die für die zwei ausgewählten Szenarien von den Projektgruppen OTTE und WOLTERS ausgewiesen wurden (WRONKA, 2004, S. 113ff). Für das bei der kontingenten Bewertung verwendete Trinkwasser-Szenario wurde der Nitratgehalt als Indikatorgröße verwendet, für den in Deutschland gesetzliche Richt- und Grenzwerte definiert sind.

Die hohe Bedeutung des Wasserhaushalts bzw. der Trinkwasserqualität in den vorherigen Untersuchungen verdeutlicht die Wertschätzung der „Wasserkomponente“ einer Landschaft und wird daher auch in der vorliegenden Arbeit berücksichtigt. Wie in Kapitel 2.2.2 bereits vorgestellt wurde, beziehen sich die Arbeiten zum Wasserhaushalt vor allem auf die Indikatoren Sickerwassermenge, Grundwasserneubildung, Gerinneabfluss, aktuelle Verdunstung, Oberflächenabfluss, Scheitel- bzw. Abflussvolumen und den Bodenabtrag. Diese charakterisieren den Wasserhaushalt einer Landschaft in Abhängigkeit von der jeweiligen Landnutzung. Jedoch sind sie inhaltlich in einer Studie fachfremden Personen nur schwer zu vermitteln, und es ist nicht auszuschließen, dass für den Großteil der Befragten die Relevanz dieser Größen in Bezug auf die Landschaft nicht ersichtlich ist. Auf diesen Umstand lässt sich auch die Verwendung einer ordinalen Skala für den Wasserhaushalt bei MÜLLER (2002) zurückführen sowie die Verwendung des Nitratgehalts im Trinkwasser bei SCHMITZ et al. (2003a) und WRONKA (2004).

80 Die Arbeiten von MÜLLER (2002), SCHMITZ et al. (2003a) und WRONKA (2004) konnten bereits für verschiedene Landschaftsfunktionen eine Wertschätzung der lokalen Bevölkerung belegen.

In der vorliegenden Arbeit wurde daher die Gewässerqualität von Fließgewässern für eine Bewertung herangezogen. Das Untersuchungsgebiet liegt im Einzugsbereich der Aar und der Dietzhölze und wird von der Dill durchflossen. Die Flussläufe stellen daher einen Aspekt der Landschaft dar. Eine gute Fließgewässerqualität ermöglicht zum einen das unbedenkliche Spielen von Kindern am Flussufer und bestimmt zum anderen auch den Tierreichtum des Gewässers, so dass sich dieses bspw. auch zum Angeln eignet. Für eine Operationalisierung der Fließgewässerqualität wurden die biologischen Gewässergüteklassen von Fließgewässern verwendet (HESSISCHES LANDESAMT FÜR UMWELT UND GEOLOGIE, 2004). Tabelle 15 gibt einen Überblick über die Gewässergüteklassen und charakterisiert diese kurz.

Es lassen sich sieben Gewässergüteklassen unterscheiden. Die Einteilung erfolgt nach dem sogenannten Saprobiensystem, das bestimmte Arten von Kleinlebewesen (Saprobien) als Bioindikatoren verwendet. Die Zuteilung zu einer Gewässergüteklasse wird anhand des Gehalts an biologisch abbaubaren Inhaltstoffen vorgenommen (vgl. auch BAUR, 1998).

Tabelle 15: Die Gewässergüteklassen von Fließgewässern

Gewässergüteklassen	Kurzbeschreibung
Güteklasse I	**unbelastet bis sehr gering belastet:** mäßig dicht besiedeltes, sauerstoffgesättigtes Wasser
Güteklasse I-II	**gering belastet:** vielfältige und dichte Besiedlung
Güteklasse II	**mäßig belastet:** sehr große Artenvielfalt; ertragreiche Fischgewässer
Güteklasse II-III	**kritisch belastet:** Artenrückgang; Fischsterben aufgrund von Sauerstoffmangel und Massenentwicklung von Algen möglich
Güteklasse III	**stark verschmutzt:** geringe Fischereierträge; periodisches Fischsterben
Güteklasse III-IV	**sehr stark verschmutzt:** weitgehend eingeschränkte Lebensbedingungen durch Verschmutzung; deutlicher Abwassergeruch
Güteklasse IV	**übermäßig verschmutzt:** übermäßige Verschmutzung durch Abwässer; Wasser durch Pilze und Bakterien weißlich getrübt

Quelle: Eigene Zusammenstellung nach WASSERWIRTSCHAFTSAMT MÜNCHEN, 2006

Die Güteklassen I bis II stellen natürliche Zustände dar, die in der Natur auch ohne Eingriff des Menschen vorzufinden sind, während ab Güteklasse II-III von einer Beeinflussung durch den Menschen auszugehen ist. Deutschlandweit wird für alle Fließgewässer ein Erreichen der Güteklasse II angestrebt. Einflüsse auf die biologische Fließgewässerqualität gibt es, neben Verunreinigungen durch äußere Einwirkungen (Abwässer von kommunalen und industriellen Kläranlagen, Einleitungen von unbehandeltem Abwasser bei starken Niederschlägen (sogenannte Regenüberläufe der Kanalisation), Einträge von Pflanzenschutz- und Düngemitteln aus angrenzenden landwirtschaftlichen Flächen sowie von Schadstoffen aus Altlasten) auch aufgrund der Art und Menge des durchflossenen Gesteins und somit bedingt durch die Entfernung zur Quelle. Es ist ersichtlich, dass eine Gewässerqualität der Güteklasse I nur in unmittelbarer Nähe der Quelle zu finden ist. Im Untersuchungsgebiet kann aufgrund der Entfernung zur Quelle das Wasser der Dill im besten Fall der Gewässergüteklasse I-II zugeordnet werden. Als mögliche Ausprägung der Eigenschaft Fließgewässerqualität kommt daher die Gewässergüteklasse I nicht in Frage, weil sie in der Region nicht zu realisieren ist.

Für die Befragung wurden die Güteklassen III-IV und IV zusammengefasst, die beide eine sehr starke Verschmutzung des Wassers bedeuten und nur noch eingeschränkte bzw. keine Lebensbedingungen für auf Sauerstoff angewiesene Lebewesen aufweisen. Um darüber hinaus die Hierarchie der verschiedenen Gewässergüteklassen deutlicher zu machen, wurden die Klassen für die Befragung von eins bis sieben mit arabischen Zahlen durchnummeriert (vgl. auch Tabelle 16), wobei die Güteklasse 1 als Ausprägung unberücksichtigt blieb.

Um mit der Arbeit einen Methodenvergleich zwischen kontingenter Bewertung und Choice Experiment sowie für unterschiedliche Choice Experiment Studien durchführen zu können, wurde für die Eigenschaft „Artenvielfalt" wie in der Arbeit von SCHMITZ et al. (2003a) auf die absoluten Artenzahlen der durch die Arbeitsgruppen OTTE und WOLTERS ermittelten Indikatorarten zurückgegriffen. Da jedoch im Unterschied zur kontingenten Bewertung nicht nur zwei Szenarien bewertet werden[81], wurden durch Interpolation weitere Artenzahlen als Ausprägungen hinzugenommen. Diese lagen zwischen dem derzeitigen Niveau und der Artenvielfalt bei einem totalen Rückzug der Landwirtschaft aus der Region bzw. eine Ausprägung lag über der derzeitig anzutreffenden Artenzahl. Auf diese Weise ist ebenfalls eine Bewertung von weiteren Qualitätszuständen der Artenvielfalt möglich, wie sie sich bei verschiedenen Optionen der Landnutzung einstellen könnten.

Als weitere wichtige Eigenschaft konnte in der Arbeit von MÜLLER (2002) und SCHMITZ et al. (2003a) der Erhalt der Kulturlandschaft identifiziert werden. Als Kulturlandschaft sind alle vom Menschen geprägten Landschaften zu verstehen. Ein Rückzug der Landwirtschaft aus einer Region und damit die Aufgabe der Landbewirtschaftung bedeutet demnach, dass die Landschaft sich naturgegeben entwickelt. Für das Untersuchungsgebiet würde dies ein allmähliches Verbuschen der vormals

81 In der Arbeit von WRONKA (2004) umfasste ein Szenario den Rückgang der derzeitigen Artenvielfalt auf das Niveau, das sich bei einem vollständigen Rückzug der Landwirtschaft aus der Region ergeben würde. Ein zweites Szenario, das in der Gemeinde Eibelshausen Anwendung fand, unterstellte eine mögliche Erhöhung der Artenvielfalt auf ein höheres Niveau als das derzeitige.

offengehaltenen Flächen und langfristig das Verwalden nach sich ziehen. Dies hätte vor allem merkliche Auswirkungen auf das Landschaftsbild. In Abhängigkeit von der Weiterentwicklung der gemeinsamen Agrarpolitik sind aber ebenso weitere Szenarien denkbar. Hierbei galt es, die möglichen Ergebnisse des Modells ProLand zu berücksichtigen, das – neben weiteren Parametern (vgl. dazu Kapitel 2.2.6) – die Landnutzungsverteilung unter verschiedenen zuvor festgelegten Annahmen ausgibt. Während SCHMITZ et al. (2003a) bei den Ausprägungen der Eigenschaft „Landschaftsbild" von flexiblen Waldanteilen ausgegangen sind, wurden für die vorliegende Arbeit Berechnungen des Modells ProLand zugrunde gelegt, bei denen sich der Waldanteil nicht verändert. Vielmehr werden die Nutzungsanteile der Offenlandschaften (Acker- und Grünland) betrachtet.

Entsprechend der Simulationsergebnisse wäre bspw. auch ein Mulchflächen dominiertes Landschaftsbild denkbar, so dass die Offenhaltung der Landschaften weiter gewährleistet wäre. Aufgrund der relativ ertragsschwachen Böden im Lahn-Dill-Bergland ist ebenso eine überwiegende Grünlandnutzung (Milchvieh, Rinder- und Schafproduktion) der Offenlandschaft möglich. Im Untersuchungsgebiet findet sich gegenwärtig größtenteils ein Landschaftsbild, das vermehrt durch Grünlandflächen und nur noch im geringen Umfang durch Ackerland geprägt ist, wobei die Anteile der Flächennutzung innerhalb des Lahn-Dill-Berglands leicht variieren. Bei einer entsprechenden Preisentwicklung auf den Agrarmärkten könnte sich aber auch eine vermehrte Ackernutzung der Flächen einstellen.

Für die Darstellung wurden anhand von Fotos der jeweiligen Nutzungen in Zusammenarbeit mit der Arbeitsgruppe OTTE Piktogramme erstellt, die einen Landschaftsausschnitt aus der Vogelperspektive zeigen. Abbildung 15 gibt einen Überblick über die fünf Ausprägungen der Eigenschaft Landschaftsbild, die in der Befragung verwendet wurden. Zur Verdeutlichung der jeweiligen Nutzungsformen (Mulch, Grünland- und Ackernutzung) wurden den Befragten zusätzlich einige Fotos zur Veranschaulichung vorgelegt (vgl. Anhang 1).

Obwohl die Arbeit von MÜLLER (2002) gezeigt hat, dass auch ökonomische Komponenten der Landschaft eine Bedeutung für die Befragten haben, konnte dieser Sachverhalt in der Arbeit von SCHMITZ et al. (2003a) nicht bestätigt werden, wenn sich die ökonomische Eigenschaft enger auf die Landwirtschaft bezieht. MÜLLER (2002) berücksichtigte in ihrer Arbeit die Wirtschaftskraft der Region als Eigenschaft in der Conjoint Analyse. Der Eigenschaft kam insgesamt eine mittlere Bedeutung zu, so dass davon auszugehen ist, dass die Befragten offensichtlich eine persönliche Relevanz herstellen konnten, da sich die Wirtschaftskraft bspw. auch durch die Arbeitsplätze in der Region ausdrückt.

Abbildung 15: Mögliche Landschaftsbilder im Lahn-Dill-Bergland

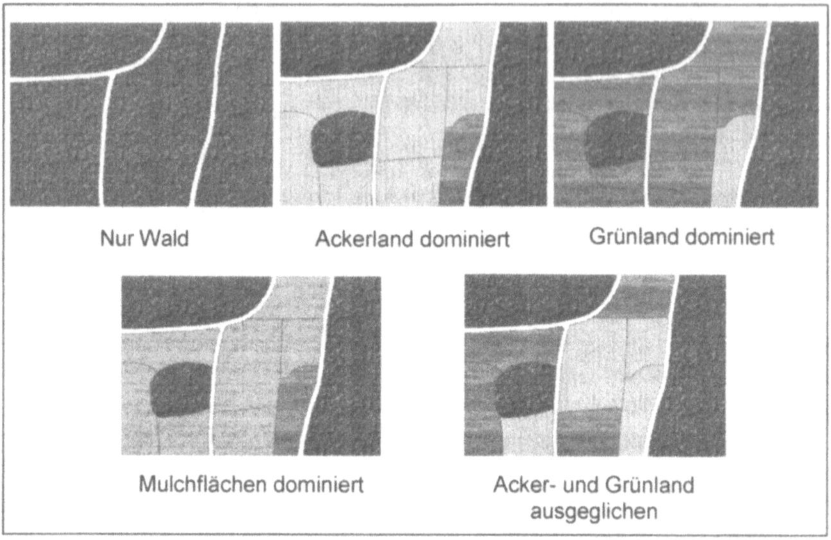

Quelle: Eigene Zusammenstellung

In dem Choice Experiment von SCHMITZ et al. (2003a) wurde die Nahrungsmittelproduktion in der Region anhand des Selbstversorgungsgrads als ökonomische Eigenschaft in das Studiendesign aufgenommen. Damit wurde versucht, die ökonomischen Kennzahlen, die das Modell ProLand ermittelt (Wertschöpfung aus landwirtschaftlicher Tätigkeit) durch die Befragten bewerten zu lassen. Jedoch konnte hier keine Relevanz für den Befragten hergestellt werden, wenn die Versorgung mit den entsprechenden Nahrungsmitteln auch über Importe aus anderen Regionen oder Ländern erfolgen kann, so dass der Eigenschaft „Nahrungsmittelproduktion“ nur eine untergeordnete Bedeutung zukam. Von der Einbeziehung einer ökonomischen Eigenschaft in das Studiendesign wurde daher abgesehen.

Als letzte Eigenschaft wurde schließlich der Preis berücksichtigt, der die Kosten für die Bereitstellung der jeweiligen Landschaftsoption pro Haushalt und Jahr darstellte. Bei der Festlegung der Ausprägungen wurde auf die Ergebnisse der Arbeit von SCHMITZ et al. (2003a) und die von WRONKA (2004) ermittelten Zahlungsbereitschaften zurückgegriffen. Eine Übersicht über alle verwendeten Eigenschaften und Ausprägungen gibt Tabelle 16.

Aus methodischen Gründen (vgl. Kapitel 5.2) wurde ein balanciertes Design gewählt, d. h., dass jede Eigenschaft gleich viele Ausprägungen aufweist. Für die Durchführung des Choice Experiments wurde auf die Software Choice-Based-Conjoint Analysis der Firma Sawtooth Software (CBC-SYSTEM, 1985-2005) zurückgegriffen.

Tabelle 16: Die Eigenschaften und Ausprägungen im Choice Experiment

Eigenschaft	Ausprägungen	Erläuterungen
Gewässerqualität	▪ Güteklasse 2 ▪ Güteklasse 3 ▪ Güteklasse 4 ▪ Güteklasse 5 ▪ Güteklasse 6 und 7	Fließgewässergüteklassen basierend auf dem Saprobien-system; Bezeichnungen geän-dert zu übersichtlicheren Darstellung
Artenvielfalt	▪ 210 Arten ▪ 370 Arten ▪ 530 Arten ▪ 690 Arten ▪ 850 Arten	Artenzahlen aus den ökolo-gischen Teilprojekten, ergänzt um mittlere Qualitätszustände und einen besseren Qualitäts-zustand als das Ausgangs-niveau
Landschaftsbild	▪ Nur Wald ▪ Grünland dominiert ▪ Mulchflächen dominiert ▪ Acker dominiert ▪ Acker und Grünland ausgeglichen	Mögliche Landschaftsbilder basierend auf ProLand Berech-nungen; dargestellt anhand Bildern aus der Vogel-perspektive (vgl. Abbildung 15)
Preis	▪ 0 €/Haushalt und Jahr ▪ 50 €/Haushalt und Jahr ▪ 100 €/Haushalt und Jahr ▪ 150 €/Haushalt und Jahr ▪ 200 €/Haushalt und Jahr	Preise für die Bereitstellung der jeweiligen Landschaftsoption, basierend auf Vorarbeiten des Teilprojekts

Quelle: Eigene Zusammenstellung

Jeder Choice Task bzw. jede Auswahlsituationen (vgl. Abbildung 16) besteht aus drei Landschaftsoptionen und einer unveränderten Referenzsituation. Die Referenzoption stellt die Landschaftsoption dar, die sich einstellen würde, wenn sich die derzeitige Entwicklung in der Region fortsetzt. Explizit hieße das, dass sich die Landwirtschaft gänzlich aus der Region zurückzöge, was zur Folge hätte, dass sämtliche Flächen verbuschen und sich schließlich zu unbeforsteten Waldgebieten entwickeln würden. Dies hätte, wie von der ökologischen Arbeitsgruppe berechnet, einen Rückgang der Artenvielfalt auf 210 Arten zur Folge. Gleichzeitig wäre davon auszugehen, dass sich bezüglich der Fließgewässerqualität kaum Veränderungen zum heutigen Zustand ergäben (Güteklasse II-III bzw. Güteklasse 3), da weiterhin externe Eintragsquellen bestünden, die die biologische Gewässerqualität beeinflussen.

Die drei weiteren Optionen jeder Auswahlsituation werden von der Software nach der Methodik der „complete enumeration" so zusammengesetzt, dass bei einer zuvor festgelegten Anzahl von Interviews und Anzahl von Choice Tasks je Interview alle Ausprägungen und Kombinationen von Ausprägungen annährend gleich häufig zur Auswahl stehen (vgl. Kapitel 5.2.3).

Abbildung 16: Beispiel für einen Choice Task

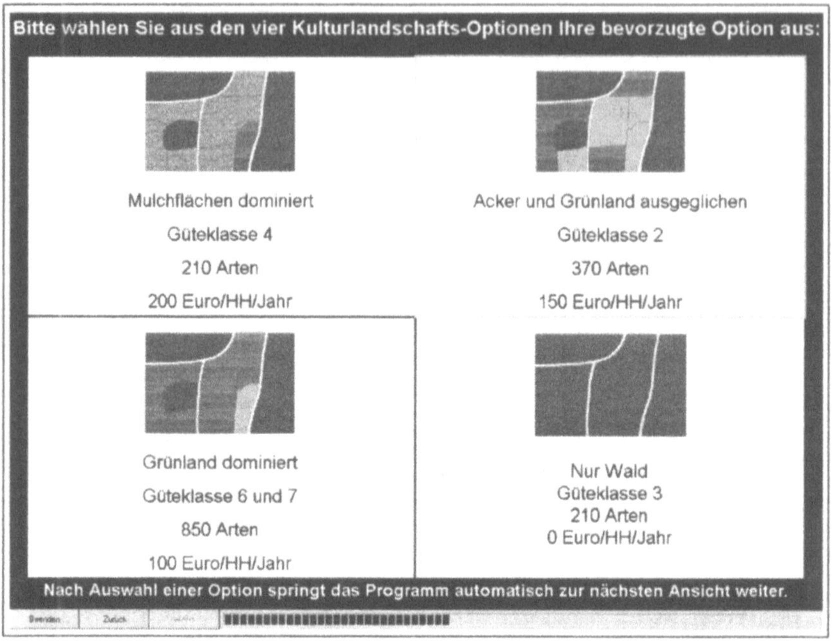

Quelle: Eigene Zusammenstellung

Nach der Festlegung der Eigenschaften und Ausprägungen sowie des experimentellen Designs erfolgt im nächsten Schritt die Zusammenstellung des Fragebogens, dessen Aufbau im nächsten Kapitel näher vorgestellt wird.

7.1.2 Fragebogendesign

Der grundlegende Aufbau des Fragebogens richtet sich nach den in Kapitel 5.2.4 dargestellten Richtlinien. Da jedoch in der Befragung sowohl eine kontingente Bewertung als auch ein Choice Experiment durchgeführt wurden, sind einige Anpassungen im Vergleich zum zuvor geschilderten Aufbau des Fragebogens nötig. Der Fragebogen lässt sich grundsätzlich in sechs Abschnitte einteilen[82] (vgl. Tabelle 17).

Der erste Teil umfasst die Begrüßung und eine kurze Einleitung in die Thematik, ehe im zweiten Abschnitt die Sensibilisierungs- und Einstellungsfragen folgen. Der dritte und vierte Abschnitt beinhalten den methodischen Teil zu dem Choice Experiment und der kontingenten Bewertung. Anschließend erfassen im fünften Teil vier Debriefingfragen, wie die Befragten die Notwendigkeit der Bewertung der vorgestellten Um-

82 Der vollständige Fragebogen ist auf Anfrage von der Autorin erhältlich.

weltgüter insgesamt beurteilen. Der abschließende sechste Abschnitt enthält Fragen zu soziodemographischen Variablen und die Interviewerfragen, die die Einschätzung des Interviews aus Sicht des Interviewers erfassen.

Tabelle 17: Allgemeiner Aufbau des Fragebogens

1.	Begrüßung und Einleitung	Vorstellung des Befragungshintergrunds und des Interviewers
2.	Sensibilisierungs- und Umwelteinstellungsfragen 42 Fragen	Einstiegsfragen und Fragen zu umweltrelevanten Einstellungen und zur Artenvielfalt
3.	Informationsvermittlung und Choice Experiment (mit/ohne Cheap Talk) 8 bzw. 12 Choice Tasks 10 Debriefingfragen	Veranschaulichung der jetzigen Situation, Präsentation der Möglichkeit, wie der Problematik begegnet werden kann (bzgl. Landschaftsbild, Artenvielfalt und Fließgewässerqualität) und Präsentation der Choice Tasks; Debriefingfragen
4.	Informationsvermittlung und Zahlungsbereitschaftsfrage (mit/ohne Cheap Talk) 38 Fragen	Veranschaulichung der jetzigen Situation, Präsentation der Möglichkeit, wie der Problematik begegnet werden kann (bzgl. Artenvielfalt) und Stellung der Zahlungsbereitschaftsfrage
5.	Debriefingfragen für die Gesamtbewertung 4 Fragen	Einschätzungen zum Zahlungsmittel, Einstellungsvariablen und Fragen zur Motivation; Probleme bei der Beantwortung, Umfang der Informationsvermittlung
6.	Soziodemographische Variablen und Interviewerfragen 25 Fragen	Erhebung von sozioökonomischen Angaben

Quelle: Eigene Zusammenstellung

Aus methodischen Gründen wurden zusätzlich einige Variationen im Fragebogendesign vorgenommen, die in Tabelle 18 dargestellt sind. Insgesamt kamen acht unterschiedliche Fragebogenversionen zur Anwendung. Eine erste Splittung der Stichprobe erfolgte auf Grundlage des Befragungsortes. Für die Stichprobe in Dillenburg wurde von der in Tabelle 18 vorgestellten Grundstruktur des Fragebogens (Version E und F in Tabelle 18) zum einen bei der Reihenfolge der methodischen Teile abgewichen und bei der Hälfte der Interviews die kontingente Bewertung dem Choice Experiment vorangestellt (Version G und H).

Eine weitere Variation des Dillenburger Fragebogens bestand zum anderen in der Verwendung des Cheap Talk Verfahrens bei der Hälfte der Befragten (Version E und G) (vgl. hierzu Kapitel 7.3.2), während die zweite Hälfte der Dillenburger Befragten nicht mit dem Cheap Talk Verfahren auf die Möglichkeit von hypothetischen Verzerrungen hingewiesen wurde (Version F und H). Für die Stichprobe in Gießen wurde hingegen bei allen Fragebögen das Cheap Talk Verfahren eingesetzt. Für den in Gießen durchgeführten Teil der Befragung unterschieden sich die Fragebögen neben der Methodenreihenfolge zusätzlich in Bezug auf die Stellung der Umwelteinstellungsfragen[83], die zum Teil vor dem methodischen Teil (Version A und B) und zum Teil nach dem methodischen Teil (Version C und D) abgefragt wurden.

Tabelle 18: Variationen des Fragebogendesigns

	Gießen				Dillenburg			
	Version A	Version B	Version C	Version D	Version E	Version F	Version G	Version H
1. Einleitung	1	1	1	1	1	1	1	1
2. Umwelteinstellungsfragen	2	2	4 mit CT	3 mit CT	2	2	2	2
3. Choice Experiment	3 mit CT	4 mit CT	3 mit CT	4 mit CT	3 mit CT	3 ohne CT	4 mit CT	4 ohne CT
4. Kontingente Bewertung	4 mit CT	3 mit CT	5	5	4 mit CT	4 ohne CT	3 mit CT	3 ohne CT
5. Debriefingfragen	5	5	2	2	5	5	5	5
6. Soziodemographische Variablen u. Interviewerfragen	6	6	6	6	6	6	6	6

Anm.: Die erste Spalte zeigt den allgemeinen Aufbau des Fragebogens (vgl. Tabelle 17). Die in den übrigen Spalten genannten Zahlen beziehen sich auf den in der ersten Spalte genannten Abschnitt des Fragebogens und zeigen die abweichende Stellung der jeweiligen Abschnitte innerhalb der einzelnen Versionen des Fragebogens.

Quelle: Eigene Darstellung

Die einzelnen Fragebogen-Abschnitte werden in den nächsten Kapiteln näher vorgestellt, wobei der Schwerpunkt auf den für das Choice Experiment bedeutsamen Teilen liegt. Die Elemente des Fragebogens, die inhaltlich vorrangig zu der kontingenten Bewertung gehören, können ausführlich in der Arbeit von WRONKA (2004) nachgelesen werden, an der der Fragebogenteil zur kontingenten Bewertung eng angelehnt ist. Der Fokus liegt dabei im Weiteren auf den inhaltlichen Aspekten des Fragebogens, während die Operationalisierung der Fragen nur soweit dargestellt wird, wie es für die weitere Arbeit von Bedeutung ist.

Die **Einleitung** umfasst die Begrüßung des Befragten sowie die Vorstellung des Interviewers, der an dieser Stelle kurz den Inhalt und die Verantwortlichen der Studie nennt und dem Befragten nochmals für seine Bereitschaft an der Befragung teilzunehmen dankt.

Um den Einstieg für den Befragten möglichst einfach zu gestalten und ihm die Angst vor vermeintlich falschen Antworten zu nehmen, beginnt das Interview zunächst mit einigen Fragen zu seinem Freizeitverhalten und zu seiner Wahrnehmung von Verän-

83 Der Einfluss der Stellung der Umwelteinstellungsfragen im Fragebogen wurde aufgrund der fehlenden Signifikanz bei den spezifischen methodischen Aspekten nicht ausgewertet.

derungen in seinem Umfeld (**Sensibilisierungsfragen**). Anschließend erfassen zwei weitere Fragen seinen persönlichen Kenntnisstand zum Thema Artenvielfalt, wobei der Befragte den Begriff kurz definieren und seinen persönlichen Informationsstand diesbezüglich einschätzen soll. Anschließend folgt der erste Block mit zehn **Fragen zur Umwelteinstellung**[84] auf Basis des Umweltbewusstseins-Index und der „New Environmental Paradigma-Skala" (NEP-Skala) nach DUNLAP und VAN LIERE (1987), die mittels einer Likert-Skala erfasst werden. Der Befragte gibt dazu seine Zustimmung zu bestimmten vorformulierten Aussagen an. Die Fragen zum Umweltbewusstsein nach DIEKMANN und PREISENDÖRFER (1998) können in drei unterschiedliche Komponenten des allgemeinen Umweltbewusstseins unterteilt werden: die Einsicht in die Gefährdung (kognitive Komponente), die Bereitschaft zur Abhilfe (konative Komponente) und die gefühlsmäßige Betroffenheit (affektive Komponente). Der erste Fragenblock enthält sechs Aussagen nach der von DIEKMANN und PREISENDÖRFER (1998) entwickelten Skala des allgemeinen Umweltbewusstseins. Die vier übrigen Aussagen basieren auf der NEP-Skala, die drei inhaltliche Schwerpunkte umfasst. Zuerst wird die Einstellung zu einer möglichen nachhaltigen Störung des natürlichen Gleichgewichts durch den Menschen angesprochen. Der zweite Schwerpunkt thematisiert die Existenz von Grenzen für das Wachstum industrialisierter Gesellschaften und der dritte Schwerpunkt fokussiert das vermeintliche Recht der Menschheit, über die natürliche Umwelt zu herrschen. Für die Erfassung der Umwelteinstellung auf Basis der NEP-Skala werden insgesamt zwölf Fragen erfasst (DUNLAP et al., 2000, S. 427). Ein zweiter Block mit insgesamt elf Fragen (davon acht Aussagen aus der NEP-Skala und drei Aussagen aus dem Umweltbewusstseins-Index) folgt nach einigen Fragen, die auf die Einstellung zum Spannungsverhältnis zwischen Landbewirtschaftung und Natur abzielen und die Wichtigkeit der Aufgaben der Landwirtschaft für die Gesellschaft thematisieren. Außerdem soll der Befragte Natur und Landschaft anhand vorformulierter Stichpunkte beschreiben und aus (ebenfalls vorformulierten) ökologischen, sozialen und wirtschaftlich orientierten Zielen für die eigene Stadtplanung eine Prioritätenliste erstellen. Der Wechsel zwischen verschiedenen Frage- und Antwortformen dient vor allem zur Auflockerung und Vermeidung von Ermüdungserscheinungen.

84 Die Erfassung von Umwelteinstellungen ist vor allem in kontingenten Bewertungen bereits seit mehr als 20 Jahren erprobt worden. Die Einbeziehung von Mitgliedschaften in Umweltorganisationen oder die Spendenbereitschaft der Befragten konnten jedoch nicht in allen Anwendungen einen Erklärungsbeitrag für die Höhe der genannten Zahlungsbereitschaft liefern. Dies sieht WRONKA (2004) vor allem in der Verletzung der Annahme von Übereinstimmung von Einstellung und Verhalten, so dass eine Prognose von bestimmten Verhaltensweisen und -intentionen auf der Basis dieser sehr allgemeinen Umwelteinstellungen in widersprüchlichen Ergebnissen resultiert. Dahingegen stellt die Einbeziehung von Messkonzepten aus der Sozialpsychologie einen viel versprechenden Ansatz zur Weiterentwicklung der kontingenten Bewertung dar. Gleichzeitig kann jedoch ebenfalls überprüft werden, inwiefern die Indikatoren auch in den Choice Experimenten einen Erklärungsbeitrag liefern können.

Im Fragebogen-Abschnitt zum **Choice Experiment** wird nochmals kurz der Hintergrund der Befragung aufgegriffen und auf das Anliegen des SFB 299 eingegangen, also die Entwicklung von Landnutzungskonzepten für das Lahn-Dill-Bergland unter der Berücksichtigung von ökologischen und ökonomischen Gesichtspunkten. Dazu wird dem Befragten die Rolle der Landwirtschaft für die Gestaltung von Landschaften in Deutschland und Europa erläutert und verdeutlicht, dass die Weiterentwicklung der Agrarpolitik weg von Unterstützungszahlungen an die Landwirtschaft den Berechnungen des SFB 299 zufolge keine profitable Landwirtschaft im Lahn-Dill-Kreis mehr ermöglichen und somit die Landbewirtschaftung langfristig aufgegeben werden würde. Anschließend wird dem Befragten auf möglichst einfache Weise erklärt, welche weiteren Auswirkungen dies mit sich bringen würde (Wegfall von Arbeitsplätzen und der Nahrungsmittelproduktion, langfristige Entwicklung von Waldgebieten, verändertes Landschaftsbild durch das Verschwinden der Offenlandschaften, Rückgang der Artenvielfalt durch den Wegfall von Lebensräumen sowie nur geringere Auswirkungen auf die Fließgewässerqualität aufgrund weiterer Eintragsquellen wie Gewerbe und Haushalte). Als Lösungsansatz wird das Konzept der Honorierung der ökologischen Leistungen der Landwirtschaft präsentiert, um den Erhalt der Kulturlandschaft zu gewährleisten, und es wird herausgestellt, dass für die Umsetzung des Konzeptes auch die Meinung der Bevölkerung von Bedeutung ist.

Anschließend werden dem Befragten die grundlegenden Hintergrundinformationen zu den zuvor ausgewählten relevanten Landschaftsfunktionen (Artenvielfalt, Landschaftsbild und Fließgewässerqualität) präsentiert. Bezüglich des Umfangs der Informationsvermittlung wurde für die Artenvielfalt eine ähnliche Präsentation wie in der kontingenten Bewertung von WRONKA (2004) gewählt. Mehr als 90 % der Befragten hatten dort angegeben, dass sie die Menge der zum Artenvielfalts-Szenario vermittelten Informationen für umfangreich hielten (WRONKA, 2004, S. 156). Auf diese Weise ist zudem eine größtmögliche Ähnlichkeit gewährleistet, um die Ergebnisse beider Befragungen miteinander vergleichen zu können. Darüber hinaus bot sich dieses Vorgehen an, da in der Studie ebenfalls die Bewertung des Artenvielfalts-Szenarios mit der kontingenten Bewertung vorgenommen wurde. Zur Veranschaulichung der derzeitigen Artenvielfalt in der Befragung diente Abbildung 17 (linker Teil).

Dabei wird z. B. darauf hingewiesen, dass von den in ganz Hessen vorkommenden 1800 höheren Pflanzenarten im Lahn-Dill-Bergland über 330 Arten vorkommen, unter denen sich viele Spezialisten befinden, die sich an die nährstoffarmen Bedingungen im Lahn-Dill-Bergland angepasst haben. Um das Artenpotenzial einzelner Habitate zu verdeutlichen, wird den Befragten zusätzlich die in Abbildung 18 dargestellte Graphik vorgelegt. Ihnen wird erklärt, dass die Artenvielfalt mit ungefähr 690 vorkommenden Tier- und Pflanzenarten von den Ökologen des SFB 299 als sehr gut bezeichnet wird. Jedoch gingen durch den Wegfall der landwirtschaftlich genutzten Flächen wichtige Habitate für Tier- und Pflanzenarten verloren, wodurch die Artenvielfalt drastisch vermindert würde. In reinen Waldgebieten läge die Artenvielfalt dann mit 210 Arten wesentlich niedriger. An dieser Stelle wird dem Befragten erneut eine Graphik zur Veranschaulichung vorgelegt (vgl. Abbildung 19), die den Verlust der verschiedenen Lebensräume nochmals visualisiert. Gleichzeitig wird ihm auch der zweite (rechte) Teil der Graphik in Abbildung 17 vorgelegt, der den prozentualen Rückgang der jeweiligen Arten veranschaulicht.

Abbildung 17: Artenvielfalt im Lahn-Dill-Bergland

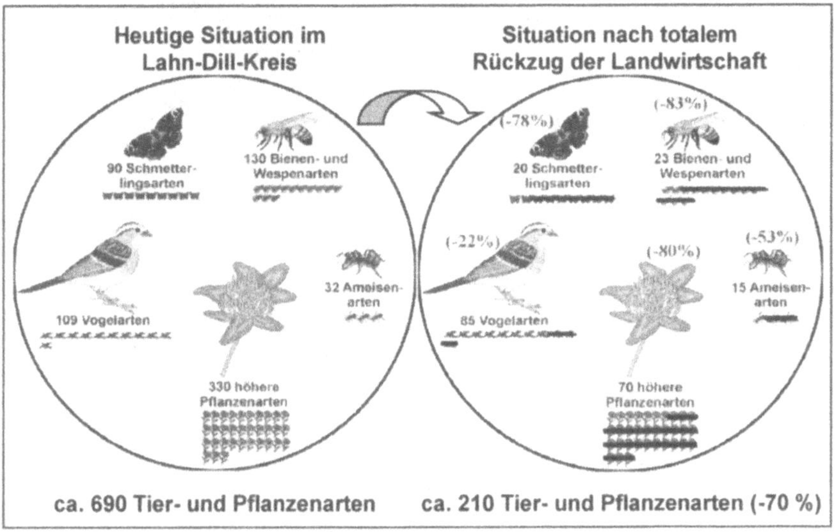

Quelle: Verändert nach WRONKA, 2004, S. 114

Es wird erläutert, dass sich in Abhängigkeit von Art und Umfang der Landwirtschaft auch Zwischenstufen zwischen der jetzigen Situation und der sich bei einem vollständigen Rückzug der Landwirtschaft einstellenden Situation ergeben können. Dem Befragten wird nun das Spektrum für die betrachteten Tier- und Pflanzengruppen vorgestellt, dass sich bei unterschiedlichen Formen der Landnutzung bzw. variierenden Anteilen der einzelnen Nutzungen einstellen könnte. Eine Erhöhung der Artenvielfalt wäre durch spezielle Maßnahmen möglich, durch die sich bereits verdrängte Tier- und Pflanzenarten wieder ansiedeln könnten.

Als weitere wichtige Eigenschaft von Kulturlandschaften nennt der Interviewer das Landschaftsbild, das maßgeblich von der Landwirtschaft geprägt wird, wobei neben dem Wald die Acker- und Grünlandflächen zu nennen sind. Dabei können Ackerflächen in Abhängigkeit von der angebauten Kultur und der Jahreszeit sehr unterschiedlich aussehen (z. B. blühender Raps, Mais oder reifer Weizen).

Abbildung 18: Graphische Darstellung von Lebensräumen im Lahn-Dill-Bergland

Lebensräume im Lahn-Dill-Kreis für Tier- und Pflanzenarten

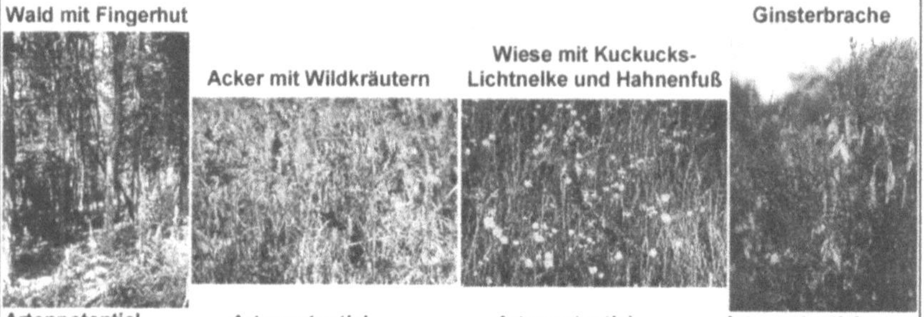

	Artenpotential Wald	Artenpotential Acker	Artenpotential Wiese	Artenpotential Brache
Höhere Pflanzen	70	190	190	150
Schmetterlinge	5	20	40	45
Bienen	15	60	62	76
Ameisen	15	19	17	23
Vögel	72	5	16	66
Summe	**177**	**294**	**325**	**360**

Quelle: In Anlehnung an WRONKA, 2004, S. 115

Abbildung 19: Graphische Darstellung des Verlusts von Lebensräumen im Lahn-Dill-Bergland durch den Rückzug der Landwirtschaft

Lebensräume im Lahn-Dill-Kreis für Tier- und Pflanzenarten

	Artenpotential Wald	Artenpotential Acker	Artenpotential Wiese	Artenpotential Brache
Höhere Pflanzen	70	190	190	150
Schmetterlinge	5	20	40	45
Bienen	15	60	62	76
Ameisen	15	19	17	23
Vögel	72	5	16	66
Summe	**177**	**294**	**325**	**360**

Quelle: In Anlehnung an WRONKA, 2004, S. 115

Zur Veranschaulichung werden dem Befragten an dieser Stelle erneut einige Fotos vorgelegt, die unterschiedliche Ackerfrüchte zeigen und es wird gleichzeitig darauf hingewiesen, dass Grünlandflächen für den Laien über das Jahr hinweg recht ähnlich aussehen und der augenscheinliche Hauptunterschied in der Höhe des Aufwuchses besteht. Jedoch sei aufgrund der Reform der Gemeinsamen Agrarpolitik in Zukunft auch eine weitere Nutzung denkbar, die für Flächen in Frage kommt, die sich nicht mehr in der landwirtschaftlichen Produktion befinden bzw. aus der Produktion herausgenommen werden – das können Grünland- oder Ackerflächen sein –, auf denen eine sogenannte „Minimalbewirtschaftung" durchgeführt werden könnte. Dem Befragten wird erklärt, dass die genaue Ausgestaltung dieser Minimalbewirtschaftung sich noch im Gesetzgebungsprozess befinde, aber bereits eine Minimalanforderung definiert werden könne. Diese beinhaltet, dass die Flächen sich selbst überlassen werden, jedoch einmal im Jahr vom Landwirt gemulcht werden müssten, d. h., dass diese abgemäht werden und der geschnittene Aufwuchs gleichmäßig verteilt wird. Das Erscheinungsbild dieser Mulchflächen wäre somit wahrscheinlich nur gering von den Grünlandflächen verschieden, da nach dem Mulchen die Gräser relativ schnell wieder zum Vorschein kämen. Es könne jedoch angenommen werden, dass diese Flächen tendenziell „unkrautiger" oder wilder aussähen als Grünlandflächen, wobei dies vor allem für die vormaligen Ackerflächen gelten würde. In Abhängigkeit von Umfang und Art der Landbewirtschaftung könnten sich somit Auswirkungen auf das Landschaftsbild im Lahn-Dill-Bergland ergeben. Entsprechend der Ergebnisse der Modelle im SFB 299 wären verschiedene plausible Landschaftsbilder denkbar. Dem Befragten wird dazu eine Übersicht der Landschaftsbilder aus Abbildung 15 vorgelegt und die einzelnen Landschaftsbilder nochmals kurz beschrieben.

Anschließend erfolgen die Ausführungen zum Fließgewässer bzw. der Fließgewässerqualität, zu deren Beurteilung die biologische Gewässergüte betrachtet wird. Es wird erklärt, dass Belastungen von Fließgewässern durch Abwässer von kommunalen und industriellen Kläranlagen, Einleitungen von unbehandeltem Abwasser bei starken Niederschlägen (sogenannte Regenüberläufe der Kanalisation), durch Einträge von Pflanzenschutzmitteln und Düngemitteln aus angrenzenden landwirtschaftlichen Flächen sowie von Schadstoffen aus Altlasten entstehen können. Häufig zu findende Einträge seien z. B. Nitrat, Ammonium und Phosphat, die aus der Landwirtschaft, aber auch aus den Haushalten und gewerblichen Abwässern, stammen können sowie aus Haushalten stammende Tenside, die in Wasch- und Reinigungsmitteln zu finden sind, und gewerbliche Abwässer.

Dem Befragten werden anschließend die modifizierten Gewässergüteklassen vorgelegt (vgl. Tabelle 15) und die jeweiligen Stufen werden kurz erläutert. Zusätzlich wird erklärt, dass die Güteklassen 1 bis 3 natürliche Zustände darstellen, die in der Natur auch ohne Eingriff des Menschen auftreten können, und dass ab Güteklasse 4 von einer Beeinflussung durch den Menschen ausgegangen werden kann. Deutschlandweit werde für alle Fließgewässer ein Erreichen der Güteklasse 3 angestrebt. Die erste Güteklasse sei jedoch im Lahn-Dill-Bergland aufgrund der Entfernung zur Quelle nicht zu realisieren und werde daher nicht weiter berücksichtigt. Zudem wird darauf verwiesen, dass die beiden letzten Klassen, die sehr stark verschmutzte Gewässer charakterisieren, zusammengefasst wurden. Bei den Erklärungen wird dem Befragten zusätzlich eine Übersicht der Güteklassen vorgelegt, anhand der er den Ausführungen folgen kann.

Zuletzt wird dem Befragten erklärt, dass für die Umsetzung des Konzepts der Honorierung ökologischer Leistungen von allen Haushalten ein bestimmter Betrag zu entrichten wäre, damit der Rückzug der Landwirtschaft verhindert werden kann. Abhängig von der Höhe dieses Betrages könne somit eine bestimmte Kombination von Artenvielfalt, Fließgewässerqualität und Landschaftsbild erhalten bzw. realisiert werden. Dieser Betrag werde in einen Fonds eingezahlt, der zur Realisierung der verschiedenen Zustände der Landschaftseigenschaften genutzt würde. Dem Befragten werden an dieser Stelle die jährlichen Beträge (vgl. Tabelle 16) genannt und ihm erklärt, dass ihm im Folgenden verschiedene Landschaftsoptionen vorgelegt werden, aus denen er sich jeweils seine bevorzugte Option auswählen möge. Zur Verdeutlichung wird ihm der in Abbildung 16 dargestellte Choice Task vorgelegt und darauf hingewiesen, dass jede Option zumeist mindestens eine Eigenschaft mit einer unerwünschten oder weniger erwünschten Ausprägung aufweise, was die Entscheidung zumeist schwierig gestalte. Dabei bestünde für ihn in jeder Auswahlsituation auch die Option nicht einzugreifen, was dann aber den Rückzug der Landwirtschaft mit den zuvor geschilderten Konsequenzen zur Folge hätte. Da diese Option einer Nicht-Honorierung der ökologischen Leistungen entspräche, wäre somit auch kein jährlicher Betrag zu entrichten.

Sofern in der Fragebogenversion das Cheap Talk Skript beinhaltet ist (bei allen Befragten in Gießen und der Hälfte der Befragten in Dillenburg), wird der Befragte an dieser Stelle darauf hingewiesen, dass die Erfahrungen mit ähnlichen Untersuchungen gezeigt haben, dass Menschen in Befragungen oft anders antworten, als sie tatsächlich handeln würden. Sie gäben häufig eine Zahlungsbereitschaft an, die über dem Betrag liegt, den sie unter realen Bedingungen zu zahlen bereit wären. Dieses Phänomen in Befragungen werde als eine hypothetische Verzerrung bezeichnet und sei dadurch zu erklären, dass Menschen, wenn sie danach gefragt werden, sich für etwas Gutes einzusetzen in einem ersten Impuls in einer Befragung zumeist sagen *natürlich würde ich helfen und ich wäre bereit den Betrag zu zahlen*. Falls die Abstimmung aber dann real wäre und eine tatsächliche Zahlung erfordert, würden sie oft anders denken und ihr zur Verfügung stehendes Budget berücksichtigen: *Wenn ich das Geld für dieses Projekt ausgebe, dann steht es mir für andere Zwecke nicht mehr zur Verfügung*. Der Interviewer fordert den Befragten auf, die folgenden Auswahlsituationen genau so zu beantworten, als ob er den zugestimmten Betrag dann auch wirklich bezahlen müsste.

Die nun anschließenden Choice Tasks werden mittels des Software Programms Choice-Based-Conjoint Analyse (CBC-SYSTEM, 1985-2005) am Computer durchgeführt. Dem Befragten werden zunächst nochmals kurz die zuvor vorgestellten Ausprägungen der Eigenschaften angezeigt und erklärt, wie er sich per Mausklick für eine Option entscheiden kann. Außerdem wird dem Befragten auch eine Übersicht über alle Eigenschaften und Ausprägungen vorgelegt. Zusätzlich steht dem Befragten der Interviewer im Fall von Missverständnissen oder Problemen zur Seite, wobei er seine neutrale Rolle stets beibehält.

Auf den an dieser Stelle im Interview folgenden Abschnitt zur **kontingenten Bewertung** soll hier nicht näher eingegangen werden, da die Auswertung dieses Methodikteils nicht Gegenstand der Arbeit ist. Der Aufbau folgt eng dem Fragebogendesign zur Artenvielfalt aus der Arbeit von WRONKA (2004, S. 112ff). Jedoch wird in der Studie nur das Artenrückgang-Szenario von einer aktuellen Artenvielfalt von 690 Arten auf 210 Arten bewertet. Alle Befragten erhalten dazu die identischen Informationen sowohl in graphischer als auch verbaler Form. Dazu werden die Ausführungen und Unterlagen zur Artenvielfalt für die Erläuterungen des Choice Experiments genutzt.

Im Anschluss an die Beantwortung der Auswahlentscheidungen werden dem Befragten zu diesem Teil zehn **Debriefingfragen** gestellt. Dabei wird abgefragt, wie interessant der Befragte diesen Teil fand, wie schwierig er die Beantwortung der ersten bzw. letzten Auswahlentscheidungen empfunden hat und ob die Anzahl der Entscheidungssituationen angemessen war. Zudem soll er angeben, ob die zuvor gegebenen Informationen für eine überlegte Entscheidung ausreichend waren und für wie umfangreich er die Informationen hielt. Weiterhin wird erfragt, ob ihm der Unterschied zwischen Mulch- und Grasflächen wichtig war und ob er bei der Auswahl auch zwischen diesen beiden unterschieden hat. Außerdem hat er die Möglichkeit, ihm fehlende wichtige Eigenschaften von Kulturlandschaft zu benennen und er wird gebeten die Eigenschaften ihrer Wichtigkeit bei der Auswahl für eine Option nach in eine Rangfolge zu bringen. Diese Debriefingfragen dienen dazu nochmals Informationen über das Entscheidungsverhalten des Befragten bei den Auswahlsituationen zu erhalten. Sie geben zudem Aufschluss darüber, ob dem Befragten die gegebenen Informationen ausreichend für eine Entscheidung waren und für wie schwierig er die Entscheidungen am Computer hielt. Weiterhin können auf diese Weise detailliertere Informationen zum Studiendesign gewonnen werden. Debriefingfragen stellen daher einen festen Bestandteil in empirischen Studien dar.

Die folgenden **Debriefingfragen für die Gesamtbewertung** zielen darauf ab zu erfahren, inwiefern der Befragte selbst solche Befragungen für geeignet hält um die

Wertschätzung für Umweltgüter zu ermitteln, um so Aufschluss über deren Akzeptanz zu erlangen.

Die **soziodemographischen Variablen** erfassen schließlich u. a. das Alter des Befragten (Angabe des Geburtsjahres), seinen Familienstand, den Haushaltstyp, in dem er lebt, und welche Personen ggf. mit ihm im Haushalt leben, seine Spendenbereitschaft, etwaige Mitgliedschaften in Umweltorganisationen, seinen schulischen Abschluss, die berufliche Tätigkeit und das Nettoeinkommen des Haushaltes. Sie dienen in kontingenten Bewertungen vor allem als potentielle Erklärungsvariablen, werden aber auch im Zuge der Choice Experimente auf ihren Erklärungsgehalt hin untersucht.

Der Interviewer ergänzt schließlich nach dem Interview noch das Geschlecht des Befragten, die Dauer des Interviews sowie die Interview-Atmosphäre und die Antwortbereitschaft des Befragten. Er wird zudem um eine Einschätzung gebeten, ob er Probleme mit dem Choice Experiment oder der kontingenten Bewertung hatte und ob es ggf. weitere Problembereiche gab. Diese Vorgehensweise kann weitere Informationen über die Qualität der Antworten des Befragten offenlegen und stellt eine wichtige Informationsquelle dar. Dabei steht vor allem die Frage im Mittelpunkt, inwiefern der Befragte mit der komplexen Bewertungsthematik der beiden Methoden zurechtkam.

7.1.3 Pretest des Fragebogens

Die Entwicklung des Fragebogens fand im Zeitraum von Juni bis Oktober 2004 statt. Bei der inhaltlichen Ausgestaltung wurde sich neben den Erkenntnissen aus der internationalen Literatur (vgl. Kapitel 5) auch an der Arbeit von SCHMITZ et al. (2003a) sowie an der Forschungsarbeit mit Riccardo SCARPA orientiert. Bei der Auswahl der Eigenschaften und der Ausprägungen erfolgte eine intensive Zusammenarbeit mit den jeweiligen Teilprojekten des SFB 299, die vor allem bei der Festlegung der Ausprägungen für das Landschaftsbild, der Erstellung der Landschaftsbilder und der Erarbeitung der Güteklassen bzw. der Zusammenstellung der dazu gehörigen Informationen maßgeblich beteiligt waren. Bei der Ausgestaltung des Choice Experiments standen die Mitarbeiter des Instituts für Agrarpolitik und Marktforschung und Studenten der Agrarpolitik-Vorlesung für einen Pretest im November 2004 zur Verfügung. Dabei wurden außerdem unterschiedliche Versionen in Bezug auf die Reichweite der Preisvariable untersucht, die schließlich anhand der Ergebnisse von SCHMITZ et al. (2003a), MÜLLER (2002) und WRONKA (2004) sowie den Ergebnissen des Pretests festgelegt wurde. Das Design wurde anschließend nochmals überarbeitet. Ein weiterer Pretest fand im Rahmen der Interviewer-Schulungen Ende November 2004 statt, wobei nur noch geringfügige Änderungen eingearbeitet wurden. Wichtig war an dieser Stelle vor allem die Überprüfung der Interviewdauer, die nicht mehr als 60 Minuten betragen sollte.

Die bereits vorliegenden Erfahrungen mit dem Artenvielfalts-Szenario sowohl für das Choice Experiment als auch bei der kontingenten Bewertung erwiesen sich bei der Entwicklung des Fragebogens und hier speziell bei der Ausgestaltung des Informationsteils der Eigenschaften als vorteilhaft.

Nachdem sich der Fragebogen auch bei den ersten 40 Interviews am ersten Befragungstag im Dezember 2004 in Dillenburg und Gießen bewähren konnte, wurde er ohne weitere Änderungen für die folgenden Interviews übernommen.

7.1.4 Befragungsorganisation und -durchführung

Die Befragung wurde in Form von persönlichen Interviews durchgeführt. Dieses Vorgehen ist bei komplexen Fragestellungen, wie sie in der kontingenten Bewertung mit dem Artenvielfalts-Szenario und dem Choice Experiment mit der Bewertung von unterschiedlichen Landschafts-Optionen erfolgt, zu empfehlen. In der Literatur findet sich jedoch auch eine Reihe von schriftlichen Befragungen. Jedoch können bei dieser Befragungsform möglicherweise auftauchende Fragen nicht wie in einem persönlichen Interview durch den Interviewer geklärt werden. Zudem eröffnet das persönliche Interview einen größeren Spielraum bzgl. der Informationsvermittlung. Während in der schriftlichen Befragung alle Informationen mit dem Fragebogen vermittelt werden müssen, kann in einem persönlichen Interview bspw. auch ein Informationsfilm gezeigt werden oder zwischen vorgetragenen Informationsblöcken und präsentiertem Informationsmaterial variiert werden[85].

Für die eigene Untersuchung wurde dabei nicht zuletzt wegen der guten Erfahrungen auf die persönlichen Interviews zurückgegriffen. Wie auch schon WRONKA (2004) erläutert, wurden in dem Untersuchungsgebiet bereits eine Reihe von Studien durchgeführt, so dass die Bereitschaft an einer weiteren Befragung teilzunehmen, als eher gering eingestuft werden musste. Dabei hat sich vor allem das spontane Durchführen von Interviews an der Haustür der Befragten nicht als geeignete Methode herausgestellt. Auch in der Untersuchung von MÜLLER (2002) erwies es sich als schwierig, eine entsprechende Anzahl von Befragten zu gewinnen. Daher wurden die Befragten vorab durch ein persönliches Anschreiben von der Durchführung der Studie informiert. Ebenso wurden in der regionalen Presse zeitgleich kurze Ankündigungen der Studie geschaltet, die über den Inhalt und den Verantwortlichen der Untersuchung informierten. Mit diesen Maßnahmen sollte eine bessere Akzeptanz der Untersuchung erzielt werden.

Vor allem das persönliche Anschreiben sollte die Befragten zu einer Teilnahme an der Befragung motivieren. Dazu wurde betont, dass eine persönliche Beteiligung an

85 Eine ausführliche Darstellung der unterschiedlichen Befragungsformen mit ihren Vor- und Nachteilen findet sich in Kapitel 5.2.4.

der Untersuchung wichtig und ebenfalls politisch relevant sei. Außerdem wurde den angeschriebenen Personen versichert, dass alle Fragen einfach zu beantworten seien und kein spezielles Fachwissen erfordere. Weiterhin würden sie während der Befragung interessante Informationen zu ihrer Gemeinde erfahren. Zuletzt wurde ihnen mitgeteilt, dass sie für ihre Teilnahme eine finanzielle Aufwandsentschädigung (15 €) erhalten würden. Das Anschreiben enthielt außerdem Angaben über den Befragungsort und die etwaige Dauer des Interviews (45 Minuten). Alle Anschreiben wurden vom Studienleiter und dem Bürgermeister unterzeichnet, um auf diese Weise die Seriosität der Untersuchung zu unterstreichen. Besonders interessierte Personen konnten sich auf das Schreiben hin im Institut für Agrarpolitik und Marktforschung melden um einen Interviewtermin auszumachen. Andernfalls wurde im Anschreiben ebenfalls angekündigt, dass sich für eine Terminvereinbarung ein Mitarbeiter des Instituts telefonisch melden werde.

Um für die Befragung einen neutralen Ort zu wählen, wurden die Interviews in den Räumlichkeiten der Gemeinde (in Dillenburg im Ordnungsamt) bzw. in den Büros des Instituts für Agrarpolitik und Marktforschung (in Gießen) durchgeführt. Darüber hinaus wurde den angeschriebenen Personen ebenfalls die Möglichkeit angeboten, das Interview zu Hause zu führen, falls sie es sich nicht einrichten konnten, in die Gemeinderäume bzw. das Institut zu kommen. Der zeitliche Aufwand für ein Interview wurde mit ca. 45 Minuten angegeben.

Aufgrund der weniger guten Erfahrungen in der Studie von MÜLLER (2002), in der die Interviewer je Interview bezahlt wurden und ebenfalls für die Terminabsprache verantwortlich war, wurde für die eigene Untersuchung die Terminvereinbarung zentral von der Studienleitung übernommen. Die Interviewer wurden daher auf Stundenbasis bezahlt mit einem Stundenlohn von 9 €, der etwa dem aktuellen Stundenlohn für eine studentische Hilfskraft entspricht. Auf diese Weise konnte zum einen dem Fälschen von Daten vorgebeugt werden und zum anderen ließen sich mögliche Motivationsprobleme der Interviewer vermeiden. Außerdem sollte durch dieses Vorgehen eine hohe Antwortquote realisiert werden, wie sie in der Arbeit von WRONKA (2004) erreicht werden konnte. Als Interviewer waren zum einen studentische Hilfskräfte und Mitarbeiter des Instituts für Agrarpolitik und Marktforschung tätig. Zum anderen konnten für die Mitarbeit Studenten gewonnen werden, die bereits erfolgreich an der Befragung von SCHMITZ et al. (2003a) als Interviewer beteiligt waren.

In der Zeit vom 1. bis 4. und 6. bis 11. Dezember 2004 wurden jeweils zwischen 9 Uhr und 20 Uhr Termine für die Interviews vergeben. Auf diese Weise sollte es auch berufstätigen Personen ermöglicht werden an der Befragung teilzunehmen. Von dem Angebot am Samstag einen Termin auszumachen wurde jedoch nur in wenigen Fällen in Dillenburg Gebrauch gemacht, so dass die Interviews überwiegend an acht Befragungstagen durchgeführt wurden. In den Räumlichkeiten des Ordnungsamts in Dillenburg wurden für die Befragung vier Büroräume und ein großer

Flur zur Verfügung gestellt. Bei Engpässen konnten somit bis zu fünf Interviews parallel stattfinden. Zudem befanden sich stets genügend Interviewer vor Ort, um auch einen Haustermin wahrnehmen zu können, so dass in Abhängigkeit von der Tagesplanung bis zu sechs Interviewer und der Studienleiter vor Ort waren. Für die in Gießen stattfindenden Interviews standen bis zu acht Büroräume zur Verfügung. Auch hier wurden bei Bedarf die Interviews bei den Befragten zu Hause durchgeführt.

Wie auch ausdrücklich von DIEKMANN (2000, S. 363) empfohlen, wurde der zeitliche Aufwand für die Teilnahme an der Befragung mit 15 € je Interview entlohnt. Wenn der Befragte zu Hause interviewt wurde, konnte jedoch aufgrund des höheren Aufwands lediglich eine Pauschale von 10 € gezahlt werden. Insgesamt lassen auch die eher geringen Antwortquoten in der Untersuchung von MÜLLER (2002) darauf schließen, dass die Bereitschaft etwa 60 Minuten – ohne eine entsprechende (finanzielle) Entschädigung – für eine Befragung zu opfern, nur bei einem geringen Prozentsatz der Bevölkerung gegeben ist[86].

Alle Interviewer nahmen Ende November 2004 an einer Schulung im Institut für Agrarpolitik und Marktforschung teil. Dabei wurde ihnen der Fragebogen ausführlich vorgestellt und etwaige Verständnisprobleme konnten geklärt werden. Im Anschluss an die Besprechung bekamen die Interviewer die Gelegenheit sich gegenseitig zu interviewen. Auf diese Weise konnten sich die Interviewer weiter mit dem Fragebogen vertraut machen und bei möglichen Schwierigkeiten nochmals mit dem Studienleiter Rücksprache halten. Darüber hinaus wurden sie gebeten, den Fragebogen nochmals mit einer weiteren Person aus ihrem Umfeld in einem Übungsinterview durchzugehen.

Da dem Interviewer innerhalb des Interviews eine bedeutende Rolle zukommt und hierdurch eine Vielzahl von Verzerrungen verursacht werden können, kam der Schulung der Interviewer bzgl. ihres Verhaltens während des Interviews eine besondere Rolle zu. Dazu wurde ihnen auch das von SCHNELL et al. (1999, S. 301f) formulierte ideale Interviewerverhalten erläutert: „Der Interviewer muss versuchen, seine eigene Einstellung zum Untersuchungsgegenstand zu verbergen. Er sollte kein Befremden oder Missbilligung über irgendetwas zeigen, was der Befragte sagt, und auch nicht enthusiastisch nicken, wenn der Befragte die eigenen Ansichten des Interviewers zum Ausdruck bringt. Es hat sich als wirksamer Kompromiss herausgestellt, dass der Interviewer eine Haltung freundlichen Gewährenlassens einnimmt. Er lacht über die Witze des Befragten, er macht Ausrufe, wenn der Befragte etwas sagt, was offen-

86 Während tendenziell davon auszugehen ist, dass bei fehlender Entlohnung einer Interviewteilnahme hauptsächlich die Personen mit einem höheren Interesse an der Thematik in der Stichprobe vertreten sind, können durch die finanzielle Entschädigung auch weitere Personen für die Teilnahme gewonnen werden, die ansonsten einem Interview nicht zugestimmt hätten.

sichtlich Erstaunen erregen soll und macht unterstützende Bemerkungen. Er vermeidet jedoch gewissenhaft eine direkte Zustimmung oder Ablehnung der Einstellungen des Befragten."

7.1.5 Definition der Grundgesamtheit und Erhebung der Stichprobe

Die relevante Grundgesamtheit der Erhebung war bereits durch die Anforderungen des SFB 299 eindeutig definiert. Dabei sollte eine Zweiteilung der Stichprobe einen Vergleich der Wertschätzungen der in der Stadt Dillenburg lebenden Bevölkerung innerhalb des Untersuchungsgebietes des SFB 299 (vgl. Abbildung 1) mit derjenigen der Stadt Gießen und damit außerhalb des Untersuchungsgebietes lebenden Bevölkerung ermöglichen.

Die Grundgesamtheit bilden somit alle Haushalte in den beiden Städten Dillenburg und Gießen. Dabei sollten die Wertschätzungen erneut auf Haushaltsebene und nicht je Individuum erhoben werden. Auf diese Weise kann auch ein Vergleich der Ergebnisse mit vorhergehenden Arbeiten im SFB 299 vorgenommen werden (SCHMITZ et al., 2003a und WRONKA, 2004).

Für die Erhebung der Stichprobe wurden von der Stadt Gießen 1.000 Datensätze von Personen mit Erstwohnsitz in Gießen im Alter zwischen 18 und 75 Jahren erworben. Die Stadt Dillenburg stellte ebenfalls einen 1.000 Adressen umfassenden Datensatz von in Dillenburg gemeldeten Personen im Alter zwischen 18 und 75 Jahren zur Verfügung. Die Datensätze umfassten jeweils den Namen, Vornamen, Geschlecht der Person, Straße und Postleitzahl sowie ggf. den Stadtteil.

Sowohl in Gießen als auch in Dillenburg wurden aus den Daten jeweils 700 Personen mittels einer Zufallsstichprobe ausgewählt und angeschrieben. Zur Vermeidung von Mehrfacherhebungen je Haushalt wurde jeweils nur eine Person angeschrieben, wenn Nachname und Adresse im Datensatz mehr als einmal enthalten waren.

7.1.6 Statistik der Stichprobenerhebung

Im Zeitraum vom 1. bis 11. Dezember wurden in Gießen und Dillenburg insgesamt 399 Interviews geführt (vgl. auch Tabelle 20). Tabelle 19 gibt eine Übersicht über die Beteiligung an der Befragung in Abhängigkeit von den angeschriebenen Personen (Antwortquote 1) bzw. den erreichten Personen (Antwortquote 2). Aufgrund der guten Qualität der Datensätze der Einwohnermeldestatistik gab es nur wenige nicht zustellbare Anschreiben (knapp 1 %). Jedoch meldete sich nur ein geringer Teil der angeschriebenen Personen auf das Anschreiben, um einen Termin für das Interview auszumachen (weniger als 5 %). Der Großteil der Befragten konnte durch den Rückruf eines Institutsmitarbeiters zur Teilnahme an der Befragung gewonnen werden. Bei den Telefonaten gab es nur in seltenen Fällen Probleme bzw. Misstrauen bzgl.

der Befragung. Teilweise gaben die Personen zudem an, auch bereits in der Zeitung von der Durchführung der Studie gelesen zu haben.

Positiv wirkte sich in diesem Zusammenhang auch die Wahl eines neutralen Befragungsortes aus. Bis auf wenige Ausnahmen kannten alle Personen in Dillenburg die Gebäude des Ordnungsamtes und konnten problemlos dorthin finden. In Gießen kannten zwar wenige Personen das Universitätsgebäude, in dem das Institut für Agrarpolitik und Marktforschung untergebracht ist, jedoch erwiesen sich hier die zentrale Lage in der Stadt und die gegebenen Parkmöglichkeiten als positiv, so dass eine Anfahrtsbeschreibung am Telefon in der Regel ohne Probleme erfolgen konnte.

Etwa 48 % der angeschriebenen Personen in Gießen und 42 % in Dillenburg waren telefonisch nicht erreichbar, der größte Teil (jeweils etwa 75 %) dieser Personen verfügte über keinen Eintrag im Telefonbuch und konnte daher telefonisch nicht nochmals angesprochen werden. Als häufigsten Grund, nicht an der Befragung teilnehmen zu können, führten die angerufenen Personen den vorweihnachtlichen Stress an.

Insgesamt ergab sich bezogen auf die erreichten Personen eine bereinigte Antwortquote von etwa 51 % in Gießen und knapp 57 % in Dillenburg (Antwortquote 2). Legt man die Gesamtheit aller angeschriebenen Personen zugrunde, liegt die Antwortquote bei knapp 27 % in Gießen und bei 30 % in Dillenburg (Antwortquote 1).

Die Antwortquote liegt damit insgesamt zwar niedriger als in der nahezu identisch konzipierten Studie von WRONKA (2004), kann jedoch als akzeptabel beurteilt werden. Ungünstig auf die Antwortquote wirkte sich vor allem der Zeitpunkt der Studie aus, der in der Adventszeit lag. Auch sorgte der Umstand, dass sich immer weniger Personen im Telefonbuch eintragen lassen und somit nicht nochmals telefonisch kontaktiert werden konnten, für Erschwernisse bei der telefonischen Rücksprache. Möglicherweise ist jedoch auch das Interviewentgelt mit 15 € mittlerweile zu gering angesetzt, so dass auch aus diesem Grund nicht mehr so viele Personen zu einer Teilnahme motiviert werden konnten.

Als positiv ist an dieser Stelle jedoch anzumerken, dass die angeschriebenen Personen sich in der Regel persönlich angesprochen fühlten und selbst zum Interviewtermin erschienen. Die Befürchtung, dass vor allem erwachsene Kinder, die noch im Haushalt leben, zum Interview geschickt würden, weil diese die geringeren Opportunitätskosten aufweisen oder „sich ein Taschengeld dazu verdienen" können, erwies sich somit als unbegründet. Der Großteil der Befragten brachte sogar das Anschreiben mit zum Interviewtermin.

Tabelle 19: Antwortquoten in den Befragungsgemeinden

	Gießen		Dillenburg	
	Anzahl	Anteil	Anzahl	Anteil
Verschickte Anschreiben	700	100,0 %	700	100,0 %
Nicht erreichbar	359	51,3 %	327	42,4 %
davon ohne Telefon	268	74,7 %	246	75,2 %
Antwortquote 1 (bezogen auf verschickte Anschreiben)		26,6 %		30,4 %
Antwortquote 2 (bezogen auf erreichte Personen)		54,5 %		57,1 %

Quelle: Eigene Berechnungen

Der Großteil der Interviews wurde in den Gemeinderäumen des Ordnungsamtes in Dillenburg bzw. in Gießen in den Büros des Instituts für Agrarpolitik und Marktforschung geführt, nur 7,5 % der Befragten in Gießen und 4,7 % der Befragten in Dillenburg machten von dem Angebot Gebrauch, das Interview zu Hause zu geben (vgl. Tabelle 20). Dabei handelte es sich zumeist entweder um ältere Personen, die nur noch eingeschränkt mobil waren, oder um Hausfrauen, die aufgrund von kleineren Kindern keinen Termin in den Instituts- oder Gemeinderäumen wahrnehmen konnten.

Insgesamt äußerten sich viele Befragte positiv über den Befragungsort, den sie als neutral wahrnahmen und sie somit für das Interview auch keine fremde Person in die eigenen Räume bitten mussten. Sowohl in Gießen als auch in Dillenburg konnten die Interviews ungestört und anonym in den jeweiligen Büros geführt werden.

Wie auch schon in der Arbeit von WRONKA (2004) angemerkt wird, ist ein weiterer Vorteil des neutralen Befragungsortes gegenüber Hausbesuchen auch darin zu sehen, dass die befragte Person ungestört antworten kann und keine weiteren Familienangehörigen sich in das Interview einmischen und ihre Meinung einbringen.

Tabelle 20: Wahl der Befragungsorte in den Gemeinden

	Gießen		Dillenburg	
	Anzahl	Anteil	Anzahl	Anteil
Institut/Gemeinderäume	172	92,5 %	203	95,3 %
Hausbesuch	14	7,5 %	10	4,7 %
Gesamt	186	100,0 %	213	100,0 %

Quelle: Eigene Berechnungen

Neben der Antwortquote wird auch die Antwortbereitschaft als Qualitätsmaß für die Güte der erhobenen Daten betrachtet. Die Interviewer wurden im Anschluss an das Interview aufgefordert, die Antwortbereitschaft von gut, über mittel bis schlecht einzustufen. Tabelle 21 gibt einen Überblick über die Antwortbereitschaft in Gießen und Dillenburg.

Tabelle 21: Antwortbereitschaft der Befragten

	Gießen		Dillenburg	
	Anzahl	Anteil	Anzahl	Anteil
Gute Antwortbereitschaft	172	92,5 %	200	93,9 %
Mittlere Antwortbereitschaft	11	5,9 %	11	5,2 %
Schlechte Antwortbereitschaft	3	1,6 %	2	0,9 %

Quelle: Eigene Berechnungen

In beiden Befragungsorten wird mehr als 90 % der Befragten eine gute Antwortbereitschaft attestiert, die in Dillenburg mit knapp 94 % noch höher als in Gießen mit 92,5 % liegt. Eine schlechte Antwortbereitschaft wird hingegen nur weniger als 1 % (in Dillenburg) bzw. weniger als 2 % (in Gießen) bescheinigt. Es lassen sich somit keine statistisch signifikanten Unterschiede bei der Antwortbereitschaft zwischen den Befragten in Gießen und Dillenburg finden.

Die insgesamt gute Antwortbereitschaft kann als Indiz für das Bemühen der Befragten gewertet werden, sich auf die Fragestellung einzulassen und die Fragen nach bestem Wissen zu beantworten. Dies ist möglicherweise auch auf die finanzielle Honorierung der Interviews zurückzuführen, durch die sich die Befragten quasi in der Pflicht sahen, die Fragen gewissenhaft und wahrheitsgemäß zu beantworten. Auch die Auswertung der Interviewer-Frage, ob die Befragten nach dem Eindruck des Interviewers das Szenario des Choice Experiments verstanden hatten, unterstreicht diesen Rückschluss. Bei 94,4 % der Befragten in Dillenburg und bei 95,7 % der Befragten in Gießen hatten die Interviewer den Eindruck, dass diese das Szenario verstanden hatten. Verständnisschwierigkeiten finden sich eher bei älteren Personen, denen die Fragestellung womöglich zu komplex oder das Interview insgesamt zu lang war.

Auch die Debriefingfrage nach dem Empfinden der Befragten bzgl. der Beantwortung der Choice Tasks zeigt, dass die Beantwortung des ersten Choice Tasks etwa die Hälfte aller Befragten sehr schwierig oder schwierig fand. Bei der Beantwortung des letzten Choice Tasks fanden jedoch bereits mehr als 70 % der Befragten den Bewertungsprozess als „normal" oder „leicht". Dies spricht dafür, dass die Befragten nach einer Eingewöhnung an die Art der „Fragestellung" mit der Beantwortung der Choice Tasks nicht überfordert waren.

Bezüglich der Repräsentativität der Stichprobe lassen sich aufgrund der Hessen- bzw. Gemeinde-Statistik nur Aussagen bzgl. der Einkommensstruktur und des Geschlechterverhältnisses machen (vgl. Tabelle 22).

Während für die Gemeinde-Statistik nur Daten für die Geschlechterverteilung zum 31. Dezember 2003 vorliegen, können auf Basis der Hessen-Statistik die Daten zum 31. Dezember 2004 herangezogen werden. Wie zu sehen ist, können sowohl für das Netto-Einkommen je Haushalt und das Geschlechterverhältnis keine signifikanten

Unterschiede für die Gießener oder Dillenburger Stichprobe festgestellt werden[87]. Jedoch lässt sich feststellen, dass in beiden Städten mehr Frauen an der Befragung teilgenommen haben als anteilig in der Bevölkerung zu finden sind. Jedoch ist diese Abweichung statistisch nicht signifikant.

Tabelle 22: Repräsentativität der Stichprobe bzgl. Einkommen und Geschlechterverhältnis

	Netto-Einkommen (je Haushalt)			Geschlechterverhältnis			
	Stichprobe	Hessen-Statistik[a]		Stichprobe	Hessen-Statistik[a]	Gemeinde-Statistik[b]	
Dillenburg	1898 €*	1900 €	n.s.	42,7 % 57,3 %	49 % männl. 51 % weibl.	48,6 % männl. 51,4 % weibl.	n.s.
Gießen	1865 €*	1900 €	n.s.	45,7 % 54,3 %	49 % männl. 51 % weibl.	48,0 % männl. 52,0 % weibl.	n.s.

Anm.: n.s. = (Unterschied) nicht signifikant; [a] Stichtag 31. Dezember 2004; [b] Stichtag 31. Dezember 2003; *In Gießen haben sieben Personen und in Dillenburg neun Personen das Einkommen nicht angegeben.

Quelle: Eigene Berechnungen und HESSISCHES STATISTISCHES LANDESAMT, 2004 und 2005

Zusammenfassend lässt sich festhalten, dass die Organisation und Durchführung der Befragung sowohl von Seiten der Befragten als auch durch die Interviewer als sehr positiv beurteilt wurde. Dies zeigt sich zum einen an der hohen Antwortbereitschaft der teilnehmenden Personen, zum anderen waren auch die Interviewer sehr motiviert. Dies lässt sich sicherlich auch auf die Entbindung der Interviewer von der Terminvereinbarung zurückführen. Die bereinigten Antwortquoten liegen ebenfalls in einem akzeptablen Bereich, jedoch lässt sich der Zeitpunkt der Befragung als eher ungünstig festhalten, da – wie bereits angemerkt – eine Reihe von Absagen mit dem erhöhten Stress in der Vorweihnachtszeit begründet wurden. Dennoch weisen die Stichproben in Dillenburg und Gießen keine signifikanten Abweichungen von der hessischen Statistik auf und können – bezogen auf das Einkommen und das Geschlechterverhältnis – als repräsentativ gewertet werden.

7.2 Ergebnisse der Choice Experiment Studie

Im folgenden Kapitel werden die wesentlichen inhaltlichen Ergebnisse der vorliegenden Arbeit vorgestellt, wobei sich die Darstellung auf den Choice Experiment Teil der Erhebung konzentriert. Zunächst wird auf die Bedeutung der Landschaftsfunktionen für den Auswahlprozess eingegangen, die sich in Form der relativen Wichtigkeiten angeben lässt. Es schließt sich die Darstellung der Modellergebnisse für Dil-

87 Da in der Gemeinde- und der Hessen-Statistik die Altergruppe der 15-65jährigen zusammengefasst wird, während in der Studie nur volljährige Einwohner befragt wurden, wird die Altersstruktur der Stichprobe hier nicht näher untersucht.

lenburg und Gießen an, wobei die Koeffizienten der berechneten Logit Modelle eingehend betrachtet und daraus die Präferenzen für die einzelnen Ausprägungen der Landschaftsfunktionen abgeleitet werden. Die Höhe der Präferenzen wird anschließend ebenfalls in monetärer Form, durch die impliziten Preise, ausgewiesen. Danach erfolgt auf Basis der Ergebnisse der zuvor vorgestellten Logit Modelle die integrierte Bewertung von Landschaftsszenarien. Eine Zusammenfassung der wichtigsten Ergebnisse schließt das Kapitel ab.

7.2.1 Relative Wichtigkeiten der Landschaftsfunktionen

Im Folgenden werden nun die wesentlichen Ergebnisse des Choice Experiments vorgestellt, mittels derer die Bewertung der Fließgewässerqualität, der Artenvielfalt und des Landschaftsbildes vorgenommen wurde. Für die Auswertung der 399 geführten Interviews standen insgesamt 3.586 Choice Tasks zur Verfügung. Unberücksichtigt blieb der fixe Choice Task, der in jedem Interview identisch war.

Die relativen Wichtigkeiten der einzelnen Eigenschaften geben Aufschluss über deren Bedeutung für die Auswahl einer Option. Abbildung 20 gibt einen Überblick über die relativen Wichtigkeiten für die gesamte Stichprobe und differenziert für die beiden Befragungsorte Dillenburg und Gießen. Es lässt sich erkennen, dass sowohl für die gesamte Stichprobe als auch in Dillenburg und Gießen der Fließgewässerqualität die höchste Bedeutung bei der Auswahl einer Option zukommt. Während in Dillenburg das Landschaftsbild als zweitwichtigste Eigenschaft zu nennen ist, liegt für die Gießener Stichprobe die Bedeutung der Artenvielfalt bei der Auswahl für eine Option noch vor dem Landschaftsbild. Für die gesamte Stichprobe liegt der Preis mit weniger als 18 % an letzter Stelle. Das Landschaftsbild ist nach der Fließgewässerqualität und vor der Artenvielfalt die zweitwichtigste Eigenschaft. Unterschiede zwischen den Befragungsorten sind ebenfalls bei der Bedeutung des Preises zu erkennen. Überraschenderweise wird dem Preis in Dillenburg mit etwa 20 % annäherend die gleiche Bedeutung beigemessen wie der Artenvielfalt mit knapp unter 20 %. Gerade für die Dillenburger Bevölkerung war vermutet worden, dass den Landschaftsfunktionen eine höhere Bedeutung beigemessen wird als dem Preis. In Gießen liegt die Bedeutung des Preises an letzter Stelle hinter dem Landschaftsbild. Dieses Ergebnis ist insofern überraschend, als dass davon ausgegangen wurde, dass die Dillenburger Bevölkerung zugunsten der Ausgestaltung der Landschaft dem Preis eine eher untergeordnete Rolle beimisst und die Gießener Befragten preissensibler entscheiden. Es bleibt jedoch festzuhalten, dass die Unterschiede zwischen den Gemeinden für die Artenvielfalt, das Landschaftsbild und den Preis sehr gering ausfallen.

Vergleicht man die Ergebnisse mit den Vorarbeiten im eigenen Teilprojekt des SFB 299, so zeigt sich wie auch bei SCHMITZ et al. (2003a) und MÜLLER (2002), dass der Wasserqualität die höchste relative Wichtigkeit zukommt[88]. Im Unterschied zu den früheren Arbeiten, bei denen die Trinkwasserqualität untersucht wurde, ist auch die Fließgewässerqualität die bedeutendste Eigenschaft für die Auswahl einer Option. Dies lässt sich mit der wichtigen Funktion des Wassers als Lebensmittel begründen, die möglicherweise auch indirekt bei der Bewertung der Fließgewässerqualität zum Tragen kommt. Wie auch schon die Ergebnisse von SCHMITZ et al. (2003a) zeigen, kommt der Artenvielfalt und dem Landschaftsbild annähernd die gleiche relative Wichtigkeit zu. Dies bestätigt sich auch in der eigenen Untersuchung bei Betrachtung der gesamten Stichprobe. Leichte Unterschiede weisen hingegen die Ergebnisse für Dillenburg auf, wo das Landschaftsbild eine höhere relative Wichtigkeit als die Artenvielfalt hat. Dieser Befund ist insofern nicht überraschend, da die Dillenburger Bevölkerung direkt von Veränderungen des Landschaftsbildes betroffen wäre, während die Gießener Befragten sich seltener im Lahn-Dill-Bergland aufhalten werden. In der Untersuchung von MÜLLER (2002) wurde zusätzlich mit der Wirtschaftskraft der Region eine ökonomische Eigenschaft erfasst, die nach der Trinkwasserqualität die zweithöchste relative Wichtigkeit aufwies, so dass das Landschaftsbild als drittwichtigste Eigenschaft identifiziert wurde.

Abbildung 20: Relative Wichtigkeiten der Eigenschaften

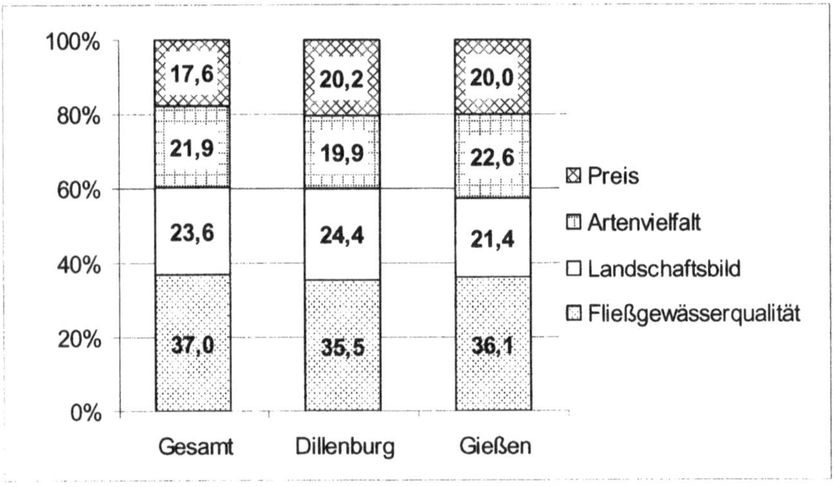

Quelle: Eigene Berechnungen

88 Bei SCHMITZ et al. (2003a) und MÜLLER (2002) wurde der Preis bei der Betrachtung nicht berücksichtigt. Für die eigene Untersuchung würden sich die relativen Wichtigkeiten der Eigenschaften entsprechend noch erhöhen. Die Rangfolge bliebe davon jedoch unberührt. Der Vergleich zielt aus diesem Grund nicht auf die prozentualen Anteile der jeweiligen Eigenschaften ab, sondern fokussiert auf die Rangordnungen.

Die Ergebnisse zu den relativen Wichtigkeiten spiegeln sich auch in den Antworten der Befragten zu der Frage wider, welche Umweltveränderungen sie in ihrer Umgebung wahrgenommen haben. Diese wurden in Form einer Hybridfrage mit den in Abbildung 21 angeführten sechs Antwortmöglichkeiten abgefragt. Hiermit sollte vor allem aufgedeckt werden, inwiefern den Befragten Veränderungen der Landbewirtschaftung und der Artenvielfalt aufgefallen sind.

Abbildung 21: Wahrnehmung von Umweltveränderungen (in % der Befragten)

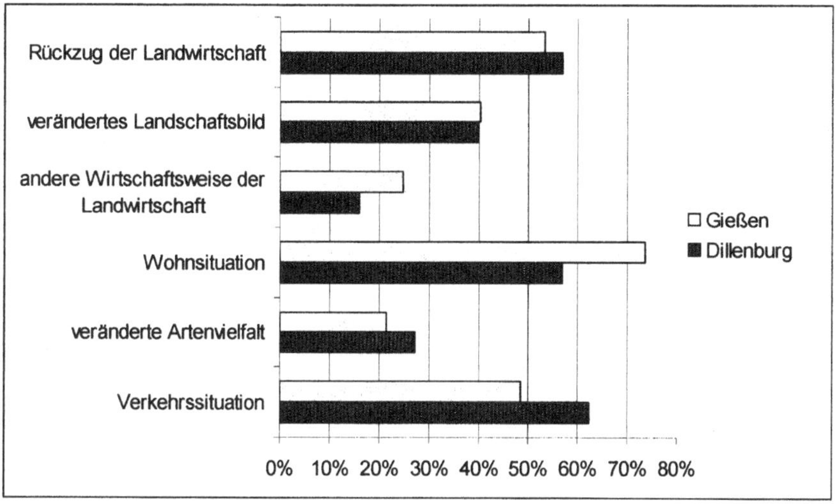

Quelle: Eigene Berechnungen

Aus Abbildung 21 wird ersichtlich, dass Veränderungen der Wohn- und Verkehrssituation in Gießen bzw. Dillenburg am häufigsten angegeben wurden (von über 70 % bzw. 60 % der Befragten). Die häufigere Nennung der Wohnsituation in Gießen ist dabei sicherlich auf die bereits gute Infrastruktur zurückzuführen. Sowohl in Gießen als auch in Dillenburg wird von etwa 55 % der Befragten der Rückzug der Landwirtschaft als wahrgenommene Umweltveränderung angegeben. Weitere 40 % der Befragten nehmen außerdem ein sich änderndes Landschaftsbild wahr. Dahingegen geben lediglich 27 % der Befragten in Dillenburg und knapp 22 % der Befragten in Gießen an, sich einer veränderten Tier- und Pflanzenvielfalt bewusst zu sein. Dies deutet darauf hin, dass ein Großteil der Befragten keinen direkten Zusammenhang zwischen (Art und Umfang der) Landbewirtschaftung und Artenvielfalt sieht. Dabei schätzen insgesamt 61,3 % der Befragten in Gießen und 66,7 % der Befragten in Dillenburg ihren Informationsstand bzgl. der Artenvielfalt als hoch oder mittel ein.

Zusammenfassend lässt sich an dieser Stelle festhalten, dass nur ein geringer Teil der Befragten sich näher mit den Zusammenhängen zwischen Landnutzung und Artenvielfalt auszukennen scheint, aber ein Großteil der Befragten spezifische Änderungen der Landnutzung wahrnimmt. Damit kann aufgezeigt werden, dass die Befragten im weitesten Sinne mit dem Bewertungsgut „Landnutzungsoptionen" vertraut sind bzw. sich bereits zuvor in irgendeiner Form mit diesem auseinandergesetzt haben.

7.2.2 Modellergebnisse des Choice Experiments

Die Daten eines Choice Experiments werden, wie in Kapitel 6 erläutert, mit den sogenannten Logit Modellen analysiert. Für den vorliegenden Datensatz wurden unterschiedliche Modelle auf ihren Erklärungsgehalt und die Eignung der Modellspezifikation untersucht. Erste Berechnungen mit einem Multinomialen Logit Modell konnten die Eignung des Modells bei Einbeziehung von soziodemographischen Variablen, die entweder mit der alternativenspezifischen Konstanten des Referenzszenarios oder dem Preis verknüpft werden, belegen. Der Hausman-Test für die IIA-Annahme konnte nicht verworfen werden, so dass das Multinomiale Logit Modell als geeignete Modellspezifikation angesehen werden kann. Zur Identifikation des besten Modells wurden ebenfalls Berechnungen auf Basis von Nested Logit Modellen durchgeführt. Für die Nested Logit Modelle wurde von zwei Nestern bzw. einem zweistufigen Entscheidungsprozess ausgegangen. Dabei wurde angenommen, dass sich die Befragten zunächst zwischen der Referenzoption bzw. dem Nicht-Handeln und einer der drei alternativen Optionen entscheiden. Sofern sie nicht das Referenzszenario wählen, wägen sie in einem zweiten Schritt zwischen den drei alternativen Optionen ab. Die berechneten Nested Logit Modelle weisen zwar ein im Vergleich zum Multinomialen Logit Modell höheres korrigiertes R^2 auf, jedoch konnte eine zweistufige Struktur des Modells durch einen Wald-Test für die IV-Parameter nicht belegt werden. In diesem Fall reduziert sich das Nested Logit Modell zum Multinomialen Logit Modell, das die geeignete Modellspezifikation darstellt.

Darüber hinaus wurden ebenfalls Berechnungen auf Basis eines Mixed Logit Modells durchgeführt. Grundgedanke des Mixed Logit Modells ist, dass für verschiedene Parameter Unterschiede in der Stichprobe vorliegen, die über eine Verteilungsfunktion für diese Parameter berücksichtigt werden können. Die Berechnungen wiesen jedoch lediglich für die Artenvielfalt und die Ausprägung „Acker- und Grünland ausgeglichen" der Eigenschaft Landschaftsbild eine signifikante Verteilung aus. Im Vergleich zum Multinomialen Logit Modell konnte jedoch keine bessere Modellgüte, gemessen am Log-Likelihood Wert und dem korrigierten Pseudo-R^2 erzielt werden. Da im Vergleich zum Multinomialen Logit Modell durch das Mixed Logit Modell kein besserer Erklärungsbeitrag geliefert werden kann, werden im Folgenden die Ergebnisse des Multinomialen Logit Modells vorgestellt[89]. Tabelle 23 zeigt die auf den Choice Experiment Daten basierenden Ergebnisse eines Multinomialen Logit Modells für Dillenburg und Gießen. Beide Modelle weisen mit einem korrigierten R^2 von 0,28 bzw. 0,27 einen für Logit Modelle guten Wert auf. Der Hausman-Test zur Überprüfung der IIA-Annahme (vgl. auch HENSHER et al., 2005, S. 519ff) weist für alle drei alternativen Optionen einen p-Wert größer als 0,05 auf, so dass die Hypothese gleicher Auswahlwahrscheinlichkeiten für die reduzierten Modelle nicht verworfen werden kann. Wie auch aufgrund des nicht von Eins verschiedenen IV-Parameters des Nested Logit Modells zu erwarten war, stellt das Multinomiale Logit Modell die richtige Modellspezifikation dar.

Für die Berechnung des Modells wurde eine lineare Spezifikation der quantitativen Variablen Preis und Artenvielfalt gewählt. Das Landschaftsbild und die Fließgewässerqualität wurden mit den jeweiligen Ausprägungen mittels einer Dummy-Kodierung berücksichtigt. Dazu wird jeweils eine Ausprägung nicht mit berechnet und der fehlende Wert auf Null gesetzt. Für die auszulassende Ausprägung der nicht quantitativen Variablen wurden die Ausprägungen, die das Referenzszenario beinhaltet, verwendet (nur Wald und Güteklasse 3). Wie auch bei der Effects-Kodierung von nichtquantitativen Variablen, kann auch bei der Dummy-Kodierung für die bei der Berechnung weggelassene Ausprägung kein t-Wert angegeben werden.

Bei den Modellberechnungen ergaben sich Schwierigkeiten bei der Eigenschaft Landschaftsbild. Bei der Berücksichtigung aller verbleibenden Ausprägungen der Eigenschaft Landschaftsbild konnte kein Modell berechnet werden, so dass eine weitere Ausprägung aus der Berechnung herausgenommen werden musste. Hierzu wurde die Ausprägung „Mulchflächen dominiert“ gewählt.

Die für die Berechnung des Modells ausgelassene Ausprägung beinhaltet für die Eigenschaft Landschaftsbild somit nicht nur die Ausprägung „nur Wald“, sondern ebenfalls die Ausprägung „Mulchflächen dominiert“. Der zugehörige Koeffizient in den Modellen setzt sich daher aus den zugrunde liegenden Präferenzen für beide Ausprägungen zusammen, und die Effekte können nicht isoliert betrachtet werden. Wie Tabelle 23 zu entnehmen ist, sind für das Dillenburger und Gießener Modell mit wenigen Ausnahmen alle geschätzten Koeffizienten signifikant.

Sowohl im Dillenburger als auch im Gießener Modell ist von den untersuchten Eigenschaften lediglich der Koeffizient für die Ausprägung „Güteklasse 4“ der Fließgewäs-

89 Eine weitere Schwierigkeit bei der Auswertung von Mixed Logit Modellen ist zudem in der Berechnung von impliziten Preisen und Konsumentenrenten zu sehen. Wenn die Vorteile des Mixed Logit Modells bzgl. der Verteilungsannahme für einzelne Parameter einbezogen werden, müssen bei den Berechnungen entsprechend die zuvor angenommenen Verteilungen der Parameter berücksichtigt werden. Dies ist vor allem dann problematisch, wenn für die Preisvariable eine Verteilung über die Stichprobe angenommen wird (HENSHER et al., 2005).

serqualität nicht signifikant[90]. Alle übrigen Ausprägungen sind auf dem 0,1 %-Niveau signifikant und haben die erwarteten Vorzeichen. Der Koeffizient für die Artenvielfalt weist ein positives Vorzeichen auf, wonach die Auswahlwahrscheinlichkeit einer Alternative mit einer höheren Artenvielfalt ansteigt. Positive Vorzeichen finden sich ebenfalls für die höheren bzw. besseren Fließgewässergüteklassen. Die positiven Vorzeichen der Ausprägungen „Ackerland dominiert", „Acker- und Grünland ausgeglichen" und „Grünland dominiert" belegen, dass alle Ausprägungen gegenüber den ausgelassenen Ausprägungen (nur Wald/Mulchflächen dominiert) bevorzugt werden.

Betrachtet man die Größenordnungen der geschätzten Parameter eingehender, so lässt sich festhalten, dass sowohl in Dillenburg als auch in Gießen die Auswahlwahrscheinlichkeiten für die Fließgewässerqualität mit steigender Güteklasse und somit schlechterer Qualität abnehmen und für die fünfte Güteklasse bereits negative Vorzeichen aufweisen. In beiden Modellen ist die Ausprägung „Güteklasse 4" nicht signifikant. Dies lässt vermuten, dass die Ausprägungen „Güteklasse 5" und „Güteklasse 6 und 7" eindeutig abgelehnt werden, während der Güteklasse 4 als Art „Zwischenklasse" zwischen verschmutztem und belastetem Wasser für die Befragten bei der Auswahl weder bewusst gewählt noch bewusst abgelehnt wurde. Vielmehr scheinen bei der Wahl oder Nicht-Wahl einer Option, die die Güteklasse 4 beinhaltete, die Ausprägungen der übrigen Eigenschaften maßgeblich gewesen zu sein.

Für die Eigenschaft Landschaftsbild kann eine eindeutige Ablehnung des nur Wald/Mulchflächen dominierten Landschaftsbildes festgehalten werden. Problematisch ist hier, dass die Präferenzen für beide Ausprägungen zusammen erfasst werden und sich diese bei sehr unterschiedlichen Präferenzen – zumindest teilweise – gegenseitig aufheben können. Die Frage, ob bei der Auswahl der Unterschied zwischen landwirtschaftlich genutzten Grünlandflächen und jährlich gemähten Mulchflächen bedeutsam sei, wurde im Interview von mehr als 73 % aller Befragten bejaht. Knapp 77 % dieser Personen gaben außerdem an, bei den Auswahlentscheidungen diesen Unterschied auch explizit berücksichtigt zu haben. Es ist somit ebenso denkbar, dass Mulch- und Grünlandflächen eine durchaus unterschiedliche Wertschätzung erfahren. Für eine ähnliche Beurteilung der Ausprägung „nur Wald/Mulchflächen dominiert" spricht, dass beide unterstellen, dass keine landwirtschaftliche Bewirtschaftung der Flächen erfolgt. Geht man jedoch von der Annahme aus, dass ein Mulchflächen dominiertes Landschaftsbild von den Befragten ähnlich wie ein Grünland dominiertes Landschaftsbild wahrgenommen wird, kann vermutet werden, dass bei expliziter Berücksichtigung der Ausprägung „Mulchflächen dominiert" der Koeffizient nicht gleich Null wäre. Auf die Frage, wie sich dieser „kombinierte" Koeffizient für das nur Wald/Mulchflächen dominierte Landschaftsbild anteilsmäßig zusammen-

90 Der Koeffizient verbleibt jedoch im Modell, um eine sinnvolle Interpretation der ausgelassenen Ausprägung „Güteklasse 3" zu gewährleisten. Andernfalls wäre der Einfluss beider Ausprägungen in einem Koeffizienten enthalten.

setzt, und damit die Größenordnung der frei geschätzten Parameter beeinflusst, kann somit keine abschließende Antwort gegeben werden.

Tabelle 23: Multinomiale Logit Modelle für Dillenburg und Gießen

	Dillenburg		Gießen	
Variable	Koeffizient	t-Wert	Koeffizient	t-Wert
Fließgewässerqualität				
Güteklasse 2	0,83525	13,59***	0,99089	15,97***
Güteklasse 3	0		0	
Güteklasse 4	0,07833	1,25	0,10018	1,63
Güteklasse 5	-0,55872	-7,24***	-0,66823	-8,35***
Güteklasse 6 und 7	-1,12433	-12,27***	-1,19897	-12,86***
Artenvielfalt	0,00170	11,14 ***	0,00184	11,92***
Landschaftsbild				
Nur Wald/Mulchflächen dominiert	0		0	
Grünland dominiert	0,62681	6,75***	0,69399	7,54***
Acker- und Grünland ausgeglichen	1,32512	14,67***	1,25494	13,70***
Ackerland dominiert	0,23411	2,33***	0,27094	2,75***
Preis	-0,01127	-6,76***	-0,01801	-12,35***
Konstante für Referenzszenario	-1,32332	-1,58	0,73107	1,07
Interaktionen				
Konstante*Einkommen	-0,00023	-2,05***	-0,00025	-2,73***
Konstante*UBI	0,01500	0,07	-0,47420	-2,75***
Preis*M-Reihenfolge	-0,00285	-3,15***	0,00506	5,73***
Preis*Alter	0,00015	4,89***	0,00017	6,09***
Log-Likelihood des Modells	-1660,243		-1761,769	
Log-Likelihood des Null-Modells	-2110,623		-2305,318	
Korr. Pseudo-R^2	0,28344		0,27970	
Stichprobengröße N	213		186	
Hausman-Test für IIA-Annahme	χ^2-Wert	p-Wert	χ^2-Wert	p-Wert
Choice Set reduziert um Option A	20,7754	0,11	15,6254	0,34
Choice Set reduziert um Option B	9,5509	0,79	10,7556	0,71
Choice Set reduziert um Option C	19,8981	0,13	17,0061	0,26

Anm.: ** 95 % Signifikanz, *** 99 % Signifikanz

Quelle: Eigene Berechnungen

Im Unterschied zur Arbeit von SCHMITZ et al. (2003a) und MÜLLER (2002) kann in der eigenen Untersuchung der sogenannte „Status Quo"-Effekt (ADAMOWICZ et al., 1998a) nicht beobachtet werden. Danach neigen die Befragten dazu, der Bewahrung des guten Status Quo die höchste Priorität einzuräumen. In der Untersuchung von SCHMITZ et al. (2003a) sprachen die Befragten einer regionalen Artenvielfalt mit 690 Arten einen höheren Nutzenwert zu als dem höheren Niveau mit 850 Arten. In der eigenen Untersuchung steigt der Nutzwert mit höheren Artenzahlen weiter an und auch bei der Fließgewässerqualität wird die beste Ausprägung (Güteklasse 2) am meisten präferiert. Dabei wurde den Befragten im Zuge der Erläuterungen zur Fließgewässerqualität ebenfalls mitgeteilt, dass der derzeitige Status Quo des Wassers der Dill im Lahn-Dill-Bergland der Güteklasse 3 entspricht. Um den Befragten eine bessere Einordnung der Güteklassen zu ermöglichen, wurde ihnen außerdem erklärt, dass in Deutschland für alle Fließgewässer das Erreichen der Güteklasse 3 angestrebt wird.

Für das Referenzszenario wurde außerdem ein Koeffizient für die alternativenspezifische Konstante in das Modell integriert, der alle Einflüsse auf die Wahl des Referenzszenarios erfasst, die nicht über die berücksichtigten Eigenschaften abgedeckt werden. Da für die Studie ein generischer Ansatz gewählt wurde, d. h. die einzelnen Optionen keine Bezeichnung tragen bzw. nicht betitelt sind[91], kann lediglich der in allen Auswahlsituationen enthaltenen Referenzoption eine alternativenspezifische Konstante zugeordnet werden. Bei gelabelten Ansätzen können diese für alle Optionen berechnet und mit soziodemographischen Variablen verknüpft werden. Wie Tabelle 23 zu entnehmen ist, weist der Koeffizient für die alternativenspezifische Konstante weder für das Dillenburger noch für das Gießener Modell eine statistische Signifikanz auf. Zwar ist das Vorzeichen im Gießener Modell positiv, was darauf hinweist, dass die Referenzoption im Vergleich zu den alternativen Szenarien bevorzugt wird, jedoch ist dieser Effekt nicht signifikant. Daraus lässt sich schließen, dass die verwendeten Eigenschaften alle wesentlichen Einflüsse bei der Auswahl für eine Alternative erfassen. Dies spricht für die geeignete Auswahl der Eigenschaften und Ausprägungen und ist ein Zeichen für die interne Validität der Daten. Dieser Befund spiegelt sich auch in der offenen Frage nach möglicherweise fehlenden Eigenschaften im Choice Experiment wider. Nur ein kleiner Teil der Befragten machte an dieser Stelle ergänzende Angaben, wobei hauptsächlich die Luftqualität und Strukturelemente (z. B. Hecken, Wege oder Ackerrandstreifen) als fehlende Elemente von Landschaften genannt wurden.

Weiterhin wurde untersucht, inwiefern soziodemographische Faktoren die Wahl der Referenzoption beeinflussen. Diese werden im Modell über die Interaktion mit der alternativenspezifischen Konstanten erfasst. Die Berechnungen zeigen für beide Modelle einen negativen Einfluss des Einkommens auf die Wahl der Referenzoption. Das bedeutet, dass mit steigendem Einkommen die Auswahlwahrscheinlichkeit dieser Option abnimmt und die Befragten eher eine alternative Option auswählen. Das Vorzeichen dieses Koeffizienten ist somit ebenfalls erwartungsgemäß. Auch die während des Interviews von einigen Befragten gemachten Äußerungen, dass die Refe-

91 Denkbar wäre bspw. ein so genannter gelabelter Ansatz mit den Überschriften „Agenda 2000“ und „Liberalisierung“ für die Optionen.

renzoption lediglich aus Einkommensgründen gewählt wurde, weil die übrigen Optionen „zu teuer" seien, belegen die Plausibilität des Vorzeichens.

Unterschiedlich sind die Ergebnisse zum Einfluss des Umweltbewusstseins auf die Wahl der Referenzoption. Für das Dillenburger Modell konnte kein signifikanter Einfluss dieser Variablen nachgewiesen werden. Eine umweltfreundlichere Einstellung der Befragten hat demnach keinen Einfluss für bzw. gegen die Wahl der Referenzoption. Dieser Umstand lässt sich möglicherweise damit erklären, dass die Befragten, da sie innerhalb des Untersuchungsgebietes leben, unabhängig von ihrer Umwelteinstellung ein hohes Interesse an einer intakten Umwelt und einem entsprechenden Landschaftsbild haben. Für das Gießener Modell konnte hingegen eine Signifikanz des Umweltbewusstseins festgestellt werden. Der Koeffizient ist mit einer Vertrauenswahrscheinlichkeit von 99 % signifikant und das negative Vorzeichen plausibel. Mit höherem Umweltbewusstsein nimmt die Auswahlwahrscheinlichkeit des Referenzszenarios ab. Im Unterschied zur Dillenburger Bevölkerung führt in der Gießener Stichprobe eine umweltfreundlichere Einstellung eher zur Wahl einer alternativen Option.

Während die Interaktionsvariablen mit der alternativenspezifischen Konstanten einen Erklärungsbeitrag dazu leisten, von welchen Faktoren die Wahl der Referenzoption neben den beinhalteten Ausprägungen abhängig ist, kann durch die Verknüpfung der Preisvariablen mit einer soziodemographischen Variablen näher untersucht werden, welche Faktoren die Zahlungsbereitschaft beeinflussen. In beiden Modellen zeigt sich für die Interaktion der Preisvariablen mit einer Dummy-Variablen für die Methodenreihenfolge der beiden Interviewbestandteile eine 99 %-ige Signifikanz. Im Unterschied zur Dillenburger Stichprobe ist das Vorzeichen des Parameters Methodenreihenfolge in der Gießener Stichprobe jedoch positiv. Bei zuerst durchgeführter kontingenter Bewertung steigt die Auswahlwahrscheinlichkeit in der Gießener Stichprobe für Optionen mit höheren Preisen an, während in Dillenburg die Befragten bei zuerst durchgeführter kontingenter Bewertung bei dem Choice Experiment preissensibler entschieden haben. Für beide Stichproben zeigt sich außerdem ein positiver Zusammenhang für die Interaktion von Preis und Alter. Demnach ist bei älteren Personen von einer höheren Zahlungsbereitschaft auszugehen bzw. steigt mit steigendem Alter der Befragten auch die Auswahlwahrscheinlichkeit für teurere Optionen an.

Es lässt sich damit folgende allgemeine lineare indirekte Nutzenfunktion spezifizieren[92]:

92 Kerr und Sharp (2006) weisen darauf hin, dass die Spezifikation einer linearen Nutzenfunktion den Nachteil aufweist, dass Zahlungsbereitschaften und Entschädigungsforderungen identisch sind, was jedoch im Widerspruch zu theoretischen Überlegungen und empirischen Befunden steht.

$$V_{id} = \beta_{\text{Referenzoption}} + \beta_{\text{Güteklasse 2}} + \beta_{\text{Güteklasse 3}} + \beta_{\text{Güteklasse 4}} + \beta_{\text{Güteklasse 5}} + \beta_{\text{Güteklasse 6 und 7}} + \beta_{\text{Artenvielfalt}} - \beta_{\text{nur Wald/Mulchflächen}} + \beta_{\text{Acker-und Grünland ausgeglichen}} + \beta_{\text{Acker dominiert}} + \beta_{\text{Grünland dominiert}} - \beta_{\text{Preis}} - \beta_{\text{Einkommen}} - \beta_{\text{Umweltbewusstsein}} + \beta_{\text{Preis*Methodenreihenfolge}} + \beta_{\text{Preis*Alter}}$$

Für die Berechnung des indirekten Nutzens einer Option werden jeweils die in der Option enthaltenen Ausprägungen durch den geschätzten Koeffizienten ersetzt bzw. bei den quantitativen Variablen (Artenvielfalt, Preis und Preis mit Interaktionen) werden die Koeffizienten des Parameters mit der entsprechenden Ausprägung der Eigenschaft multipliziert.

Der Vorteil der linear spezifizierten bzw. quantitativen Variablen liegt dabei vor allem in der Möglichkeit, auch nicht in der Befragung erhobene Ausprägungen bewerten zu können. Für die mittels einer Dummy-Kodierung berücksichtigten Variablen (Landschaftsbild und Fließgewässerqualität) lassen sich hingegen nur die jeweiligen Ausprägungen für eine Bewertung heranziehen.

Ein Vergleich der Koeffizienten der Eigenschaften bzw. Ausprägungen ist nur innerhalb eines Modells zulässig, da wie in Kapitel 6 beschrieben, die Koeffizienten nur in Verbindung mit einem Skalenparameter berechnet werden können. Der Skalenparameter beeinflusst somit das Niveau der Koeffizienten. Da er nicht bestimmt werden kann, ermöglicht erst die Division zweier Koeffizienten die Neutralisierung des Einflusses des Skalenparameters. Dies lässt sich durch die Berechnung von impliziten Preisen erreichen. Um dennoch eine Aussage über die den Koeffizienten zugrunde liegenden Verteilungen treffen zu können, bedient man sich so genannter Resampling Prozeduren, die zu den Simulationsmethoden zählen. Dabei werden Koeffizienten mit gleichem Mittelwert und Varianz wie der ursprünglich berechnete Koeffizient simuliert (HENDERSON et al., 2000, S. 68; ALPÍZAR et al., 2001, S. 103). Für die im Rahmen der Arbeit durchgeführten Simulationen wurde der von KRINSKY und ROBB (1986) entwickelte Ansatz verwendet, der zu den parametrischen Bootstrapping Methoden zählt[93] (POE et al., 2001, S. 3).

Ein Vergleich der Koeffizienten des Dillenburger und des Gießener Modells zeigt, dass die Koeffizienten für die alternativenspezifische Konstante, die jedoch in beiden Modellen nicht signifikant ist, für den Preis, die Güteklasse 2 der Fließgewässerqualität und für die Interaktion von Preis und Methodenreihenfolge signifikant voneinander abweichen. Da der Koeffizient Preis*Methodenreihenfolge auch für die Berechnung der impliziten Preise und der Zahlungsbereitschaften relevant ist, ist davon auszu-

93 Alle Test-Statistiken zu den Tests nach POE et al. finden sich in Anhang 2 bis Anhang 13.

gehen, dass auch implizite Preise und Zahlungsbereitschaften für das Dillenburger und Gießener Modell voneinander abweichen[94].

Die Koeffizienten der in Tabelle 23 vorgestellten Multinomialen Logit Modelle für Dillenburg und Gießen können nun für eine Bewertung von Veränderungen einzelner Eigenschaften, in Form der impliziten Preise, und ganzer Optionen mittels der Zahlungsbereitschaft herangezogen werden. Hierbei werden im Folgenden zunächst die Ergebnisse für Dillenburg (vgl. Tabelle 24) und anschließend für Gießen (vgl. Tabelle 25) vorgestellt. Entsprechend der zuvor präsentierten indirekten Nutzenfunktion, in der ebenfalls der im Modell berechnete Koeffizient für Preis*Methodenreihenfolge und Preis*Alter berücksichtigt wurde, ergeben sich die in Tabelle 24 dargestellten impliziten Preise für die Veränderungen einzelner Eigenschaften für Dillenburg. Für die Methodenreihenfolge wurde der durchschnittliche Wert von 0,5 angesetzt, da die Hälfte der Befragten zuerst die kontingente Bewertung absolvierte. Das Durchschnittsalter der Befragten wurde in Dillenburg mit 49 Jahren als mittlerer Wert für das Alter eingesetzt. Die aufgeführten Qualitätsniveaus in Tabelle 24 geben in der ersten Zeile jeder Landschaftsfunktion das Ausgangsniveau an, in der ersten Spalte ist das zu erreichende Niveau angeführt.

Im Unterschied zu den Eigenschaften Fließgewässerqualität und Landschaftsbild wurde die Artenvielfalt als lineare Variable im Modell berücksichtigt. Für eine Änderung von einer Ausprägung zur nächst besseren ergibt sich damit ein impliziter Preis von 44,80 € pro Haushalt und Jahr. Das Ansteigen der Artenvielfalt von 210 auf 690 Arten resultiert demnach in einem impliziten Preis von 134,40 € pro Haushalt und Jahr. Der höchste implizite Preis für eine Verbesserung der Fließgewässerqualität beträgt für einen Anstieg von Güteklasse 6 und 7 auf Güteklasse 2 pro Haushalt und Jahr 325,33 €. Für das Landschaftsbild liegt der implizite Preis bei 220,00 € pro Haushalt und Jahr für die Verhinderung eines nur Wald/Mulchflächen dominierten Landschaftsbildes und den Erhalt des aus Acker- und Grünland ausgeglichenen Landschaftsbildes.

Entsprechend geringer fallen die impliziten Preise aus, wenn die Verbesserungen bzw. das Verhindern von Verschlechterungen geringere Unterschiede ausmachen. Um bspw. statt eines Ackerland dominierten ein Grünland dominiertes Landschaftsbild zu erhalten, wäre ein Haushalt in Dillenburg jährlich bereit etwa 65,20 € zu zahlen.

94 Eine Überprüfung, inwiefern implizite Preise und Konsumentenrenten voneinander abweichen, kann ebenfalls mittels Simulationsmethoden durch die Berechnung von Konfidenzintervallen vorgenommen werden (HENDERSON et al., 2000).

Tabelle 24: Implizite Preise für Veränderungen einzelner Ausprägungen auf Basis des Multinomialen Logit Modells für Dillenburg (pro Haushalt und Jahr)

Dillenburg				
	Ausgangssituation			
Fließgewässerqualität	Güteklasse 2	Güteklasse 3	Güteklasse 5	Güteklasse 6 und 7
Güteklasse 2	0,00 €	138,67 € [58,28 €; 587,63 €]	231,43 € [115,93 €; 837,52 €]	325,33 € [165,17 €; 1162,42 €]
Güteklasse 3	-138,67 € [-58,28 €; -587,63 €]	0,00 €	92,76 € [57,65 €; 249,88 €]	186,66 € [106,90 €; 574,79 €]
Güteklasse 5	-231,43 € [-115,93 €; -837,52 €]	-92,76 € [-57,65 €; -249,88 €]	0,00 €	93,90 € [49,25 €; 324,90 €]
Güteklasse 6 und 7	-325,33 € [-165,17 €; -1162,42 €]	-186,66 € [-106,90 €; -574,79 €]	-93,90 € [-49,25 €; -324,90 €]	0,00 €
	Ausgangssituation			
Landschaftsbild	Nur Wald/ Mulchflächen dominiert	Ackerland dominiert	Grünland dominiert	Acker- und Grünland ausgeglichen
Nur Wald/Mulchflächen dominiert	0,00 €	-38,87 € [-2,11 €; -264,24 €]	-104,06 € [-36,83 €; -495,91 €]	-220,00 € [-93,83 €; -921,97 €]
Ackerland dominiert	38,87 € [2,11 €; 264,24 €]	0,00 €	-65,20 € [-34,73 €; -231,67 €]	-181,13 € [-91,72 €; -657,74 €]
Grünland dominiert	104,06 € [36,83 €; 495,91 €]	65,20 € [34,73 €; 231,67 €]	0,00 €	-115,93 € [-57,00 €; -426,06 €]
Acker- und Grünland ausgeglichen	220,00 € [93,83 €; 921,97 €]	181,13 € [91,72 €; 657,74 €]	115,93 € [57,00 €; 426,06 €]	0,00 €
Artenvielfalt	0,28 €/Art [0,11 €; 1,21 €]			

Anm.: Die Angaben in Klammern geben die 95 % Konfidenzintervalle an.

Quelle: Eigene Berechnungen

Tabelle 25 zeigt die entsprechenden impliziten Preise für die Gießener Stichprobe. Erwartungsgemäß liegen die impliziten Preise niedriger als für die Dillenburger Stichprobe.

Ein Anstieg der Fließgewässerqualität von der schlechtesten Güteklasse 6 und 7 auf Güteklasse 2 resultiert in einem impliziten Preis von 301,02 € pro Haushalt und Jahr (in Dillenburg 325,33 €). Gleiches lässt sich auch für das Landschaftsbild feststellen, für ein ausgeglichenes Landschaftsbild statt einer nur Wald/Mulchflächen dominierten Landschaft ergibt sich ein impliziter Preis von 172,51 € (statt 220,00 € in Dillenburg). Auch der implizite Preis für die Artenvielfalt liegt mit 0,25 € pro Art im Vergleich zu Dillenburg mit 0,28 € je Art um knapp ein Drittel niedriger.

Tabelle 25: Implizite Preise für Veränderungen einzelner Ausprägungen auf Basis des Multinomialen Logit Modells für Gießen (pro Haushalt und Jahr)

Gießen				
	Ausgangssituation			
Fließgewässerqualität	Güteklasse 2	Güteklasse 3	Güteklasse 5	Güteklasse 6 und 7
Güteklasse 2	0,00 €	136,21 € [61,86 €; 459,26 €]	228,07 € [120,35 €; 669,71 €]	301,02 € [160,90 €; 875,04 €]
Güteklasse 3	-136,21 € [-61,86 €; -459,26 €]	0,00 €	91,86 € [58,49 €; 210,45 €]	164,81 € [99,04 €; 415,78 €]
Güteklasse 5	-228,07 € [-120,35 €; -669,71 €]	-91,86 € [-58,49 €; -210,45 €]	0,00 €	72,96 € [40,55 €; 205,33 €]
Güteklasse 6 und 7	-301,02 € [-160,90 €; -875,04 €]	-164,81 € [-99,04 €; -415,78 €]	-72,96 € [-40,55 €; -205,33 €]	0,00 €
	Ausgangssituation			
Landschaftsbild	Nur Wald/ Mulchflächen dominiert	Ackerland dominiert	Grünland dominiert	Acker- und Grünland ausgeglichen
Nur Wald/Mulchflächen dominiert	0,00 €	-37,24 € [-4,38 €; -191,03 €]	-95,40 € [-36,72 €; -359,56 €]	-172,51 € [-76,70 €; -591,20 €]
Ackerland dominiert	37,24 € [4,38 €; 191,03 €]	0,00 €	-58,15 € [-32,34 €; -168,53 €]	-135,26 € [-72,32 €; -400,17 €]
Grünland dominiert	95,40 € [36,72 €; 359,56 €]	58,15 € [32,34 €; 168,53 €]	0,00 €	-77,11 € [-39,98 € -231,64 €]
Acker- und Grünland ausgeglichen	172,51 € [76,70 €; 591,20 €]	135,26 € [72,32 €; 400,17 €]	77,11 € [39,98 €; 231,64 €]	0,00 €
Artenvielfalt	0,25 €/Art [0,11 €; 0,87 €]			

Anm.: Die Angaben in Klammern geben die 95 % Konfidenzintervalle an.

Quelle: Eigene Berechnungen

Insgesamt lassen sich folgende wichtige Ergebnisse festhalten: Die Höhe der impliziten Preise spiegelt die relative Wichtigkeit der jeweiligen Landschaftsfunktion für die Bevölkerung wider. Daher resultieren insbesondere Veränderungen bei den Landschaftsfunktionen Fließgewässerqualität und Landschaftsbild in relativ hohen impliziten Preisen. Auch führen unterschiedliche Landschaftsbilder (Acker- bzw. Grünland dominiert bzw. Acker- und Grünland ausgeglichen) im Vergleich zur Referenzoption einer walddominierten Landschaft zu niedrigen impliziten Preisen. Die Ausprägung „nur Wald" wird allerdings in Einklang mit den Ergebnissen aus den Befragungen von MÜLLER (2002) und WRONKA (2001a und 2001b) eindeutig abgelehnt, und die Vermeidung dieses Landschaftsbildes führt zu hohen impliziten Preisen. Nicht bestätigt werden können für die Befragung die Ergebnisse von MÜLLER (2002) und ADAMOWICZ et al. (1998a) zum „Status Quo"-Effekt, nach dem die Bevölkerung nicht immer die besten Qualitätszustände anstrebt. So werden in der vorliegenden Arbeit für das Erreichen des besten Qualitätszustands der Fließgewässerqualität auch die höchsten impliziten Preise ausgewiesen.

Vergleicht man die für die Artenvielfalt ermittelten impliziten Preise mit den Ergebnissen der kontingenten Bewertung von WRONKA (2001a), so steht der Zahlungsbereitschaft zur Vermeidung eines Rückgangs der Artenvielfalt von 690 Arten bzw. 530 Arten auf 210 Arten von 74 € bzw. 62 € aus der kontingenten Bewertung ein impliziter Preis von 134,40 € bzw. 89,60 € für Dillenburg und 120,00 € bzw. 80 € für Gießen gegenüber. Damit liegen die berechneten impliziten Preise für das Choice Experiment höher als die aus der kontingenten Bewertung ermittelten Zahlungsbereitschaft.

Vergleicht man die Ergebnisse zu den impliziten Preisen mit der internationalen Literatur (vgl. Tabelle 26), so liegen die Werte zur Artenvielfalt für die meisten Studien oberhalb der in der vorliegenden Arbeit ermittelten Werte. Nur die von SCHMITZ et al. (2003a) ermittelten impliziten Preise für die Artenvielfalt liegen mit bis zu 0,14 € je Art niedriger. Dies lässt sich zum einen damit erklären, dass in den meisten Studien die Bewertung von bedrohten Tierarten vorgenommen wird, wohingegen in der eigenen Untersuchung generell nach dem Erhalt der Artenvielfalt in der Region gefragt wurde. Zum anderen sind die befragten Reichweiten zum Teil geringer, so gelten in der Untersuchung von BLAMEY et al. (2002) lediglich 18 Arten als bedroht, so dass sich dadurch die höheren Beträge erklären lassen. Dieser Befund wird in der Literatur als so genannter Framing-Effekt bezeichnet und beschreibt die Tatsache, dass die ermittelten Zahlungsbereitschaften von der Reichweite der Ausprägungen der Eigenschaften abhängen.

In Tabelle 26 sind weiterhin Choice Experiment Studien zur Bewertung des Landschaftsbildes und der Wasserqualität aufgeführt. Für die Bewertung der Fließgewässerqualität der Dill können nur eingeschränkt Vergleiche angestellt werden. Die Studie von FARBER und GRINER (2000) nimmt eine Bewertung von Flussverunreinigungen vor und ermittelt einen impliziten Preis von ca. 155 € für die Beseitigung der Verschmutzung ausgehend von einem starken Verschmutzungsniveau.

Tabelle 26: Ergebnisse ausgewählter Choice Experiment Studien zur Artenvielfalt, Landschaft und Wasserqualität

Autoren	Bewertungsgut	Implizite Preise	Anmerkungen
BLAMEY et al. (2002)	Bedrohte und nicht bedrohte Tierarten	6,60-10,00 €/Art in Abhängigkeit vom Design 0,98 €/nicht bedrohte Art	Anzahl bedrohter Arten von 4-18 Angaben nicht bedrohter Arten in %
VAN BUEREN und BENNETT (2004) u. BENNETT et al. (2004)	Bedrohte Tierarten	0,39 €/Art	Insgesamt 560 bedrohte Tierarten
CHRISTIE et al. (2004)	Längere Erhaltung bedrohter Tierarten	-75,87 €-307,25 €	Schutz bedrohter Tierarten insgesamt
BLAMEY et al. (2000)	Schutz bedrohter Tierarten	0,23 €-1,46 € 4,69 €-10,09 €	Erhalt nicht bedrohter Populationen Bis zu 18 bedrohte Tierarten
MORRISON et al. (2002) und MORRISON und BENNETT (2000)	Feuchtbiotope und Artenvielfalt	0,02 €/ha 1,87 €-2,49 €/Art	
FARBER und GRINER (2000)	Flussverunreinigung	56,13 € 98,91 €	Red. starke auf mittlere Verschmutzung Red. mittlere auf keine Verschmutzung
MORRISON und BENNETT (2004)	Schutz von Flussläufen	1,24 €-4,21 € 42,40 €-60,65 €	Schutz je Fischart Fluss zum Schwimmen geeignet
HANLEY et al. (1998b)	Feuchtbiotope und Wälder	54,78 € 133,50 €	Schutz von umweltsensiblen Gebieten
MORRISON et al. (2002) u. MORRISON und BENNETT (2000)	Feuchtbiotope und Artenvielfalt	0,02 €/ha 1,87 €-2,49 €/Art	
MALLAWAARACHCHI et al. (2001)	Schutz der Vegetation/Baumbestände	1,49 €/1000ha 23,28 €/1000ha	Baumbestände Feuchtbiotope
SCHMITZ et al. (2003a)	Artenvielfalt, Landschaft und Wasserqualität	bis zu 0,14 €/Art 46,73 € 75,04 €	Erhalt von bis zu 640 Arten (Dummy-Kodierung der Variable) Erhalt des jetzigen Landschaftsbildes statt Wald Erhalt Trinkwasserqualität (Nitratgehalt)

Anm.: Verwendete Wechselkurse: 1 £ = 1,63 €; 1 A$ = 0,58 €; 1 US$ = 1,13 €

Quelle: Eigene Zusammenstellung

Ähnliche Werte finden sich für beide Stichproben bei einer Verbesserung von Güteklasse 6 und 7 auf Güteklasse 3, für eine weitere Verbesserung auf Güteklasse 2 liegen die ermittelten Werte doppelt so hoch. Im Vergleich zur Studie von SCHMITZ et al. (2003a), die eine Bewertung der Trinkwasserqualität anhand des Nitratgehalts vornehmen, ist nur ein eingeschränkter Vergleich möglich. Jedoch liegen die impliziten Preise für die Einhaltung einer guten Trinkwasserqualität niedriger als die berechneten impliziten Preise für die Fließgewässerqualität. Dies mag aber auch daran liegen, dass jeder Haushalt bereits für die Bereitstellung von Trinkwasser zahlt.

Ein Vergleich der Studien bzgl. der Bewertung des Landschaftsbildes bzw. einer bestimmten Landschaft ist ebenfalls nur eingeschränkt möglich, da in vielen Studien größere Gebiete bewertet werden, so dass hier erneut der Framing-Effekt zum Tragen kommt. Lediglich für die Studie von HANLEY et al. (1998b) lässt sich festhalten, dass die ermittelten Werte in der gleichen Größenordnung liegen, während die impliziten Preise für Veränderungen des Landschaftsbildes in der Studie von SCHMITZ et al. (2003a) deutlich geringer ausfallen.

Vergleicht man die Ergebnisse des Choice Experiments mit den aus der kontingenten Bewertung ermittelten Zahlungsbereitschaften für das Szenario des Artenrückgangs vom derzeitigen Niveau von etwa 690 Arten auf 210 Arten, liegt die aus der kontingenten Bewertung ermittelte Zahlungsbereitschaft niedriger als der implizite Preis, der mit den Daten des Choice Experiments berechnet wurde: Während die Befragten in der kontingenten Bewertung im Durchschnitt eine Zahlungsbereitschaft von etwa 87,50 € bzw. 85,50 € pro Haushalt und Jahr in Gießen bzw. Dillenburg angegeben haben (SCHMITZ et al., 2005, S. 213), liegen die impliziten Preise im Choice Experiment für die Vermeidung des entsprechenden Artenrückgangs bei 120 € bzw. 134,40 € pro Haushalt und Jahr für Gießen bzw. Dillenburg.

Auch im Vergleich mit der von WRONKA (2004) durchgeführten kontingenten Bewertung, die in zwei eher ländlich geprägten Gemeinden innerhalb des Untersuchungsgebietes des SFB 299 durchgeführt wurde, zeigt sich ein entsprechendes Ergebnis: Die Zahlungsbereitschaft beträgt hier durchschnittlich etwa 84 € bzw. 73 € pro Haushalt und Jahr in Erda bzw. Eibelshausen. Zusammenfassend lässt sich festhalten, dass die Ergebnisse der eigenen Untersuchung im Vergleich mit der internationalen Literatur in der gleichen Größenordnung liegen. Ein Vergleich mit den Zahlungsbereitschaften aus der kontingenten Bewertung zeigt für die impliziten Preise des Choice Experiments jedoch höhere Werte.

7.2.3 Integrierte Bewertung von Landschaftsszenarien

Zentrales Anliegen der Arbeit ist die Bewertung von Landnutzungsoptionen. Hierfür können aus den Daten des Choice Experiments Zahlungsbereitschaften für die gleichzeitige Veränderung mehrerer Eigenschaftsausprägungen berechnet werden. Eine Option setzt sich dabei jeweils aus allen drei Eigenschaften zusammen – Artenvielfalt, Landschaftsbild und Fließgewässerqualität.

In Tabelle 27 werden dazu drei verschiedene Szenarien bewertet: Das Szenario I ermittelt die Zahlungsbereitschaft für das Szenario der Verwaldung, also eines nur Wald/Mulchflächen dominierten Landschaftsbildes. Das Szenaro II berechnet die Zahlungsbereitschaft für eine Vergrößerung der Schläge, wobei zunächst angenommen wird, dass sich dadurch keine Auswirkungen auf die Fließgewässerqualität ergeben. Das Szenario III unterstellt ebenfalls eine Vergrößerung der Schläge und eine damit einhergende Verschlechterung der Fließgewässerqualität. Als Referenzsituation zur Berechnung der Zahlungsbereitschaften dient für alle drei Szenarien die gegenwärtige Situation im Lahn-Dill-Bergland. Diese beinhaltet für die Fließgewässerqualität die Güteklasse 3, als Landschaftsbild wird ein Grünland dominiertes Landschaftsbild angenommen, da nur noch in wenigen Gebieten im Lahn-Dill-Bergland Ackerbau betrieben wird, und für die Artenvielfalt wird von einem derzeitigen Niveau von 530 Arten ausgegangen. Dies begründet sich durch die überwiegende Grünlandnutzung und der eingeschränkteren Verfügbarkeit unterschiedlicher Lebensräume für Tiere und Pflanzen.

Das Szenario I der Verwaldung unterstellt, dass die Landwirtschaft sich gänzlich aus der Region zurückzieht. Dieses Szenario diente im Choice Experiment als Referenzszenario und beinhaltet eine Artenvielfalt von 210 Arten, eine Fließgewässerqualität der Güteklasse 3 und ein „Nur Wald"-Landschaftsbild.

In Szenario II wird angenommen, dass durch größere Schläge auf weiteren Standorten im Lahn-Dill-Bergland Ackerbau betrieben werden kann und sich somit ein ausgeglichenes Landschaftsbild aus Acker- und Grünland einstellt. Dies resultiert außerdem in einem Anstieg der Artenvielfalt von 530 auf 690 Arten. Für die Fließgewässerqualität wird auch im Szenario „Vergrößerung" angenommen, dass die Güteklasse 3 weiterhin erreicht wird. Dies erscheint plausibel, wenn davon ausgegangen wird, dass durch die Landwirtschaft keine weiteren Einträge erfolgen, wenn im Sinne der guten fachlichen Praxis gearbeitet wird. Zum anderen bleiben weitere Eintragsquellen weiterhin bestehen.

Das Szenario III unterstellt, dass sich zusätzlich zu den in Szenario II beschriebenen Änderungen des Landschaftsbildes und der Artenvielfalt eine Verschlechterung der Fließgewässerqualität auf die Güteklasse 5 einstellt, wenn durch die vermehrte landwirtschaftliche Tätigkeit zusätzliche Einträge in die Fließgewässer erfolgen.

Für beide Berechnungen wird nur das Dillenburger Modell herangezogen, um basierend auf den Zahlungsbereitschaften pro Haushalt und Jahr eine Hochrechnung für die Bevölkerung des gesamten Lahn-Dill-Berglands vorzunehmen. Mit Hilfe von Tabelle 27 können die monetären Nutzenverluste der Bevölkerung berücksichtigt werden, hierdurch wird eine integrierte Bewertung von Landnutzungsänderungen möglich. Unter der Annahme einer durchschnittlichen Einwohnerdichte von 240 Personen/km² und einer durchschnittlichen Haushaltsgröße von 2,68 Personen gibt es im 60 km² großen Untersuchungsgebiet ungefähr 5.400 Haushalte.

Durch den Rückzug der Landwirtschaft aus der Region (Szenario I) entstünde zusätzlich zum Verlust an landwirtschaftlicher Wertschöpfung ein weiterer Verlust von 1,18 Mio. €, der aus dem Nutzenrückgang der Bevölkerung resultiert. Laut MÖLLER et al. (2002) würde der Rückzug der Landwirtschaft aus der Region einen Wertschöpfungsverlust von ca. 2,2 Mio. € bedeuten, wobei hier die möglichen Zugewinne aus der Forstwirtschaft noch nicht berücksichtigt sind. Die Gesellschaft verlöre bei einem Rückzug der Landwirtschaft im Vergleich zum jetzigen Status Quo somit insgesamt ca. 3,38 Mio. €.

Für das Szenario II der Vergrößerung ergibt sich eine Zahlungsbereitschaft von 181,54 € pro Haushalt und Jahr. Der Nutzengewinn entsteht hierbei durch die Realisierung einer höheren Artenvielfalt und des ausgeglichenen Landschaftsbildes im Vergleich zum derzeitig Grünland dominierten Landschaftsbild und einer leicht geringeren Artenvielfalt. Für das gesamte Untersuchungsgebiet ergibt sich damit eine Zahlungsbereitschaft für eine aus der Vergrößerung der Schläge resultierenden Veränderung der Landschaftsfunktionen von etwa 0,98 Mio. €. Zusammen mit dem Wertschöpfungsgewinn aus landwirtschaftlicher Tätigkeit ergibt sich ein Betrag von ca. 3,2 Mio. €.

Tabelle 27: Bewertung ausgewählter Landschaftsszenarien des Modellverbunds

	Ausgangsituation ▪ Güteklasse 3 ▪ 530 Arten ▪ Grünland dominiert	**Berechnung der Zahlungsbereitschaft für das Lahn-Dill-Bergland** (5.400 Haushalte)
Szenario I: Verwaldung ▪ Güteklasse 3 ▪ 210 Arten ▪ Nur Wald/Mulchflächen dominiert	-219,05 €/HH/Jahr	-1,18 Mio. €
Szenario II: Vergrößerung ▪ Güteklasse 3 ▪ 690 Arten ▪ Acker- und Grünland ausgeglichen	181,54 €/HH/Jahr	0,98 Mio. €
Szenario III: Vergrößerung II ▪ Güteklasse 5 ▪ 690 Arten ▪ Acker- und Grünland ausgeglichen	77,01 €/HH/Jahr	0,42 Mio. €

Quelle: Eigene Berechnungen

Unterstellt man weiterhin eine Verschlechterung der Fließgewässerqualität von der derzeitigen Güteklasse 3 auf Güteklasse 5 (Szenario III), vermindert sich die Zahlungsbereitschaft weiter auf 77,01 € je Haushalt und Jahr. Damit ergibt sich insgesamt eine Zahlungsbereitschaft für die Region von circa 0,42 Mio. € durch den Nutzengewinn aus Landschaftsfunktionen, der zusammen mit dem Zugewinn an Wertschöpfung aus der Landwirtschaft von 2,2 Mio. € einen Betrag von circa 2,62 Mio. € ausmacht.

Während die hier präsentierten Szenarien zur Bewertung von Simulationsrechnungen des Modells ProLand ausgewählt wurden, geben sie gleichzeitig nur einen ersten Einblick in das Leistungspotenzial der Methodik. Mit dem in diesem Kapitel vorgestellten Instrumentarium ist es darüber hinaus möglich, beliebige weitere Szenarien zu bewerten, die sich durch die verwendeten Eigenschaften und deren Ausprägungen beschreiben lassen. Damit steht ein flexibles Tool zur Verfügung, mit dem sich der Nutzengewinn bzw. -verlust der Verbraucher bestimmen lässt, der aus den Änderungen der Qualitätszustände der jeweiligen Landschaftsfunktionen resultiert. Weitere denkbare Szenarien wären bspw. die Bewertung von Liberalisierungsmaßnahmen oder die Ausweitung der Flächennutzung im Rahmen der Biomasseerzeugung. Für die Quantifizierung der Änderungen des Verbrauchernutzens müssen jedoch die Auswirkungen solcher Szenarien auf die Landschaftsfunktionen bekannt sein[95]. Mit der nachfrageseitigen Bewertung von Landschaftsfunktionen kann somit ein wichtiger Beitrag zur Erstellung einer Nutzen-Kosten-Bilanz für die Region geleistet werden[96].

7.2.4 Zusammenfassung

Es konnte gezeigt werden, dass eine sorgfältig geplante und durchgeführte Choice Experiment Studie in der Lage ist, die Bewertung auch von komplexen Umweltgütern, wie hier von Landschaftsszenarien, zu leisten. Die umfassende Befragungsorganisation resultierte in einer hohen Antwortquote, die bei einem günstigeren Zeitpunkt der Befragungsdurchführung womöglich noch höher ausgefallen wäre. Die Antworten zu den Debriefingfragen belegen außerdem die Güte der ermittelten Daten und das realistische Fragebogendesign konnte die Befragten ermutigen, ihre Angaben wohlüberlegt und nach bestem Vermögen zu machen. Auch die hohe Antwortquote bei der Frage nach dem Einkommen spricht für die Akzeptanz der Studie bei den Teilnehmern, ebenso wie der Umstand, dass kein Befragter das Interview vorzeitig abgebrochen hat. Vielmehr empfanden viele Befragte das Interview als sehr kurzweilig und unterschätzten die Interviewzeit deutlich. Die theoretische Validität der

95 Dieser Schritt wird innerhalb des SFB 299 durch die Modelle ProLand, ANIMO und SWAT geleistet.

96 Die einzelnen Komponenten zur Erstellung einer Nutzen-Kosten-Bilanz durch den Modellrahmen CHOICE werden in Kapitel 2.1 vorgestellt.

erhobenen Daten wird durch die plausiblen Vorzeichen der geschätzten Parameter untermauert. Dennoch zeigt lediglich das Alter der Befragten als soziodemographische Variable einen signifikanten Einfluss auf die Auswahlwahrscheinlichkeit einer Option. Dies kann durch die Anzahl der im Modell enthaltenen Variablen bedingt sein.

Die vorgestellten Modelle für Dillenburg und Gießen weisen mit einem Pseudo-R^2 von größer 0,25 eine gute Anpassung auf. Darüber hinaus können für fast alle Koeffizienten Signifikanzen auf dem 1 % Niveau nachgewiesen werden.

Die berechneten impliziten Preise liegen für die Artenvielfalt bei 0,28 € bzw. 0,25 € je Art und Haushalt und Jahr in Dillenburg bzw. Gießen. Die höchsten impliziten Preisen ergeben sich für die Fließgewässerqualität und liegen bei 325 € bzw. etwa 300 € zur Vermeidung einer Verschlechterung von der besten auf die schlechteste Güteklasse. Ausgehend vom Status Quo mit einer Fließgewässerqualität der Güteklasse 3 ergibt sich für die Vermeidung einer Verschlechterung auf die Güteklasse 6 und 7 ein impliziter Preis von knapp 190 € bzw. 165 € pro Haushalt und Jahr in Dillenburg bzw. Gießen.

Die impliziten Preise für das Landschaftsbild liegen geringer, wobei das Landschaftsbild „nur Wald/Mulchflächen dominiert“ gegenüber den übrigen Ausprägungen deutlich abgelehnt wird. Bei der Berechnung der Modelle konnte das Mulchflächen dominierte Landschaftsbild nicht berücksichtigt werden, so dass der Einfluss des Mulchflächen dominierten Landschaftsbild durch die Referenzoption mit erfasst wird. Zur Vermeidung der nur Wald/Mulchflächen dominierten Landschaft wurden implizite Preise von 220 € bzw. 170 € für Dillenburg bzw. Gießen berechnet, wenn stattdessen ein Acker- und Grünland ausgeglichenes Landschaftsbild realisiert wird. Ein Vergleich der impliziten Preise mit denen der internationalen Literatur zeigt, dass die Studienergebnisse in der gleichen Größenordnung liegen.

Die Bewertung verschiedener Landschaftsszenarien konnte auf Basis der Modellergebnisse erfolgreich durchgeführt werden. Die Vermeidung der in den Choice Experimenten beschriebenen Referenzsituation, und die Erhaltung des jetzigen Status Quo ergibt eine Zahlungsbereitschaft von etwa 220 € pro Haushalt und Jahr, so dass sich für die Region hochgerechnet ein Nutzenrückgang von 1,18 Mio. € durch die Veränderung der Landschaftsfunktionen ergäbe.

Es kann damit gezeigt werden, dass die nachfrageseitige Bewertung der Landschaftsfunktionen eine wesentliche Komponente für die Erstellung einer regionalen Nutzen-Kosten-Bilanz darstellt.

7.3 Analyse spezifischer methodischer Aspekte

7.3.1 Die Bedeutung der Methodenreihenfolge in der Befragung

Neben der Bewertung von Landschaftsfunktionen ist ein weiteres Anliegen der vorliegenden Arbeit die Überprüfung verschiedener methodischer Aspekte. Dazu kamen unterschiedliche Versionen des Fragebogens zum Einsatz, wie sie in Tabelle 18 bereits vorgestellt wurden.

Zunächst soll betrachtet werden, ob sich die Methodenreihenfolge innerhalb des Interviews auf die Modellschätzungen auswirkt und wenn ja, wie dies in den Berechnungen berücksichtigt werden kann. Die Hälfte der Befragten in Dillenburg und Gießen beantworteten vor dem Choice Experiment zunächst die Fragen zur kontingenten Bewertung, die zweite Hälfte absolvierte den Teil zur kontingenten Bewertung erst nach Beantwortung der Choice Experiment Fragen. Im folgenden Kapitel wird zunächst der Einfluss der Methodenreihenfolge für die Dillenburger Stichprobe und anschließend für die Gießener Stichprobe untersucht.

7.3.1.1 Modellergebnisse

Die folgenden Tabelle 28 und 29 zeigen jeweils die beiden Multinomialen Logit Modelle für die Dillenburger und Gießener Stichprobe. 107 Personen absolvierten in Dillenburg den Fragebogen mit der kontingenten Bewertung an erster Stelle, 106 Personen beantworteten zuerst den Choice Experiment Teil. Beide Modellversionen der Dillenburger Stichprobe (Tabelle 28) weisen mit einem korrigierten Pseudo-R^2 von 0,26 und 0,28 eine gute Modellanpassung auf. Jedoch ließ sich für die Modellversion mit vorangestellter kontingenter Bewertung (Dillenburg KB zuerst) für die Option C kein IIA-Test durchführen, so dass keine gesicherte Aussage über die Spezifikation des Modells getroffen werden kann. Die alternative Berechnung eines Nested Logit Modells zeigte für den frei berechneten IV-Parameter keinen signifikanten Unterschied zum zuvor auf Eins normierten IV-Parameter. Die beiden gewählten Nester (Wahl der Referenzoption gegenüber Wahl einer alternativen Option) sind somit nicht signifikant verschieden und können zu einem Nest zusammengefasst werden, wodurch sich das Nested Logit Modell zum Multinomialen Logit Modell reduziert. Da auch durch die Einbeziehung weiterer Variablen in das Modell nicht für alle Alternativen der IIA-Test signifikant ist bzw. die Test-Statistik nicht berechnet werden kann, kommt das in Tabelle 28 vorgestellte Modell zur Anwendung.

In beiden Modellen für die Dillenburger Stichprobe sind die meisten der berechneten Koeffizienten auf dem 1 % Niveau signifikant. Bei vorangestelltem Choice Experiment ist jedoch die Güteklasse 2 der Fließgewässerqualität nicht signifikant. In beiden Modellen kann ebenso für die Güteklasse 4 keine Signifikanz nachgewiesen werden. Auch für das Ackerland dominierte Landschaftsbild und die alternativenspezifische Konstante kann im Unterschied zur Stichprobe mit vorangestellter kontingenter Bewertung keine Signifikanz festgestellt werden. Bei den Interaktionsvariablen sind nur im Modell mit zuerst durchgeführtem Choice Experiment die Variablen Konstante*Einkommen und Preis*Alter statistisch von Null verschieden. Mit höherem Einkommen sinkt somit die Auswahlwahrscheinlichkeit für die Referenzsituation. Weiterhin konnte nachgewiesen werden, dass mit höherem Alter der Befragten die Auswahlwahrscheinlichkeit von Alternativen steigt, die mit höheren Kosten verbunden sind. Für alle weiteren signifikanten Koeffizienten sind die Vorzeichen plausibel und entsprechen den Erwartungen, wodurch die theoretische Validität des Modells belegt werden kann.

Tabelle 28: Multinomiale Logit Modelle für die Methodenreihenfolge in Dillenburg

	Dillenburg KB zuerst		**Dillenburg CE zuerst**	
Variable	Koeffizient	t-Wert	Koeffizient	t-Wert
Fließgewässerqualität				
Güteklasse 2	0,76804	8,99***	0,92880	-0,42
Güteklasse 3	0		0	
Güteklasse 4	0,14482	1,70	-0,01291	-0,14
Güteklasse 5	-0,61694	-5,58***	-0,51033	-4,70***
Güteklasse 6 und 7	-1,07477	-8,51***	-1,19037	-8,86***
Artenvielfalt	0,00145	6,89***	0,00200	8,97***
Landschaftsbild				
Nur Wald/Mulchflächen dominiert	0		0	
Grünland dominiert	0,65421	5,00***	0,60565	4,56***
Acker- und Grünland ausgeglichen	1,32965	10,41***	1,32609	10,27***
Ackerland dominiert	0,38210	2,75***	0,07591	0,52
Preis	-0,00841	-3,69***	-0,01768	-7,22***
Konstante für Referenzszenario	-2,62444	-2,23**	-0,50258	1,07
Interaktionen				
Konstante*Einkommen	-0,00019	-1,21	-0,00033	-2,01**
Konstante*UBI	0,30487	1,05	-0,12770	-0,42
Preis*Alter	0,00004	0,91	0,00028	6,01***
Log-Likelihood des Modells	-863,4225		-783,674	
Log-Likelihood des Null-Modells	-1072,9354		-1033,2147	
Korr. Pseudo-R^2	0,26176		0,27970	
Stichprobengröße N	107		106	
Hausman-Test für IIA-Annahme	χ^2-Wert	p-Wert	χ^2-Wert	p-Wert
Choice Set reduziert um Option A	15,3154	0,29	17,0838	0,20
Choice Set reduziert um Option B	3,8967	0,99	8,9188	0,78
Choice Set reduziert um Option C	Nicht zu berechnen		8,2545	0,83

Quelle: Eigene Berechnungen

Um zu prüfen, ob die Koeffizienten signifikant voneinander verschieden sind, kommt der Test von POE et al. (2005) zur Anwendung. Es zeigt sich, dass die Koeffizienten der Preisvariablen für die beiden Dillenburger Modelle signifikant unterschiedlich sind[97]. Dies lässt sich zwar nicht vom unterschiedlich großen Absolutbetrag der Koeffizienten ableiten (-0,00841 für KB zuerst; -0,01768 für CE zuerst), wird jedoch bei der Betrachtung der impliziten Preise ersichtlich. In einem zweiten Schritt kommt der von POE et al. (2001) entwickelte Test für die Überprüfung der impliziten Preise auf signifikante Unterschiede zur Anwendung. Der Test weist gleiche implizite Preise für die Artenvielfalt, die Veränderung der Fließgewässerqualität vom Status Quo (Güteklasse 3) auf Güteklasse 5 und Güteklasse 6 und 7 sowie für eine Veränderung des Landschaftsbildes von einem Grünland dominierten Landschaftsbild zu einem ausgeglichenen und Ackerland dominierten Landschaftsbild aus[98]. Für die Änderung der Artenvielfalt in der Dillenburger Stichprobe, in der zuerst die kontingente Bewertung durchgeführt wurde, liegt der implizite Preis bei 0,22 € je Art, während sich für den anderen Teil der Dillenburger Stichprobe ein impliziter Preis von 0,51 € je Art ergibt. Im Vergleich dazu lag der implizite Preis für das gesamte Modell bei 0,28 €. Entsprechend höhere implizite Preise ergeben sich auch für die übrigen Veränderungen. Für die Vermeidung einer Verschlechterung der Fließgewässerqualität von Güteklasse 3 auf Güteklasse 5 berechnet sich für die KB-Stichprobe (Stichprobe mit vorangestellter kontingenter Bewertung) ein impliziter Preis von 95,65 €, für die CE-Stichprobe (Stichprobe mit vorangestelltem Choice Experiment) beträgt der entsprechende implizite Preis 128,87 €. Dahingegen ergibt sich für die gesamte Dillenburger Stichprobe ein impliziter Preis von knapp 93 €, wobei der Einfluss der Methodenreihenfolge auf die Auswahlwahrscheinlichkeit ebenfalls berücksichtigt wurde. Insgesamt wird dabei der Preiseffekt bei vorangestelltem Choice Experiment (geringere Preissensibilität) durch den Preiseffekt bei vorangestellter kontingenter Bewertung (höhere Preissensibilität) überkompensiert.

Zusammenfassend lässt sich festhalten, dass der Test zur Überprüfung der impliziten Preise trotz unterschiedlicher Preiskoeffizienten für die beiden Modelle lediglich für fünf implizite Preise einen signifikanten Effekt der Methodenreihenfolge ausmachen konnte. Darunter fallen der implizite Preis für die Artenvielfalt und jeweils zwei implizite Preise der Eigenschaft Landschaftsbild und Fließgewässerqualität.

Für die Gießener Stichprobe kann die Modellanpassung für die beiden berechneten Modelle mit einem Pseudo-R^2 von 0,32 und 0,25 für die KB-Stichprobe bzw. die CE-Stichprobe ebenfalls als gut bezeichnet werden (vgl. Tabelle 29). Die IIA-Annahme wird für die CE-Stichprobe eingehalten, während dies bei der KB-Stichprobe lediglich

97 Unterschiede zeigen sich auch für den Koeffizienten des Ackerland dominierten Landschaftsbildes, dieser ist jedoch nicht in beiden Modellen signifikant von Null verschieden.

98 Unterschiedliche implizite Preise ergeben sich auch für die umgekehrte Betrachtung von Ausgangsniveau und zu erreichendem Niveau.

für zwei von drei Alternativen belegt werden kann. Auch hier fehlt somit die abschließende Absicherung der Modellspezifikation. Die Berechnung eines Nested Logit Modells bestätigt jedoch die Annahme der richtigen Spezifikation auf Basis eines Multinomialen Logit Modells, da auch hier kein signifikanter Unterschied zwischen den beiden IV-Parametern festgestellt werden kann.

Tabelle 29: Multinomiale Logit Modelle für die Methodenreihenfolge in Gießen

	Gießen KB zuerst		Gießen CE zuerst	
Variable	Koeffizient	t-Wert	Koeffizient	t-Wert
Fließgewässerqualität				
Güteklasse 2	0,99463	11,68***	0,98996	10,86***
Güteklasse 3	0		0	
Güteklasse 4	0,14498	1,77	0,05118	0,55
Güteklasse 5	-0,62579	-5,93***	-0,71997	-5,88***
Güteklasse 6 und 7	-1,15749	-9,41***	-1,26007	-8,76***
Artenvielfalt	0,00157	7,55***	0,00217	9,38***
Landschaftsbild				
Nur Wald/Mulchflächen dominiert	0		0	
Grünland dominiert	0,83409	6,65***	0,52891	3,88***
Acker- und Grünland ausgeglichen	1,34241	10,72***	1,14730	8,55***
Ackerland dominiert	0,31604	2,37**	0,21228	1,44
Preis	-0,01304	-6,76***	-0,01759	-8,62***
Konstante für Referenzszenario	-0,74564	-0,56	1,19760	1,40
Interaktionen				
Konstante*Einkommen	-0,00041	-2,14**	-0,00021	-1,97**
Konstante*UBI	-0,17334	-0,51	-0,54186	-2,57**
Preis*Alter	0,00015	3,81***	0,00018	4,47***
Log-Likelihood des Modells	-871,8235		-868,3356	
Log-Likelihood des Null-Modells	-1131,5972		-1142,9369	
Korr. Pseudo-R^2	0,31618		0,25491	
Stichprobengröße N	94		92	
Hausman-Test für IIA-Annahme	χ^2-Wert	p-Wert	χ^2-Wert	p-Wert
Choice Set reduziert um Option A	14,4122	0,35	10,5980	0,64
Choice Set reduziert um Option B	Nicht zu berechnen		12,5125	0,49
Choice Set reduziert um Option C	11,1625	0,60	3,7128	0,99

Quelle: Eigene Berechnungen

Betrachtet man die Signifikanz der geschätzten Koeffizienten, kann in beiden Modellen für die Güteklasse 4 und die alternativenspezifische Konstante keine statistische Signifikanz nachgewiesen werden. Im Gießener Modell mit vorangestelltem Choice Experiment ist zudem das Ackerland dominierte Landschaftsbild nicht signifikant. Im

Modell mit zuerst erfolgter kontingenter Bewertung ist die Variable alternativenspezifische Konstante*UBI statistisch nicht signifikant.

Ebenso wie bei den Modellen für Dillenburg sind für die Gießener Modelle die Vorzeichen aller signifikanten Koeffizienten plausibel und entsprechen den Erwartungen. Im Folgenden wird weiterhin überprüft, inwiefern die Koeffizienten der beiden Modelle voneinander abweichen, d. h. die Methodenreihenfolge einen Einfluss auf die Präferenzen der Befragten hat.

Die mittels Simulationen ermittelten Werte zeigen, dass in den beiden Gießener Modellen die Koeffizienten der Preisvariablen lediglich auf dem 90 %-Signifikanzniveau voneinander verschieden sind. Mit einer 95 %-igen Irrtumswahrscheinlichkeit kann jedoch kein Unterschied festgestellt werden. Es zeigen sich weiterhin für das Grünland dominierte Landschaftsbild signifikante Unterschiede. Bei der Betrachtung der impliziten Preise kann der Test nach POE et al. (2005) für keinen der impliziten Preise signifikante Unterschiede aufdecken. Der implizite Preis der Artenvielfalt liegt bspw. für die KB-Stichprobe bei 0,24 € je Art und für die CE-Stichprobe bei 0,22 € je Art.

Für die Veränderung des Landschaftsbildes vom nur Wald/Mulchflächen dominierten zum Acker- und Grünland ausgeglichenen Landschaftsbild ergibt sich für die KB-Stichprobe ein impliziter Preis von 208,45 € und für die CE-Stichprobe ein impliziter Preis von 118,65 €. Auch für die Verhinderung einer schlechteren Fließgewässerqualität der Güteklasse 5 im Vergleich zum jetzigen Status Quo (Güteklasse 3) liegt der implizite Preis der KB-Stichprobe mit 97,17 € über dem der CE-Stichprobe mit 74,45 €. Obwohl die impliziten Preise für die CE-Stichprobe geringer ausfallen als für die KB-Stichprobe, sind diese Unterschiede nicht signifikant.

Dieses Ergebnis findet sich auch in dem zuvor dargestellten Gesamtmodell für die Gießener Stichprobe wieder (vgl. Kapitel 7.2). Hier weist der Interaktionskoeffizient von Preis und Methodenreihenfolge ein positives Vorzeichen auf. Demnach steigt die Auswahlwahrscheinlichkeit für eine Alternative mit höherem Preis an, wenn im Interview zuerst die kontingente Bewertung durchgeführt wurde. Dieses Ergebnis steht im Gegensatz zu den Berechnungen für die Dillenburger Stichprobe. Hier waren die Befragten bei vorangestellter kontingenter Bewertung preissensibler. Dennoch resultiert dies in der Gießener Stichprobe nicht in signifikanten Unterschieden der berechneten impliziten Preise.

Sowohl für die gesamte Dillenburger als auch die gesamte Gießener Stichprobe wurde weiterhin jeweils ein gemeinsames Modell geschätzt (vgl. Tabelle 30), in dem die Bedeutung der Methodenreihenfolge nochmals mit zwei Interaktionsvariablen (Interaktion mit Preisvariable und alternativenspezifischer Konstante) explizit untersucht wurde. Der einzige Unterschied zu den in Kapitel 7.2 in Tabelle 23 vorgestellten Modellen ist damit die zusätzliche Berücksichtigung der Interaktion von alternativenspezifischer Konstante mit der Dummy-Variablen für die Methodenreihenfolge. Beide

Modelle weisen einen guten Wert für das Pseudo-R^2 auf (0,28 für Dillenburg und 0,29 für Gießen) und die IIA-Annahme wird für beide Modelle eingehalten.

Tabelle 30: Multinomiale Logit Modelle für Dillenburg und Gießen zur Überprüfung des Einflusses der Methodenreihenfolge

	Dillenburg		Gießen	
Variable	Koeffizient	t-Wert	Koeffizient	t-Wert
Fließgewässerqualität				
Güteklasse 2	0,83606	13,60***	0,98443	15,90***
Güteklasse 3	0		0	
Güteklasse 4	0,07844	1,25	0,10385	1,69
Güteklasse 5	-0,56002	-7,25***	-0,66361	-8,31***
Güteklasse 6 und 7	-1,12456	-12,27***	-1,19480	-12,82***
Artenvielfalt	0,00170	11,14***	0,00183	11,89***
Landschaftsbild				
Nur Wald/Mulchflächen dominiert	0		0	
Grünland dominiert	0,62687	6,75***	0,69423	7,55***
Acker- und Grünland ausgeglichen	1,32578	14,67***	1,24737	13,65***
Ackerland dominiert	0,23459	2,33**	0,27663	2,81***
Preis	-0,01103	-6,55***	-0,01614	-10,71***
Konstante für Referenzszenario	-1,16192	-1,36	1,17608	1,66
Interaktionen				
Konstante*Einkommen	-0,00024	-2,09**	-0,00027	-2,86***
Konstante*UBI	0,00825	0,04	-0,46037	-2,61***
Konstante*M-Reihenfolge	-0,22918	-0,94	-1,17692	-5,09***
Preis*M-Reihenfolge	-0,00336	-3,19***	0,00187	1,75
Preis*Alter	0,00015	4,91***	0,00016	5,93***
Log-Likelihood des Modells	-1659,802		-1747,879	
Log-Likelihood des Null-Modells	-2110,6231		-2305,318	
Korr. Pseudo-R^2	0,28349		0,28524	
Stichprobengröße N	213		186	
Hausman-Test für IIA-Annahme	χ^2-Wert	p-Wert	χ^2-Wert	p-Wert
Choice Set reduziert um Option A	22,1528	0,10	6,3740	0,97
Choice Set reduziert um Option B	9,3755	0,86	13,9768	0,53
Choice Set reduziert um Option C	21,4963	0,12	7,7632	0,93

Quelle: Eigene Berechnungen

Sowohl die alternativenspezifische Konstante als auch die Güteklasse 4 sind in beiden Modellen nicht signifikant. Unterschiede zeigen sich bei den Interaktionsvariablen. Im Dillenburger Modell ist die Umwelteinstellung ohne Einfluss auf die Auswahl der Referenzoption, während dieser Koeffizient im Gießener Modell hoch signifikant ist. Weitere Unterschiede ergeben sich für die beiden Modelle auch bzgl. der beiden Variablen, die die Einflüsse der Methodenreihenfolge erfassen. Während im

Dillenburger Modell der Koeffizient Preis*Methodenreihenfolge signifikant ist und die Interaktion von Konstante*Methodenreihenfolge nicht signifikant ist, verhält es sich im Gießener Modell umgekehrt.

In Dillenburg beeinflusst die Methodenreihenfolge zwar nicht die Auswahlwahrscheinlichkeit der Referenzsituation, jedoch verringert sich die Auswahlwahrscheinlichkeit für Alternativen mit höheren Preisen, wenn die kontingente Bewertung zuerst durchgeführt wurde. In Gießen verringert sich hingegen die Auswahlwahrscheinlichkeit der Referenzoption, wenn das Choice Experiment erst an zweiter Stelle durchgeführt wurde, allerdings hat die Reihenfolge der beiden Methoden keinen Einfluss auf die Auswahlwahrscheinlichkeit in Bezug auf den Preis. Ein Vergleich der beiden Gießener Modelle aus Tabelle 23 und Tabelle 30 zeigt jedoch, dass der Koeffizient der Preis*Methodenreihenfolge-Variable signifikant ist, wenn die Interaktion von Konstante und Methodenreihenfolge nicht berücksichtigt wird. In diesem Fall zeigt sich eine höhere Auswahlwahrscheinlichkeit für Alternativen mit höheren Preisen, wenn zuerst die kontingente Bewertung stattfand (positives Vorzeichen des Koeffizienten).

Vergleicht man die beiden Gießener Modelle (mit und ohne Interaktion von Konstante*Methodenreihenfolge) mittels eines Likelihood Ratio Tests, dann ergibt sich die Test-Statistik mit -2[-1761,769 + 1747,879] = 27,78. Bei einem Freiheitsgrad von df = 1 (Differenz der geschätzten Parameter) muss die Nullhypothese, dass beide Modelle eine gleich gute Anpassung aufweisen, mit einer Irrtumswahrscheinlichkeit von 1 % verworfen werden (χ^2_{Tab} = 10,83). Das hier vorgestellte Modell weist also eine bessere Anpassung auf, da sich der Log-Likelihood näher an Null befindet. Für die Berechnungen wird dennoch weiterhin das in Kapitel 7.2 vorgestellte Modell verwendet, da es bzgl. der Zahlungsbereitschaft der Befragten für verschiedene Optionen durch die signifikante Variable Preis*Methodenreihenfolge einen höheren Erklärungsgehalt aufweist als das hier präsentierte Modell und keine signifikanten Unterschiede der impliziten Preise zwischen den beiden Modellen festgestellt wurden. Zudem ist auf diese Weise auch ein Vergleich mit dem Dillenburger Modell möglich, da beide die gleichen unabhängigen Variablen beinhalten.

Die Test-Statistik für einen Vergleich der beiden Dillenburger Modelle (mit und ohne Interaktion von Konstante*Methodenreihenfolge) mittels des Likelihood Ratio Test ergibt sich mit -2[-1660,243 + 1659,802] = 0,882. Der zugehörige Tabellenwert der χ^2-Verteilung für eine Irrtumswahrscheinlichkeit von 1 % bei df = 1 ist χ^2_{Tab} = 10,83, so dass die Nullhypothese gleicher Modelle beibehalten werden kann. Der Erklärungsbeitrag der beiden Modelle unterscheidet sich also nicht signifikant voneinander. Das in Tabelle 23 vorgestellte Modell ohne die Interaktion von alternativenspezifischer Konstante und Methodenreihenfolge kann damit weiterhin als bestes Modell angesehen werden.

7.3.1.2 *Schlussfolgerungen*

Insgesamt zeigen die Berechnungen zu der Methodenreihenfolge in den Interviews, dass in Dillenburg die zuerst durchgeführte kontingente Bewertung zu einer Preissensibilisierung der Befragten geführt hat, während die Auswahlwahrscheinlichkeit für die Referenzsituation von der Methodenreihenfolge unbeeinflusst bleibt. Im Unterschied dazu kann für die Gießener Stichprobe eine geringere Auswahlwahrscheinlichkeit der Referenzsituation festgestellt werden, wenn die kontingente Bewertung vor dem Choice Experiment durchgeführt wurde. Das Gießener Modell mit beiden Interaktionsvariablen für die Methodenreihenfolge (alternativenspezifische Konstante und Preis) kann jedoch keinen signifikanten Einfluss auf die Auswahlwahrscheinlichkeit in Abhängigkeit vom Preis der Optionen identifizieren. Wird aus dem Gießener Modell die Variable für die Interaktion von alternativenspezifischer Konstante und Methodenreihenfolge herausgenommen, so zeigt sich ein signifikanter Einfluss auf die Auswahlwahrscheinlichkeit in Abhängigkeit vom Preis. Dieser ist jedoch – im Unterschied zur Dillenburger Stichprobe – positiv, d. h. die Auswahlwahrscheinlichkeit steigt für Alternativen mit höheren Preisen. Dieser Befund konnte auch durch die beiden separaten Modelle für die Gießener Stichprobe (vgl. Tabelle 29) bestätigt werden. Obwohl das Gießener Modell mit Interaktion von Preis und alternativenspezifischer Konstante mit der Variable für die Methodenreihenfolge eine bessere Gesamtanpassung aufweist als das Modell ohne die Interaktion von alternativenspezifischer Konstante mit der Methodenreihenfolge, wird letzterem Modell der Vorzug gegeben, weil die Zahlungsbereitschaft bzw. die impliziten Preise detaillierter erklärt werden können.

Interessanterweise hat die vorangestellte kontingente Bewertung in der Gießener Stichprobe dazu geführt, dass die Auswahlwahrscheinlichkeit für die Referenzoption abnimmt. Dieses Ergebnis war eher für die Dillenburger Stichprobe erwartet worden, da die Befragten direkt im Untersuchungsgebiet leben und von daher unmittelbar von einem sich ändernden Landschaftsbild betroffen wären. Auf Basis der Konfidenzintervalle können insgesamt keine signifikanten Unterschiede der Koeffizienten zwischen den beiden Stichproben ermittelt werden. Das gleiche Ergebnis liefert der Test nach POE et al. (2005) für die impliziten Preise, der ebenfalls für keinen impliziten Preis signifikante Unterschiede zwischen den beiden Modellen ausweisen kann. Dies ist verwunderlich, weil eher zu vermuten war, dass durch die Entfernung vom Befragungsort Lahn-Dill-Bergland und der dadurch eher geringeren direkten Relevanz für die Gießener Bevölkerung auch die impliziten Preise geringer ausfallen würden.

Es lässt sich festhalten, dass die Methodenreihenfolge insgesamt fast keinen Einfluss auf die Höhe der impliziten Preise hat und die Befragten auch unabhängig von der Methodenreihenfolge ihre Präferenzen geäußert haben. Auch das im Fragebogendesign integrierte Cheap Talk Skript zielt darauf ab, von den Befragten ihren

Präferenzen entsprechende Angaben zu erhalten und dabei vor allem auch die Auswirkungen auf ihre eigenen finanziellen Mittel zu berücksichtigen. Es gilt daher im folgenden Kapitel zu prüfen, inwiefern dieser Ansatz dazu beitragen kann.

7.3.2 Eignung des Cheap Talk Verfahrens zur Vermeidung von hypothetischen Zahlungsbereitschaftsangaben

Ein Augenmerk aller Methoden der geäußerten Präferenzen liegt auf der Ermittlung von Zahlungsbereitschaften, die die Präferenzen der Befragten unter Berücksichtigung ihrer Budgetrestriktion widerspiegeln. Ein häufiger Kritikpunkt bei der Durchführung von Befragungen ist daher, dass die ermittelten Angaben nicht den wahren Präferenzen der Befragten entsprächen. Diese Kritik bezieht sich zum einen auf den Umstand, dass sie zur Absicherung ihrer zukünftigen Bedürfnisse auch Präferenzen für das Bewertungsgut äußern, die ihre wahren Präferenzen übersteigen bzw. die sie angeben, weil sie denken, dies sei gesellschaftlich gewünscht. Dies kann dann auch dazu führen, dass sie Zahlungsbereitschaften angeben, die weit über denen liegen, die sie tatsächlich zu tätigen bereit sind.

Die Choice Experimente weisen bzgl. beider Kritikpunkte gegenüber der kontingenten Bewertung komparative Vorteile auf, da der Fokus beim Entscheidungsprozess nicht nur allein auf dem Preis liegt. Die Befragten sind darüber hinaus gezwungen, hierbei auch weniger gewünschte Qualitätszustände zu berücksichtigen. Gleichzeitig ist es auch bei der Durchführung einer Choice Experiment Studie von Bedeutung, dass die Befragten die jeweiligen Optionen nicht unabhängig vom Preis auswählen. Vielmehr sollen sie sich vorstellen, sie hätten den genannten Betrag auch wirklich zu entrichten.

Um hypothetischen Verzerrungen zu vermeiden, die aufgrund der beiden genannten Aspekte entstehen können, wurde im Fragebogendesign das so genannte Cheap Talk Skript eingesetzt. Das Skript wurde in Anlehnung an die Arbeiten von LOOMIS et al. (1996), CUMMINGS und TAYLOR (1999) und AADLAND und CAPLAN (2003) ausformuliert. Den Befragten wurde dazu folgender Text vor der Beantwortung der Choice Tasks vorgetragen:

„Die Erfahrung mit vergleichbaren Befragungen zeigt, dass Menschen in solchen Befragungen oft anders antworten, als sie tatsächlich handeln würden. Häufig wird eine Zahlungsbereitschaft angegeben, die über dem Betrag liegt, den man unter realen Bedingungen zu zahlen bereit wäre. Wir bezeichnen dieses Phänomen in Befragungen als eine hypothetische Verzerrung. Unserer Meinung nach liegt das daran, dass wir die Menschen danach fragen, sich für etwas Gutes einzusetzen, und der erste Impuls in einer Befragung ist *natürlich würde ich helfen und ich wäre bereit den Betrag zu zahlen*. Falls die Abstimmung dann aber real ist und eine tatsächliche Zahlung erfordert, denken wir anders und berücksichtigen unser zur Verfügung stehendes Budget: *Wenn ich das Geld für dieses Projekt ausgebe, dann steht es mir für andere Zwecke nicht mehr zur Verfügung.* Ich möchte Sie daher bitten, die folgende Frage genau so zu beantworten, als ob Sie den angegebenen Betrag bei der gewählten Landschaft dann auch wirklich bezahlen müssten.“

Während in allen Interviews in Gießen das Cheap Talk Skript enthalten war, wurde in Dillenburg nur bei der Hälfte der Befragten das Skript eingesetzt. Es ist also für die Dillenburger Stichprobe zu überprüfen, inwiefern sich das Verfahren auf die gemachten Angaben der Befragten auswirkt.

7.3.2.1 Modellergebnisse

Zunächst wurde jeweils ein separates Modell für die Teilstichprobe mit bzw. ohne das Cheap Talk Skript im Interview geschätzt. Dazu fand jeweils auch eine Prüfung verschiedener Modellspezifikationen statt. Für das Nested Logit Modell konnte ein zweistufiger Entscheidungsprozess nicht bestätigt werden und auch die Berechnung von Mixed Logit Modellen zeigte keine signifikannten Unterschiede für die Ausprägungen der jeweiligen Eigenschaften, die sich über eine Verteilungsfunktion modellieren ließen.

Als beste Modellversionen wurden schließlich zwei Multinomiale Logit Modelle (vgl. Tabelle 31) berechnet. Beide Modelle weisen mit 0,30 und 0,27 ein gutes Pseudo-R^2 auf. Der Test auf die Einhaltung der IIA-Annahme kann für das Modell der Teilstichprobe ohne Cheap Talk in der Befragung für alle drei alternativen Entscheidungen mit p-Werten größer als 0,05 die Einhaltung gleicher Auswahlwahrscheinlichkeiten für die reduzierten Choice Sets belegen. Für das Modell der Teilstichprobe mit Cheap Talk in der Befragung kann die Einhaltung für zwei der drei Alternativen belegt werden. Für die Alternative C war eine Berechnung der Test-Statistik nicht möglich. Da aber auch hier kein zweistufiger Entscheidungsprozess für das mit den gleichen Variablen spezifizierte Nested Logit Modell belegt werden kann, wird die Spezifikation des Multinomialen Logit Modells nicht verworfen.

In beiden Modellen zeigen sich für die meisten Koeffizienten Signifikanzen auf dem 1 %-Niveau. Nicht signifikant sind jedoch in beiden Modellen der Koeffizient für das Ackerland dominierte Landschaftsbild und die Interaktion der Konstanten mit der Einkommensvariablen. Darüber hinaus konnte im Dillenburg-Modell ohne Cheap Talk für die Güteklasse 4 und die Interaktion von Preis und Methodenreihenfolge keine Signifikanz festgestellt werden.

Die Vorzeichen der berechneten Koeffizienten sind für alle Variablen plausibel. Für die Fließgewässerqualität ist erstmals auch der Koeffizient der Güteklasse 4 im Dillenburger Modell mit Cheap Talk Skript signifikant und das positive Vorzeichen zeigt an, dass die Auswahlwahrscheinlichkeit für diese Ausprägung größer ist als für Güteklasse 3. In beiden Modellen weist die signifikante alternativenspezifische Konstante ein negatives Vorzeichen auf. Somit gibt es außer den Einflüssen auf die Auswahlwahrscheinlichkeit, die über die Variablen im Modell erfasst werden, noch weitere Aspekte, die die Wahrscheinlichkeit, die Referenzsituation auszuwählen, verringern.

Tabelle 31: Multinomiale Logit Modelle zur Überprüfung der Bedeutung des Cheap Talk Skriptes

	Dillenburg mit Cheap Talk Skript		Dillenburg ohne Cheap Talk Skript	
Variable	Koeffizient	t-Wert	Koeffizient	t-Wert
Fließgewässerqualität				
Güteklasse 2	0,85116	9,99***	0,84551	9,42***
Güteklasse 3	0		0	
Güteklasse 4	0,20244	2,39**	-0,07538	-0,80
Güteklasse 5	-0,63324	-5,73***	-0,47906	-4,42***
Güteklasse 6 und 7	-1,22401	-9,33***	-1,03327	-8,02***
Artenvielfalt	0,00194	9,06***	0,00144	6,56***
Landschaftsbild				
Nur Wald/Mulchflächen dominiert	0		0	
Grünland dominiert	0,48062	3,81***	0,79815	5,76***
Acker- und Grünland ausgeglichen	1,21926	9,95***	1,46217	10,86***
Ackerland dominiert	0,20869	1,52	0,26758	1,79
Preis	-0,00992	-4,35***	-0,01298	-5,29***
Konstante für Referenzszenario	-1,39240	-3,88***	-1,08150	-3,09***
Interaktionen				
Konstante*Einkommen	-0,00027	-1,60	-0,00022	-1,44
Preis*M-Reihenfolge	-0,00361	-2,82***	-0,00199	-1,54
Preis*Alter	0,00012	2,83***	0,00019	4,16***
Log-Likelihood des Modells	-855,7938		-796,125	
Log-Likelihood des Null-Modells	-1107,8848		-1002,033	
Korr. Pseudo-R^2	0,30061		0,26812	
Stichprobengröße N	111		102	
Hausman-Test für IIA-Annahme	χ^2-Wert	p-Wert	χ^2-Wert	p-Wert
Choice Set reduziert um Option A	15,0228	0,24	18,7809	0,13
Choice Set reduziert um Option B	6,9736	0,86	21,8002	0,58
Choice Set reduziert um Option C	Nicht zu berechnen		8,6027	0,80

Quelle: Eigene Berechnungen

Für das Modell der Teilstichprobe für Interviews mit Cheap Talk Verfahren ist auch der Koeffizient der Interaktionsvariablen Preis*Methodenreihenfolge signifikant und hat ein negatives Vorzeichen. Die Befragten, die zuerst die kontingente Bewertung absolviert haben, weisen eine höhere Preissensibilität auf im Vergleich zu den Personen, die zuerst die Choice Experiment Fragen beantworteten. Dies lässt darauf schließen, dass das Cheap Talk Skript zu einer höheren Preissensibilität der Befragten geführt hat, wenn die kontingente Bewertung zuerst durchgeführt wurde.

Für die weiteren Koeffizienten lassen sich im Vergleich zu den vorherigen Modellergebnissen bezogen auf die Vorzeichen keine Abweichungen finden. Mit höherem Alter steigt auch hier in beiden Modellen die Auswahlwahrscheinlichkeit für Alternativen mit höheren Preisen. Beim Landschaftsbild weist das Acker- und Grünland ausgeglichene Landschaftsbild die höchsten Auswahlwahrscheinlichkeiten auf, gefolgt von dem Grünland dominierten Landschaftsbild. Auch das Ackerland dominierte Landschaftsbild wird gegenüber der Referenzoption des Landschaftsbildes „nur Wald/Mulchflächen dominiert" präferiert. Jedoch kann die statistische Signifikanz des Koeffizienten für keines der beiden Modelle belegt werden.

Es stellt sich nun die Frage, ob das Cheap Talk Skript vor der Beantwortung der Choice Tasks einen Einfluss auf die Auswahlwahrscheinlichkeiten für verschiedene Ausprägungen in der Dillenburger Stichprobe hat. Dazu wurde ein Vergleich auf Basis der Krinsky-Robb Simulation durchgeführt und es wurden 1.000 Koeffizienten simuliert. Die Simulationen zeigen, dass sich lediglich die Koeffizienten für die Artenvielfalt und die Güteklasse 4 unterscheiden, wobei letzterer jedoch in der Stichprobe ohne Cheap Talk Skript nicht signifikant ist.

Mit dem „complete combinatorial" Test von Poe et al. (2005) lässt sich überdies prüfen, inwieweit signifikante Unterschiede bzgl. der impliziten Preise beider Modelle nachzuweisen sind. Die Ergebnisse zeigen, dass für die impliziten Preise keine signifikanten Abweichungen zwischen den Modellen nachweisbar sind. Das Cheap Talk Skript hat somit keinen Einfluss auf die Höhe der impliziten Preise.

Mit diesem Ergebnis wird somit die interne Validität der Studie belegt. Es kann davon ausgegangen werden, dass der zusätzliche Hinweis auf die Bedeutung der Berücksichtigung der Budgetrestriktion nicht notwendig gewesen wäre, da auch in der Vergleichsgruppe identische Ergebnisse erzielt werden.

Zur Überprüfung der Bedeutung des Cheap Talk Skriptes wird weiterhin getestet, ob in einem gemeinsamen Modell für die gesamte Dillenburger Stichprobe die Cheap Talk Variable einen signifikanten Einfluss auf die Auswahl der Referenzsituation und auf die Wahrscheinlichkeit der Auswahl einer Option in Abhängigkeit vom Preis hat. Dazu wurden zwei Interaktionsvariablen in das Modell aufgenommen. Die Ergebnisse des Modells sind in Tabelle 32 dargestellt.

Durch den abnehmenden Grenznutzen für bessere Qualitätszustände zeigt sich, dass die besten Qualitätsniveaus nicht um jeden Preis bevorzugt werden. Hierdurch kann ebenfalls bestätigt werden, dass die Befragten nicht gegen ihre Präferenzen Optionen mit besseren Qualitätszuständen ausgewählt haben.

Tabelle 32: Multinomiales Logit Modell für Dillenburg mit Variablen für das Cheap Talk Skript

	Dillenburg gesamt mit Cheap Talk Variablen	
Variable	Koeffizient	t-Wert
Fließgewässerqualität		
Güteklasse 2	0,83512	13,59***
Güteklasse 3	0	
Güteklasse 4	0,07804	1,25
Güteklasse 5	-0,55808	-7,23***
Güteklasse 6 und 7	-1,12425	-12,27***
Artenvielfalt	0,00194	11,15***
Landschaftsbild		
Nur Wald/Mulchflächen dominiert	0	
Grünland dominiert	0,62743	6,75***
Acker- und Grünland ausgeglichen	1,32521	14,67***
Ackerland dominiert	0,23435	2,33**
Preis	-0,00992	-6,12***
Konstante für Referenzszenario	-1,39240	-3,80***
Interaktionen		
Konstante*Einkommen	-0,00023	-2,08**
Konstante*Cheap Talk	-0,39044	-1,61
Preis*Cheap Talk	-0,00108	-1,03
Preis*M-Reihenfolge	-0,00283	-3,12***
Preis*Alter	0,00015	4,89***
Log-Likelihood des Modells	-1658,924	
Log-Likelihood des Null-Modells	-2110,6231	
Korr. Pseudo-R^2	0,28387	
Stichprobengröße N	213	
Hausman-Test für IIA-Annahme	χ^2-Wert	p-Wert
Choice Set reduziert um Option A	20,8519	0,14
Choice Set reduziert um Option B	9,3820	0,86
Choice Set reduziert um Option C	15,2135	0,44

Quelle: Eigene Berechnungen

Das Multinomiale Logit Modell weist ein Pseudo-R^2 von 0,28 auf, was für eine gute Modellanpassung spricht. Auch die IIA-Annahme wird für alle Optionen eingehalten, so dass die Modellspezifikation als geeignet angesehen werden kann[99]. Alle Koeffizienten der verschiedenen Landschaftsfunktionen sind mit Ausnahme der Güte-

99 Ein Vergleich mit dem in Kapitel 7.2.2 vorgestellten Modell für Dillenburg zeigt auf Basis des Likelihood Ratio Tests keine signifikante Verbesserung des Gesamtmodells durch die Berücksichtigung der Cheap Talk Variablen (χ^2_{Vers} = 2,638; χ^2_{Tab} = 13,82; df = 2).

klasse 4 auf dem 1 %-Niveau signifikant. Bei den Interaktionsvariablen sind lediglich die Methodenreihenfolge und das Alter in Kombination mit der Preisvariable signifikant sowie die Einkommensvariable mit der alternativenspezifischen Konstanten. Für beide Cheap Talk Variablen weisen die Koeffizienten keine statistische Signifikanz auf. Ein Einfluss des Cheap Talk Skriptes auf die Auswahl einer Option bezogen auf den Preis und die Referenzsituation kann damit nicht nachgewiesen werden. Dieses Ergebnis bestätigt den zuvor gemachten Befund identischer Koeffizienten der beiden separaten Modelle für Dillenburg.

7.3.2.2 Schlussfolgerungen

Die Ergebnisse zeigen für die eigene empirische Untersuchung keinen Einfluss des Cheap Talk Verfahrens auf die impliziten Preise und belegen damit die interne Validität der Studie. Die Ergebnisse von CARLSSON et al. (2005), die das Cheap Talk Verfahren erstmals in einem Choice Experiment für die Bewertung von GMO-Geflügel- und Rindfleisch eingesetzt haben, können von der vorliegenden Untersuchung nicht bestätigt werden. CARLSSON et al. (2005) können in ihrer Studie für sieben von zehn impliziten Preisen die Hypothese gleicher impliziter Preise für die Stichproben mit und ohne Cheap Talk Skript nicht bestätigen. Die Autoren ziehen daraus die Schlussfolgerung, dass wie in kontingenten Bewertungen auch in Choice Experiment Studien hypothetische Verzerrungen ein problematischer Aspekt sein können und empfehlen das Cheap Talk Skript zur Deflationierung der ermittelten Werte. Die eigenen Ergebnisse lassen jedoch den Schluss zu, dass vielmehr andere Faktoren, wie möglicherweise das Fragebogendesign oder die Art der Durchführung der Studie, einen Einfluss auf die Güte der Ergebnisse haben. So wurde die Studie von CARLSSON et al. (2005) als schriftliche Befragung durchgeführt und die Qualität der Daten ist somit nur schwer zu prüfen. Aus den Ergebnissen zum Einfluss der Methodenreihenfolge lässt sich vielmehr schließen, dass eine Sensibilisierung für die Thematik eher durch das Auseinandersetzen mit konkreten Zahlenwerten – wie in der kontingenten Bewertung durch die Angabe der Zahlungsbereitschaften – erfolgt. Auf diese Weise setzen sich die Befragten offensichtlich intensiver mit der Kostenseite auseinander als es durch das Cheap Talk Skript möglich war. Allerdings war der Befund hier nicht eindeutig. Während die Befragten in Dillenburg preissensibler reagiert haben, waren die Befragten in Gießen bei gleicher Fragenversion weniger preissensibel. Die Ergebnisse zum Cheap Talk lassen schließen, dass in der eigenen Untersuchung hypothetische Verzerrungen kein Problem darstellen. Dennoch kann durch die Einbeziehung des Cheap Talk Skripts in das Studiendesign die Gefahr des Auftretens von hypothetischen Verzerrungen minimiert werden.

7.3.3 Die Bedeutung der unterschiedlichen Anzahl von Choice Tasks im Choice Experiment

Ein weiterer methodischer Aspekt der vorliegenden Arbeit ist die Untersuchung des Einflusses der Anzahl von Choice Tasks in einem Choice Experiment. Wie bereits in Kapitel 5 ausführlich dargelegt wurde, beeinflusst eine Vielzahl von Faktoren die Komplexität des Choice Experiments und damit auch die mögliche Anzahl von Choice Tasks, die ein Befragter ohne Ermüdungs- oder Konzentrationsprobleme beantworten kann. Gleichzeitig ist aber auch davon auszugehen, dass die Befragten die ersten Choice Tasks dazu brauchen, um mit dem Konzept vertraut zu werden[100].

Um direkt nach der Beantwortung der Choice Tasks von den Befragten Informationen hierzu zu erhalten, erfassten verschiedene Debriefingfragen, wie die Befragten mit der Beantwortung der Choice Tasks zurecht gekommen sind und wie sie die absolvierte Anzahl an Choice Tasks empfunden haben. Lediglich 3,5 % der Befragten gaben dabei an, dass sie die Anzahl der Choice Tasks als „viel zu viele" oder „zu viele" empfanden. Knapp 57 % der Befragten äußerten sich dahingehend, dass die Anzahl noch zu schaffen war und die verbleibenden rund 40 % waren der Meinung, sie hätten auch noch mehr Choice Tasks beantworten können. Im Folgenden soll geklärt werden, ob sich dieses Ergebnis auch in den Modellergebnissen wiedererkennen lässt.

7.3.3.1 Modellergebnisse

Um zu testen, ob die Anzahl der Choice Tasks eine Auswirkung auf die Auswahlwahrscheinlichkeiten der Befragten hat, wurden für beide Befragungsorte zwei separate Modelle für das Choice Experiment mit acht Choice Tasks und das Choice Experiment mit zwölf Choice Tasks berechnet. Die Ergebnisse des besten Multinomialen Logit Modells für Dillenburg sind in Tabelle 33 dargestellt. 149 der Befragten in Dillenburg beantworteten in ihrem Interview insgesamt acht Choice Tasks und die übrigen 64 Befragten zwölf Choice Tasks. Beide Modelle weisen mit einem Pseudo-R^2 von ca. 0,26 bzw. 0,31 gute Werte auf und auch der Test für die IIA-Annahme zeigt die Einhaltung gleicher Auswahlwahrscheinlichkeiten für beide Modelle. Für das Dillenburger Modell mit zwölf Choice Tasks zeigt der Test für die Alternative C jedoch nur eine Signifikanz auf dem 1 %-Niveau. Für eine Irrtumswahrscheinlichkeit von 5 % kann die IIA-Annahme nicht gehalten werden. Dieses Ergebnis ist durch die kleine Stichprobe für das Modell zu erklären, die mit 64 Befragten noch oberhalb der Untergrenze von 50 Beobachtungen für die Berechnung eines Logit Modells liegt.

---

100 Dies mag weniger für den Einsatz der Methodik in der Marktforschung für Privatgüter gelten.

Tabelle 33: Multinomiale Logit Modelle zur Überprüfung der Bedeutung der Choice Task Anzahl in Dillenburg

	Dillenburg mit acht Choice Tasks		Dillenburg mit zwölf Choice Tasks	
Variable	Koeffizient	t-Wert	Koeffizient	t-Wert
Fließgewässerqualität				
Güteklasse 2	0,74624	9,63***	0,98548	10,18***
Güteklasse 3	0		0	
Güteklasse 4	0,03585	0,45	0,14212	1,47
Güteklasse 5	-0,41124	-4,35***	-0,84856	-6,46***
Güteklasse 6 und 7	-1,07815	-9,40***	-1,17619	-8,09***
Artenvielfalt	0,00160	8,32***	0,00165	6,92***
Landschaftsbild				
Nur Wald/Mulchflächen dominiert	0		0	
Grünland dominiert	0,63127	5,35***	0,62194	4,32***
Acker- und Grünland ausgeglichen	1,40515	12,30***	1,21610	8,67***
Ackerland dominiert	0,23831	1,86	0,10401	0,66
Preis	-0,00833	-4,22***	-0,01743	-5,48***
Konstante für Referenzszenario	0,29311	0,29	-4,73894	-3,07***
Interaktionen				
Konstante*UBI	-0,48986	-1,91	0,72512	1,95
Preis*M-Reihenfolge	-0,00362	-3,16***	-0,00080	-0,54
Preis*Alter	0,00010	2,55**	0,00028	4,91***
Log-Likelihood des Modells	-1055,336		-662,6011	
Log-Likelihood des Null-Modells	-1318,9438		-881,5376	
Korr. Pseudo-R^2	0,26708		0,31687	
Stichprobengröße N	138		64	
Hausman-Test für IIA-Annahme	χ^2-Wert	p-Wert	χ^2-Wert	p-Wert
Choice Set reduziert um Option A	18,836	0,13	16,9896	0,20
Choice Set reduziert um Option B	13,8279	0,39	13,1858	0,43
Choice Set reduziert um Option C	10,6831	0,64	25,1642	0,02

Quelle: Eigene Berechnungen

In beiden Modellen sind der Koeffizient für die Güteklasse 4, das Ackerland dominierte Landschaftsbild und die Variable, die das Umweltbewusstsein erfasst, nicht signifikant[101]. Das Modell für die Stichprobe mit acht Choice Tasks weist außerdem keinen signifikanten Koeffizienten für die alternativenspezifische Konstante auf und in dem Modell für die Stichprobe mit zwölf Choice Tasks ist der Koffizient für die Mes-

101 Ohne Aufnahme der Variable in die Modelle konnte die Einhaltung der IIA-Annahme in beiden Modellen nicht bestätigt werden.

sung der Umwelteinstellung ebenfalls statistisch nicht signifikant. Alle signifikanten Koeffizienten weisen die erwarteten Vorzeichen auf.

Um eine Aussage darüber treffen zu können, inwieweit die beiden Modelle unterschiedliche Koeffizienten beinhalten und damit die Präferenzen der Befragten variieren, wird der Test von POE et al. (2005) durchgeführt. Die Ergebnisse des Tests zeigen, dass für keinen der Koeffizienten signifikante Abweichungen zwischen den Modellen vorhanden sind. Darüber hinaus können auch keine Unterschiede für die berechneten impliziten Preise zwischen den beiden Modellen festgestellt werden. In Dillenburg hat die Länge der Interviews demnach keinen signifikanten Einfluss auf die impliziten Preise und die Präferenzen der Befragten können daher innerhalb der Interviews als beständig angesehen werden.

Entsprechend wurden auch für die Gießener Stichprobe zwei Modelle in Abhängigkeit von der Anzahl der Choice Tasks berechnet. Die Ergebnisse der Multinomialen Logit Modelle sind in der folgenden Tabelle 34 zusammengefasst.

Der Erklärungsbeitrag beider Modelle ist mit einem Pseudo-R^2 von über 0,30 gut und die Einhaltung des IIA-Tests kann bis auf eine Ausnahme (Alternative C in der Modellversion mit zwölf Choice Tasks) für alle Alternativen bestätigt werden. Wie auch in der Dillenburger Stichprobe stehen für die Gießener Modelle unterschiedlich viele Beobachtungen für die jeweiligen Berechnungen zur Verfügung. Die Anzahl von Beobachtungen liegt für das Gießener Modell mit 48 knapp unter der Grenze für die Vorzüglichkeit der Maximum Likelihood Methode zur Berechnung von Wahrscheinlichkeitsmodellen. Um die geeignete Spezifikation des Modells eingehender zu überprüfen, wurde daher außerdem ein Nested Logit Modell berechnet. Dazu wurde eine Struktur mit zwei Nestern gewählt, wobei das eine die Referenzoption und das andere die drei alternativen Szenarien beinhaltete. Für die beiden IV-Parameter des Modells konnte jedoch kein signifikanter Unterschied nachgewiesen werden, so dass die beiden Nester zusammenfallen und das Modell sich zum Multinomialen Logit Modell reduziert. Daher wurde das Modell auch mit Absicherung der Einhaltung der IIA-Annahme für nur zwei der drei Alternativen beibehalten.

Beide Modelle weisen für den Großteil der geschätzten Koeffizienten Signifikanzen auf dem 1 %-Niveau auf. Im Gießener Modell mit acht Choice Tasks ist lediglich der Koeffizient für das Ackerland dominierte Landschaftsbild und die Umweltbewusstseinsvariable auf Basis der NEP-Skala statistisch nicht signifikant von Null verschieden. Bzgl. der Vorzeichen der berechneten Koeffizienten sind die alternativenspezifische Konstante und die Interaktion von Preis und Methodenreihenfolge hervorzuheben. Das positive Vorzeichen der alternativenspezifischen Konstanten bedeutet, dass die Auswahlwahrscheinlichkeit für die Referenzoption durch nicht im Studiendesign berücksichtigte Eigenschaften bzw. Faktoren positiv beeinflusst wird. Dies steht im Widerspruch zu der Annahme, dass die Referenzsituation von den Befragten im Vergleich zu den alternativen Szenarien für die Mehrheit der Entscheidungssituationen weniger präferiert wird. Es muss allerdings bedacht werden, dass die Stichprobe für dieses Modell mit 48 sehr gering ist. Weiterhin zeigt sich – auch für das Modell mit zwölf Choice Tasks – für den Koeffizient der Interaktionsvariablen Preis und Methodenreihenfolge ein positives Vorzeichen.

Tabelle 34: Multinomiale Logit Modelle zur Überprüfung der Bedeutung der Choice Task Anzahl in Gießen

	Gießen mit acht Choice Tasks		Gießen mit zwölf Choice Tasks	
Variable	Koeffizient	t-Wert	Koeffizient	t-Wert
Fließgewässerqualität				
Güteklasse 2	1,06815	6,78***	0,99535	14,59***
Güteklasse 3	0		0	
Güteklasse 4	0,41182	2,83***	0,03499	0,51
Güteklasse 5	-1,10795	-4,78***	-0,59573	-6,92***
Güteklasse 6 und 7	-1,13639	-5,33***	-1,22768	-11,69***
Artenvielfalt	0,00182	4,75***	0,00187	11,01***
Landschaftsbild				
Nur Wald/Mulchflächen dominiert	0		0	
Grünland dominiert	0,78678	3,64***	0,67135	6,56***
Acker- und Grünland ausgeglichen	1,63377	7,28***	1,18591	11,72***
Ackerland dominiert	-0,07464	-0,29	0,32405	3,01***
Preis	-0,02389	-6,21***	-0,01680	-10,57***
Konstante für Referenzszenario	5,01363	2,76***	0,66448	0,70
Interaktionen				
Konstante*Einkommen	0,00050	2,29**	-0,00043	-3,83***
Konstante*UBI	-1,13179	-2,48**	-0,03126	-0,13
Konstante*NEP	-0,93627	-1,81	-0,34895	-1,23
Preis*M-Reihenfolge	0,00674	3,14***	0,00457	4,62***
Preis*Alter	0,00022	3,29***	0,00016	5,18***
Log-Likelihood des Modells	-300,3159		-662,6011	
Log-Likelihood des Null-Modells	-426,9497		-881,5376	
Korr. Pseudo-R^2	0,33138		0,31687	
Stichprobengröße N	48		138	
Hausman-Test für IIA-Annahme	χ^2-Wert	p-Wert	χ^2-Wert	p-Wert
Choice Set reduziert um Option A	23,6904	0,07	16,9896	0,20
Choice Set reduziert um Option B	Nicht zu berechnen		13,1858	0,43
Choice Set reduziert um Option C	11,3698	0,73	25,1642	0,02

Quelle: Eigene Berechnungen

Im Unterschied zu der Erwartung, dass durch die vorangestellte kontingente Bewertung eine höhere Preissensibilität der Befragten beobachtet werden kann, ist für die

Gießener Modellversion mit vorangestellter kontingenter Bewertung die Auswahlwahrscheinlichkeit für Optionen mit höheren Preisen größer. Es konnte jedoch kein signifikanter Einfluss der Variable auf die impliziten Preise festgestellt werden. Für das Gießener Modell mit zwölf Choice Tasks weisen alle signifikanten Koeffizienten, mit Ausnahme des bereits angesprochenen Koeffizienten für die Variable Preis*Methodenreihenfolge, das erwartete Vorzeichen auf.

Es bleibt nunmehr zu überprüfen, ob die Koeffzienten und die impliziten Preise für die Gießener Modelle signifikant unterschiedlich voneinander sind. Der Test nach POE et al. (2005) zeigt für den Vergleich der Koeffizienten beider Modelle signifikante Unterschiede für acht der 15 Koeffizienten. Es sind jedoch lediglich vier der acht Koeffizienten in beiden Modellen signifikant. Von diesen lassen sich für die Koeffizienten der Preisvariablen, der Güteklasse 5 und des Acker- und Grünland ausgeglichenen Landschaftsbildes signifikante Unterschiede zwischen den beiden Modellen feststellen[102].

Ein Vergleich der impliziten Preise für beide Modelle zeigt, dass drei von 13 impliziten Preisen signifikant voneinander abweichen. Dabei ist zu beachten, dass lediglich für den impliziten Preis bei einer Veränderung von Güteklasse 5 auf 6 der Fließgewässerqualität und bei einer Veränderung vom nur Wald/Mulchflächen dominierten zum Grünland dominierten Landschaftsbild alle zur Berechnung notwendigen Koeffizienten in beiden Modellen signifikant sind. Der signifikante Unterschied des impliziten Preises für die Veränderung von einem nur Wald/Mulchflächen dominierten zum Ackerland dominierten Landschaftsbild hat nur eine eingeschränkte Aussagekraft, da der Koeffizient für das Ackerland dominierte Landschaftsbild im Gießener Modell mit acht Choice Tasks nicht signifikant ist.

Die Berechnung von Multinomialen Logit Modellen für die gesamte Stichprobe unter Berücksichtigung der Interaktionen der Preisvariable und der alternativenspezifischen Konstanten mit der Dummy-Variable für die Anzahl der Choice Tasks in der Befragung bestätigt die Ergebnisse, dass die impliziten Preise für die unterschiedlich langen Choice Experimente Interviews nicht signifikant voneinander abweichen. In beiden Modellen ist keine der beiden Interaktionen signifikant.

7.3.3.2 *Schlussfolgerungen*

Das Ergebnis gleicher impliziter Preise für die separaten Modelle der Stichproben mit acht bzw. zwölf Choice Tasks in den Interviews belegt die Validität der Methodik zur Erfassung von Präferenzen. Es können keine Unterschiede festgestellt werden, wodurch die Erhebung konsistenter Präferenzen untermauert werden kann. In der

102 Weitere unterschiedliche Koeffizienten, von denen je einer in den Modellen nicht von Null verschieden ist, sind die alternativenspezifische Konstante, die Güteklasse 4, das Ackerland dominierte Landschaftsbild und das Umweltbewusstsein auf Basis der UBI-Skala.

Umweltbewertung finden sich bislang kaum Studien, die sich mit der Thematik einer unterschiedlichen Anzahl von Choice Tasks in den Untersuchungen explizit beschäftigen. Vielmehr scheinen die Empfehlungen aus der Marktforschung als Daumenregel für eine methodisch geeignete Anzahl von Choice Tasks auch für die Anwendung in der Umweltökonomie abgeleitet zu werden. Hier finden sich häufig bis zu 15 Choice Tasks in den Befragungen. Dennoch sollte für die Anwendung der Choice Experimente in der Umweltbewertung eher eine geringere Anzahl gewählt werden, da die Thematik für die Befragten zumeist gänzlich neu ist und die Anforderungen an den Abwägungsprozess entsprechend höher sind. Die bereits erwähnten Ermüdungseffekte thematisieren dieses Problem, wenn auch eher in indirekter Weise, da Ermüdungserscheinungen nicht nur durch die Anzahl der Choice Tasks hervorgerufen werden können. Dennoch zeigen die Ergebnisse der vorliegenden Arbeit, dass auch zwölf Choice Tasks, bei insgesamt vier Eigenschaften mit je fünf Ausprägungen, für die Befragten noch akzeptabel sind. Die Antworten der Befragten in den Debriefingfragen können das zusätzlich bestätigen.

7.3.4 Durchführung eines Benefit Transfers mit Choice Experiment Daten

Unter Benefit Transfer versteht man die Übertragung von an einem Studienort erhobenen Werten auf einen Ziel- oder Politikort. Vielversprechend ist dieser Ansatz vor allem deswegen, weil er zum einen Kosten und zum anderen Zeit sparend ist. Den Vorzügen der Methodik steht jedoch der wichtige Aspekt der Validität der Übertragung gegenüber. Nur wenn eine verlässliche Übertragung von Zahlungsbereitschaften vom Studien- auf den Politikort möglich ist, können die Vorteile des Benefit Transfers genutzt werden. Dabei gibt es eine Reihe von Aspekten zu berücksichtigen, damit ein valider Transfer gelingt (BENNETT, 2006, S. 1ff).

Es lassen sich unterschiedliche Arten des Benefit Transfers unterscheiden. Bei der Übertragung von Punktwerten erfolgt die Übertragung einzelner Werte ohne weitere Anpassung vom Studien- auf den Zielort. Bei der Übertragung von marginalen Punktwerten erfolgt im Vergleich zur einfachen Übertragung von Punktwerten eine zusätzliche Anpassung, die die unterschiedliche Größe der Bewertungsgüter berücksichtigt. Bei der Übertragung von Werten mittels Transferfunktionen werden die ermittelten funktionalen Zusammenhänge am Studienort auf den Politikort übertragen und die entsprechenden Werte des Zielortes in die Funktion eingesetzt. Eine letzte Möglichkeit des Benefit Transfers besteht in der Metaanalyse von Werten, wobei die Ergebnisse verschiedener Studien gepoolt werden, um Aussagen für einen Zielort treffen zu können[103] (ROLFE, 2006a, S. 16).

103 Eine ausführliche Darstellung zur Methodik des Benefit Transfers findet sich in WRONKA (2004) für die Verwendung in kontingenten Bewertungen. Das Prinzip lässt sich jedoch gleichermaßen für die Anwendung des Verfahrens mit Choice Experiment Daten übertragen. ROLFE (2006a und b) beschreibt die methodischen Aspekte explizit für die Anwendung mit Choice Experiment Daten.

Eine unproblematische Anwendung des Benefit Transfers bzgl. der methodischen Voraussetzungen ist gegeben, wenn folgende Punkte gewährleistet sind (ROLFE, 2006a, S. 18):

- Das Bewertungsgut ist nahezu identisch.
- Die gleiche Bevölkerungsgruppe ist in den Bewertungsprozess eingebunden.
- Die betrachteten Veränderungen sind am Studien- und Zielort identisch.
- Die Abgrenzung des Bewertungsgutes erfolgt am Studien- und Zielort in identischer Weise.
- Die Befragung am Studienort wurde akkurat durchgeführt.

Unterschiede bzgl. der Charakteristika der befragten Bevölkerung am Studien- und Politikort, der Gegebenheiten des Bewertungsgutes am Studien- und Zielort oder bzgl. der Mengenänderungen, die betrachtet werden sollen, können über die Transferfunktion implizit berücksichtigt werden.

Explizite Anpassungen werden bspw. notwendig, wenn der Transfer über größere Zeiträume hinweg erfolgt (z. B. in Form einer Anpassung durch Preisindices), die Abgrenzung der relevanten Bevölkerung unterschiedlich ist (z. B. auf regionaler Ebene am Studienort und auf Länderebene am Politikort) oder die Abgrenzung des Bewertungsgutes unterschiedlich ist (bspw. lokal und regional).

Für die eigene Untersuchung können von den von ROLFE (2006a) genannten methodischen Voraussetzungen für das Gelingen eines Benefit Transfers bis auf die Einbindung der gleichen Bevölkerungsgruppe in den Bewertungsprozess alle Punkte als gegeben betrachtet werden. Im Folgenden wird überprüft, ob mit den erhobenen Daten ein valider Benefit Transfer möglich ist.

7.3.4.1 Modellergebnisse

Für den Benefit Transfer auf Basis einer Transferfunktion wird zunächst ein gepooltes Modell für Dillenburg und Gießen berechnet und im Anschluss überprüft, inwieweit sich implizite Preise und Zahlungsbereitschaften durch das gepoolte Modell auf die beiden Gemeinden übertragen lassen. Dazu werden die berechneten Werte mit denen der separaten Modelle verglichen.

Das gepoolte Modell, basierend auf den Daten der Dillenburger und Gießener Stichprobe, ist in Tabelle 35 dargestellt. Auch für das gepoolte Modell erweist sich das Multinomiale Logit Modell als geeignete Spezifikation und die IIA-Annahme kann für alle drei Alternativen bestätigt werden. Das Modell weist mit einem Pseudo-R^2 von 0,28 einen guten Erklärungsbeitrag auf.

Mit Ausnahme der alternativenspezifischen Konstanten sind alle Koeffizienten auf dem 1 %- und 5 %-Niveau signifikant. Alle signifikanten Koeffizienten weisen zudem das erwartete Vorzeichen auf. Neben den Koeffizienten für die im Studiendesign berücksichtigten Eigenschaften sind zusätzlich sechs Interaktionsvariablen im Modell berücksichtigt. Einen signifikanten Einfluss auf die Auswahlwahrscheinlichkeit der alternativenspezifischen Konstanten haben das Alter der Befragten, das Umweltbewusstsein und das Einkommen. Während ein höheres Einkommen und Umweltbewusstsein die Auswahlwahrscheinlichkeit der Referenzoption verringern, steigt diese mit höherem Alter an.

Tabelle 35: Gepooltes Multinomiales Logit Modell für Dillenburg und Gießen

	Gepooltes Modell	
Variable	Koeffizient	t-Wert
Fließgewässerqualität		
Güteklasse 2	0,91260	20,93***
Güteklasse 3	0	
Güteklasse 4	0,08790	2,00**
Güteklasse 5	-0,60667	-10,94***
Güteklasse 6 und 7	-1,16581	-17,83***
Artenvielfalt	0,00176	16,24***
Landschaftsbild		
Nur Wald/Mulchflächen dominiert	0	
Grünland dominiert	0,66171	10,12***
Acker- und Grünland ausgeglichen	1,29008	20,08***
Ackerland dominiert	0,25397	3,60***
Preis	-0,01495	-11,35***
Konstante für Referenzszenario	-0,52342	-0,93
Interaktionen		
Konstante*Alter	0,01179	2,34**
Konstante*Einkommen	-0,00028	-3,92***
Konstante*UBI	-0,27753	-2,13**
Preis*Methodenreihenfolge	0,00124	1,99**
Preis*Alter	0,00019	7,83***
Preis*Befragungsort	-0,00219	-3,47***
Log-Likelihood des Modells	-3444,294	
Log-Likelihood des Null-Modells	-4423,0750	
Korr. Pseudo-R²	0,27768	
Stichprobengröße N	399	
Hausman-Test für IIA-Annahme	χ^2-Wert	p-Wert
Choice Set reduziert um Option A	16,7384	0,10
Choice Set reduziert um Option B	10,4783	0,84
Choice Set reduziert um Option C	16,7384	0,40

Quelle: Eigene Berechnungen

Als Interaktionsvariablen mit dem Preis konnten das Alter, die Methodenreihenfolge und der Befragungsort als signifikant berechnet werden. Das Alter ist jedoch die einzige soziodemographische Variable, die einen Einfluss auf die Auswahlwahrscheinlichkeit für eine Option in Abhängigkeit vom Preis hat. In weiteren Modellberechnungen, die außerdem die Schulbildung, die Spendenbereitschaft, die Haushaltsgröße und die Anzahl der im Haushalt lebenden Kinder berücksichtigen, konnten keine signifikanten Einflüsse auf die Auswahl der Referenzsituation oder die Wahl einer Option in Abhängigkeit vom Preis belegt werden.

In den folgenden Tabellen 36 und 37 sind die aus den separaten Modellen und dem gepoolten Modell berechneten impliziten Preise für die Dillenburger und Gießener Stichprobe gegenübergestellt. Für das Alter wurde dazu der Altersdurchschnitt für die jeweilige Stichprobe angesetzt (49 bzw. 44 Jahre in Dillenburg bzw. Gießen) und für die Methodenreihenfolge ein durchschnittlicher Wert von 0,5. Für die impliziten Preise der Gießener Stichprobe wird außerdem der Koeffizient der Preis*Befragungsort-Variablen berücksichtigt. Da die Güteklasse 4 der Fließgewässerqualität in beiden separaten Modellen nicht signifikant ist, werden in den Tabellen 36 und 37 nur die berechneten impliziten Preise, die mittels des gepoolten Modells berechnet wurden, angegeben.

Es lässt sich erkennen, dass die mit den Daten des gepoolten Modells berechneten impliziten Preise über denen des Dillenburger Modells liegen. Die Transferfehler liegen dabei zwischen 11 % und 62 %. Für das Landschaftsbild liegt der geringste Transferfehler bei über 35 %, für die Artenvielfalt beträgt er 40 % und für die Fließgewässerqualität beläuft sich der geringste Transferfehler auf etwa 10 % für die Veränderung von Güteklasse 3 zu 5. Alle weiteren impliziten Preise für die Fließgewässerqualität liegen jedoch über 30 %.

Für die Dillenburger Stichprobe kann der Benefit Transfer der impliziten Preise damit nicht erfolgreich durchgeführt werden. Dieses Ergebnis wird auch durch einen Vergleich der impliziten Preise mit der „simple convolutions“ Methode von Poe et al. (2001) bestätigt. Alle berechneten impliziten Preise weichen signifikant voneinander ab.

Betrachtet man die impliziten Preise für die Gießener Stichprobe in Tabelle 37, werden im Unterschied zum Dillenburger Modell die impliziten Preise durch das gepoolte Modell in allen Fällen unterschätzt. Die Transferfehler fallen jedoch geringer aus und liegen zwischen 0,2 % und etwa 19 %. Die geringsten Transferfehler finden sich für das Landschaftsbild für Veränderungen von einem ausgeglichenen Landschaftsbild zu den übrigen Ausprägungen.

Der höchste Transferfehler beträgt hier 8,4 % für die Veränderung vom ausgeglichenen zum nur Wald/Mulchflächen dominierten Landschaftsbild. Die impliziten Preise für die übrigen Veränderungen sind höher und betragen zwischen 14 % und 16,4 %.

Tabelle 36: Benefit Transfer der impliziten Preise für Dillenburg

Dillenburg					
	Ausgangssituation				
Fließgewässer-qualität	Güteklasse 2	Güteklasse 3	Güteklasse 4	Güteklasse 5	Güteklasse 6 und 7
Güteklasse 2	0,00 €	136,21 € 181,66 € +33,4 %	164,16 €	228,07 € 302,42 € +32,6 %	301,02 € 413,72 € +37,4 %
Güteklasse 3	-136,21 € -181,66 €	0,00 €	-17,50 €	91,86 € 120,76 € +10,9 %	164,81 € 232,06 € +40,8 %
Güteklasse 4	-164,16 €	17,50 €	0,00 €	138,36 €	249,56 €
Güteklasse 5	-228,07 € -302,42 €	-91,86 € -120,76 €	-138,36 €	0,00 €	72,96 € 111,30 € +52,5 %
Güteklasse 6 und 7	-301,02 € -413,72 €	-164,81 € -232,06 €	-249,56 €	-72,96 € -111,30 €	0,00 €

	Ausgangssituation			
Landschaftsbild	Nur Wald/Mulch-flächen dominiert	Ackerland dominiert	Grünland dominiert	Acker- und Grünland ausgeglichen
Nur Wald/Mulch-flächen dominiert	0,00 €	-37,24 € -50,55 € +35,7 %	-95,40 € -131,72 € +38,1 %	-172,51 € -256,80 € +48,9 %
Ackerland dominiert	37,24 € 50,55 €	0,00 €	-58,15 € -81,16 € +39,6 %	-135,26 € -206,24 € +52,5 %
Grünland dominiert	95,40 € 131,72 €	58,15 € 81,16 €	0,00 €	-77,11 € -125,08 € +62,2 %
Acker- und Grünland ausgeglichen	172,51 € 256,80 €	135,26 € 206,24 €	77,11 € 125,08 €	0,00 €
Artenvielfalt	0,25 €/Art 0,35 €/Art +40,0 %			

Anm.: Die oberen Zahlen geben die impliziten Preise des separaten Modells für Dillenburg an, die Zahlen darunter die impliziten Preise, die sich mit dem gepoolten Modell ergeben. Die Transferfehler des Benefit Transfer sind an letzter Stelle aufgeführt. Die positiven Vorzeichen bei der Angabe des Transferfehlers bedeuten eine Überschätzung der impliziten Preise durch das gepoolte Modell.

Quelle: Eigene Berechnungen

Bei der Artenvielfalt wird der implizite Preis durch das gepoolte Modell um 12 % unterschätzt. Die Abweichungen für die Übertragung der impliziten Preise der Fließgewässerqualität liegen zwischen 13 % und 19 % mit Ausnahme der Veränderung von Güteklasse 5 zu Güteklasse 6 und 7 mit einem Transferfehler von 6,2 %.

Tabelle 37: Benefit Transfer der impliziten Preise für Gießen

Gießen					
	Ausgangssituation				
Fließgewässer-qualität	Güteklasse 2	Güteklasse 3	Güteklasse 4	Güteklasse 5	Güteklasse 6 und 7
Güteklasse 2	0,00 €	136,21 € 111,75 € -18,0 %	100,98 €	228,07 € 186,03 € -18,4 %	301,02 € 254,50 € -15,5 %
Güteklasse 3	-136,21 € -111,75 €	0,00 €	-10,76 €	91,86 € 74,28 € -19,1 %	164,81 € 142,75 € -13,4 %
Güteklasse 4	-100,98 €	10,76 €	0,00 €	85,05 €	153,51 €
Güteklasse 5	-228,07 € -186,03 €	-91,86 € -74,28 €	-85,05 €	0,00 €	72,96 € 68,47 € -6,2 %
Güteklasse 6 und 7	-301,02 € -254,50 €	-164,81 € -142,75 €	-153,51 €	-72,96 € -68,47 €	0,00 €
	Ausgangssituation				
Landschaftsbild	Nur Wald/Mulch-flächen dominiert	Ackerland dominiert	Grünland dominiert	Acker- und Grünland ausgeglichen	
Nur Wald/Mulch-flächen dominiert	0,00 €	-37,24 € -31,10 € -16,5 %	-95,40 € -81,02 € -15,1 %	-172,51 € -157,97 € -8,4 %	
Ackerland dominiert	37,24 € 31,10 €	0,00 €	-58,15 € -49,93 € -14,1 %	-135,26 € -126,87 € -6,2 %	
Grünland dominiert	95,40 € 81,02 €	58,15 € 49,93 €	0,00 €	-77,11 € -76,94 € -0,2 %	
Acker- und Grünland ausgeglichen	172,51 € 157,97 €	135,26 € 126,87 €	77,11 € 76,94 €	0,00 €	
Artenvielfalt	0,25 €/Art 0,22 €/Art -12,0 %				

Anm.: Die oberen Zahlen geben die impliziten Preise des separaten Modells für Dillenburg an, die Zahlen darunter die impliziten Preise, die sich mit dem gepoolten Modell ergeben. Die Transferfehler des Benefit Transfer sind zuletzt aufgeführt. Die negativen Vorzeichen bei der Angabe des Transferfehlers bedeuten eine Unterschätzung der impliziten Preise durch das gepoolte Modell.

Quelle: Eigene Berechnungen

Ein Benefit Transfer der impliziten Preise der Gießener Stichprobe ist lediglich für die Veränderung der Fließgewässerqualität von Güteklasse 5 zu Güteklasse 6 und 7 valide, wenn ein Transferfehler von maximal 5 % zulässig ist. Der „simple convolutions" Test von Poe et al. (2001) weist jedoch für alle impliziten Preise einen signifikanten Unterschied zwischen dem Gießener Modell und dem gepoolten Modell aus. Die

Übertragung von Punktwerten in Form der impliziten Preise durch ein gemeinsames Modell auf die beiden Befragungsorte kann somit nicht geleistet werden.

Außer dem Transfer von Punktwerten können ebenso die gesamten Nutzenfunktionen für den Benefit Transfer herangezogen werden. Dazu werden nicht die impliziten Preise des Dillenburger Modells mit denen des gepoolten Modells verglichen, sondern es wird überprüft, inwiefern sich die Zahlungsbereitschaft transferieren lassen, bei deren Berechnung von einer linear additativen Nutzenfunktion ausgegangen wird. Da es eine Vielzahl von Szenarien gibt, die mit den Ausprägungen beschrieben werden können, wurden die drei Szenarien ausgewählt, die bereits in Kapitel 7.2.3 vorgestellt worden sind. In Tabelle 38 werden die Zahlungsbereitschaften miteinander verglichen. Die obere Zahl gibt die Zahlungsbereitschaft für das separate Dillenburger Modell an, darunter ist die Zahlungsbereitschaft aufgeführt, die mittels des gepoolten Modells berechnet wurde. Zuletzt sind die Transferfehler angegeben, wobei ein negatives Vorzeichen eine Unterschätzung und ein positives Vorzeichen eine Überschätzung der ursprünglichen Zahlungsbereitschaft bedeutet.

Tabelle 38: Benefit Funktionen Transfer für Dillenburg

	Ausgangsituation ▪ Güteklasse 3 ▪ 530 Arten ▪ Grünland dominiert
Szenario I: Verwaldung ▪ Güteklasse 3 ▪ 210 Arten ▪ Nur Wald/Mulchflächen dominiert	-219,05 €/HH/Jahr -244,01 €/HH/Jahr 11,4 %
Szenario II: Vergrößerung ▪ Güteklasse 3 ▪ 690 Arten ▪ Acker- und Grünland ausgeglichen	181,54 €/HH/Jahr 181,27 € HH/Jahr -0,2 %
Szenario III: Vergrößerung II ▪ Güteklasse 5 ▪ 690 Arten ▪ Acker- und Grünland ausgeglichen	77,01 €/HH/Jahr 60,42 €/HH/Jahr -21,5 %

Anm.: Die negativen Vorzeichen bei der Angabe des Transferfehlers bedeuten eine Unterschätzung der impliziten Preise durch das gepoolte Modell. Obere Zahl: Zahlungsbereitschaft des separaten Modells; Mittlere Zahl: Zahlungsbereitschaft des gepoolten Modells; Untere Zahl: Transferfehler

Quelle: Eigene Berechnungen

Im Vergleich zum Transfer der impliziten Preise ist der Transferfehler beim Übertragen der Zahlungsbereitschaften geringer und liegt zwischen 11,4 % und -21,5 %. Zwar sind die Zahlungsbereitschaften für das Szenario II nahezu identisch, jedoch zeigt der Vergleich mittels des „simple convolution" Methode von Poe et al. (2001), dass sich für alle drei Szenarien signifikante Unterschiede ergeben. Der Benefit Transfer gelingt für die vorliegenden Daten somit auch in Form der Funktionen Übertragung nicht[104].

Das gepoolte Modell konnte insgesamt nur Unterschiede zwischen den Stichproben bezogen auf das Alter der Befragten erfassen. Weder das Einkommen, die Umwelteinstellung noch weitere soziodemographischen Variablen haben einen signifikanten Einfluss auf die Präferenzen der Befragten. Hierdurch fehlen möglicherweise notwendige Erklärungsgrößen, die einen validen Benefit Transfer ermöglichen würden. Ein Nachteil kann dabei auch die Skalierung der Daten sein. Sowohl die Fließgewässerqualität als auch das Landschaftsbild wurden mit ihren Ausprägungen in die Modelle eingebracht. Zur Erklärung von Unterschieden zwischen den Stichproben erhöht sich die Anzahl der Variablen je Interaktion somit um die Anzahl der Ausprägungen. Vorteilhaft ist jedoch bei linear spezifizierten Eigenschaften, dass für die Interaktion von weiteren Einflussgrößen auf die Präferenzen eine geringere Anzahl von zusätzlichen Variablen nötig ist. Ein weiterer Vorteil von quantitativ spezifizierten Variablen ist in der Berechnung von impliziten Preisen auch für nicht explizit im Befragungsdesign enthaltene Ausprägungen zu sehen.

7.3.4.2 Schlussfolgerungen

Obwohl die Choice Experimente einen vielversprechenden Ansatz für den Benefit Transfer darstellen, sind die Ergebnisse bislang durchgeführter Studien kontrovers. MORRISON und BENNETT (2006) können für die Bewertung von Flüssen in Australien mittels eines gepoolten Modells weder die impliziten Preise noch die Zahlungsbereitschaften der einzelnen Modelle erklären. Die Transferfehler für erstere liegen dabei zwischen 3 % und 171 %. Dahingegen können ROLFE et al. (2006) für mehrere implizite Preise und Zahlungsbereitschaften für den Schutz von Wasserressourcen einen validen Transfer durchführen. Sie führen den erfolgreichen Funktionentransfer – im Unterschied zum nicht validen Transfer von Punktwerten für die gleiche Stichprobe – darauf zurück, dass sich entgegengesetzte Effekte bei der Berechnung der Zahlungsbereitschaften aufheben. HANLEY et al. (2006) können aufgrund fehlender statistischer Signifikanzen wichtiger Parameter keinen validen Transfer für den Gewässerschutz in England durchführen.

Weitere Arbeiten zum Benefit Transfer[105] zeigen eine Vielzahl von wichtigen Aspekten für einen erfolgreichen Transfer. Hierzu zählen bspw. die zuvor angesprochenen Framing Effekte und die Festlegung der Grundgesamtheit. Die Durchführung wird

---

104 Weitere Berechnungen für die Gießener Stichprobe führten für die Übertragung von impliziten Preisen und Zahlungsbereitschaften zu den gleichen Ergebnissen und werden daher an dieser Stelle nicht aufgeführt.

105 Einen guten Überblick zur Thematik des Benefit Transfers mit Choice Experiment Daten liefern ROLFE und BENNETT (2006).

bspw. bei Berücksichtigung von lokalen, regionalen und nationalen Untersuchungen erschwert. VAN BUEREN und BENNETT (2006) ermitteln für die nationale Bevölkerung geringere implizite Preise und Zahlungsbereitschaften für verschiedene Land- und Wasserressourcen als für die regionale Bevölkerung. Einen Transfer zwischen den verschiedenen Stichproben können sie erst durch die Reskalierung der Daten vornehmen (VAN BUEREN und BENNETT, 2006, S. 213). Bislang gibt es keine einheitlichen Empfehlungen für die Vorgehensweise zur Durchführung des Benefit Transfers mit Daten aus Choice Experiment Studien.

Insgesamt lässt sich festhalten, dass der Benefit Transfer erst in jüngster Zeit vermehrt auch mit Choice Experiment Daten durchgeführt wird. Die vorliegenden Arbeiten zeigen das Potential der Methodik für diesen Ansatz auf, weisen aber gleichzeitig auf mögliche Problembereiche hin. Es besteht somit noch ein großes Forschungspotential auf diesem Gebiet. Datenbanken des Environmental Valuation Reference Inventory in Kanada[106] und die ENVALUE Homepage[107] stellen eine Reihe von Choice Experiment Studien in Nord Amerika bzw. Australien zur Verfügung. Diese können für weitere Studien zum Benefit Transfer genutzt werden und sollen die Praktikabilität der Methodik fördern (ROLFE, 2006b, S. 29). Obwohl für die eigene Untersuchung die meisten der von Rolfe für einen erfolgreichen Benefit Transfer genannten Voraussetzungen als eingehalten anzusehen waren, konnte dieser nicht erfolgreich durchgeführt werden. Dies mag zum einen auf die fehlenden signifikaten soziodemographischen Variablen und zum anderen auf die qualitativ definierten Variablen zurückzuführen sein.

Einen vielversprechenden Ansatz für die Durchführung eines Benefit Transfers liefert die Arbeit von LEHR (2006), die für den Nutzentransfer von Daten aus kontingenten Bewertungen auf das sogenannte Bayes´sche Verfahren zurückgreift und auf diese Weise einen validen Benefit Transfer durchführen kann. Der Grundgedanke des Bayes´schen Ansatzes ist die Verknüpfung von Vorabinformationen (in Form der sogenannten A-Priori-Verteilung), die für die Berechnung der Parameter herangezogen werden (ALLENBY und ROSSI, 1999). Während Bayes´sche Verfahren in anderen Fachrichtungen bereits weit verbreitet sind[108], finden sich in der Umweltbewertung bislang nur wenige Anwendungen. Die Vorteile des Ansatzes lassen sich prinzipiell auch auf Daten aus Choice Experimenten anwenden. Jedoch ist es dazu erforderlich, statt einer aggregierten Auswertung der Daten eine Individual-Analyse durchzuführen (HUBER und TRAIN, 2001; ORME, 2000). Für einen Benefit Transfer können somit Informationen vom Politikort in der A-Priori-Verteilung berücksichtigt und mit

106 www.evri.ca/

107 www.epa.nsw.gov.au/envalue

108 Bayes´sche Verfahren können außer als alternativer statistischer Ansatz ebenso für die Erstellung von experimentellen Designs von Choice Experimenten herangezogen werden (SÁNDOR und WEDEL, 2003).

den Daten des Studienortes verknüpft werden[109]. HUBER und TRAIN (2001) und GREENE (2003) kommen zudem zu dem Schluss, dass simulierte Maximum Likelihood Methoden und Bayes´sche Ansätze vergleichbare Parameterschätzungen hervorbringen. Es bleibt jedoch zu prüfen, inwieweit Bayes´sche Ansätze bei der Durchführung von Nutzentransfers anderen Methoden überlegen sind. Die Arbeit von LEHR (2006) liefert für die Anwendung von Bayes´schen Verfahren zur Durchführung eines Benefit Transfer einen vielversprechenden Ausgangspunkt.

109 Der Spezifikation der A-Priori-Verteilung kommt dabei eine zentrale Rolle zu, da die Genauigkeit der ermittelten Parameter von dieser abhängt (GREENE, 2003, S. 8f).

8 Zusammenfassung

Landwirtschaft hat heutzutage mehr Funktionen als allein die Produktion von Nahrungsmitteln. Sie prägt unsere Kulturlandschaft in besonderem Maße, beeinflusst die regionale Artenvielfalt und die verschiedenen Komponenten des Wasserhaushalts einer Landschaft wie bspw. die Grundwasserneubildung. In der Politik wird diesem Umstand mittlerweile mit dem Begriff der Multifunktionalität Rechnung getragen. Damit kommt diesen externen Effekten auch eine wesentliche Bedeutung bei der Erstellung von regionalen Nutzen-Kosten-Analysen zu, wenn diese eine Wertschätzung durch die Bevölkerung erfahren. Die Offenlegung der Präferenzen für solche Landschaftsfunktionen war ein wesentliches Anliegen der Arbeit.

Die vorliegende Arbeit ist inhaltlich eingebettet in den SFB 299, der sich die Entwicklung von Landnutzungskonzepten für periphere Regionen zur Aufgabe gemacht hat. Im einführenden Kapitel wurde zunächst eine Einordnung der vorliegenden Arbeit in den SFB 299 vorgenommen und ein umfassender Überblick über die Arbeiten zu den Landschaftsfunktionen in den ökologischen und ökonomischen Projekten des SFB 299 gegeben. Es wurde herausgearbeitet, dass die verschiedenen Landschaftsfunktionen durch die jeweilige Landnutzung in Form und Umfang unterschiedlich beeinflusst werden. Die Identifizierung der Landschaftsfunktionen und deren Qualitätszustände in Abhängigkeit von der Landnutzung sind für die Festlegung der Eigenschaften und Ausprägungen der empirischen Untersuchung maßgeblich.

Das anschließende Kapitel beschreibt in einem kurzen Abriss die Notwendigkeit der Bewertung von Umweltgütern und stellt heraus, dass eine monetäre Bewertung im Sinne eines effizienten Umgangs mit Umweltressourcen unerlässlich ist und es keine Alternative zur Erfassung von Präferenzen von Umweltgütern gibt. Die wohlfahrtsökonomische Fundierung der Umweltbewertung legitimiert die Anwendung und Durchführung von Choice Experimenten auch aus Sicht der Umweltökonomie.

Die Entscheidung für die Choice Experimente als Methode der Wahl für die vorliegende Fragestellung wird in den beiden folgenden Kapiteln dargelegt. Als großer Vorteil der Methode ist die Möglichkeit zu nennen, die Bewertung auch von solchen Umweltgütern vorzunehmen, die Nicht-Gebrauchswerte aufweisen und somit mittels der indirekten Methoden nicht erfasst werden können. Auch das zunehmende Interesse an der nachfrageseitigen Bewertung von Umweltressourcen hat zu einer Zurückdrängung der Methoden der beobachteten Präferenzen zugunsten der Methoden der geäußerten Präferenzen geführt. Für die direkten Bewertungsmethoden spricht zudem ihre Fähigkeit zur Ermittlung von wohlfahrtstheoretisch konsistenten Werten. Im Vergleich zur kontingenten Bewertung ist der Vorteil der Choice Experimente vor allem darin zu sehen, dass sie eine simultane Bewertung von mehreren Eigenschaften unter Einbeziehung verschiedener Qualitätszustände ermöglichen. Dies verleiht der Methodik eine größere Flexibilität, was ihre zunehmende Popularität in den letzten Jahren erklärt.

Die Ausführungen zu den methodischen Aspekten zeigen, dass für die Durchführung eines Choice Experiments eine Vielzahl von Punkten zu beachten sind, um darauf aufbauend eine erfolgreiche Studie zu konzipieren, mit der sich qualitativ hochwertige Daten ermitteln lassen. Da die Methodik vergleichsweise jung ist, sind viele methodische Fragestellungen noch nicht abschließend beantwortet. Aufgrund der bislang seltenen Anwendung der Choice Experimente im deutschsprachigen Raum diente das anschließende Kapitel der Aufarbeitung der methodischen Ableitung der Logit Modelle, mittels derer die Daten eines Choice Experiments analysiert werden und die zu den Wahrscheinlichkeits-Modellen zählen. Neben der ausführlichen Ableitung des Multinomialen Logit Modells als Grundmodell in der diskreten Choice Analyse, werden außerdem das Nested Logit Modell und das Mixed Logit Modell vorgestellt. Um die Interpretation der bislang weniger gebräuchlichen Modelle zu vereinfachen, wurden die wesentlichen Ergebnisse eines Logit Modells beschrieben und gängige Test-Statistiken vorgestellt. Die vorgestellten Informationen stellen die Grundlage für die Auswertung und Analyse der Daten der empirischen Untersuchung dar.

Die empirische Anwendung der Choice Experimente diente der Ermittlung der Präferenzen für die Landschaftsfunktionen Artenvielfalt, Landschaftsbild und Fließgewässerqualität. Bei der Festlegung der Eigenschaften und Ausprägungen mussten entsprechend Kompromisse zwischen den naturwissenschaftlichen Landschaftsfunktionen und deren Indikatoren und den in einer Befragung verwendbaren Eigenschaften und Ausprägungen gemacht werden. Unter Berücksichtigung des Stands der Forschung wurde das Studien- und Fragebogendesign entwickelt. Im Dezember 2004 wurden insgesamt 399 persönliche Interviews in Dillenburg und Gießen durchgeführt. Die hohe Antwortquote und die persönlichen Eindrücke auch der Interviewer belegen die Akzeptanz der Studie und sprechen dafür, dass die Befragten die Fraugen nach besten Vermögen beantwortet haben. Die Debriefingfragen untermauern die Qualität des Fragebogens und damit auch der ermittelten Daten. Als Nachweis hierfür kann auch die Tatsache gewertet werden, dass nur ein geringer Prozentsatz der Befragten nicht zur Angabe des monatlichen Nettoeinkommens seines Haushalts bereit war. Ebenso fühlten sich die Befragten mehrheitlich ausreichend informiert, um eine wohlüberlegte Entscheidung bei der Beantwortung der Choice Tasks treffen zu können.

Als wesentliche inhaltliche **Ergebnisse der Choice Experiment Studie** lassen sich folgende Punkte festhalten:

1. Die Analyse der Daten für die Stichproben Dillenburg und Gießen weisen als Eigenschaft mit der höchsten relativen Wichtigkeit die Fließgewässerqualität

aus. Zwischen den Befragungsorten ergeben sich nur geringfügige Unterschiede. So wird in Dillenburg das Landschaftsbild als zweitwichtigste Eigenschaft identifiziert, während in Gießen die Artenvielfalt an zweiter Stelle steht. Eine höhere Präferenz des Landschaftsbildes bei der Dillenburger im Vergleich zur Gießener Bevölkerung entspricht den Erwartungen, da sie von möglichen Veränderungen des Landschaftsbildes direkt betroffen sind. Die relative Wichtigkeit des Preises liegt in beiden Stichproben bei 20 % und in Dillenburg damit höher als die relative Wichtigkeit der Artenvielfalt.

2. Die detaillierte Analyse der Daten durch Berechnung eines Logit Modells zeigt, dass das Multinomiale Logit Modell die beste Modellspezifikation darstellt. Ein zweistufiger Entscheidungsprozess, wie er mit einem Nested Logit Modell spezifiziert werden kann, lässt sich für die vorliegenden Daten nicht bestätigen. Auch die Modellierung von Heterogenitäten in der Stichprobe durch die Verwendung von Mixed Logit Modellen erwies sich im Vergleich zu einem Multinomialen Logit Modell als nicht geeignet.

3. Alle Koeffizienten weisen die erwarteten Vorzeichen auf und sind bis auf wenige Ausnahmen auf dem 1 %- oder 5 %-Niveau signifikant. Schlechtere Ausprägungen der Fließgewässerqualität werden weniger präferiert als die besseren Güteklassen. Das Vorzeichen des Koeffizienten für die linear spezifizierte Artenvielfalt zeigt, dass die höchsten Artenzahlen gegenüber geringen Artenzahlen bevorzugt werden. Beim Landschaftsbild wird das nur Wald/Mulchflächen dominierte Landschaftsbild im Vergleich zu den übrigen Ausprägungen eindeutig abgelehnt. Aufgrund von statistischen Problemen bei den Modellberechnungen kann die Ausprägung „Mulchflächen dominiert" der Eigenschaft Landschaftsbild nicht in das Modell aufgenommen werden, so dass sich die Ausprägung des „nur Wald"-Landschaftsbildes aus den Präferenzen für bzw. gegen beide Ausprägungen zusammensetzt. Die höchste Präferenz kann für das ausgeglichene Landschaftsbild ausgewiesen werden, an zweiter und dritter Stelle folgen das Grünland und das Ackerland dominierte Landschaftsbild.

4. Nur vier der 14 berechneten Koeffizienten für das Dillenburger und Gießener Modell sind statistisch signifikant verschieden. Entsprechend zeigen sich weitgehende Überlappungen der Konfidenzintervalle für die impliziten Preise. Die höchsten impliziten Preise (325 € in Dillenburg bzw. 300 € in Gießen) werden für die Veränderungen der Fließgewässergüteklassen erzielt. Der implizite Preis für die Vermeidung eines nur Wald/Mulchflächen dominierten Landschaftsbildes und Erhaltung des Grünland dominierten Landschafsbildes beträgt in Dillenburg 105 € und in Gießen etwa 95 €.

5. Die Bewertung von Veränderungen von Landnutzungskonzepten bzw. Landschaftsszenarien zeigt für die Beibehaltung des Status Quo im Vergleich zur

Referenzsituation (Szenario Verwaldung) eine Zahlungsbereitschaft von knapp 220 € pro Haushalt und Jahr. Das Szenario der Vergrößerung, das eine Erhöhung der Artenvielfalt und die Änderung vom Grünland dominierten zum Acker- und Grünland ausgeglichenen Landschaftsbild beinhaltet, resultiert in einer Zahlungsbereitschaft von etwa 180 € je Haushalt und Jahr. Eine Hochrechnung auf das Lahn-Dill-Bergland bedeutet einen Nutzengewinn der Bevölkerung durch den Erhalt des derzeitigen Status Quo von insgesamt 1,18 Mio. €, für das Vergrößerungs-Szenario ergeben sich insgesamt 0,98 Mio. €.

Neben den inhaltlichen Ergebnissen wird aus methodischer Sicht durch ein gutes Pseudo-R^2 sowie den signifikanten Koeffizienten mit den erwarteten Vorzeichen die theoretische Validität der Ergebnisse untermauert. Die Ergebnisse zu der **Analyse spezifischer methodischer Aspekte** können wie folgt zusammengefasst werden:

1. Die Methodenreihenfolge zeigt für die Dillenburger Stichprobe eine höhere Preissensibilität der Befragten bei zuvor durchgeführter kontingenter Bewertung im Interview. Für die Gießener Stichprobe zeigt sich der umgekehrte Effekt. Jedoch sind die impliziten Preise der jeweiligen Modelle nur in wenigen Ausnahmen unterschiedlich, so dass sich dieser Effekt nur geringfügig auf die anschließende monetäre Bewertung auswirkt.

2. Für die Dillenburger Stichprobe wurde das Cheap Talk Verfahren zur Vermeidung von hypothetischen Zahlungsbereitschaftsangaben untersucht. Für die gesplittete Stichprobe konnte jedoch kein signifikanter Einfluss auf die Auswahl der Optionen nachgewiesen werden. Für das Gesamtmodell zeigte sich ein entsprechendes Ergebnis. In Abhängigkeit vom Fragebogen und Studiendesign können damit Verzerrungen dieser Art bereits von vornherein vermieden werden.

3. Die Untersuchung der unterschiedlichen Anzahl der Choice Tasks in der Studie zeigt, dass in den separaten Modellen ein Einfluss auf die Auswahl einer Option in Abhängigkeit vom Preis vorhanden ist. Jedoch kann dieser für die gesamte Stichprobe nicht nachgewiesen werden. Problematisch ist hierbei vor allem die unterschiedliche Anzahl von Beobachtungen in den einzelnen Teilstichproben aufgrund der unterschiedlichen Fragebogenversionen, so dass weitere Untersuchungen des Einflusses der Anzahl der Choice Tasks in einem Choice Experiment sinnvoll erscheinen. Es konnte jedoch kein Einfluss der Anzahl der Choice Tasks auf die Höhe der impliziten Preise nachgewiesen werden, so dass, auch auf Basis der von den Befragten hierzu gemachten Angaben, die Bewältigung von zwölf Choice Tasks vertretbar ist.

4. Die Durchführung eines Benefit Transfers mit den Daten des Choice Experiments konnte weder für die Übertragung von Punktwerten noch für den Benefit Funktionen Transfer erfolgreich geleistet werden. Dies ist vor allem darauf zu-

rückzuführen, dass nicht genügend signifikante soziodemographische Variablen in den Modellen berücksichtigt werden konnten. Dennoch ist der Ansatz für eine Anwendung mit den Choice Experimenten vielversprechend und ein valider Transfer konnte bei einzelnen Studien bereits durchgeführt werden.

Insgesamt lässt sich somit festhalten, dass mit der Einbeziehung des Cheap Talk Skripts und der Überprüfung der Anzahl der Choice Tasks in einem Choice Experiment zwei wichtige methodische Aspekte untersucht wurden. Dennoch gibt es weiterhin einen hohen Forschungsbedarf für die Anwendung der Choice Experimente in der Umweltbewertung. Dies betrifft zum einen die Ausgestaltung des Studiendesigns und zum anderen die Analyse der Daten.

Im Rahmen dieser Arbeit wurde die Bewertung von Multifunktionalität der Landschaft mit der monetären Umweltbewertungsmethode der diskreten Choice Experimente erfolgreich durchgeführt und damit gezeigt, dass Veränderungen der Landschaft im Lahn-Dill-Bergland bereits in einer Verknappung des Umweltgutes „Kulturlandschaft" resultieren. Dabei wurden als Landschaftsfunktionen die Fließgewässerqualität, die regionale Artenvielfalt und das Landschaftsbild berücksichtigt. Die empirische Untersuchung belegt zum einen die Praktikabilität und Flexibilität der Methodik auch im Bereich der Umweltbewertung und zeigt zum anderen, dass die nachfrageseitige Bewertung eine wichtige Komponente bei der Beurteilung von Landnutzungskonzepten darstellt: Erst durch die Berücksichtigung des Verbrauchernutzens kann eine vollständige Nutzen-Kosten-Analyse durchgeführt werden. Die Ergebnisse liefern vor diesem Hintergrund nicht zuletzt auch wichtige Erkenntnisse für die Politikgestaltung im Sinne einer Entscheidungsunterstützung bei der Beurteilung verschiedener Politikoptionen.

Literaturverzeichnis

AADLAND, D. und A.J. CAPLAN (2003): Willingness to Pay for Curbside Recycling with Detection and Mitigation of Hypothetical Bias. In: American Journal of Agricultural Economics, Vol. 85 (2), S. 492-502.

ABDALLA, C.W., ROACH, A. und D.J. EPP (1992): Valuing Environmental Quality Changes Using Averting Expenditures: An Application to Groundwater Contamination. In: Land Economics, Vol. 68 (2), S. 163-169.

ABFKLÄRV (Klärschlammverordnung) (1992): BGBl, Teil I.

ABRAHAMS, N.A., HUBBELL, B.J. und J.L. JORDAN (2000): Joint Production and Averting Expenditure Measures of Willingness to Pay: Do Water Expenditures Really Measure Avoidance Costs? In: American Journal of Agricultural Economics, Vol. 82 (2), S. 427-437.

ADAMOWICZ, W., BOXALL, P., WILLIAMS, M. und J. LOUVIERE (1998a): Stated Preference Approaches for Measuring Passive Use Values: Choice Experiments and Contingent Valuation. In: American Journal of Agricultural Economics, Vol. 80, S. 64-75.

ADAMOWICZ, W., LOUVIERE, J.J. und J. SWAIT (1998b): Introduction to Attribute-Based Stated Choice Methods. Abschlussbericht an die Abteilung für Schadensabschätzung des US National Oceanic and Atmospheric Administration. Edmonton, Canada.

ADAMOWICZ, W.L., LOUVIERE, J. und M. WILLIAMS (1994): Combining Stated and Revealed Preference Methods for Valuing Environmental Amenities. In: Journal of Environmental Economics and Management, Vol. 26, S. 271-292.

ADAMOWICZ, W.L., SWAIT, J., BOXALL, P., LOUVIERE, J. und M. WILLIAMS (1997): Perceptions versus Objective Measures of Environmental Quality in Combined Revealed and Stated Preference Methods of Environmental Valuation. In: Journal of Environmental Economics and Management, Vol. 32, S. 65-84.

AHLHEIM, M. und W. BUCHHOLZ (2000): WTP or WTA – Is that the Question? – Reflections on the Difference between "Willingness to Pay" and "Willingness to Accept". In: Zeitschrift für Umweltpolitik und Umweltrecht, Vol. 23 (2), S. 253-272.

ALBERINI, A., KANNINEN, B. und R.T. CARSON (1997): Modeling Response Incentive Effects in Dichotomous Choice Contingent Valuation Data. In: Land Economics, Vol. 73 (3), S. 309-324.

ALBRECHT, J. (1997): Validitätsarten und ihre Überprüfung bei der Conjoint-Analyse. In: BAUER, S., HERRMANN, R. und F. KUHLMANN (Hrsg.): Märkte der Agrar- und Ernährungswirtschaft – Analyse, einzelwirtschaftliche Strategien, staatliche Einflussnahme. Schriften der Gesellschaft für Wirtschafts- und Sozialwissenschaften des Landbaues e.V., Band 33. Münster-Hiltrup, S. 299-311.

ALLENBY, G. und P. ROSSI (1999): Marketing Models of Consumer Heterogeneity. In: Journal of Econometrics, Vol. 89, S. 57-78.

ALPÍZAR, F., CARLSSON, F. und P. MARTINSSON (2001): Using Choice Experiments for Non-Market Valuation. In: Economic Letters, Vol. 8 (1), S. 83-110.

AMARNATH, J.S. und S. KRISHNAMOORTHY (2001): Study on Relationship between Productivity, Inputs and Environmental Quality in Tannery Effluent Affected Farms of Tamil Nadu. In: Water Resources Management, Vol. 15, S. 1-15.

AMPT, E.S., SWANSON, J. und D. PEARMAIN (2000): Stated preference: too much deference? In: ORTÚZAR, J. de D. (ed.): Stated Preference Modelling Techniques. Perspectives 4, London.

ANDERSON, G.D. und R.C. BISHOP (1986): The Valuation Problem. In: BROMLEY, D.W. (ed.): Natural Resource Economics: Policy Problems and Contemporary Analysis. Boston, S. 89-137.

ARMSTRONG, R.J. und D.A. RODRÍGUEZ (2006): An evaluation of the accessability benefits of commuter rail in Eastern Massachusetts using spatial hedonic price functions. In: Transportation, Vol. 33, S. 21-43.

ARNOLD, J.G., ALLEN, M. und G. BERNHARDT (1993): A comprehensive surface-groundwater flow model. In: Journal of Hydrology, Vol. 142, S. 47-69.

ARNOLD, J.G., SRINIVASAN, R., MUTTIAH, R.S. und J.R. WILLIAMS (1998): Large area hydrologic modelling and assessment, Part I: Model development. In: Journal of the American Water Resources Association, Vol. 34 (1), S. 73-89.

ARROW, K., SOLOW, R., PORTNEY, P., LEAMER, E., RADNER, R. und H. SCHUMAN (1993): Report of the NOAA Panel on Contingent Valuation. In: Federal Register, Vol. 58 (10), S. 4602-4614.

AUTY, S. (1995): Using Conjoint Analysis in Industrial Marketing. In: Industrial Marketing Management, Vol. 24, S. 277-287.

BACKHAUS, K., ERICHSON, B., PLINKE, W. und R. WEIBER (2000): Multivariate Analysemethoden. Berlin.

BAJIC, V. (1985): Housing-Market Segmentation and Demand for Housing Attributes: Some Empirical Findings. In: American Real Estate and Urban Economics Association Journal, Vol. 13 (1), S. 58-75.

BARTIK, T.J. (1987): The Estimation of Demand Parameters in Hedonic Price Models. In: Journal of Political Economy, Vol. 95 (1), S. 81-88.

BARTIK, T.J. (1988): Evaluating the Benefits of Non-marginal Reductions in Pollution Using Information on Defensive Expenditures. In: Journal of Environmental Economics and Management, Vol. 15 (2), S. 111-127.

BASTIAN, O. (1996): Bestimmung von Landschaftsfunktionen als Beitrag zur Leitbildentwicklung. In: Die Leitbildmethode als Planungsmethode. Aktuelle Reihe 8/96, Cottbus, S. 67-79.

BATEMAN, I.J., CARSON, R.T., HANEMANN, M., HANLEY, N., HETT, T., JONES-LEE, M., LOOMES, G., MOURATO, S., ÖZDEMIROĞLU, E., PEARCE, D.W., SUGDEN, R. und J. SWANSON (2002): Economic Valuation with Stated Prference Techniques – A Manual. Cheltenham.

BATMAN, I.J., COLE, M., COOPER, P., GEORGIOU, S., HADLEY, D. und G.L. POE (2004): On visible choice sets and scope sensitivity. In: Journal of Environmental Economics and Management, Vol. 47, S. 71-93.

BATEMAN, I.J., COOPER, P., GEORGIOU, S., NAVRUD, S., POE, G.L., READY, R.C., RIERA, P., RYAN, M. und C.A. VOSSLER (2005): Economic valuation of policies for managing acidity in remote mountain lakes: Examining validity through scope sensitivity testing. In: Aquatic Sciences, Vol. 67, S. 274-291.

BATEMAN, I.J., LANGFORD, I.H. und J. RASBASH (1999): Willingness-to-Pay Question Format Effects in Contingent Valuation Studies. In: BATEMAN, I.J. und K.G. WILLIS (eds.): Valuing Environmental Preferences – Theory and Practice of the Contingent Valuation Method in the US, EU, and Developing Countries. Oxford, S. 511-539.

BATEMAN, I.J., LANGFORD, I.H., TURNER, R.K., WILLIS, K.G. und G.D. GARROD (1995): Elicitation and Truncation Effects in Contingent Valuation Studies. In: Ecological Economics, Vol. 12 (2), S. 161-179.

BAUER, S. (1994): Naturschutz und Landwirtschaft. Bundesamt für Naturschutz, Bonn Bad-Godesberg.

BAUR, W.H. (1998): Gewässergüte bestimmen und beurteilen: mit 37 Tabellen. Berlin.

BEGGS, S., CARDELL, S. und J.A. HAUSMAN (1981): Assessing the potential demand for electrical cars. In: Journal of Econometrics, Vol. 16, S. 1-19.

BEN-AKIVA, M. und T. MORIKAWA (1991): Estimation of travel demand models from multiple data sources. In: KOSHI, M. (ed.): Transportation and Traffic Theory. Proceedings of the 11th ISTTT. Amsterdam, S. 461-476.

BENNETT, J. (1999): Some Fundamentals of Environmental Choice Modelling. University of New South Wales, Canberra.

BENNETT, J. (2006): Choice Modelling and the Transfer of Environmental Values. In: ROLFE, J. und J. BENNETT (eds.): Choice Modelling and the Transfer of Environmental Values. Cheltenham, S. 1-9.

BENNETT, J. und V. ADAMOWICZ (2001): Some Fundamentals of Environmental Choice Modelling. In: BENNETT, J. und R. BLAMEY (eds.): The choice modelling approach to environmental valuation. Cheltenham.

BENNETT, J., VAN BUEREN, M. und S. WHITTEN (2004): Estimating society´s willingness to pay to maintain viable rural communities. In: The Australian Journal of Agricultural and Resource Economics, Vol. 48 (3), S. 487-512.

BERG, E. (1991): Landwirtschaft und Landnutzung in der Industriegesellschaft. Wiehenstephaner Beiträge aus den Wirtschafts- und Sozialwissenschaften, Heft 1, S. 23-26.

BERMAN, M. und G. KOFINAS (2004): Hunting for models: grounded and rational choice approaches to analyzing climate effects on subsistence hunting in an Artic community. In: Ecological Economics, Vol. 49, S. 31-46.

BERON, K.J., HANSON, Y., MURDOCH, J. und M. THAYER (2003): Hedonic price functions and spatial dependence: implications for the demand for urban air quality. In: ANSELIN, L., FLORAX, R.J.G.M. und S.J. REY (eds.): Advances in Spatial Econometrics. Berlin, S. 267-282.

BHAT, C. (1997): Covariance heterogeneity in nested logit models: Econometric structure and application to intercity travel. In: Transportation Research B, Vol. 31, S. 11-21.

BISHOP, R.C. und M.P. WELSH (1992): Existence Value in Benefit-Cost Analysis and Damage Assessment. In: Land Economics, Vol. 68 (4), S. 405-417.

BLAMEY, R.K., BENNETT, J.W., LOUVIERE, J.J. und M.D. MORRISON (1999): Validation of a Choice Model involving Green Product Choice. Research Report No. 10, Research School of Social Sciences, Canberra.

BLAMEY, R.K., BENNETT, J.W., LOUVIERE, J.J., MORRISON, M.D. und J. ROLFE (2000): A test of policy labels in environmental choice modelling studies. In: Ecological Economics, Vol. 32, S. 269-286.

BLAMEY, R.K., BENNETT, J.W., LOUVIERE, J.J., MORRISON, M.D. und J.C. ROLFE (2002): Attribute Causality in Environmental Choice Modelling. In: Environmental and Resource Economics, Vol. 23, S. 167-186.

BLAMEY, R.K., BENNETT, J.W., MORRISON, M.D., LOUVIERE, J.J. und J.C. ROLFE (1998): Attribute Selection in Environmental Choice Modelling Studies: The Effect of Causally Prior Attributes. University of New South Wales, Canberra.

BLOMQUIST, G. (1988): Valuing Urban Lakeview Amenities Using Implicit and Contingent Markets. In: Urban Studies, Vol. 25 (4), S. 333-340.

BOHM, P. (1972): Estimating Demand for Public Goods: An Experiment. In: European Economic Review, Vol. 3, S. 111-130.

BORRESCH, R., SCHMITZ, K., SCHMITZ, P.M. und T.C. WRONKA (2005a): CHOICE – ein integriert ökonomisch-ökologisches Konzept zur Bewertung von Multifunktionalität. In: HAGEDORN, K., NAGEL, J.U. und M. ODENING (Hrsg.): Umwelt- und Produktqualität im Agrarbereich. Schriften der Gesellschaft für Wirtschafts- und Sozialwissenschaften des Landbaus e.V., Band 40, Münster-Hiltrup, S. 123-132.

BORRESCH, R., WEINMANN, B., KUHLMANN, F. und P.M. SCHMITZ (2005b): Interdisciplinary Modelling and Assessment of Multifunctionality. In: ARFINI, F. (ed.): Modelling Agricultural Policies: State of the Art and New Challanges. Proceedings of the 89th European Seminar of the European Association of Agricultural Economists, S. 330-350.

BOWEN, W.M., MIKELBANK, B.A. und D.M. PRESTEGAARD (2001): Theoretical and Empirical Considerations Regarding Space in Hedonic Housing Price Model Applications. In: Growth and Change, Vol. 32 (4), S. 466-490.

BOWKER, J.M., ENGLISH, D.B.K. und J.A. DONOVAN (1996): Toward a Value for Guided Rafting on Southern Rivers. In: Journal of Agricultural and Applied Economics, Vol. 28 (2), S. 423-432.

BOYLE, K.J., HOLMES, T.P., TEISL, M.F. und B. ROE (2001): A Comparison of Conjoint Analysis Response Formats. In: American Journal of Agricultural Economics, Vol. 83 (2), S. 441-454.

BRADLEY, M. (1991): User´s manual for the SPEED Version 2.1 Stated preference experiment designer. Niederlande, Hague Consultancy Group.

BRAZELL, J. und J.J. LOUVIERE (1997): Length Effects On Response Rates and Reliability. Working Paper, Department of Marketing, Faculty of Economics, University of Sydney.

BRESNAHAN, B.W., DICKIE, M. und S. GERKING (1997): Averting Behavior and Urban Air Pollution. In: Land Economics, Vol. 73 (3), S. 340-357.

BREUER, L., HUISMAN, J.A. und H.-G. FREDE (2005): Monte Carlo Assessment of Uncertainty in the Simulated Hydrological Response to Land use Change. In: Environmental Monitoring and Assessment, Vol. 11 (3), S. 209-218.

BROWNSTONE, D., BUNCH, D. und K. TRAIN (1998): Joint mixed logit models of stated and revealed preferences for alternative-fuelled vehicles. Meeting of the International Association for Travel Behaviour Research, Austin, Texas.

BUNCH, D.S., LOUVIERE, J.J. und D. ANDERSON (1994): A Comparison of Experimental Design Strategies for Multinomial Logit Models: The Case of Generic Attributes. Working Paper UCD-GSM-WP#01-94. Graduate School of Management, University of California, Davis.

BUNCH, D.S., LOUVIERE, J. und D.A. ANDERSON (1996): A Comparison of Experimental Design Strategies for Choice-Based Conjoint analysis with Generic-Attribute Multinomial Logit Models. Working Paper, UC Davis Graduate School of Management, May.

BURGESS, L. und D. STREET (2003): Optimal Designs for 2k choice experiments. In: Communications in Statistics: Theory and Methods, Vol. 32, S. 2185-2206.

BURGESS, L. und D. STREET (2005): Optimal designs for choice experiments with asymmetric attributes. In: Journal of Statistical Planning and Inference, Vol. 134, S. 288-301.

CAMERON, T. und J. DESHAZO (2004): Cognitive Resource Constraints, Task Complexity and Attention to Choice-Set Attributes and Alternatives in Utility-Theoretic Discrete Choice Models. Vortrag auf dem "6th International Choice Symposium". Estes Park, Colorado.

CANSIER, D. (1993): Umweltökonomie. Tübingen.

CAPLAN, A.J., GRIJALVA, T.C. und P.M. JAKUS (2002): Waste not or want not? A contingent ranking analysis of curbside waste disposal options. In: Ecological Economics, Vol. 43 (2-3), S. 185-197.

CARLSSON, F., FRYKBLOM, P. und C.J. LAGERKVIST (2005): Using cheap talk as a test of validity in choice experiments. In: Economics Letters, Vol. 89, S. 147-152.

CARLSSON, F. und P. MARTINSSON (2001): Do Hypothetical and Actual Marginal Willingness to Pay Differ in Choice Experiments? In: Journal of Environmental Economics and Management, Vol. 41, S. 179-192.

CARSON, R.T. (1997): Contingent Valuation: Theoretical Advances and Empirical Tests since the NOAA Panel. In: American Journal of Agricultural Economics, Vol. 79 (5), S. 1501-1507.

CARSON, R.T. (2000): Contingent Valuation: A User's Guide. In: Environmental Science and Technology, Vol. 34, S. 1413-1418.

CARSON, R.T., FLORES, N.E. und N.F. MEADE (2001): Contingent Valuation: Controversies and Evidence. In. Environmental and Resource Economics, Vol. 19 (2), S. 173-210.

CARSON, R.T., FLORES, N.E. und R.C. MITCHELL (1999): The Theory and Measurement of Passive-Use Values. In: BATEMAN, I.J. und K.G. WILLIS (eds.): Valuing Environmental Preferences – Theory and Practice of the Contingent Valuation Method in the US, EU, and Developing Countries. Oxford, S. 97-130.

CARSON, R.T., HANEMANN, W.M., KOPP, R.J., KROSNICK, J.A., MITCHELL, R.C., PRESSER, S., RUUD, P.A., SMITH, V.K., CONAWAY, M. und K. MARTIN (1998): Referendum Design and Contingent Valution: The NOAA Panel's No-Vote Recommendation. In: Review of Economics and Statistics, Vol. 80 (3), S. 484-487.

CARSON, R.T. und R.C. MITCHELL (1993): The Issue of Scope in Contingent Valution Studies. In: American Journal of Agricultural Economics, Vol. 75 (Dez), S. 1263-1267.

CARSON, R.T., MITCHELL, R.T., HANEMANN, M., KOPP, R.J., PRESSER, S. und P.A. RUUD (2003): Contingent Valuation and Lost Passive Use: Damages from the Exxon Valdez Oil Spill. In: Environmental and Resource Economics, Vol. 25, S. 257-286.

CAUSSADE, S., ORTÚZAR, J. de O., RIZZI, L.I. und D.A. HENSHER (2005): Assessing the influence of design dimensions on stated choice experiment estimates. In: Transportation Research Part B, Vol. 39, S. 621-640.

CBC-SYSTEM (1985-2005): CBC system 2.7.3. Sequim, WA.

CHATTOPADHYAY, S. (1999): An Empirical Investigation into the Performance of Ellickson's Random Bidding Model with an Application to Air Quality Valuation. In: Journal of Urban Economics, Vol. 43 (July), S. 292-314.

CHIEN, Y.-L., HUANG, C.J. und D. SHAW (2005): A general model of starting point bias in double-bounded dichtomous contingent valuation surveys. In: Journal of Environmental Economics and Management, Vol. 50, S. 362-377.

CHILTON, S.G. und W.G. HUTCHINSON (1999): Do focus groups contribute anything to the contingent valuation process? In: Journal of Economic Psychology, Vol. 20, S. 465-483.

CHIZINSKI, C.J., POPE, K.L., WILLIS, D.B., WILDE, G.R. und E.J. ROSSMAN (2005): Economic Value of Angling at a Reservoir with Low Visitation. In: North American Journal of Fisheries Management, Vol. 25, S. 98-104.

CHRISTIE, M., HANLEY, N., WARREN, J., HYDE, T., MURPHY, K. und R. WRIGHT (2004): A valuation of biodiversity in the UK using choice experiments and contingent valuation. Papier präsentiert auf der "Applied Environmental Economics Conference", 26. März 2004, London.

CHRZAN, D. und B. ORME (2000): An Overview and Comparison for Design Strategies for Choice-Based Conjoint Analysis. Sawtooth Software Research Paper Series. Sequim.

CIRIACY-WANTRUP, S.V. (1947): Capital Returns from Soil-Conservation Practices. In: Journal of Farm Economics, Vol. 29, S. 1181-1196.

CLAWSON, M. (1959): Methods of Measuring the Demand for and Value of Outdoor Recreation. Resources for the Future Reprint 10. RFF, Washington, DC.

CLAWSON, M. und J.L. KNETSCH (1966): Economics of Outdoor Recreation. Baltimore, MD.

CONRAD, J. (1980): Quasi-Option Value and the Expected Value of Information. In: Quarterly Journal of Economics, Vol. 92, S. 813-819.

CORELL, G. (1994): Der Wert der bäuerlichen Kulturlandschaft aus Sicht der Bevölkerung. Frankfurt am Main.

COURANT, P.N. und R.C. PORTER (1981): Averting expenditure and the cost of pollution. In: Journal of Environmental Economics and Management, Vol. 8, S. 321-329.

CRAMER, J.S. (1991): The Logit model: An introduction for economists. London.

CROPPER, M.L., DECK, L.B. und K.E. MCCONNELL (1988): On the choice of the functional form for hedonic price functions. In: Review of Economics and Statistics, Vol. 70, S. 668-675.

CUMMINGS, R.G. und L.O. TAYLOR (1999): Unbiased Value Estimates for Environmental Goods: A Cheap Talk Design for the Contingent Valuation Method. In: The American Economic Review, Vol. 89 (3), S. 649-665.

CURRY, J. (1997): After the Basics – Keeping Issues in Mind Making Conjoint Analysis Easier to Apply. In: Marketing Research, Vol. 9, S. 12-17.

DABBERT, S. und H.-G. FREDE (1998): Handbuch zum Gewässerschutz in der Landwirtschaft. Landsberg.

DALY, A. und S. ZACHARY (1978): Improved multiple choice models. In: HENSHER, D. und M. DALVI (eds.): Determinants of Travel Choice. Saxon House, Sussex, S. 335-357.

DAVIS, R. (1963): Recreation Planning as an Economic Problem. In: Natural Resources Journal, Vol. 3, S. 239-249.

DEL SAZ-SALAZAR, S. und L. GARCIÁ-MENÉNDEZ (2005): Public provision versus private provision of industrial land: a hedonic approach. In: Land Use Policy, Vol. 22, S. 215-223.

DESHAZO, J. und G. FERMO (2004): Implications of Rationally-Adaptive Pre-choice Behavior for the Desgin and Estimation of Choice Models. Working Paper.

DESVOUGES, W.H., SMITH, V.K. und M.P. MCGIVNEY (1983): A Comparison of Alternative Approaches for Estimating Recreation and Related Benefits of Water Quality Improvements. EPA-230-05-83-001 (Washington D.C., Office of Policy Analysis, U.S. Environmental Protection Agency).

DIAMOND, P.A. und J.A. HAUSMAN (1993): On Contingent Valuation Measurement of Nonuse Values. In: HAUSMAN, J.A. (ed.): Contingent Valution – A Critical Assessment. Amsterdam, S. 3-38.

DIAMOND, P.A. und J.A. HAUSMAN (1994): Contingent Valuation: Is Some Number Better than No Number? In: Journal of Economic Perpectives, Vol. 8 (4), S. 45-64.

DICKIE, M. und S. GERKING (1991): Willingness to Pay for Ozone Control: Inferences from the Demand for Medical Care. In: Journal of Environmental Economics and Management, Vol. 21 (1), S. 1-16.

DICKIE, M. und S. GERKING (2002): Willingness to Pay for Reduced Morbidity. Präsentation auf dem Workshop "Economic Valuation of Health for Environmental Policy: Assessing Alternative Approaches" vom 18.-19. März 2002 in Orlando, Florida. www.bus.ucf/wp/content/archives/morbid3.pdf. Stand: 22.02.2006.

DIEKMANN, A. (2000): Empirische Sozialforschung – Grundlagen, Methoden, Anwendungen. Hamburg.

DIEKMANN, A. und P. PREISENDÖRFER (1998): Umweltbewusstsein und Umweltverhalten in Low- und High-Cost-Situationen – Eine empirische Überprüfung der Low-Cost-Hypothese. In: Zeitschrift für Soziologie, Vol. 6, S. 438-453.

DUBIN, J. und D. MCFADDEN (1984): An econometric analysis of residential electric appliance holdings and consumption. In: Econometrica, Vol. 52, S. 345-362.

DUELLI, P. (1997): Biodiversity evaluation in agricultural landscapes: an approach at two different scales. In: Agriculture Ecosystems and Environment, Vol. 62, S. 81-91.

DUNLAP, R. und K. VAN LIERE (1978): The "new environmental paradigm". In: Journal of Environmental Education, Vol. 9, S. 10-19.

DUNLAP, R., VAN LIERE, K., MERTIG, A. und R. JONES (2000): Measuring endorsement of the new ecological paradigm: a revised NEP scale. In: Society for the Psychological Study of Social Issues, Vol. 56 (3), S. 425-442.

DUPUIT, J. (1844): On the measurement of utility of public goods. Annals des Ponts et Chaussures, 2nd Series, Vol. 8.

EARNHART, D. (2004): Time Is Money: Improved Valuation of Time and Transportation Costs. In: Environmental and Resource Economics, Vol. 29, S. 159-190.

ECKHARDT, K., HAVERKAMP, S., FOHRER, N. und H.-G. FREDE (2002): SWAT-G, a version of SWAT99.2 modified for application to low mountain range catchments. In: Physics and Chemistry of the Earth, Vol. 27 (9-10), S. 641-644.

ELASSER, P. (1996): Der Erholungswert des Waldes – Monetäre Bewertung der Erholungsleistung ausgewählter Wälder in Deutschland. Frankfurt/Main.

ENDRES, A. und K. HOLM-MÜLLER (1998): Die Bewertung von Umweltschäden – Theorie und Praxis sozioökonomischer Verfahren. Stuttgart.

ENGLMANN, F.C. und G. HEIMERL (2000): Grundlagen der volkswirtschaftlichen Bewertung im Verkehr – Was kostet uns die Mobilität wirklich? In: Stuttgarter unikurier, Vol. 84/85.

FELIX-HENNINGSEN, P. (2005): Teilautomatisierte hochauflösende Ableitung von Bodeneigenschaften für heterogene Naturräume auf Basis von Georadaruntersuchungen und Techniken des Data Minings. Fortsetzungsantrag 2006-2008 des SFB 299 an der Justus-Liebig-Universität Gießen, S. 251-302.

FOHRER, N., ECKHARDT, K., HAVERKAMP, S., FRIEDRICH, C. und H.-G. FREDE (1999): Modellierung des Einflusses von Landnutzungsänderungen auf den Landschaftswasserhaushalt im Mittelgebirgsraum. Arbeits- und Ergebnisbericht 1997-1999 des SFB 299 an der Justus-Liebig-Universität Gießen, S. 55-84.

FOSTER, V. und S. MOURATO (2000): Valuing the multiple impacts of pesticide use in the UK: A contingent ranking approach. In: Journal of Agricultural Economics, Vol. 51 (1), S. 1-21.

FOSTER, V. und S. MOURATO (2003): Elicitation format and Sensitivity to Scope – Do Contingent Valuation and Choice Experiments Give the Same Results? In: Environmental and Resource Economics, Vol. 24, S. 141-160.

FRANSELLA, F., BELL, R. und D. BANNISTER (2004): A Manual for Repertory Grid Technique. Chichester.

FREEMAN, A.M. (1974): On Estimating Air Pollution Control Benefits from Land Value Studies. In: Journal of Environmental Economics and Management, Vol. 1, S. 74-83.

FRYKBLOM, P. und J.F. SHOGREN (2000): An experimental testing of anchoring effects in discrete choice questions. In: Environmental & Resource Economics, Vol. 16 (3), S. 329-341.

GABLER WIRTSCHAFTSLEXIKON (2000), 15. Auflage, Wiesbaden.

GANZERT, C. und G. DEPNER (1996): Regionale Initiativen für eine nachhaltige Landbewirtschaftung in Baden-Württemberg. In: LINCKH, G. (Hrsg.): Nachhaltige Land- und Forstwirtschaft: Expertisen, S. 297-328.

GARROD, G.D. und K.G. WILLIS (1991): The hedonic price method and the valuation of countryside characteristics. Countryside Change Working Paper, No. 14, University of Newcastle, Newcastle.

GARROD, G.D. und K.G. WILLIS (1997): The non-use benefits of enhancing forest biodiversity: A contingent ranking study. In: Ecological Economics, Vol. 21 (1), S. 45-61.

GARROD, G. und K.G. WILLIS (1999): Economic valuation of the environment. Cheltenham.

GERKING, S. und L.R. STANLEY (1986): An Economic Analysis of Air Pollution and Health. In: Review of Economics and Statistics, Vol. 68 (1), S. 115-121.

GIBBARD, A. (1973): Manipulation of Voting Schemes: A General Result. In: Econometrics, Vol. 41, S. 587-601.

GIERTZ, S. (2004): Analyse der hydrologischen Prozesse in den sub-humiden Tropen Westafrikas unter besonderer Berücksichtigung der Landnutzung am Beispiel des Aguima-Einzugsgebietes in Benin. Dissertation. http://www.giub.uni-bonn.de /hrg/Theses/simone_teil2.pdf. Stand: 03.05.2006.

GRAVES, P., MURDOCH, J.C., THAYER, M.A. und D. WALDMAN (1988): The Robustness of Hedonic Price Estimation: Urban Air Quality. In: Land Economics, Vol. 64 (3), S. 220-233.

GREEN, P.E., HELSEN, K. und B. SHANDLER (1990): Conjoint Internal Validity Under Alternative Profile Presentations. In: Journal of Consumer Research, Vol. 15, S. 392-397.

GREEN, P.E. und V. SRINIVASAN (1990): Conjoint Analysis in Marketing Research: New Developments and Directions. In: Journal of Marketing, Vol. 54 (4), S. 3-19.

GREENE, W.H. (2000): Econometric Analysis. Upper Saddle River, NJ.

GREENE, W. (2003): Interpreting Estimates Parameters and Measuring Individual Heterogeneity in Random Coefficient Models. Working Paper, Department of Economics, Stern School of Business, New York University.

GROSSMAN, M. (1972): On the Concept of Health Capital and the Demand for Health. In: Journal of Political Economy, Vol. 80, S. 223-255.

GUADAGNI, P.M. und J.D.C. LITTLE (1983): A logit model of brand choice calibrated on scanner data. In: Marketing Science, Vol. 2 (3), S. 203-238.

GUSTAFSSON, A., HERRMANN, A. und F. HUBER (2000): Conjoint Analysis as an Instrument of Market Research Practice. In: GUSTAFSSON, A., HERRMANN, A. und F. HUBER (eds.): Conjoint Measurement – Methods and Applications. Berlin, S. 5-46.

HAAB, T.C. und K.E. MCCONNELL (2002): Valuing Environmental and Natural Resources. Cheltenham.

HACKL, F. und G.J. PRUCKNER (2005): Warm glow, free-riding and vehicle neutrality in a health-related contingent valuation study. In: Health Economics, Vol. 14, S. 293-306.

HAENER, M.K., BOXALL, P.C. und W.L. ADAMOWICZ (2001): Modeling Recreation Site Choice: Do Hypothetical Choices Reflect Actual Behavior? In: American Journal of Agricultural Economics, Vol. 83 (3), S. 629-642.

HAILU, G., BOXALL, P.C. und B.L. MCFARLANE (2005): The influence of place attachment on recreation demand. In: Journal of Economic Psychology, Vol. 26, S. 581-598.

HAMPICKE, U. (1991): Naturschutz-Ökonomie. Stuttgart.

HANEMANN, M.W. (1991): Willingness to Pay and Willingness to Accept: How Much Can They Differ? In: American Economic Review, Vol. 81, S. 635–647.

HANEMANN, M. (1999): Neo-classical Economic Theory and Contingent Valuation. In: BATEMAN, I. und K.G. WILLIS (eds.): Valuing Environmental Preferences. Oxford, S. 42-96.

HANEMANN, W.M. und B. KANNINEN (1999): The Statistical Analysis of Discrete-Response CV Data. In: BATEMAN, I.J. und K.G. WILLIS (eds.): Valuing Environmental Preferences – Theory and Practice of the Contingent Valuation Method in the US, EU, and Developing Countries. Oxford, S. 302-441.

HANEMANN, W.M., LOOMIS, J.B. und B.J. KANNINEN (1991): Statistical Efficiency of Double-Bounded Dichtomous Choice Contingent Valuation. In: American Journal of Agricultural Economics, Vol. 73 (Nov), S. 1255-1263.

HANLEY, N., MACMILLAN, D., WRIGHT, R.E., BULLOCK, C., SIMPSON, I., PARSISSON, D. und B. CRABTREE (1998b): Contingent Valuation versus Choice Experiments: Estimating the Benefits of Environmentally Sensitive Areas in Scotland. In: Journal of Agricultural Economics, Vol. 49, S. 1-15.

HANLEY, N., MOURATO, S. und R.E. WRIGHT (2001): Choice modelling approaches: A superior alternative for environmental evaluation? In: Journal of Economic Surveys, Vol. 15 (3), S. 435-462.

HANLEY, N., RYAN, M. und R. WRIGHT (2003): Estimating the monetary value of health care: lessons from environmental economics. In: Health Economics, Vol. 12, S. 3-16.

HANLEY, N., SHOGREN, J.F. und B. WHITE (1997): Environmental Economics in Theory and Practice. London.

HANLEY, N. und C.L. SPASH (1993): Cost-Benefit Analysis and the Environment. Aldershot.

HANLEY, N., WRIGHT, R.E. und V. ADAMOWICZ (1998a): Using Choice Experiments to Value the Environment – Design Issues, Current Experience and Future Prospects. In: Environmental and Resource Economics, Vol. 11 (3-4), S. 413-428.

HANLEY, N., WRIGHT, R.E. und B. ALVAREZ-FARIZO (2006): Testing for Benefit Transfer Over Water Quality Benefits. In: ROLFE, J. und J. BENNETT (eds.): Choice Modelling and the Transfer of Environmental Values. Cheltenham, S. 97-111.

HARFORD, J.D. (1984): Averting Behavior and the Benefits of Reduced Soiling. In: Journal of Environmental Economics and Management, Vol. 11, S. 296-302.

HARRISON, D. und D.L. RUBINFELD (1978): Hedonic Housing Prices and the Demand for Clean Air. In: Journal of Environmental Economics and Management, Vol. 5 (2), S. 81-102.

HARTH, M. (2006): Multikriterielle Bewertungsverfahren als Beitrag zur Entscheidungsfindung in der Landnutzungsplanung – unter besonderer Berücksichtigung der Adaptiven Conjoint-Analyse und der Discrete Choice Experiments. Dissertation. http://sundoc.bibliothek.uni-halle.de/diss-online/06/06H106/prom.pdf.

HARTMANN, A. und H. SATTLER (2002): Commercial Use of Conjoint Analysis in Germany, Austria, and Switzerland. Research Paper on Marketing and Retailing No. 006, Institut für Handel und Marketing, Universität Hamburg.

HAUSMAN, J. und D. MCFADDEN (1984): Specification tests for the multinomial logit model. In: Econometrica, Vol. 52, S. 1219-1240.

HAUSMAN, J.A. und P.A. RUUD (1987): Specifying and Testing Econometric Models for Rank-Ordered Data. In: Journal of Econometrics, Vol. 34, S. 83-104.

HAVERKAMP, S., FOHRER, N. und H.-G. FREDE (1999): Entropie als Werkzeug zur räumlichen Diskretisierung. In: FOHRER, N. und P. DÖLL (Hrsg.): Modellierung des Wasser- und Stofftransports in großen Einzugsgebieten. Kassel, S. 95-102.

HECKMAN, J. (1978): Dummy endogenous variables in a simultaneous equation system. In: Econometrica, Vol. 46, S. 931-959.

HECKMAN, J. (1979): Sample selection bias as a specification error. In: Econometrica, Vol. 47, S. 153-162.

HENDERSON, M.M., CRIDDLE, K.R. und S.T. LEE (2000): The Economic Value of Alaska's Copper River Personal Use and Subsistence Fisheries. In: Alaska Fishery Bulletin, Vol. 6 (2), S. 63-69.

HENSHER, D.A. (2003): Revealing differences in willingness-to-pay due to the dimensionality of stated choice designs: an initial assessment. Working Paper. Institute of Transport Studies, University of Sydney.

HENSHER, D.A. und W.H. GREENE (2002): Specification and estimation of the nested logit model: alternative normalisations. In: Transportation Research Part B, Vol. 36, S. 1-17.

HENSHER, D.A. und W.H. GREENE (2003): The Mixed Logit model: The state of practice. In: Transportation, Vol. 30, S. 133-176.

HENSHER, D.A., LOUVIERE, J. und J. SWAIT (1997): Combining Sources of Preference Data. Working Paper, Graduate School of Management, University of Sydney. Sydney, Australia.

HENSHER, D.A., LOUVIERE, J. und J. SWAIT (1999): Combining sources of preference data. In: Journal of Econometrics, Vol. 89, S. 197-221.

HENSHER, D.A., ROSE, J.M. und W.H. GREENE (2005): Applied Choice Analysis – A Primer. Cambridge.

HENSHER, D., SHORE, N. und K. TRAIN (2005): Households' Willingness to Pay for Water Service Attributes. In: Environmental and Resource Economics, Vol. 32, S. 509-531.

HENZE, A., KÄMMERER, S. und P.M. SCHMITZ (1996): Die monetäre Bewertung positiver und negativer externer Effekte der Landwirtschaft – Erfahrungen und Perspektiven. In: LINCKH, G. (Hrsg.): Nachhaltige Land- und Forstwirtschaft: Expertisen, S. 473-502.

HESSISCHES STATISTISCHES LANDESAMT (2004): Hessische Gemeindestatistik 2004 – Ausgewählte Strukturdaten aus Bevölkerung und Wirtschaft 2003. Statistik Hessen, Wiesbaden.

HESSISCHES STATISTISCHES LANDESAMT (2005): Hessen in Zahlen. Statistik Hessen, Wiesbaden.

HESSISCHES LANDESAMT FÜR UMWELT UND GEOLOGIE (HLUG) (2004): Hessischer Gewässergütebericht zum Hessentag. Fortschreibung 2003. Version 1.5/04.

HICKS, J.R. (1939): The foundations of welfare economics. In: Economic Journal, Vol. 49 (196), S. 696-712.

HICKS, R.L. und I.E. STRAND (2000): The Extent of Information: Its Relevance for Random Utility Models. In: Land Economics, Vol. 76 (3), S. 374-385.

HILGER, J.R. (1998): A bivariate compound poisson application: The welfare effects of forest fire on wilderness day-hikers. Masterarbeit. Institute of Resources and Applied Economics, University of Nevada, Reno, NV.

HOEHN, J.P. und A. RANDALL (1987): A Satisfactory Benefit Cost Indicator from Contingent Valuation. In: Journal of Environmental Economics and Management, Vol. 14, S. 226-247.

HOFMANN, H., RAUH, R., HEIßENHUBER, A. und E. BERG (1995): Umweltleistungen der Landwirtschaft. Konzepte zur Honorierung. Leipzig.

HOROWITZ, J.K. und K.E. MCCONNELL (2002): A Review of WTA/WTP Studies. In: Journal of Environmental Economics and Management, Vol. 44, S. 426-447.

HOSSINGER, H.-P. (1982): Pretests in der Marktforschung. Heidelberg.

HOTELLING, H. (1949): The Economics of Public Recreation. The Prewitt Report. National Parks Service, Washington, DC.

HUBER, J. und K. TRAIN (2001): On the similarity of classical and Bayesian estimates of individual mean partworths. In: Marketing Letters, Vol. 12 (3), S. 259-269.

HUBER, J. und K. ZWERINA (1996): The Importance of Utility Balance in Efficient Choice Designs. In: Journal of Marketing Research, Vol. 33, S. 307-317.

HUCKESTEIN, B. und H. VERRON (1996): Externe Kosten des Verkehrs in Deutschland. In: UBA-Texte Berlin, Vol. 66, S. 7-53.

HUISMAN, J.A., BREUER, L. und H.-G. FREDE (2004): Sensitivity of simulated hydrological fluxes towards changes in soil properties in response to land use change. In: Physics and Chemistry of the Earth, Vol. 29, S. 749-758.

HUSTON, M.A. (1996): Biological Diversity: The coexistence of species on changing landscapes. New York.

JIM, C.Y. und W.Y. CHEN (2006): Recreation-amenity use and contingent valuation of urban greenspaces in Guangzhou, China. In: Landscape and Urban Planning, Vol. 75, S. 81-96.

JOHNSON, F.R. und K.E. MATHEWS (2001): Sources and effects of utility-theoretic inconsistency in stated-preference surveys. In: American Journal of Agricultural Economics, Vol. 83 (5), S. 1328-1333.

JORGENSEN, B.S., SYME, G.J., BISHOP, B.J. und B.E. NANCARROW (1999): Protest Responses in Contingent Valuation. In: Environmental and Resource Economics, Vol. 14, S. 131-150.

JUDGE, G., HILL, R., GRIFFITHS, W. und T. LEE (1985): The theory and practice of Econometrics. New York.

JUNG, M. (1996): Präferenzen und Zahlungsbereitschaft für eine verbesserte Umweltqualität im Agrarbereich. Frankfurt am Main.

JUST, R.E., HUETH, D.L., und A. SCHMITZ (2004): The Welfare Economics of Public Policy – A Pracitcal Approach to Project and Policy Evaluation. Cheltenham.

KAHNT, G. (1996): Alternativen im Landbau – Perspektiven integrierter und ökologischer Anbuaverfahren. In: LINCKH, G. (Hrsg.): Nachhaltige Land- und Forstwirtschaft: Expertisen, S. 187-213.

KAMAKURA, W. und M. OZER (2000): A Multi-trait Multi-Method Validity Test of Partworth Estimates. In: GUSTAFSSON, A., HERRMANN, A. und F. HUBER (eds.): Conjoint Measurement – Methods and Applications. Berlin, S. 225-251.

KAORU, Y., SMITH, V.K. und J.L. LIU (1995): Using Random Utility Models to Estimate the Recreational Value of Estuarine Resources. In: American Journal of Agricultural Economics, Vol. 77, S. 141-151.

KARL, H. und G. URFEI (1996): Konzepte dezentraler Umweltpolitik und Informationsinstrumente zur Bewertung umweltschonender Landnutzung. Forschungsbericht Nr. 40, Landwirtschaftliche Fakultät der Rheinischen Friedrich-Wilhelms-Universität, Bonn.

KARLSTROM, A. (2000): Non-linear value functions in random utility econometrics. Working Paper Infrastructure and Planning, Royal Institute of Technology, Stockholm.

KELLY, G.A. (1991): Die Psychologie der persönlichen Konstrukte. Band I und II, Paderborn.

KERRY, G.N. und J.B. M.H. SHARP (2006): Transferring Mitigation Values for Small Streams. In: ROLFE, J. und J. BENNETT (eds.): Choice Modelling and the Transfer of Environmental Values. Cheltenham, S. 136-163.

KHALIL, A. (2004): Environmental Services, Externalities and Agriculture: The Case of Mountain Tourism in Morocco. In: Electronic Journal of Agricultural and Development Economics, Vol. 1 (1), S. 63-86.

KOCH, H. und A. MOLL (1997): Landwirtschaft im ländlichen Raum – Funktionen, Formen, Konflikte. In: Landwirtschaftliche Rentenbank (Hrsg.): Landwirtschaft im ländlichen Raum. Band 11, S. 13-52.

KOLSTAD, C.D. (2000): Environmental economics. New York.

KREMEN, C., COLWELL, R.K., ERWIN, T.L., MURPHY, D.D., NOSS, R.F. und M.A. SANJAYAN (1993): Terrestrial anthropod assemblages: their use in conservation planning. In: Conservation Biology, Vol. 7, S. 796-808.

KREPS, D. (1990): A Course in Microeconomics. Princeton.

KRINSKY, I. und R. ROBB (1986): On approximating the statistical properties of elasticities. In: Review of Economics and Statistics, Vol. 68, S. 715-719.

KRISHNAMURTHI, L. und D.R. WITTINK (1991): The Value of Idiosyncratic Functional Forms in Conjoint Analysis. In: International Journal of Research in Marketing, Vol. 8, S. 301-313.

KRUEGER, R.A. und M.A. CASEY (2000): Focus Groups: A Practical Guide for Applied Research. Thousand Oaks.

KRUTILLA, J.V. (1967): Conservation Reconsidered. In: American Economic Review, Vol. 47, S. 777-786.

KRW/ABFG (Kreislaufwirtschafts- und Abfallgesetz) (1994): Gesetz zur Vermeidung, Verwertung und Entsorgung von Abfällen, BGBl.

KUHFELD, W.F. (2005): Experimental Design, Efficiency, Coding, and Choice Designs. SAS Technical Support Documents TS722C. http://support.sas.com/techsup/tnote/tnote_index7.html. Stand: 17.03.2006.

KUHFELD, W.F., TOBIAS, R.D. und M. GARRATT (1994): Efficient Experimental Design with Marketing Research Applications. In: Journal of Marketing Research, Vol. 31, S. 545-557.

KUHLMANN, F., MÖLLER, D. und B. WEINMANN (2002a): Modellierung der Landnutzung: Regionshöfe oder Raster-Landschaft. In: Berichte über Landwirtschaft, Vol. 3, S. 351-392.

KUHLMANN, F., WEINMANN, B. und P. SHERIDAN (2002b): Supply Oriented Valuation of Land Use Systems Combining Economical, Ecological and Hydrological Models. In: KISSLING, M., SCHMITZ, K., SCHMITZ, P.M. und T.C. WRONKA (eds.): Pricing Environmental Services of Agriculture, Kiel, S. 117-130.

KUOSMANEN, T., NILLESEN, E. und J. WESSELER (2004): Does ignoring multidestination trips in the travel cost method cause a systematic bias? In: The Australian Journal of Agricultural and Resource Economics, Vol. 48 (4), S. 629-651.

KWAK, S., LEE, G. und Y. CHEN (1996): Estimation of the benefit of air quality improvement: an application of hedonic price technique in Seoul. In: Economics of Pollution Control Asia Pacific, Vol. 8, S. 171-180.

LANCASTER, K.J. (1966): A new approach to consumer theory. In: Journal of Political Economy, Vol. 74 (2), S. 132-157.

LANCASTER, K. (1971): Consumer Demand: A new Approach. New York & London.

LANSFORD JR., N.H. und J.L. JONES (1995): Recreational and Aesthetic Value of Water Using Hedonic Price Analysis. In: Journal of Agricultural and Resourec Economics, Vol. 20 (2), S. 341-355.

LAREAU, T. und D. RAE (1987): Valuing Willingness to Pay for Diesel Odor Reduction: An Application of the Contingent Ranking Technique. In: Southern Economic Journal, Vol. 55 (3), S. 728-742.

LAUGHLAND, A.S., MUSSER, W.N., SHORTLE, J.S. und L.M. MUSSER (1996): Construct Validity of Averting Cost Measures of Environmental Benefits. In: Land Economics, Vol. 72 (1), S. 100-112.

LAURIA, D.T., WHITTINGTON, D., CHOE, K.-A., TURINGAN, C. und V. ABIAD (1999): Household demand for improved sanitation services: a case study of Calamba, The Philippines. In: BATEMAN, I.J. und K.G. WILLIS (eds.): Valuing Environmental Preferences: Theory and Practice of the Contingent Valuation Method in the US, EU, and Developing Countries. Oxford, S. 540-581.

LAZARI, A.G. und D.A. ANDERSON (1994): Designs of Discrete Choice Set Experiments for Estimating Both Attribute and Availability Cross Effects. In: Journal of Marketing Research, Vol. 31 (3), S. 375-383.

LEE, L. und L. MOFFITT (1993): Defensive Technology and Welfare Analysis of Environmental Quality Charge with Uncertain Consumer Health Impacts. In: American Journal of Agricultural Economics, Vol. 75 (Mai), S. 361-366.

LE GOFFE, P. (2000): Hedonic Pricing of Agriculture and Forestry Externalities. In: Environmental and Resource Economics, Vol. 15, S. 397-401.

LÉGER, P.T. (2001): Willingness to Pay for Improvements in Air Quality. Cahiers de recherche, HEC Montréal, Institut d'économie appliqué.

LEGGETT, C.G. und N.E. BOCKSTAEL (2000): Evidence of the Effects of Water Quality on Residential Land Prices. In: Journal of Environmental Economics and Management, Vol. 39, S. 121-144.

LEHR, U. (2006): Contingent Valuation Daten und Bayes´sche Verfahren – Ein Vorschlag zur Verbesserung von Umweltbewertung und Nutzentransfer. Frankfurt am Main.

LENHART, T., FOHRER, N. und H.-G. FREDE (2003): Effects of land use changes on the nutrient balance in mesoscale catchments. In: Physics and Chemistry of the Earth, Vol 28, S. 1301-1309.

LEW, D.K. und D.M. LARSON (2005): Accounting for stochastic shadow values of time in discrete-choice recreation demand models. In: Journal of Environmental Economics and Management, Vol. 50, S. 341-361.

LIST, J.A., SINHA, P. und M.H. TAYLOR (2006): Using Choice Experiments to Value Non-Market Goods and Services: Evidence from Field Experiments. In: Advances in Economic Analysis & Policy, Vol. 6 (2), im Druck.

LISTON-HEYES, C. und A. HEYES (1999): Recreational benefits from the Dartmoor National Park. In: Journal of Environmental Management, Vol. 55, S. 69-80.

LOCKWOOD, M. (1998): Integrated value assessment using paired comparisons. In: Ecological Economics, Vol. 25 (1), S. 73-87.

LOOMIS, J.B. (2001): Final Snake River contingency value methodology study report. Im Auftrag des Wyoming Bureau of Land Management, Cheyenne, Wyoming.

LOOMIS, J., BROWN, T., LUCERO, B. und G. PETERSON (1996): Improving Validity Experiments of Contingent Valuation Methods: Results of Efforts to Reduce the Disparity of Hypothetical and Actual Willingness to Pay. In: Land Economics, Vol. 72 (4), S. 450-461.

LOUVIERE, J.J. (1988): Analyzing Individual Decision Making: Metric Conjoint Analysis. Sage University Series on Quantitative Applications in the Social Sciences, Vol. 67. Newbury Park.

LOUVIERE, J.J., ANDERSON, D., SWAIT, J. und J. GRAY-LEE (1995): Cross-Task and External Validity Comparisons of SP und RP Choice Models. Präsentation auf der International Conference on Retailing and Consumer Services. Gold Coast, Australia.

LOUVIERE, J.J., HENSHER, D.A. und J.D. SWAIT (2000a): Stated Choice Methods – Analysis and Application. Cambridge.

LOUVIERE, J., HENSHER, D. und S. SWAIT (2000b): Conjoint Preference Elicitation Methods. In: GUSTAFSSON, A., HERRMANN, A. und F. HUBER (eds.): Conjoint Measurement – Methods and Applications. Berlin, S. 279-318.

LOUVIERE, J., STREET, D., CARSON, R., AINSLIE, A., DESHAZO, J.R., CAMERON, T., HENSHER, D., KOHN, R. und T. MARLEY (2002): Dissecting the random component of utility. In: Marketing Letters, Vol. 13, S. 175-191.

LOUVIERE, J., TRAIN, K., BEN-AKIVA, M., BHAT, C., BROWNESTONE, D., CAMERON, T.A., CARSON, R.T., DESHAZO, J.R., FIEBIG, D., GREENE, W., HENSHER, D. und D. WALDMAN (2005): Recent Progress on Endogeneity in Choice Modelling. In: Marketing Letters, Vol. 16 (3/4), S. 255-265.

LOUVIERE, J.J. und G. WOODWORTH (1983): Design and Analysis of Simulated Consumer Choice or Allocation Experiments: An Approach Based on Aggregate Data. In: Journal of Marketing Research, Vol. 20, S. 350-367.

LUTTIK, J. (2000): The value of trees, water and open space as reflected by house prices in the Netherlands. In: Landscape and Urban Planning, Vol. 48, S. 161-167.

MACHADO, F.S. und S. MOURATO (2002): Evaluating the multiple benefits of marine water quality improvements: how important are health risk reductions? In: Journal of Environmental Management, Vol. 65 (3), S. 239-250.

MADDALA, T., PHILLIPS, K.A. und R.F. JOHNSON (2003): An experiment on simplifying conjoint analysis designs for measuring preferences. In: Health Economics, Vol. 12, S. 1035-1047.

MAHAN, B.L., POLASKY, S. und R.M. ADAMS (2000): Valuing Urban Wetlands: A Property Price Approach. In: Land Economics, Vol. 76 (1), S. 100-113.

MALLWAARACHCHI, T., BLAMEY, R.K., MORRISON, M.D., JOHNSON, A.K.L. und J.W. BENNETT (2001): Community values for environmental protection in a cane farming catchment in Northern Australia: A choice modelling study. In: Journal of Environmental Management, Vol. 62, S. 301-316.

MARGGRAF, R. und S. STREB (1997): Ökonomische Bewertung der natürlichen Umwelt – Theorie, politische Bedeutung, ethische Diskussion. Heidelberg.

MARSCHAK, J. (1960): Binary choice constraints on random utility indications. In: ARROW, K. (ed.): Stanford Symposium on Mathematical Methods in the Social Sciences. Stanford, S. 312-329.

MARSHALL, A. (1930): Principles of Economics. London.

MCFADDEN, D. (1974): Conditional logit analysis of qualitative choice behaviour. In: ZAREMBKA, P. (ed.): Frontiers in Econometrics. New York, S. 105-142.

MCFADDEN, D. (1978): Modeling the choice of residential location. In: KARLQVIST, L., LUNDQVIST, L., SNICKARS, F. und J. WEIBULL (eds.): Spatial Interaction Theory and Planning Models. Amsterdam, S. 75-96.

MCFADDEN, D. (1999): Computing willingness-to-pay in random utility models. In: MOORE, J., RIEZMAN, R. und J. MELVIN (eds.): Trade, Theory and Econometrics: Essays in Honour of John S. Shipman. London, S. 253-274.

MCFADDEN, D. und G.K. LEONHARD (1993): Issues in the Contingent Valuation of Environmental Goods: Methodologies for Data Collection and Analysis. In: HAUSMAN, J.A. (ed.): Contingent Valuation – A Critical Assessment. Amsterdam, S. 165-208.

MCKEAN, J.R., JOHNSON, D., TAYLOR, R.G. und R.L. JOHNSON (2005): Willingness to Pay for Non Angler Recreation at the Lower Snake River Reservoirs. In: Journal of Leisure Research, Vol. 37 (2), S. 178-194.

MENDELSOHN, R., HOF, J., PETERSON, G. und R. JOHNSON (1992): Measuring recreation values with multiple destination trips. In: American Journal of Agricultural Economics, Vol. 74, S. 926-933.

MESSONNIER, M.L., BERGSTROM, J.C., CORNWELL, C.M., TEASLEY, R.J. und H.K. CORDELL (2000): Survery Response-Related Biases in Contingent Valuation: Concepts, Remedies, and Empirical Application to Valuing Aquatic Plant Management. In: American Journal of Agricultural Economics, Vol. 82 (2), S. 438-450.

MICHAEL, H.J., BOYLE, K.J. und R. BOUCHARD (2000): Does the Measurement of Environmental Quality Affect Implicit Prices Estimated from Hedonic Models? In: Land Economics, Vol. 76 (2), S. 283-298.

MITCHELL, R.C. (2002): On Designing Constructed Markets in Valuation Surveys. In: Environmental and Resource Economics, Vol. 22, S. 297-321.

MITCHELL, R. und R. CARSON (1989): Using Surveys to Value Public Goods: the Contingent Valuation Method. Washington DC, Resource for the Future.

MÖLLER, D. (1998): Von der Standortbewertung zur regionalen Landnutzungsplanung: Das Modellsystem ProLand. In: Mitteilungen der Deutschen Bodenkundlichen Gesellschaft, Vol. 88, S. 349-352.

MÖLLER, D., JAKOB, M., MAU, N., WEINMANN, B. und F. KUHLMANN (2002): Erweiterung, Validierung und Anwendung des Modells ProLand zur Bestimmung von Zielmöglichkeitenräumen. Arbeits- und Ergebnisbericht 2000-2002 des SFB 299 der DFG an der Justus-Liebig-Universität Gießen, S. 33-60.

MÖLLER, D., KIRSCHNER, M., WEINMANN, B. und F. KUHLMANN (1998): Regionale Landnutzungsplanung und GIS: Bio-ökonomische Modellierung zur Unterstützung politischer Entscheidungsprozesse mit ProLand. In: SPILKE, J., DOLUSCHITZ, R. und A. LOEPER (Hrsg.): Referate der 19. GIL-Jahrestagung in Halle (Saale) 1998. Band 11, S. 98-104.

MÖLLER, D., KIRSCHNER, M., WEINMANN, B. und F. KUHLMANN (1999): Entwicklung eines GIS-basierten Simulationsmodells zur Prognose von Optionen der regionalen Landnutzung. Arbeits- und Ergebnisbericht 1997-1999 des SFB 299 der DFG an der Justus-Liebig-Universität Gießen, S. 19-54.

MORGAN, D.L. (1997): Focus Groups as Qualitative Research. New York.

MORRISON, M. und J. BENNETT (2000): Choice Modelling, Non-use Values and Benefit Transfer. In: Economic Analysis & Policy, Vol. 30 (1), S. 13-32.

MORRISON, M. und J. BENNETT (2004): Valuing New South Wales rivers for use in benefit transfer. In: The Australian Journal of Agricultural and Resource Economics, Vol. 48 (4), S. 591-611.

MORRISON, M. und J. BENNETT (2006): Valuing New South Wales Rivers for Use in Benefit Transfer. In: ROLFE, J. und J. BENNETT (eds.): Choice Modelling and the Transfer of Environmental Values. Cheltenham, S. 71-96.

MORRISON, M., BENNETT, J., BLAMEY, R. und J. LOUVIERE (2002): Choice Modeling and Tests of Benefit Transfer. In: American Journal of Agricultural Economics, Vol. 84 (1), S. 161-170.

MÜHLENBERG, M. und J. SLOWIK (1997): Kulturlandschaft als Lebensraum. Wiesbaden.

MULLEN, J.K. und F.C. MENZ (1985): The Effect of Acidification Damages on the Economic Value of the Adirondack Fishery to New York Anglers. In: American Journal of Agricultural Economics, Vol. 67, S. 112-119.

MÜLLER, M. (2002): Präferenzen und Zahlungsbereitschaften für ausgewählte Landschaftsfunktionen. Kiel.

MÜLLER-HAGEDORN, L., SEWING, E. und T. TOPOROWSKI (1993): Zur Validität von Conjoint-Analysen. In: Zeitschrift für betriebswirtschaftliche Forschung, Vol. 45 (2), S. 123-148.

NEWCOMBE, J. (1998): The Risks and Environmental Benefits of Investing in Climate Change Projects Under the Kyoto Protocol: An Investor Perspective. Report to CIFOR.

NILLESEN, E., WESSELER, J. und A. COOK (2005): Estimating the Recreational-Use Value for Hiking in Bellenden Ker National Park, Australia. In: Environmental Management, Vol. 36 (2), S. 311-316.

NINAN, K.N. und J. SATHYAPALAN (2005): The economics of biodiversity conservation: a study of a coffee growing region in the Western Ghats of India. In: Ecological Economics, Vol. 55, S. 61-72.

NUNES, P.A.L.D. und J.C.J.M. VAN DEN BERGH (2004): Can People Value Protection against Invasive Marine Species? Evidence from a Joint TC-CV Survey in the Netherlands. In: Environmental and Resource Economics, Vol. 28, S. 517-532.

ORME, B. (2000): Hierarchical Bayes: Why all that Attention? Sawtooth Software Research Paper Series. Sequim.

PALMQUIST, R.B. (1982): Estimating the Demand for Air Quality from Property Value Studies. Department of Economics, North Carolina State University, Mimeo.

PALMQUIST, R.B. (1983): Estimating the Demand for Air Quality from Property Value Studies: Further Results. Department of Economics, North Carolina State University, Mimeo.

PALMQUIST, R.B. (1984): Estimating the Demand for the Characteristics of Housing. In: Review of Economics and Statistics, Vol. 66 (3), S. 394-404.

PALMQUIST, R.B. (1992): Valuing localized externalities. In: Journal of Urban Economics, Vol. 31, S. 59-68.

PALMQUIST, R.B. und A. ISRANGKURA (1999): Valuing Air Quality with Hedonic and Discrete Choice Models. In: American Journal of Agricultural Economics, Vol. 81 (5), S. 1128-1133.

PAOLETTI, M.G. (1995): Biodiversity, traditional landscapes and agroecosystem management. In: Landscape and Urban Planning, Vol. 31, S. 117-128.

PARETO, V. (1896): Cours d´Economie Politique. Vol. 2, Lausanne, F. Rouge.

PARSONS, G.R. (1986): An Almost Ideal Demand System for Housing Attributes. In: Southern Economic Journal, Vol. 53 (2), S. 347-363.

PAYNE, J.W., BETTMAN, J.R. und D.A. SCHKADE (1999): Measuring Constructed Preferences: Toward a Building Code. In: Journal of Risk and Uncertainty, Vol. 19, S. 243-270.

PEARCE, D., ÖZDEMIROGLU, E., BATEMAN, I., CARSON, R.T., DAY, B., HANEMANN, M., HANLEY, N., HETT, T., JONES-LEE, M., LOOMES, G., MOURATO, S., SUGDEN, R. und J. SWANSON (2002): Economic Valuation with Stated Preference Techniques – Summary Guide. Department for Transport, Local Government and the Regions, London.

PEARCE, D.W. und R.K. TURNER (1990): Economics of Natural Resources and the Environment. Baltimore.

PERMAN, R., MA, Y. und J. MCGILVRAY (1996): Natural Resource and Environmental Economics. Harlow.

PETERS, T., ADAMOWICZ, W. und P. BOXALL (1995): The Influence of Choice Set Consideration in Modeling the Benefits of Improved Water Quality. In: Water Resources Research, Vol. 31 (7), S. 1781-1787.

PHANEUF, D.J., KLING, C.L. und J.A. HERRIGES (1998): Valuing Water Quality Improvements Using Revealed Preference Methods When Corner Solutions Are Present. In: American Journal of Agricultural Economics, Vol. 80 (5), S. 1025-1031.

PIATTELLI-PALMARINI, M. (1994): Inevitable Illusions: How Mistakes Rule Our Minds. New York.

POE, G.L., GIRAUD, K.L. und J.B. LOOMIS (2001): Simple Computational Methods for Measuring the Difference of Empirical Distributions: Application to Internal and External Scope Tests in Contingent Valuation. Staff Paper No. 2001-05, Department of Agricultural, Resource and Managerial Economics, Cornell University, New York.

POE, G., GIRAUD, K. und J. LOOMIS (2005): Simple computational methods for measuring the difference of empirical distributions: application to internal and external scope tests in contingent valuation. In: American Journal of Agricultural Economics, Vol. 87, S. 353-365.

POE, G.L., SEVERANCE-LOSSIN, E.K. und M.P. WELSH (1994): Measuring the Difference (X-Y) of Simulated Distributions: A convolutions Approach. In: American Journal of Agricultural Economics, Vol. 76 (November), S. 904-915.

POMMEREHNE, W.W. (1987): Präferenzen für öffentliche Güter. Tübingen.

POMMEREHNE, W.W. und F. SCHNEIDER (1981): Wie steht's mit Trittbrettfahrern? Eine experimentelle Untersuchung. In: Zeitschrift für die gesamte Staatswissenschaft, Vol. 136, S. 286-308.

POOR, P.J., BOYLE, K.J., TAYLOR, L.O. und R. BOUCHARD (2001): Objective versus Subjective Measures of Water Clarity in Hedonic Property Value Models. In: Land Economics, Vol. 77 (4), S. 482-493.

POWERS, D.A. und Y. XIE (2000): Statistical Methods for categorical data analysis. San Diego.

RANDALL, A. (1997): The NOAA Panel Report: A New Beginning or the End of an Era? In: American Journal of Agricultural Economics, Vol. 79 (5), S. 1489-1494.

RANDALL, A., IVES, B. und C. EASTMAN (1974): Bidding Games for Valuation of Aesthetic Environmental Improvements. In: Journal of Environmental Economics and Management, Vol. 1, S. 132-149.

RANDALL, A. und J.R. STOLL (1980): Consumer's Surplus in Commodity Space. In: American Economic Review, Vol. 70 (3), S. 449-455.

RASMUSSEN, D.W. und T.W. ZUEHLKE (1990): On the choice of functional form for hedonic price functions. In: Applied Economics, Vol. 22, S. 431-438.

READY, R.C. und C.W. ABDALLA (2005): The Amenity and Disamenity Impacts of Agriculture: Estimates from a Hedonic Pricing Model. In: American Journal of Agricultural Economics, Vol. 87 (2), S. 314-326.

READY, R.C. und S. NAVRUD (2002): Methods for valuing cultural heritage. In: NAVRUD, S. und R.C. READY (eds.): Valuing Cultural Heritage – Applying Environmental Valuation Techniques to Historic Buildings, Monuments and Artifacts. Cheltenham.

REAVES, D.W., KRAMER, R.A. und T.P. HOLMES (1999): Does question format matter? Valuing an endangered species. In: Environmental and Resource Economics, Vol. 14 (3), S. 365-383.

REIHER, W., BREUER, L., WEINMANN, B., POHLERT, T., BACH, M., DÜRING, R.-A., GÄTH, S. und H.-G. FREDE (2006): The integrated model network ITE^{2}M: model set-up and assessment of agricultural land use and management options. In: VOINOV, A., JAKEMAN, A. und A. RIZZOLI (eds.): Proceedings of the iEMSs Third Biennial Meeting: "Summit on Environmental Modelling and Software". http://www.iemss.org/iemss2006/sessions/all.html. Stand: 03.03.2006.

REISINGER, H. (1996): Goodness-of-Fit-Maße in linearen Regressions- und Logit-Modellen: Theorie und Anwendung in der empirischen Marktforschung. Frankfurt am Main.

RIDDEL, M. (2001): A Dynamic Approach to Estimating Hedonic Prices for Environmental Goods: An Application to Open Space Purchase. In: Land Economics, Vol. 77 (4), S. 494-512.

ROLFE, J. (2006a): A Simple Guide to Choice Modelling and Benefit Transfer. In: ROLFE, J. und J. BENNETT (eds.): Choice Modelling and the Transfer of Environmental Values. Cheltenham, S. 10-27.

ROLFE, J. (2006b): Theoretical Issues in Using Choice Modelling Data for Benefit Transfer. In: ROLFE, J. und J. BENNETT (eds.): Choice Modelling and the Transfer of Environmental Values. Cheltenham, S. 28-53.

ROLFE, J. und J. BENNETT (eds.) (2006): Choice Modelling and the Transfer of Environmental Values. Cheltenham.

ROLFE, J., BENNETT, J. und J. LOUVIERE (2000): Choice modelling and its potential application to tropical rainforest preservation. In: Ecological Economics, Vol. 35 (2), S. 289-302.

ROLFE, J., BENNETT, J. und J. LOUVIERE (2002): Stated values and reminders of substitute goods: Testing for framing effects with choice modelling. In: The Australian Journal of Agricultural and Resource Economics, Vol. 46 (1), S. 1-20.

ROLFE, J., LOCH, A. und J. BENNETT (2006): Testing Benefit Transfer with Water Resources in Central Queensland, Australia. In: ROLFE, J. und J. BENNETT (eds.): Choice Modelling and the Transfer of Environmental Values. Cheltenham, S. 112-135.

ROSCHEWITZ, A. (1999): Der monetäre Wert der Kulturlandschaft – Eine Contingent Valuation Studie. Kiel.

ROSEN, S. (1974): Hedonic Prices and Implicit Markets: Product Differentiation in Pure Competition. In: Journal of Political Economy, Vol. 82 (1), S. 34-55.

RUDSTROM, M. (2004): Determining Implicit Prices for Hay Quality and Bale Characteristics. In: Review of Agricultural Economics, Vol. 26 (4), S. 552-562.

RUUD, P. (2000): An Introduction to Classical Econometric Theory. New York.

RYAN, M. und S. WORDSWORTH (2000): Sensitivity of Willingness to Pay Estimates to the Level of Attributes in Discrete Choice Experiments. In: Scottish Journal of Political Economy, Vol. 47 (5), S. 504-524.

SÆLENSMINDE, K. (2001): Inconsistent choices in Stated Choice data – Use of the logit scaling approach to handle resulting variance increases. In: Transportation, Vol. 28, S. 269-296.

SÆLENSMINDE, K. (2002): The Impact of Choice Inconsistencies in Stated Choice Studies. In: Environmental and Resource Economics, Vol. 23, S. 403-420.

SÁNDOR, Z. und M. WEDEL (2003): Differentiated Bayesian Conjoint Choice Designs. Report Series Research in Management. http://handle.net/1765/320. Stand: 07.05.2006.

SATTERWAITE, M. (1975): Strategy-Proofness and Arrow Conditions: Existence and Correspondence Theorems for Voting Procedures and Welfare Functions. In: Journal of Economic Theory, Vol. 10, S. 187-217.

SAWTOOTH SOFTWARE (1993): ACA System: Adaptive Conjoint Analysis. Version 4.0. Evanston, Illinois.

SAWTOOTH SOFTWARE (1999): CBC User Manual. Version 2.0. Sequim, WA.

SCHEINER, J. (2003): Bewertungsverfahren in der Verkehrsplanung. Arbeitspapier erschienen in der Reihe Raum und Mobilität des Fachgebiets Verkehrswesen und Verkehrsplanung, Nr. 9 der Universität Dortmund.

SCHMITZ, K., SCHMITZ, P.M. und T.C WRONKA (2003a): Bewertung von Landschaftsfunktionen mit Choice Experiments. In: Agrarwirtschaft, Vol. 8, S. 379-389.

SCHMITZ, K., SCHMITZ, P.M. und T.C. WRONKA (2003b): Integrated Ecological and Economical Valuation of Land Use Systems. In: KISSLING, M., SCHMITZ, K., SCHMITZ, P.M. und T.C. WRONKA (eds.): Pricing Environmental Services of Agriculture. Kiel, S. 131-152.

SCHMITZ, P.M., BORRESCH, R., SCHMITZ, K. und T.C. WRONKA (2005): Landnutzungsoptionen im Spannungsfeld von Wettbewerbsfähigkeit und Nachhaltigkeit: Nutzen-Kosten-Analyse einer multifunktionalen Landbewirtschaftung auf der Basis eines regionalen Politikanalyse-Modells. In: Fortsetzungsantrag 2006-2008 des SFB 299 der DFG an der Justus-Liebig-Universität Gießen, S. 207-249.

SCHNELL, R., HILL, P.B. und E. ESSER (1999): Methoden der empirischen Sozialforschung. München.

SCHOTTE, M. und P. FELIX-HENNINGSEN (1999): Erfassung, Abgrenzung und Klassifizierung nutzungsunabhängiger, vorwiegend stabiler Bodeneigenschaften. Arbeits- und Ergebnisbericht 1997-1999 des SFB 299 an der Justus-Liebig-Universität Gießen, S. 155-184.

SCHUG, B. und S. GÄTH (1999): Aufnahmepotentiale der Standorte für organische Abfälle als Bestandteil von Landnutzungsoptionen. Arbeits- und Ergebnisbericht 1997-1999 des SFB 299 an der Justus-Liebig-Universität Gießen, S. 253-282.

SENGUPTA, S. und D.E. OSGOOD (2003): The value of remoteness: a hedonic estimation of ranchette prices. In: Ecological Economics, Vol. 44, S. 91-103.

SFB (1995): Erstantrag 1996-1999 des SFB der DFG an der Justus-Liebig-Universität Gießen, Gießen.

SFB 299 (2002): Fortsetzungsantrag 2003-2005 des SFB 299 der DFG an der Justus-Liebig-Universität Gießen, Gießen.

SFB 299 (2006a): Die Untersuchungsregion – Natürliche Gegebenheiten. http://www.uni-giessen.de/sfb299/uis/U_Region/natur/natrsfb.html. Stand: 04.05.2006.

SFB 299 (2006b): Die Untersuchungsregion – Politische Gegebenheiten. http://www.uni-giessen.de/sfb299/uis/U_Region/politik/sfbpok.html. Stand: 04.05.2006.

SHOGREN, J.F. und T. STAMLAND (2005): Self-Protection and Value of Statistical Life Estimation. In: Land Economics, Vol. 81 (1), S.100-113.

SLOANE, N.J.A. (2003): A library of orthogonal arrays. http://www.research.att.com/~njas/oadir/. Stand: 03.05.2006.

SMALL, K.A. und H.S. ROSEN (1981): Applied Welfare Economics with Discrete Choice Models. In: Econometrica, Vol. 49 (1), S. 105-130.

SMITH, V.K. und W. DESVOUSGES (1986): Averting Behavior: Does it exist? In: Economics Letters, Vol. 20 (3), S. 291-296.

SMITH, V.K. und J.-C. HUANG (1993): Hedonic models and air pollution: twenty-five years and counting. In: Environmental and Resource Economics, Vol. 3, S. 381-394.

SMITH, V.K. und J.-C. HUANG (1995): Can markets value air quality? A meta-analysis of hedonic property value models. In: Journal of Political Economics, Vol. 103, S. 209-227.

SRIVASTAVA, J.N. und D.A. ANDERSON (1970): Optimal Fractional Factorial Plans for Main Effects Orthogonal to Two-Factor Interactions: 2^m Series. In: Journal of the American Statistical Association, Vol. 65 (330), S. 828-843.

STEINER, N., DAUBER, J., HIRSCH, M., KNECHT, C., OTTE, A., PURTAUF, T., SIMMERING, D., WALDHARDT, R., WOLTERS, V. und W. KÖHLER (2002): Modellierung der Artenvielfalt in Abhängigkeit vom Landschaftsmuster. In: Berichte über Landwirtschaft 80 (3), S. 468-481.

STREET, D.J. und L. BURGESS (2004): Optimal and near-optimal pairs for the estimation of effects in 2-level choice experiments. In: Journal of Statistical Planning and Inference, Vol. 118, S. 185-199.

STREET, D.J., BURGESS, L. und J.J. LOUVIERE (2005): Quick and easy choice sets: Constructing optimal and nearly optimal stated choice experiments. In: International Journal of Research in Marketing, Vol. 22, S. 459-470.

SVEDSÄTER, H. (2000): Contingent valuation of global environmental resources: Test of perfect and regular embedding. In: Journal of Economic Psychology, Vol. 21, S. 605-623.

SVEDSÄTER, H. und O. JOHANSSON-STENMAN (2003): Choice Experiments and Self Image: Hypothetical and Actual Willingness to Pay. Working Paper in Economics No. 94, Department of Economics, Göteborg University.

SWAIT, J. und W. ADAMOWICZ (1997): The Effect of Choice Experiment and Task Demands on Consumer Behavior: Discriminating Between Contribution and Confusion. Working Paper, Department of Rural Economy, Faculty of Agriculture, Forestry and Home Economics, University of Alberta.

SWAIT, J. und W. ADAMOWICZ (1999): Choice Environment, Market Complexity and Consumer Behavior: A Theoretical and Empirical Approach for Incorporating Decision Complexity into Models of Consumer Choice. Staff Paper No. 99-04, Department of Rural Economy, Faculty of Agriculture, Forestry and Home Economics. University of Alberta.

SWAIT, J. und W. ADAMOWICZ (2001a): The Influence of Task Complexity on Consumer Choice: A Latent Class Model of Decision Strategy Switching. In: Journal of Consumer Research, Vol. 28, S. 135-148.

SWAIT, J. und W. ADAMOWICZ (2001b): Choice Environment, Market Complexity and Consumer Behavior: A Theoretical and Empirical Approach for Incorporating Decision Complexity into Models of Consumer Choice. In: Organizational Behavior and Human Decision Processes, Vol. 86 (2), S. 141-167.

SWAIT, J., ADAMOWICZ, W., HANEMANN, M., DIEDERICH, A., KROSNICK, J., LAYTON, D., PROVENCHER, W., SCHKADE, D. und R. TOURANGEAU (2002): Context Dependence and Aggregation in Disaggregate Choice Analysis. In: Marketing Letters, Vol. 13 (3), S. 195-205.

SWAIT, J. und J. LOUVIERE (1993): The Role of the Scale Parameter in The Estimation and Comparison of Multinomial Logit Models. In: Journal of Marketing Research, Vol. 30, S. 305-314.

SWAIT, J., LOUVIERE, J. und M. WILLIAMS (1994): A Sequential Approach to Exploiting the Combined Strengths of SP und RP Data: Application to Freight Shipper Choice. In: Transportation, Vol. 21, S. 135-152.

SZIBALSKI, M. (2001): Großmaßstäbige Regionalisierung labiler Bodenkennwerte in standörtlich hochdiversen Kulturlandschaften. Dissertation. http://bibd.uni-giessen.de/ghtm/2001/uni/d010004.htm. Stand: 03.05.2006.

SZIBALSKI, M., BEHRENS, T. und P. FELIX-HENNINGSEN (1999): Regionalisierung bodenkundlicher Kennwerte peripherer Regionen am Beispiel des pH-Wertes. In: Zeitschrift für Kulturtechnik und Landesentwicklung, Vol. 5/6, S. 228-233.

SZIBALSKI, M. und P. FELIX-HENNINGSEN (1999): Zustand, nutzungsbedingte Veränderung und Klassifizierung physiko-chemischer Bodenparameter. Arbeits- und Ergebnisbericht 1997-1999 des SFB 299 an der Justus-Liebig-Universität Gießen, S. 185-214.

THURSTONE, L. (1927): A law of comparative judgement. In: Psychological Review, Vol. 34, S. 273-286.

TIMMERMANS, H.J.P. und R. VAN DER HEIJDEN (1987): Uncovering Spatial Decision Making Processes: A Decision Net Approach Applied to Recreational Choice Behaviour. In: Tijdschrift voor Economische en Sociale Geografie, Vol. 78, S. 298-305.

TRAIN, K.E. (1998): Recreation Demand Models with Taste Differences over People. In: Land Economics, Vol. 74 (2), S. 230-239.

TRAIN, K.E. (2002): Discrete Choice Models with Simulation. Cambridge University Press.

TRICE, A.H. und S.E. WOOD (1958): Measurement of Recreational Benefits. In: Land Economics, Vol. 3, S. 195-207.

TRINKWV (2001): Trinkwasserverordnung vom 21. Mai 2001, Inkrafttreten 1. Januar 2003. http://www.gesundheitsamt.de/alle/gesetz/tw/twv/index_neu.htm. Stand: 23.04.2006.

TURNER, R.K. (1999): The Place of Economic Values in Environmental Valuation. In: BATEMAN, I.J. und K.G. WILLIS (eds.): Valuing Environmental Preferences – Theory and Practice of the Contingent Valuation Method in the US, EU, and Developing Countries. Oxford, S. 17-41.

TURNER, K., GEORGIOU, S., CLARK, R., BROUWER, R. und J. BURKE (2004): Economic valuation of water resources in agriculture – From the sectoral to a functional perspective of natural resource management. FAO Water Reports 27, Rom. www.fao.org/documents/show_ cdr.asp?url_file=/docrep/007/y5582e/y5582e0d.htm. Stand: 20.02.2006.

TURNER, R.K., PEARCE, D. und I. BATEMAN (1993): Environmental economics: an elementary introduction. Baltimore.

TYRVÄINEN, L. (1997): The amenity value of the urban forest: an application of the hedonic pricing method. In: Landscape and Urban Planning, Vol. 37, S. 211-222.

UM, M.-J., KWAK, S.-J. und T.-Y. KIM (2002): Estimating Willingness to Pay for Improved Drinking Water Quality Using Averting Behavior Method with Perception Measure. In: Environmental and Resource Economics, Vol. 21, S. 287-302.

URBAN, D. (1993): Logit-Analyse – Statistische Verfahren zur Analyse von Modellen mit qualitativen Response-Variablen. Stuttgart.

VAN BUEREN, M. und J. BENNETT (2004): Towards the development of a transferable set of value estimates for environmental attributes. In: The Australian Journal of Agricultural and Resource Economics, Vol. 48, S. 1-32.

VAN BUEREN, M. und J. BENNETT (2006): Generalising Environmental Values: The Case of the National Land and Water Resources Audit in Australia. In: ROLFE, J. und J. BENNETT (eds.): Choice Modelling and the Transfer of Environmental Values. Cheltenham, S. 191-215.

VERLEGH, P.W.J., SCHIFFERSTEIN, H.N.J. und D.R. WITTINK (2002): Range and Number-of-Levels Effects in Derived and Stated Measures of Attribute Importance. In: Marketing Letters, Vol. 13 (1), S. 41-52.

VINEY, R., SAVAGE, E. und J. LOUVIERE (2005): Empirical investigation of experimental design properties of discrete choice experiments in health care. In: Health Economics, Vol. 14, S. 349-362.

WALDHARDT, R., FUHR-BOßDORF, K., SCHMIDT, J., SIMMERING, D. und A. OTTE (1999): Flächige Erfassung und Bewertung von Extensivierungserscheinungen hinsichtlich ihrer Funktionen für floristischen Arten-, Biozönose- und Prozessschutz. Arbeits- und Ergebnisbericht 1997-1999 des SFB 299 an der Justus-Liebig-Universität Gießen, S. 283-315.

WASSERWIRTSCHAFTSAMT (WWA) MÜNCHEN (2006): Übersicht der Gewässergüteklassen. http://www.wwa-fs.bayern.de/datenufakten/guteklassen.htm. Stand: 02.08 2006.

WATSON, W.D. und J.A. JAKSCH (1982): Air Pollution: Household Soiling and Consumer Welfare Losses. In: Journal of Environmental Economics and Management, Vol. 9, S. 248-262.

WAUGH, F.V. (1928): Quality factors influencing vegetable prices. In: Journal of Farm Economics, Vol. 10, S. 185-196.

WEBER A. und W. KÖHLER (1999): Modellierung der Verbreitung und Ausbreitung von Indikatorarten – ein erster Ansatz zur Charakterisierung von Biodiversität. In: Zeitschrift für Kulturtechnik und Landentwicklung, Vol. 40, S. 207-212.

WEINMANN, B. (2002): Mathematische Konzeption und Implementierung eines Modells zur Simulation regionaler Landnutzungsprogramme. Agrarwirtschaft Sonderheft 174.

WEINMANN, B., SCHROERS, J.O. und P. SHERIDAN (2005): Spatially explicit land use modelling as basis for multifunctional land use evaluation – The land use model ProLand. International Conference: Multifunctionality of Landscapes – Analysis, Evaluation, and Decision Support. Gießen, Germany.

WEISBROD, B. (1964): Collective Consumption Services of Individual Consumption Goods. In: Quarterly Journal of Economics, Vol. 77, S. 471-477.

WHITTAKER, R.H. (1967): Gradient Analysis of vegetation. In: Biological Reviews, Vol. 42, S. 207-264.

WHITTAKER, R.H. (1972): Evolution and measurement of species diversity. In: Taxon, Vol. 21, S. 231-251.

WHITTINGTON, D., SMITH, V.K., OKORAFOR, A., OKORE, A., LIU, J.L. und A. MCPHAIL (1992): Giving respondents time to think in contingent valuation studies: a developing country application. In: Journal of Environmental Economics and Management, Vol. 22 (3), S. 205-225.

WHYNES, D.K., WOLSTENHOLME, J.L. und E. FREW (2004): Evidence of range bias in contingent valuation payment scales. In: Health Economics, Vol. 13, S. 183-190.

WIEGAND, S. (1996): Bürger in und um Leipzig bewerten ihre Umwelt – Monetäre Bewertung der Kulturlandschaft am Beispiel der Stadt Leipzig und des Kreises Leipziger Land. Leipzig.

WILLIAMS, H. (1977): On the formation of travel demand models and economic evaluation measures of user benefits. In: Environment and Planning A, Vol. 9, S. 285-344.

WILLIG, R.D. (1976): Consumer´s Surplus Without Apology. In: American Economic Review, Vol. 66 (4), S. 587-597.

WOLTERS, V., DAUBER, J., PFLUG, A., HIRSCH, M., STEINER, N., HOLZINGER, F. und K. HENRICHS (1999): Tiergemeinschaften und Metapopulationen – Bestandsaufnahme, Potentiale, nutzungsbedingte Veränderungen und ihre Bewertung. Arbeits- und Ergebnisbericht 1997-1999 des SFB 299 an der Justus-Liebig-Universität Gießen, S. 317-345.

WON KIM, C., PHIPPS, T.T. und L. ANSELIN (2003): Measuring the benefits of air quality improvement: a spatial hedonic approach. In: Journal of Environmental Economics and Management, Vol. 45, S. 24-39.

WRONKA, T.C. (2001a): Biodiversity and drinking water quality: an analysis of values and determinants of willingness to pay. In: PETERS, G.H. und P. PINGALI (eds.): Tomorrow´s Agriculture: Incentives, Institutions, Infrastructure and Innovations. Proceedings of the 24th International Conference of Agricultural Economists, Ashgate, S. 784-785.

WRONKA, T.C. (2001b): Protestantworten – theoretischer Hintergrund, empirischer Befund und Lösungsstrategien. In: ELSASSER, P. und J. MEYERHOFF (Hrsg.): Ökonomische Bewertung von Umweltgütern. Marburg, S. 161-183.

WRONKA, T.C. (2004): Ökonomische Umweltbewertung – Vergleichende Analyse und neuere Entwicklungen der kontingenten Bewertung am Beispiel der Artenvielfalt und Trinkwasserqualität. Kiel.

WU, P.-I. und C.-L. HUANG (2001): Actual averting expenditure versus stated willingness to pay. In: Applied Economics, Vol. 33, S. 277-283.

ZABEL, J.E. und K.A. KIEL (2000): Estimating the Demand for Air Quality in Four U.S. Cities. In: Land Economics, Vol. 76 (2), S. 174-194.

Anhang

Anhang 1: Landschaftsbilder zur Illustration unterschiedlicher Nutzungen

Beispiele für Ackernutzung

Beispiele für Grünlandnutzung

Beispiele für Mulchflächen

Quelle: Eigene Zusammenstellung

Anhang 2: Vergleich der Koeffizienten der Modelle für Gießen und Dillenburg

POE et al. Test	
Variable	**Anteil der Differenzen kleiner Null**
Fließgewässerqualität	
Güteklasse 2	0,03995
Güteklasse 3	Nicht berechnet
Güteklasse 4	0,40954
Güteklasse 5	0,83784
Güteklasse 6 und 7	0,70373
Artenvielfalt	0,25521
Landschaftsbild	
Nur Wald/Mulchflächen dominiert	Nicht berechnet
Grünland dominiert	0,72119
Acker- und Grünland ausgeglichen	0,39067
Ackerland dominiert	0,32407
Preis	0,99907
Konstante für Referenzszenario	0,03700
Interaktionen	
Konstante*Einkommen	0,55925
Konstante*UBI	0,96267
Preis*M-Reihenfolge	0,00000
Preis*Alter	0,35450

Quelle: Eigene Berechnungen

Anhang 3: Vergleich der Koeffizienten der Modelle für die Dillenburger Stichprobe mit unterschiedlicher Methodikreihenfolge

POE et al. Test	
Variable	**Anteil der Differenzen kleiner Null**
Fließgewässerqualität	
Güteklasse 2	0,92001
Güteklasse 3	Nicht berechnet
Güteklasse 4	0,11648
Güteklasse 5	0,75400
Güteklasse 6 und 7	0,24617
Artenvielfalt	0,96335
Landschaftsbild	
Nur Wald/Mulchflächen dominiert	Nicht berechnet
Grünland dominiert	0,40440
Acker- und Grünland ausgeglichen	0,49950
Ackerland dominiert	0,07003
Preis	0,00423
Konstante für Referenzszenario	0,90472
Interaktionen	
Konstante*Einkommen	0,26625
Konstante*UBI	0,14373
Preis*Alter	0,99913

Quelle: Eigene Berechnungen

Anhang 4: Vergleich der impliziten Preise für die Dillenburger Stichprobe mit unterschiedlicher Methodikreihenfolge

POE et al. Test	
Impliziter Preis	**Anteil der Differenzen kleiner Null**
Je Art	0,74865
Güteklasse 3 zu Güteklasse 2	0,06500
Güteklasse 3 zu Güteklasse 5	0,92298
Güteklasse 3 zu Güteklasse 6	0,92236
Nur Wald/Mulchflächen dominiert zu Grünland dominiert	0,06500
Nur Wald/Mulchflächen dominiert zu Acker- und Grünland ausgeglichen	0,06500
Nur Wald/Mulchflächen dominiert zu Ackerland dominiert	0,06229
Güteklasse 2 zu Güteklasse 5	0,06545
Güteklasse 2 zu Güteklasse 6	0,06661
Güteklasse 5 zu Güteklasse 6	0,07880
Grünland dominiert zu Acker- und Grünland ausgeglichen	0,93458
Grünland dominiert zu Ackerland dominiert	0,10771
Acker- und Grünland ausgeglichen zu Ackerland dominiert	0,06818

Quelle: Eigene Berechnungen

Anhang 5: Vergleich der Koeffizienten der Modelle für die Gießener Stichprobe mit unterschiedlicher Methodikreihenfolge

Poe et al. Test	
Variable	**Anteil der Differenzen kleiner Null**
Fließgewässerqualität	
Güteklasse 2	0,48389
Güteklasse 3	Nicht berechnet
Güteklasse 4	0,21064
Güteklasse 5	0,28207
Güteklasse 6 und 7	0,30507
Artenvielfalt	0,97633
Landschaftsbild	
Nur Wald/Mulchflächen dominiert	Nicht berechnet
Grünland dominiert	0,04870
Acker- und Grünland ausgeglichen	0,14863
Ackerland dominiert	0,29118
Preis	0,05157
Konstante für Referenzszenario	0,89103
Interaktionen	
Konstante*Einkommen	0,81988
Konstante*UBI	0,17222
Preis*Alter	0,73360

Quelle: Eigene Berechnungen

Anhang 6: Vergleich der impliziten Preise für die Gießener Stichprobe mit unterschiedlicher Methodikreihenfolge

Poe et al. Test	
Impliziter Preis	**Anteil der Differenzen kleiner Null**
Je Art	0,58130
Güteklasse 3 zu Güteklasse 2	0,50272
Güteklasse 3 zu Güteklasse 5	0,52881
Güteklasse 3 zu Güteklasse 6	0,52834
Nur Wald/Mulchflächen dominiert zu Grünland dominiert	0,42501
Nur Wald/Mulchflächen dominiert zu Acker- und Grünland ausgeglichen	0,46737
Nur Wald/Mulchflächen dominiert zu Ackerland dominiert	0,50093
Güteklasse 2 zu Güteklasse 5	0,49246
Güteklasse 2 zu Güteklasse 6	0,48761
Güteklasse 5 zu Güteklasse 6	0,47192
Grünland dominiert zu Acker- und Grünland ausgeglichen	0,45550
Grünland dominiert zu Ackerland dominiert	0,35811
Acker- und Grünland ausgeglichen zu Ackerland dominiert	0,45253

Quelle: Eigene Berechnungen

Anhang 7: Vergleich der Koeffizienten der Modelle für die gesamte Stichprobe mit unterschiedlicher Methodikreihenfolge

POE et al. Test	
Variable	**Anteil der Differenzen kleiner Null**
Fließgewässerqualität	
Güteklasse 2	0,55755
Güteklasse 3	Nicht berechnet
Güteklasse 4	0,38564
Güteklasse 5	0,42129
Güteklasse 6 und 7	0,31049
Artenvielfalt	0,55677
Landschaftsbild	
Nur Wald/Mulchflächen dominiert	Nicht berechnet
Grünland dominiert	0,41604
Acker- und Grünland ausgeglichen	0,42388
Ackerland dominiert	0,44159
Preis	0,39576
Konstante für Referenzszenario	0,41289
Interaktionen	
Konstante*Einkommen	0,55172
Konstante*UBI	0,42942
Preis*Alter	0,44182

Quelle: Eigene Berechnungen

Anhang 8: Vergleich der Koeffizienten für die Dillenburger Stichprobe mit und ohne Cheap Talk Skript

POE et al. Test	
Variable	**Anteil der Differenzen kleiner Null**
Fließgewässerqualität	
Güteklasse 2	0,50802
Güteklasse 3	Nicht berechnet
Güteklasse 4	0,98661
Güteklasse 5	0,16548
Güteklasse 6 und 7	0,15277
Artenvielfalt	0,95623
Landschaftsbild	
Nur Wald/Mulchflächen dominiert	Nicht berechnet
Grünland dominiert	0,04288
Acker- und Grünland ausgeglichen	0,08691
Ackerland dominiert	0,38892
Preis	0,82803
Konstante für Referenzszenario	0,27829
Interaktionen	
Konstante*Einkommen	0,41180
Preis*M-Reihenfolge	0,19699
Preis*Alter	0,12950

Quelle: Eigene Berechnungen

Anhang 9: Vergleich der impliziten Preise für die Dillenburger Stichprobe mit und ohne Cheap Talk

POE et al. Test	
Impliziter Preis	**Anteil der Differenzen kleiner Null**
Je Art	0,40226
Güteklasse 3 zu Güteklasse 2	0,47542
Güteklasse 3 zu Güteklasse 5	0,60204
Güteklasse 3 zu Güteklasse 6	0,56601
Nur Wald/Mulchflächen dominiert zu Grünland dominiert	0,58365
Nur Wald/Mulchflächen dominiert zu Acker- und Grünland ausgeglichen	0,52230
Nur Wald/Mulchflächen dominiert zu Ackerland dominiert	0,50179
Güteklasse 2 zu Güteklasse 5	0,45008
Güteklasse 2 zu Güteklasse 6	0,45398
Güteklasse 5 zu Güteklasse 6	0,46363
Grünland dominiert zu Acker- und Grünland ausgeglichen	0,55029
Grünland dominiert zu Ackerland dominiert	0,65263
Acker- und Grünland ausgeglichen zu Ackerland dominiert	0,52935

Quelle: Eigene Berechnungen

Anhang 10: Vergleich der Koeffizienten der Modelle für die Dillenburger Stichprobe mit unterschiedlicher Anzahl von Choice Tasks

Poe et al. Test	
Variable	**Anteil der Differenzen kleiner Null**
Fließgewässerqualität	
Güteklasse 2	0,49950
Güteklasse 3	Nicht berechnet
Güteklasse 4	0,49950
Güteklasse 5	0,49950
Güteklasse 6 und 7	0,49949
Artenvielfalt	0,49877
Landschaftsbild	
Nur Wald/Mulchflächen dominiert	Nicht berechnet
Grünland dominiert	0,49950
Acker- und Grünland ausgeglichen	0,49949
Ackerland dominiert	0,49950
Preis	0,49943
Konstante für Referenzszenario	0,49950
Interaktionen	
Konstante*Einkommen	0,49950
Preis*Methodikreihenfolge	0,49940
Preis*Alter	0,49556

Quelle: Eigene Berechnungen

Anhang 11: Vergleich der impliziten Preise für die Dillenburger Stichprobe mit unterschiedlicher Anzahl von Choice Tasks

Poe et al. Test	
Impliziter Preis	**Anteil der Differenzen kleiner Null**
Je Art	0,59236
Güteklasse 3 zu Güteklasse 2	0,53550
Güteklasse 3 zu Güteklasse 5	0,60865
Güteklasse 3 zu Güteklasse 6	0,43216
Nur Wald/Mulchflächen dominiert zu Grünland dominiert	0,60320
Nur Wald/Mulchflächen dominiert zu Acker- und Grünland ausgeglichen	0,62952
Nur Wald/Mulchflächen dominiert zu Ackerland dominiert	0,71755
Güteklasse 2 zu Güteklasse 5	0,48031
Güteklasse 2 zu Güteklasse 6	0,55230
Güteklasse 5 zu Güteklasse 6	0,74417
Grünland dominiert zu Acker- und Grünland ausgeglichen	0,34357
Grünland dominiert zu Ackerland dominiert	0,52233
Acker- und Grünland ausgeglichen zu Ackerland dominiert	0,60550

Quelle: Eigene Berechnungen

Anhang 12: Vergleich der Koeffizienten der Modelle für die Gießener Stichprobe mit unterschiedlicher Anzahl von Choice Tasks

POE et al. Test	
Variable	**Anteil der Differenzen kleiner Null**
Fließgewässerqualität	
Güteklasse 2	0,65246
Güteklasse 3	Nicht berechnet
Güteklasse 4	0,98913
Güteklasse 5	0,01653
Güteklasse 6 und 7	0,64981
Artenvielfalt	0,46130
Landschaftsbild	
Nur Wald/Mulchflächen dominiert	Nicht berechnet
Grünland dominiert	0,69159
Acker- und Grünland ausgeglichen	0,96834
Ackerland dominiert	0,07167
Preis	0,03621
Konstante für Referenzszenario	0,98716
Interaktionen	
Konstante*Einkommen	0,99976
Konstante*UBI	0,01251
Konstante*NPR	0,17978
Preis*Methodikreihenfolge	0,81299
Preis*Alter	0,83231

Quelle: Eigene Berechnungen

Anhang 13: Vergleich der impliziten Preise für die Gießener Stichprobe mit unterschiedlicher Anzahl von Choice Tasks

POE et al. Test	
Impliziter Preis	**Anteil der Differenzen kleiner Null**
Je Art	0,69195
Güteklasse 3 zu Güteklasse 2	0,11301
Güteklasse 3 zu Güteklasse 5	0,30141
Güteklasse 3 zu Güteklasse 6	0,75867
Nur Wald/Mulchflächen dominiert zu Grünland dominiert	0,00002
Nur Wald/Mulchflächen dominiert zu Acker- und Grünland ausgeglichen	0,50818
Nur Wald/Mulchflächen dominiert zu Ackerland dominiert	0,00780
Güteklasse 2 zu Güteklasse 5	0,49540
Güteklasse 2 zu Güteklasse 6	0,20504
Güteklasse 5 zu Güteklasse 6	0,00000
Grünland dominiert zu Acker- und Grünland ausgeglichen	0,28663
Grünland dominiert zu Ackerland dominiert	0,94357
Acker- und Grünland ausgeglichen zu Ackerland dominiert	0,85679

Quelle: Eigene Berechnungen

Schriften zur Internationalen Entwicklungs- und Umweltforschung

Herausgegeben vom

Zentrum für internationale
Entwicklungs- und
Umweltforschung
der Justus-Liebig-Universität Gießen

Band 1 Hans-Rimbert Hemmer / Rainer Wilhelm: Fighting Poverty in Developing Countries. Principles for Economic Policy. 2000.

Band 2 Lorenz King / Martin Metzler / Tong Jiang (eds.): Flood Risks and Land Use Conflicts in the Yangtze Catchment, China and at the Rhine River, Germany. 2001.

Band 3 Ingrid-Ute Leonhäuser (ed.): Women in the Context of International Development and Cooperation. Review and Perspectives. Selected Papers and Abstracts presented at the Justus-Liebig-University Gießen 26.–28. October 2000. 2002

Band 4 Margit Schratzenstaller: Internationale Mobilität von und internationaler fiskalischer Wettbewerb um Direktinvestitionen. 2002.

Band 5 Armin Bohnet u.a.: Theoretische Grundlagen und praktische Gestaltungsmöglichkeiten eines Finanzausgleichssystems für die VR China. Unter Mitwirkung von Chen Biyan, Chen Shixin, Ge Licheng, Ge Naixu, Ge Zhuying, Ma Shuanyou, Markus Peplau, Yang Zhigang, Zhu Qiuxia. 2003.

Band 6 Armin Bohnet / Matthias Höher (eds.): The Role of Minorities in the Development Process. 2004.

Band 7 Thi Phuong Hoa Nguyen: Foreign Direct Investment and its Contributions to Economic Growth and Poverty Reduction in Vietnam (1986–2001). 2004.

Band 8 Andreas Böcker / Roland Herrmann / Michael Gast / Jana Seidemann: Qualität von Nahrungsmitteln. Grundkonzepte, Kriterien, Handlungsmöglichkeiten. 2004.

Band 9 Christina Mönnich: Tariff Rate Quotas and Their Administration. Theory, Practice and an Econometric Model for the EU. 2004.

Band 10 Reimund Seidelmann / Ernst Giese (eds.): Cooperation and Conflict Management in Central Asia. 2004.

Band 11 Claudia Ohly: Das Steuersystem im ungarischen Transformationsprozess. Ein Beitrag zur Transformationstheorie. 2004.

Band 12 Nicole Mau: Umweltzertifikate. Der Einsatz von Umweltzertifikaten in der Landwirtschaft am Beispiel klimarelevanter Gase. 2005.

Band 13 P. Michael Schmitz (Hrsg.): Water and Sustainable Development. 2005.

Band 14 Ira Pawlowski: Die Wettbewerbsfähigkeit der ukrainischen Milchwirtschaft. Messung von Marktverzerrung und Politikeinfluß im Transformationsprozeß. 2005.

Band 15 Kirsten Westphal (ed.): A Focus on EU-Russian Relations. Towards a close partnership on defined road maps? 2005.

Band 16 Andreas Langenohl / Kirsten Westphal (eds.): Conflicts in a Transnational World. Lessons from Nations and States in Transformation. 2006.

Band 17 Rosemarie von Schweitzer: Home Economics Science and Arts. Managing Sustainable Everyday Life. 2006.

Band 18 Dörthe List: Regionale Kooperation in Zentralasien. Hindernisse und Möglichkeiten. 2006.

Band 19 Michael Gast: Determinanten ausländischer Direktinvestitionen. OECD-Länder als Investoren und besonderer Aspekte der Ernährungswissenschaft. 2007.

Band 20 Kim Schmitz: Die Bewertung von Multifunktionalität der Landschaft mit diskretem Choice Experimenten. 2008.

Nicole Mau

Umweltzertifikate

Der Einsatz von Umweltzertifikaten in der Landwirtschaft am Beispiel klimarelevanter Gase

Frankfurt am Main, Berlin, Bern, Bruxelles, New York, Oxford, Wien, 2005.
215 S., zahlr. Tab. und Graf.
Schriften zur Internationalen Entwicklungs- und Umweltforschung.
Herausgegeben vom Zentrum für internationale Entwicklungs- und Umweltforschung der Justus-Liebig-Universität Gießen. Bd. 12
ISBN 978-3-631-53473-1 · br. € 39.–*

Die Einbeziehung externer Effekte der Produktion stellt große Anforderungen an eine praktikable Umweltpolitik. Dabei bestimmen eine Fülle von Faktoren die Wahl eines umweltpolitischen Instruments. Während in der Vergangenheit ordnungsrechtliche Instrumente dominant waren, wächst die Überzeugung, dass die Internalisierung über marktkonforme Instrumente in Abhängigkeit der Aufgabenstellung besser erreicht werden kann. Die Diskussion legt nahe, die Anwendbarkeit von Umweltzertifikaten für diese Aufgabenstellung zu prüfen und die Sensitivität einer solchen Lösung herauszustellen. Schwerpunkt der Arbeit ist dabei die Anwendung eines ganzheitlichen Modells auf die klimarelevanten Gase unter Einbeziehung der Landwirtschaft.

Aus dem Inhalt: Klimaschutz und Landwirtschaft · Umweltpolitische Maßnahmen · Methodischer Zertifikatsansatz

FSC
www.fsc.org
MIX
Papier | Fördert gute Waldnutzung
FSC® C083411

Kolibri 360 GmbH
Ferdinand-Jühlke-Straße 7
99095 Erfurt, Deutschland
produktsicherheit@kolibri360.de

Druck:
CPI Druckdienstleistungen GmbH
im Auftrag der
Kolibri 360 GmbH
Ferdinand-Jühlke-Str. 7
99095 Erfurt